染出自然之色

——在家就能做的植物染

[日] 吉冈幸雄　福田伝士　著

方文素　译

上海译文出版社

自然の色を染める　家庭でできる植物染
吉岡幸雄、福田伝士
Copyright ©1996 Art Books SHIKOSHA
图字：09-2019-756 号

图书在版编目（CIP）数据

染出自然之色：在家就能做的植物染 / （日）吉冈幸雄，（日）福田伝士著；方文素译．— 上海：上海译出版社，2022.9
ISBN 978-7-5327-9029-6

Ⅰ．①染… Ⅱ．①吉… ②福… ③方… Ⅲ．①植物—天然染料—染料染色—研究 Ⅳ．① TS193.62

中国版本图书馆 CIP 数据核字（2022）第 106248 号

染出自然之色：在家就能做的植物染

［日］吉冈幸雄　福田伝士 著 方文素 译
责任编辑 / 刘宇婷　装帧设计 / 邵旻工作室

上海译文出版社有限公司出版、发行
网址：www.yiwen.com.cn
201101 上海市闵行区号景路 159 弄 B 座
上海雅昌艺术印刷有限公司印刷

开本 889×1194　1/16　印张 13　字数 160, 000
2022 年 10 月第 1 版　2022 年 10 月第 1 次印刷
印数：0,001-4,000 册

ISBN 978-7-5327-9029-6/J·060
定价：288. 00 元

植物染是指从自然生长的植物里提取色素，

为天然纤维面料染色。

想走捷径的难免碰壁，

理解自然界的生长规律和结构，

遵循规律并朴实地操作很重要。

尊重自古以来工匠们的实践成果，

一步一步地按照工序慢慢操作，

自然会染出绚丽的色彩。

凡例

- 为了方便在家里轻松染色，从生活中随手可得的洋葱皮和红茶开始，选用 35 种常用天然染料，详细地讲解了 70 余种染色技法。
- 书中关于各种染料，围绕生态实照、染料以及色彩的历史等从多方面进行介绍。
- 为使初学者也能易学易懂，书中配有大量的实际操作工序彩色实照。并且所有的操作工序从开始到完成无一省略，从中途任何一道工序开始都能持续操作。
- 为了使染色工序容易阅读，基本采取一个科目左右两页的设计方式。
- 在日本传统染色里，还介绍了蜡染、扎染、夹染、友禅染、红型染等精美的纹样染。
- 使用的媒染剂，均是明矾、铁浆水、山茶花灰等家庭排水容易处理的材料。
- 天然染料因受采集的时期、地点等诸多条件影响，物质内所含色素容易有差异，故完全按本书介绍的用量进行染色，颜色效果也可能会有差异。
- 所有染色是在吉冈幸雄、福田传士的指导下，在染司吉冈工坊进行的。
- 染色工序照片是由编辑部拍摄，但完成的摄影作品中开始的一部分是烦劳永野一晃氏拍摄的，另也有从藤森武氏那里借用的。

前言

吉冈幸雄

梅花、樱花、紫藤、桔梗、菊花、红叶，日本人观察不同季节交替生长的山野植物，在把欣赏的喜悦心情用诗歌形式吟诵的同时，还把这些美丽的色彩染在自己穿着的服装面料上。这就是日本的传统色彩。为了用花、树的颜色进行完美染色，将植物的花、叶、枝、根等各处含有的丰富色素，充分提取出来，色染至今。

大约150年前的19世纪中期，以欧洲为中心吹起产业革命狂风，机械化代替了迄今为止以手工劳作的大批手工职业者。在染色领域，虽然一直沿用从植物里提取色素染色的方法，也发明了从煤炭的黑色物质里提炼化学合成染料的方法。日本明治时代中期，以文明开化为名的欧洲产业革命成果如怒涛般席卷到了日本。京都堀川附近的染色作坊也在一瞬之间改用只需一勺粉末就可染色的化学染料。日本人从自古的飞鸟·天平时代到近代江户时代末，养育而成的传统色彩就此消失了。

每天早上，我在作坊的炉子上架上锅，让植物果实或根、树皮在热水中游熬、散发芬芳，煎煮着当天需要染布、线用的植物染料。还在院里放置大油桶，每天在里面焚烧稻草、山茶花树枝，因烧制的灰能辅助染色，所以稻草、山茶花树枝、杂木这三类燃灰都会分开盛放，并认真加以保管。

大概几百年前的染色作坊风景，也与此景一样吧。不，在更古老的平安时代、奈良时代，从事染色行业的匠人们也应该与我们一样，每日不变地如此生活着。

我在继承亡父的染色工坊时，便强烈意识到应该像过去的染色匠人一样，继承并再现日本人所养育形成的传统色彩，而不是使用仅仅在150年之间传播的化学染料，让日本自古以来的传统色彩能继续呈现，让一般的大众代代理解。

我们的工坊里所进行的植物染，因为是用化学染料传入日本之前的染色方法表现日本古代的传统色，所以在参照古代文献和保存下来的古典服饰资料的基础上，遵循过去匠人的操作方法，利用植物的果实、根和花等各个含有良好色素的部分进行取色使用。在使染色完全着色时必需使用的媒染剂，也是取用如山茶花灰、铁浆水、天然明矾等自然物质。

这种染色技法，我们不打算让它成为秘方，即使只是少量色染，为了使一般大众能在家染色，在此把著有详尽解说的此书公布于世。

实际上，对近乎初学者的研修生（指为获得技术、技能或知识而到日本学习的外国人——译注）也一样，即使经历失败，也是认真按照染色技法基础上所写的工序操作。故任何人，无论从任何一页染色开始，都可尝试进行操作。

希望本书能在传播日本传统植物染的同时，也能成为提倡回归自然的这个时代中的一道曙光。

材料和用具

- 真丝手绢 3 块（42×42 厘米）20 克
- 洋葱皮　20 克
- 明矾　 5 克
- 6.5 升中号不锈钢圆盆　4 个
- 2.5 升小号不锈钢圆盆　1 个
- 15 升小号桶锅　1 个
- 不锈钢网筛[1]
- 密筛
- 计量杯
- 玻璃棒
- 水溶性蓝笔
- 棉线 等

1　简称滤筛，以后全文统称滤筛。

洋葱染・真丝扎染手绢

染前准备

① **扎丝绸手绢。**先用水溶性蓝笔绘出底稿，然后用棉线缝出纹样轮廓，注意抽紧扎牢。如果稍有松疏，染液会渗进抽扎的防染部分，导致纹样造型失败。

② **预染扎好的面料。**把扎好的面料放进 40℃—50℃的热水里，因扎紧部分的面料难以渗透，可用手抻开、搓揉使之吸入热水。

色液提取

③ **第 1 次提取。**把 20 克洋葱皮放入 2.5 升水（冷热均可）中，大火煮沸，然后改为小火继续煎煮 20 分钟。

④ **过滤色液。**把煮过的洋葱皮用滤筛过滤，2.5 升水煮出约 2.5 升色液。

⑤ **第 2 次提取。**将滤筛里的洋葱皮再次加水，采用与第 1 次提取相同的方法煮沸、过滤，2 次煮出的色液合计约 5 升。

染色

⑥ **制作染液。**将 1 升色液用密筛过滤，加入 4 升水（冷热均可），制成 5 升染液。剩余的色液留待后续添加使用。

⑦ **在染液里浸染。**面料以不急速上色为好。将面料做好染前准备之后，不要用手拧，应轻轻提起，使之适当滴去水分，然后放入染液中浸染约 15 分钟，使面料均匀上色。应加热染液，使其温度慢慢上升。丝绸面料在高温下容易受损，故请注意，温度应控制在 50℃—60℃之间。扎染时，需在短时间内深度浓染，不可长时间在染液里浸泡，以避免染液浸入线扎的防染部位。扎线外围部分的面料，因为重叠而产生褶皱，难以渗透染液，染色时可用手展开褶皱让布平坦伸开，然后轻轻揉搓面料，使染液均匀渗透面料。

⑧ **清洗。**用水清洗掉面料上多余的染液。

一次使用的染液里取出 1 升旧染液倒掉，加入 1 升新的色液。

★ 色液不可放置过夜。

★ 如需染更深的颜色，染色、清洗、干燥（参照第 20 页）以后，第 2 天再从步骤②开始，重复操作。

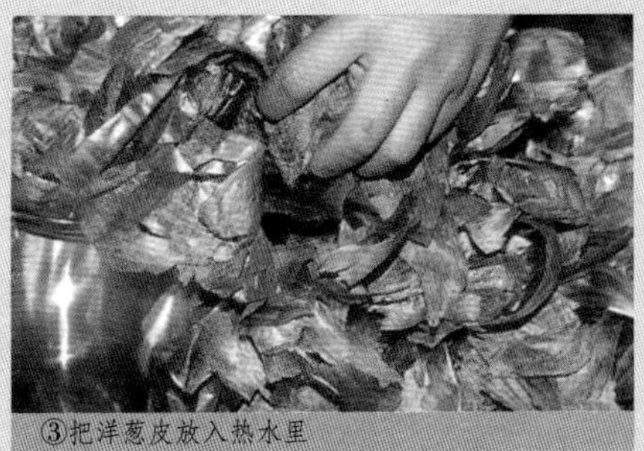
③把洋葱皮放入热水里

⑥用密筛过滤色液

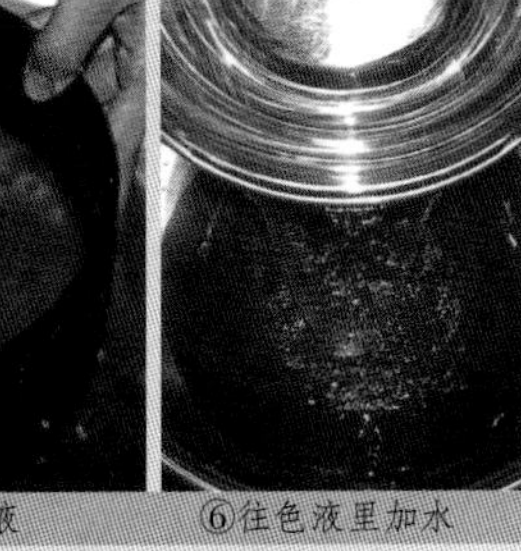
⑥往色液里加水

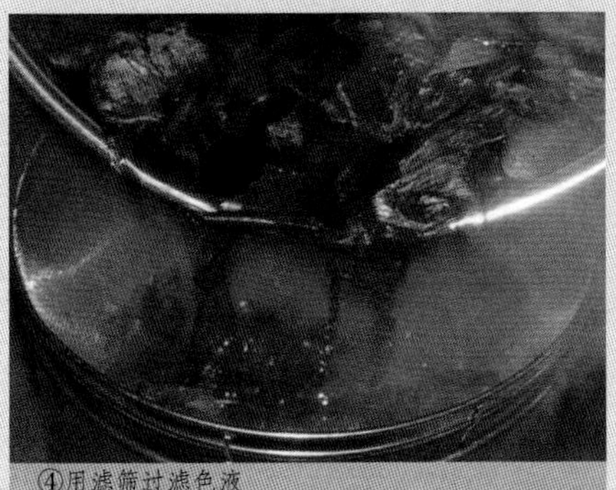
④用滤筛过滤色液

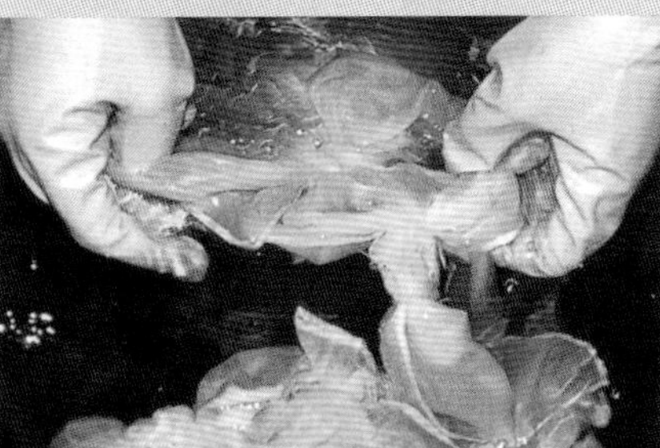
⑦浸染织物（第 1 次）

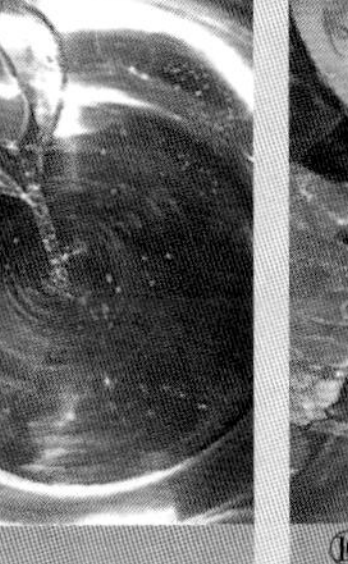
⑨配制媒染液

⑩媒染织物（第 1 次）

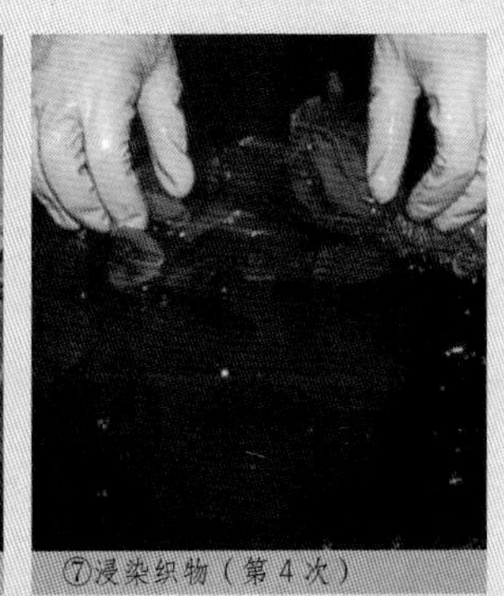
⑦浸染织物（第 4 次）

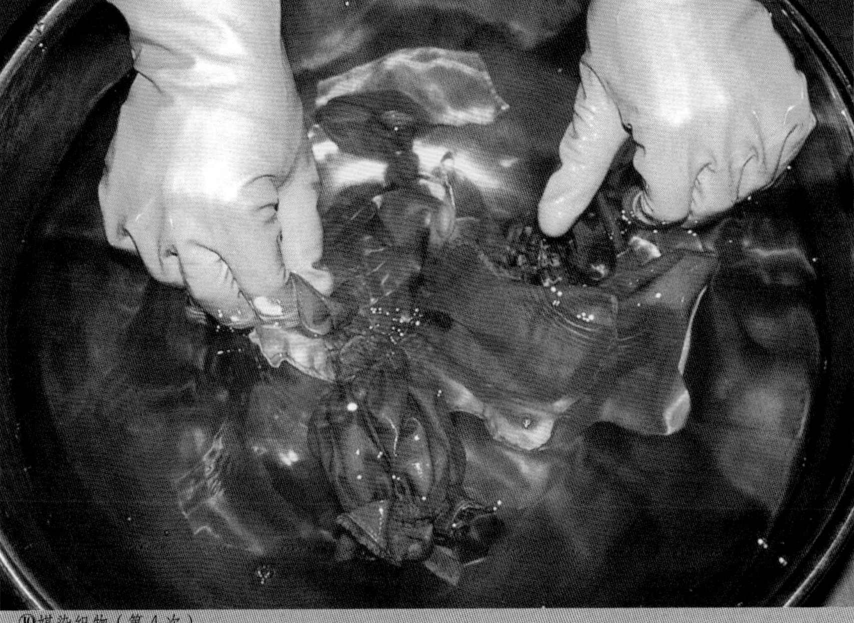
⑩媒染织物（第 4 次）

媒染

⑨ **配制媒染液。**将 5 克明矾放入 5 升开水里，充分搅拌溶化。请记住，如果是丝绸面料，明矾的使用量是 1 升水中放 1 克明矾。明矾不易溶化，应先另取容器，用开水溶化后再用。

⑩ **在媒染液里浸染。**采用与⑦相同的方法浸染 15 分钟。加温明矾媒染液，使其温度保持在 40℃—50℃之间。

⑪ **清洗。**从媒染液里提起面料，将面料上多余的媒染液用清水洗掉。但是，染色后的清洗与媒染后的清洗要使用不同的容器。

以上⑦⑧⑩⑪的染色→媒染步骤操作 4 次。

↗ ⑦染色 15 分钟 ↘

⑪清洗 ⑧清洗

↖ ⑩媒染 15 分钟 ↙

★ 如果第 1 次就用高浓度染液染色，容易出现染斑。故分成 4 次操作，每次浓度逐渐加深。第 2—4 次染色时，应从上

染后处理

⑫ **清洗。**完成第 4 次媒染清洗以后，再用清水清洗干净，晾干。待织物干燥后拆除棉线，再次用清水充分清洗。

⑬ **晾干。**清洗后的面料不要用手拧，用晾衣夹夹住一边，吊起阴干。

⑭ **熨烫。**盖上垫布，用熨斗熨平。熨烫时注意温度。

红茶染·真丝薄围巾

材料和用具

- 真丝围巾 2 条（110 × 150 厘米） 80 克
- 红茶 40 克
  也可使用泡过一次的茶叶或袋泡茶
- 铁浆水 60 毫升
- 13 升大号不锈钢圆盆 4 个
- 2.5 升小号不锈钢圆盆 1 个
- 15 升小号桶锅 1 个
- 滤筛
- 密筛
- 计量杯 等

染前准备

① **丝巾的染前准备。**将丝巾浸进 40℃—50℃的热水里。拨动面料，使之整体均匀浸透。

色液提取

② **第 1 次提取。**把 40 克红茶放入 1 升水（冷热均可）中，大火煮沸，然后改为小火继续煎煮 20 分钟。

③ **过滤色液。**把煮过的茶叶用滤筛过滤，1 升水煮出约 1 升色液。

④ **第 2 次提取。**将滤筛里的茶叶再次加水，采用与第 1 次提取相同的方法煮沸、过滤，2 次煮出的色液合计约 2 升。

染色

⑤ **制作染液。**将 0.5 升色液用密筛过滤，加入 8.5 升水（冷热均可），制成 9 升染液。剩余的色液留待后续添加使用。

⑥ **在染液里浸染。**面料以不急速上色为好。将面料做好染前准备之后，不要用手拧，应轻轻提起，使之适当滴去水分，然后放入染液中浸染约 20 分钟，使面料均匀上色。应加热染液，使其温度慢慢上升。丝绸面料在高温下容易受损，故请注意，温度应控制在 50℃—60℃之间。浸染时要始终在染液中拨动面料，并避免面料与染液间出现气泡。面料出现折痕或由于空气进入织物而产生气泡，都会使染色不均匀而出现染斑，所以必须

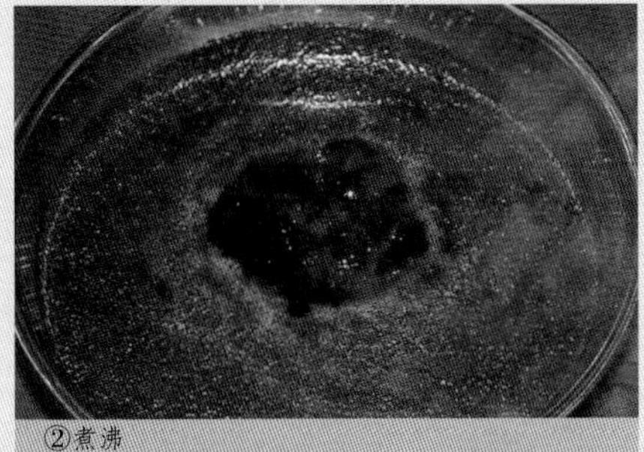
②煮沸

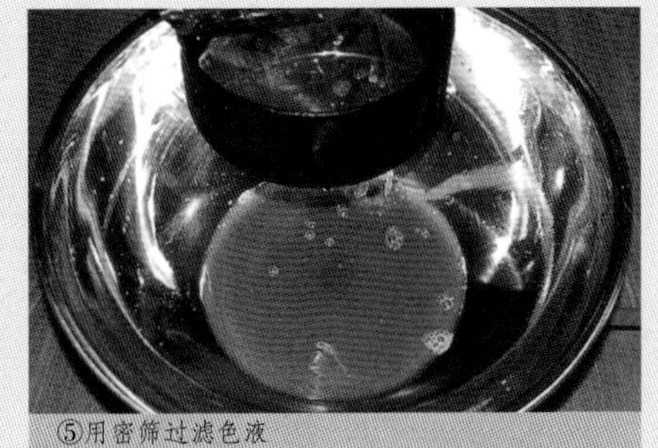
⑤用密筛过滤色液

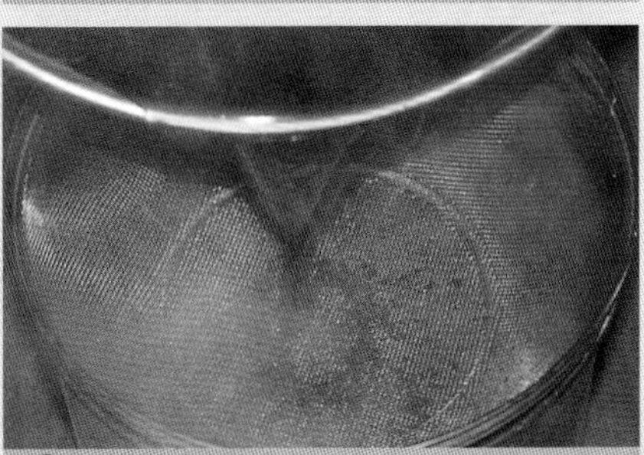
③用滤筛过滤色液

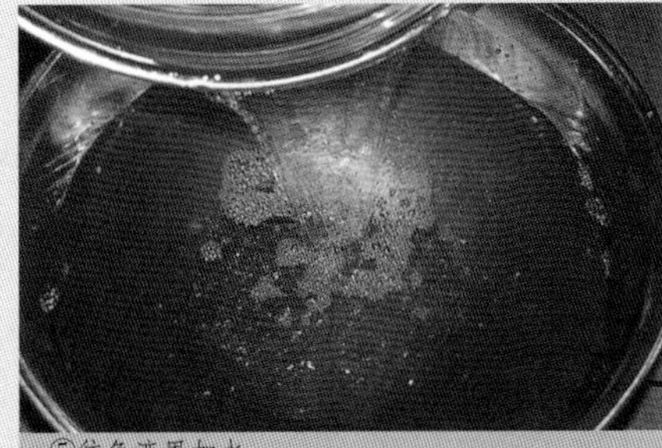
⑤往色液里加水

⑥浸染织物（第 1 次）

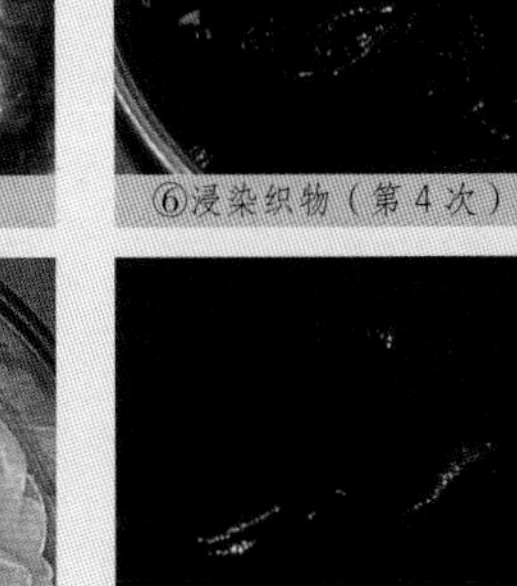
⑧配制媒染液

⑥浸染织物（第 4 次）

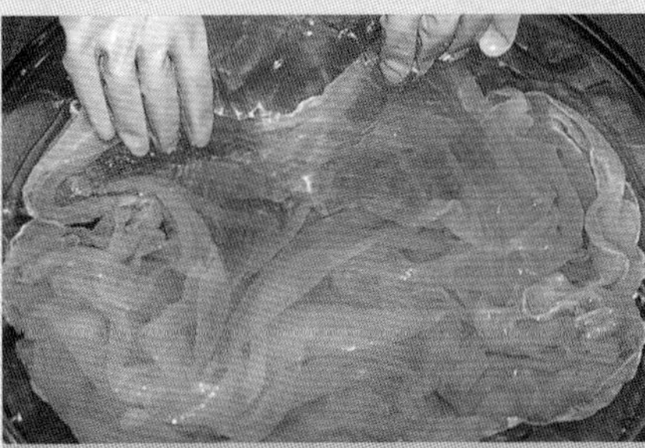
⑨媒染织物（第 1 次）

⑨媒染织物（第 4 次）

仔细地将面料从头至尾、反复拨动。

⑦ **清洗。**用水清洗掉面料上多余的染液。

媒染

⑧ **配制媒染液。**将 30 毫升铁浆水倒入 9 升冷水中，充分搅拌溶化。

⑨ **在媒染液里浸染。**采用与⑥相同的方法浸染 20 分钟。铁浆水温度应在 15℃—20℃之间。

⑩ **清洗。**从媒染液里提起面料，将面料上多余的媒染液用清水洗掉。但是，染色后的清洗与媒染后的清洗要使用不同的容器。

以上⑥⑦⑨⑩的染色→媒染步骤操作 4 次。

↗ ⑥染色 20 分钟 ↘

⑩清洗　　⑦清洗

↖ ⑨媒染 20 分钟 ↙

★ 如果第 1 次就用高浓度染液染色，容易出现染斑。故分成 4 次操作，每次浓度逐渐加深。第 2、3、4 次染色时，应从上一次使用的染液里取出 0.5 升旧染液倒掉，加入 0.5 升新的色液。

★ 在第 2、3 次媒染时，每次要添加 30 毫升铁浆水。

★ 色液不可放置过夜。

★ 如需染更深的颜色，染色、清洗、干燥（参照第 20 页）以后，第 2 天再从步骤①开始，重复操作。

染后处理

⑪ **清洗。**完成第 4 次媒染清洗以后，再用清水清洗干净。

⑫ **晾干。**清洗后的面料不要用手拧，用晾衣夹夹住一边，吊起阴干。

⑬ **熨烫。**盖上垫布，用熨斗熨平。熨烫时注意温度。

目录

染色之前

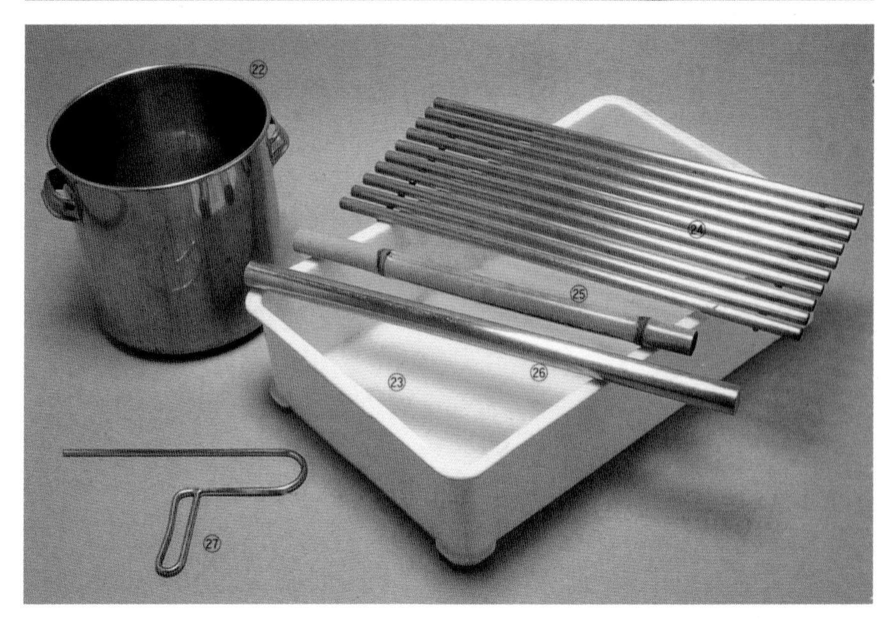

纤维的种类

我们日常使用的天然纤维大致可分为以下几大类：

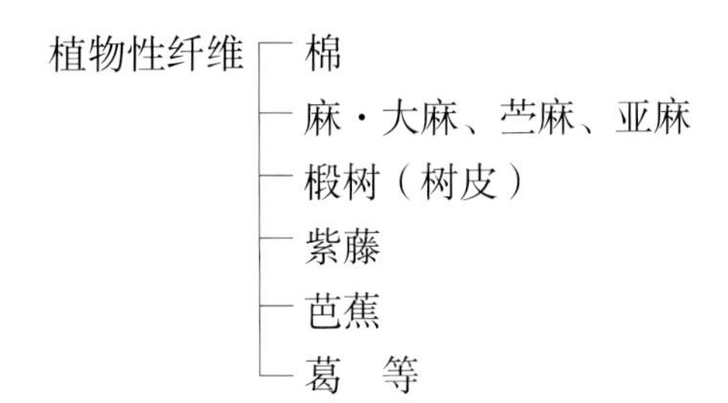

动物性纤维
- 毛・山羊毛类、羊毛类、骆驼毛类（驼羊毛）
- 丝绸・生丝：因没脱蛋白胶，有透明感和凉爽感，称生丝。
  熟丝：因脱除了蛋白胶，手感柔软呈乳白色。

工具介绍

本书使用的容器和工具介绍如下，如果能达到同样的使用效果，其他代用品也可。不直接用火加温煮沸的情况下，也可以用塑料制品替代。但是，容易生锈或有裂痕的搪瓷容器等，器皿的金属部分被融化后会影响染色的效果，请不要使用。

① **台秤**　1 千克。

② **小型电子秤**　100 克。

③ **pH 试纸**　pH 是表示液体中氢离子浓度的数值，pH ＝ 7 为中性、pH＞7 为碱性、pH＜7 为酸性。

④ ⑤ **烧杯**　2 升和 500 毫升。

⑥ ⑦ **计量杯**　1 升、500 毫升，不锈钢制品、塑料制品均可。

⑧ **咖啡过滤器**　过滤色液的沉淀物，制作稠状颜料即色膏时使用。

⑨ ⑮ **玻璃棒・汤勺**　染料煮色或溶化固体染料时搅拌使用。

⑩ **温度计**

⑪ ⑫ ⑬ **刮片与毛刷**　橡皮刮片（驹）⑪ 是型染刮糊时使用的，毛刷是刷染时使用的。除此以外，也使用细小的揉擦毛刷。

⑭ **打蛋器**　调制型染糊时使用。

⑯ ⑰ ⑱ **不锈钢圆盆**　大型（13 升）、中型（6.5 升）、小型（2.5 升），作为提取染料、染色、媒染、清洗等时的容器。

⑲ **不锈钢滤筛**　竹编的滤筛也可，不锈钢滤筛更不易沾上颜色。

⑳ **密筛**　马毛、不锈钢丝编制成的细密滤网，过滤色液时使用，也可使用极密的真丝织物密筛。

㉑ **夹板与木棒**　夹染时用来夹住布料。

㉒ **桶锅**　小型（15 升），与口径相符的不锈钢滤筛一起使用，用于盛放过滤后的色液，染羊毛毛衣时应选用 30 升的大桶锅。

㉓ **长方型方盆**　大型（30 升），染大量的布以及染和纸时使用。

㉔ **漏条板**　挤染料、对线和面料控水时使用。

㉕㉖**直棒**　染线、加热染液时使用。

㉗**手钩棒**　染色大量的线时很方便。

▪ **其他**　如橡胶薄手套，在染液或媒染液里操作浸染时，为防手被染色可戴上橡胶薄手套。根据染料不同有时必须高温操作，这时可在手套内加戴一双棉线手套。

基本的染色工序

所有的染色工序基本相似，在下列工序里，重复操作几次④至⑦的工序后，面料和线就能完成染色。

① 精炼处理（市场出售的面料和线大都经过杂质清除处理）

② 将染布和染线进行染前准备。

③ 从染色材料中提取色素。

④ 用色素制作染液染色。

⑤ 冲洗多余的染液。

⑥ 用媒染剂固定色素并媒染。

⑦ 冲洗多余的媒染液。

⑧ 干燥。

工作前应将所要使用的工具材料准备好。开始后中途不可间断、需一气呵成完成操作。所需时间或日期较长的染色另当别论。

如果因为其他作业而不得不中断染色时，切记染色操作应停止在清洗工序，让染物浸泡在水中，但时间不能太久。严禁在染色或媒染工序进行时停止操作。

面料的精炼处理

真丝的精炼处理

染色材料店里出售的真丝面料，基本经过杂质精炼处理，可直接做染前准备。对于生丝类织物，为了保持其透明感和爽快质感，让染色完美上色，则无需做精炼处理。

棉布的精炼处理

因要脱去胚布里含有的腊质，并去除棉线在织布前涂刷的浆糊等杂质，需要用草木灰（参照第 19 页）制成的灰汁浸煮棉布面料，去除杂质。

- 棉布　130 克
- 草木灰　500 克（100 克 / 升的浓度）
- 15 升小号桶锅　1 个
- 6.5 升中号不锈钢圆盆　1 个
- 直棒（竹等不导热的材料）

① 把 500 克草木灰倒入 5 升开水中，放置 2 天后用密筛过滤，获取上层的清澄液。

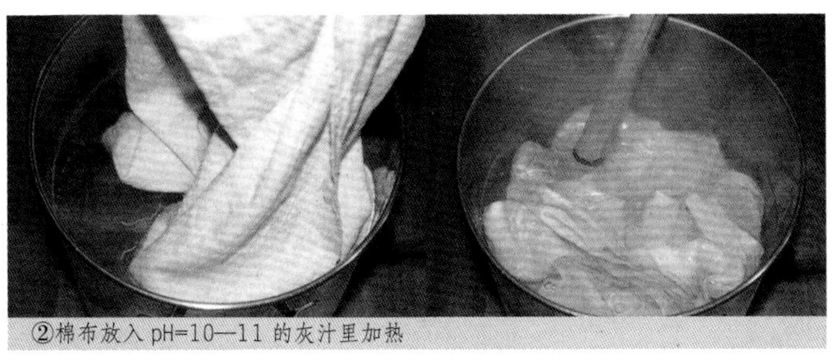

②棉布放入 pH=10—11 的灰汁里加热

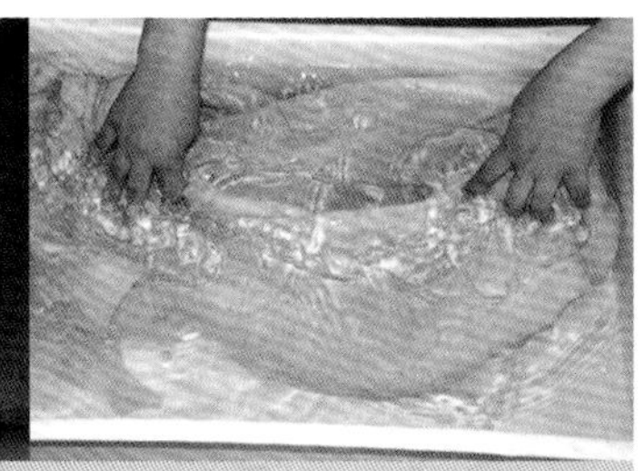

③取出棉布用水清洗

② 灰汁的碱性过强，应将其加水稀释到 pH=10—11。再在 3 升灰汁里加入 10 升水，加温，待水变热后放入棉布，不断用直棒搅拌，煮沸后再持续沸腾约 1 个小时。

③ 取出煮沸的棉布，用清水洗 3—4 次，完全清除布中的灰汁和杂质。

④ 轻轻拧干，用晒衣夹夹在绳上或晾衣竿上晾干。

线的精炼处理

染色材料店里出售的线，无论是丝线还是棉线基本上都经过精炼处理，手感柔软。

未经精炼处理时，丝线里含有丝胶，棉线里含有腊质等。因有这些妨碍染色的杂质，线在染色前要在 pH=10—11 的碱性灰汁里煮沸，进行清除杂质的处理流程。但是，为了保持生丝的原有特质，只需进行清洗即可。

无论是煮丝线还是棉线，煮线用的碱液应是线重量的 40 倍。

丝线的精炼处理

丝线用稻草灰煮沸处理。

- 丝线　200 克
- 稻草灰　500 克（浓度比例：40 克 / 升）
- 15 升小号桶锅　1 个
- V 形手钩棒、直棒（竹、木等不导热的材料）

①把 500 克稻草灰倒入 12.5 升开水中，放置 2 天后用密筛过滤，获取上层的清澄液，再用布过滤一遍。

②煮丝线所用的灰汁应是丝线重量的 40 倍，约 8 升。煮丝线用的灰汁酸碱值以 pH=10—11 为最佳，pH 值偏高时可用水稀释进行调整。灰汁将要煮沸时，用直棒穿起丝线绞放进去。为了使灰汁均匀地浸透丝线，要持续改变丝线在 V 形手钩棒上的穿线位置，持续煮沸 1 个小时。

③将煮沸的丝线充分拧挤、清洗。清洗时将丝线穿在直棒上放入水中，两手握住直棒的两端，快速前后移动。换 5—6 次水进行清洗，以避免分离的丝胶再次互相粘连。

④使用直棒和V型手钩棒，用力将清洗后的丝线拧干。再把丝线挂在固定棒上，用直棒穿起线绞的另一端用力拧挤，并不断变换线绞位置充分拧挤。拧好后，在同样状态下用力拉伸直棒，抻直染线，整理平直后穿在竿上阴干。

①过滤稻草灰液体上层的清澄液

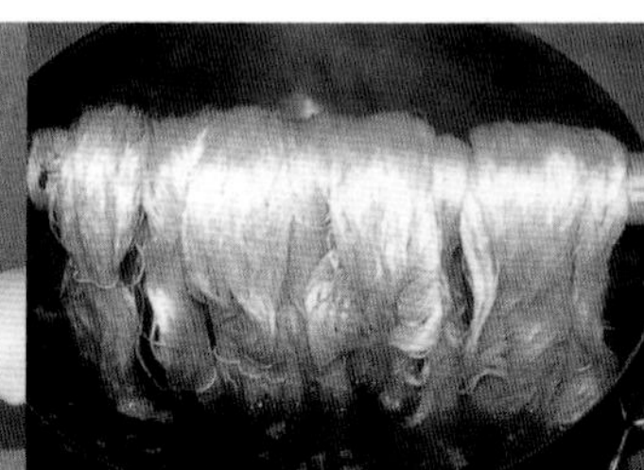

②将丝线放入 pH=10—11 的灰汁中，边煮边拨动丝线

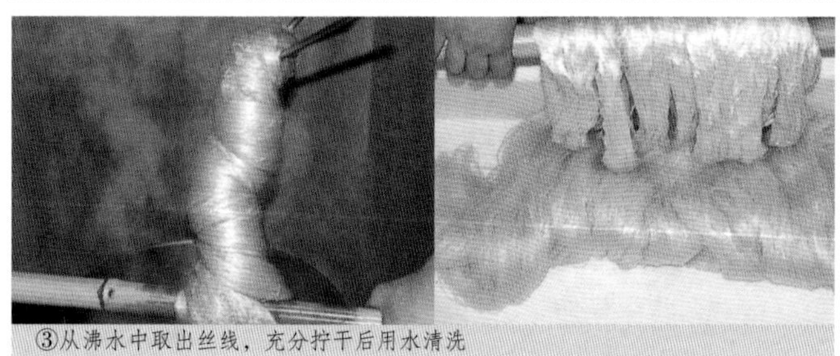

③从沸水中取出丝线，充分拧干后用水清洗

④穿在固定棒上，均匀地进行拧挤、整理

制作稻草灰的方法

稻草灰的灰汁可用于丝线的精炼处理和提取红花染料中的红色素。开水与稻草灰的比例为1升水中放40克稻草灰，因1升开水只能过滤出600毫升灰汁，所以要预备比所需灰汁更多的分量。可以先备好灰汁待需要时取用，但长时间放置会使灰汁的碱性下降，故以即做即用的灰汁为佳。

①把稻草顶端捆紧，立在金属盆中间，点火燃烧。②若燃烧过度则难以成粉末状，在稻草燃成黑灰状时就要洒水灭火。用黑色稻草灰制成的灰汁状态最佳。

①把稻草立在金属盆中燃烧

②烧成黑灰状时灭火

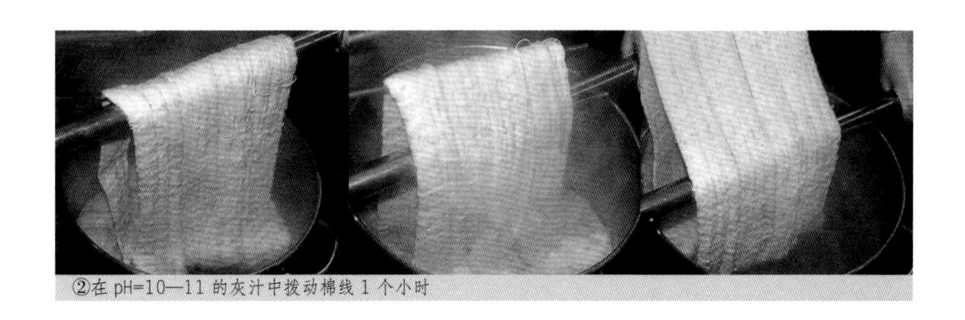
②在 pH=10—11 的灰汁中拨动棉线 1 个小时

棉线的精炼处理

棉线用木灰（制法参照第 20 页）煮沸处理。

- 棉线　　200 克
- 木灰　　500 克（浓度比例：100 克 / 升）
- V 形手钩棒、直棒（竹、木等不导热的材料）

①把 500 克木灰倒入 5 升开水中，放置 2 天后用密筛过滤，获取上层的清澄液，取得第 1 道灰汁。

②煮棉线的灰汁应是棉线重量的 40 倍，约 8 升。灰汁具有很强的碱性，用水一点点稀释到 pH=10—11。取 3 升第 1 道灰汁，加入 5 升水。用直棒穿起线绞，等灰汁加热煮至快沸腾时放入线绞，为了使灰汁均匀地浸透棉线，要持续改变棉线在直棒上的穿线位置，持续煮沸 1 个小时。

③从沸水中取出棉线，充分拧挤后用水清洗。清洗时将棉线穿在直棒上放入水中，两手握住直棒的两端，快速前后移动。为避免洗脱的油污等杂质再次附着在棉线上，需换水清洗 5—6 次。

④清洗后的棉线用直棒和 V 型手钩棒充分拧挤，再把染线挂在固定棒上，用直棒穿起线绞的另一端用力拧挤，并不断变换线绞位置充分拧挤。拧好后，在同样状态下用力拉伸直棒，抻直染线，整理平直后穿在竿上阴干。

染前准备 · 脱糊处理

如果把干燥后的布、线直接放入染液中，染物会因为急速吸收色素而产生染斑。为此，要先在温水里浸泡使染物含有水分。这就是染前准备。

面料的染前准备

把面料浸入 40℃—50℃的热水中，让面料整体浸透。为了能使面料均匀吸收水分，也能洗去多余的杂质，要进行“拨”这道工序。要不时地观察面料，保证水分充分进入纤维。染前准备必须操作 5 分钟以上。

从染前准备、染色、媒染，到清洗流程，为了使面料均匀充分地吸收染液、充分地洗去多余杂物，需要从头至尾、反复拨动面料。尤其需要注意的是，在染色与媒染过程中，如果面料在液体中产生重叠，或者与液体间产生气泡，再或者露出液面的部分接触不到液体，都会出现染斑。为了防止这种情况出

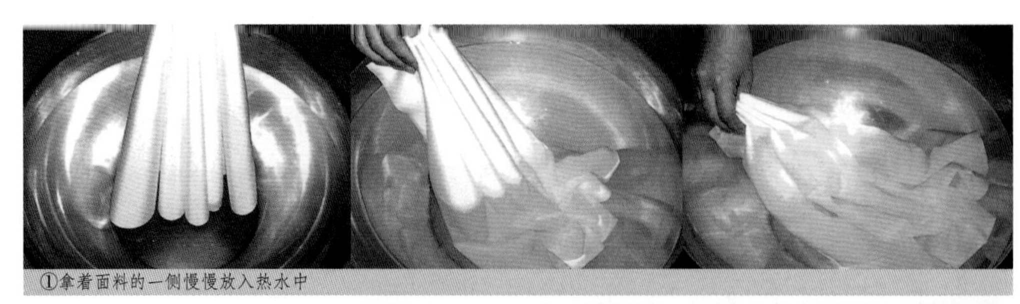
①拿着面料的一侧慢慢放入热水中

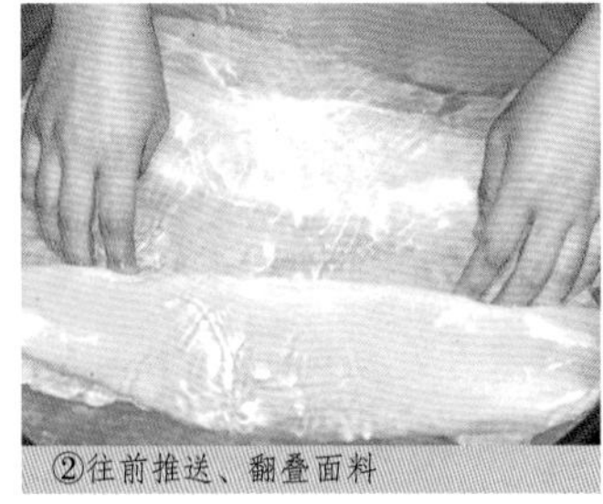
②往前推送、翻叠面料

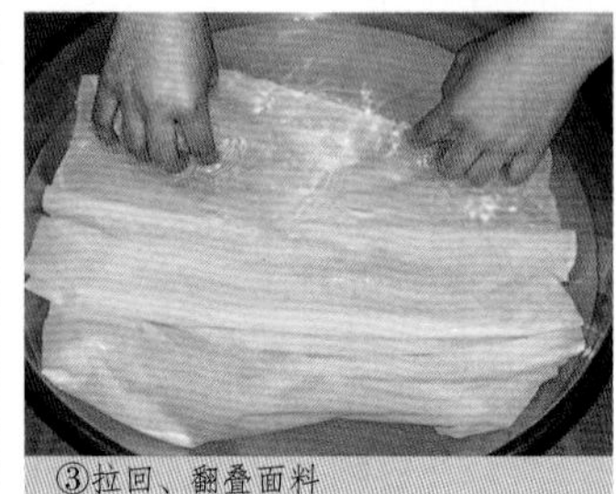
③拉回、翻叠面料

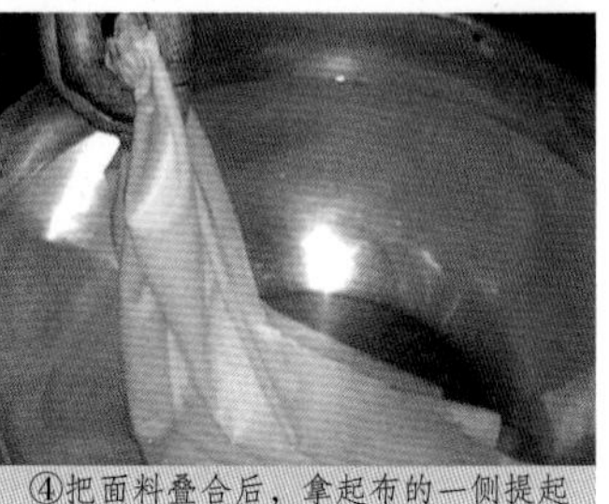
④把面料叠合后，拿起布的一侧提起

现，要在液体中不停地拨动面料，动作要平稳迅速。双手拿着面料的两端，让面料如同浮在液面上一样，不停地向前推送移动，然后又从前往后拉回。操作时不需要摆动手臂，只需手腕微微发力进行拨动。

绵绸（䌷）面料的表面质地具有凸凹感，染前准备时的水温需要更高些，时间也应更长一些。

绉绸（缩缅）面料含有较多的丝胶，做染前准备时需要中途换水。为了让水能渗透到绉绸的凹凸内部，浸泡时应按纬线方向边抻拉面料边拨动。

在织布时为避免纤维起毛，需要提前给线上浆，这也会影响染色效果，所以在染色前必须做好染前准备，去除防碍上色的浆。

在染较长的面料或和服面料时，为了方便操作，可将面料的两端缝合起来，使之成为一个圆圈。

①把面料像屏风一样折叠成形，拿着面料的一侧放入热水中。

②从面料一端拨动面料，往前推送、翻叠面料。

③拨至面料另一端后，将其拉回、翻叠。

④把面料叠合后，拿起布的一侧提起。

线的染前准备

与面料的染前准备一样，把线浸入 40℃—50℃的热水里。

注意不要使线凌乱，用直棒挂住线绞放入容器，用手或 V 型手钩棒仔细地翻移。因为不像面料一样始终整体浸在热水里，所以要上下移动线棒并不断改变挂线位置，仔细拨动，让线均匀吃水。移动挂线位置时，一定要拉抻线绞移动，防止线绞缠在一起。

从染前准备到染色（媒染）、再从染色到清洗流程，在进行下一个工序前要把线从液体中提出来，适当拧去水分。在染前准备和清洗之后拧水时，还要拉抻整理染线（参照第 14 页）。

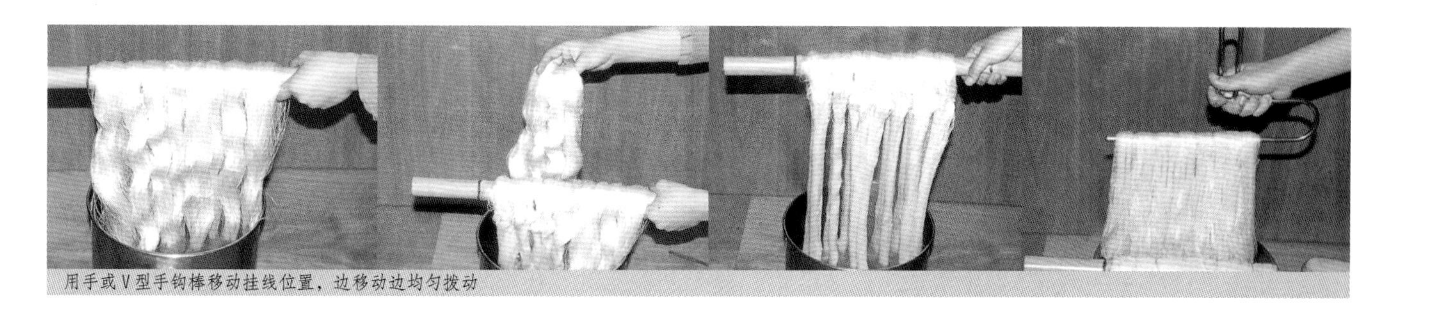
用手或V型手钩棒移动挂线位置，边移动边均匀拨动

提取色素

提取植物中所含的色素，是指将材料放入凉水或热水中煎煮而提取出色素的过程。先用大火煮沸，再改为小火煎煮20分钟，然后用用滤筛过滤色液。

提取第1次色液后，因再次煎煮还可提取色素，所以把滤筛里残余的材料用同样的方法再次煎煮过滤，获得第2次色液。一般情况下，是将2次提取的色液混合使用。反复煎煮3次以上虽然也能提取色素，但液体浑浊、会影响染色，故以煎煮2次为佳。

染色

面料和线的染色，基本上是数次重复操作“把色液稀释后制成染液并进行浸染→清洗→浸在媒染液里进行媒染→清洗”等工序进行上色与定色，或者像茜草和苏方木等染材，以“媒染→清洗→染色→清洗”的“预媒染”工序进行染色。虽然可以用高浓度染液进行一次性染色，但突然将染物放入高浓度染液中，不仅容易产生染斑，而且色素只是附着在染物表面，没有完全渗入面料和线的纤维中，因此容易发生褪色。染色次数少，着色牢固度也会相应变低。所以，第1次用低浓度染液染色，边查看染色情况边在第2次、第3次时适当地提高浓度。重复以上染色工序，让染液完全渗入纤维中，使染色充分、牢固。

色液不可以一次性全部用完，要分几次添加使用。用凉水或热水把色液稀释后制成第1次染液。如果第1次就用高浓度染液会产生染斑，因此应在第2次和第3次染色时慢慢添加色液，逐步增加浓度。如果容器的容量够大，可在容器中连续添加色液继续使用；如果容器的容量不足，装不下添加的色液时，可先倒出适量旧液再添加等量的新液。

原则上色液必须当天使用，不可放置到第2天。但是，有机混合化合物（丹宁）类染料例外，放到第2天后使用的情况较多，但使用前必须确认液体是否出现浑浊现象。

相同的染料，因媒染剂的种类和染色对象不同，配制的染液浓度也会有所差异。

染液温度越高，越容易上色，故应根据面料的质地来调节温度。丝绸面料在高温染液中容易受损，因此染液温度应控制在 50℃—60℃之间，而棉麻面料在 70℃左右的高温下容易充分染色。

做好染前准备的面料，不宜急速浸进染液，也不可强力拧挤，应提起面料轻轻滴去多余水分后再放入染液。

在染色工序中，除了确认染色状态等必须的操作外，不可把面料拿出染液使之与空气接触。

扎染・夹染

用线缠扎、用直棒或板夹对面料进行捆夹等防染处理，从而可形成某种纹样，其工艺与面料的直接染色有所不同，需注意以下几点。

用线缠扎和用板夹时，如果缠扎或板夹得不紧，染液会渗入防染部分而影响防染效果，造成纹样染色不成型。

用板夹时，因板夹太细或因面料幅宽较宽而使用较长的夹板时，夹板两端固定夹紧后，长板的中间会产生缝隙，难以得到理想的防染效果。这时应考虑调整纹样与面料折叠法。

夹染时如果面料的量太多，可先把面料浸入水中，使之呈半干状态再进行折叠、板夹，这样操作会容易得多。

在做染前准备时，缠扎线周边的重叠和折叠部分，热水不容易渗透，可用手抻开并搓揉面料，使之充分浸湿。

在染液里的浸染时间不能过长，以避免染液渗入防染部分，影响纹样效果。应尽量展开防染区域之外的重叠部分，使染液能充分渗透其中。

清洗

在水里轻轻摆动面料，清洗掉面料上残余的染液，将附着在面料表面的染液洗去后，就可以看到面料逐渐上色的过程。

媒染

即使使用相同的染色材料，由于帮助色素渗透进纤维的媒染剂（金属盐）的种类不同，媒染后的颜色也会不同。本书中主要使用铝盐（明矾、山茶灰）、铁浆水和消石灰等染媒剂，这些媒染液最后都可通过家庭排水系统进行处理。

媒染液的制作方法

【明矾媒染液】明矾较难溶化，应先将其放入另外的容器中，加入少量开水，待溶化后再添加凉水或热水并充分搅拌。明矾媒染液的浓度比例，丝绸面料为 1 克明矾兑 1 升水（绉绸质地较厚，需要 2 克明矾），棉麻面料为 2 克明矾兑 1 升水，也就是 1% 至 2% 的比例。明矾媒染液需加热至 40℃—50℃使用。

①熬粥

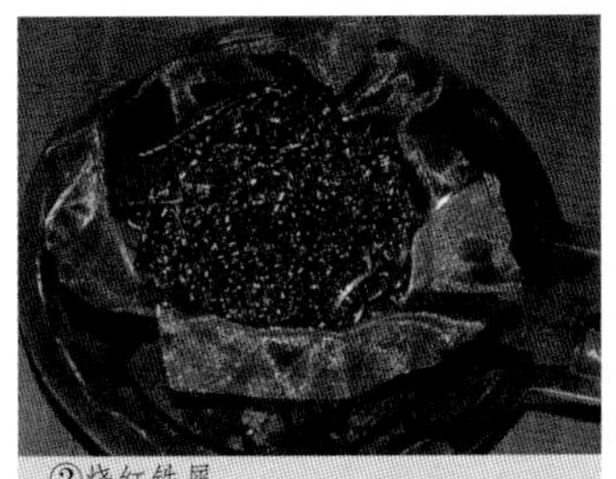
②烧红铁屑

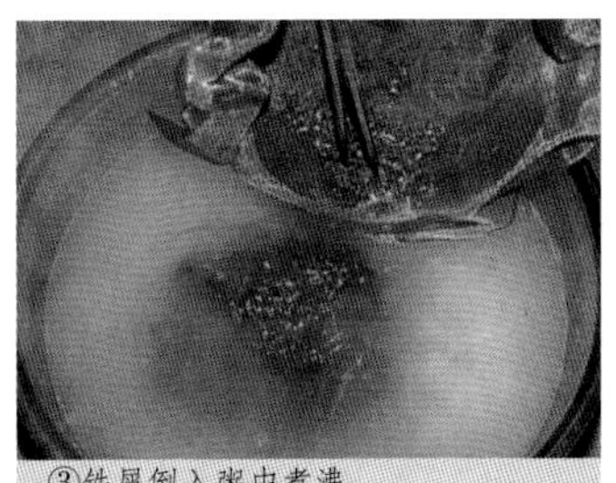
③铁屑倒入粥中煮沸

④粥和铁屑倒入小桶后加醋

我的染坊里，一般使用天然明矾石，但在市场上很难买到。如果使用普通的结晶矾，则用量不变；但如果使用焙烧明矾，用量则要减半。

【铁浆水媒染液】大岛䌷（鹿儿岛县奄美群岛的传统丝绸品种）一般采用含铁的泥浆作染媒，本书使用铁浆水（日文称黑齿铁）作染媒。铁浆水可以直接使用，如加温到20℃使用效果最佳，故水太冷时不妨稍稍加温。如果没有铁浆水，使用市售的木酢酸铁也可以，用量为铁浆水的1/4。

铁浆水的制作方法如下：

准备材料

- 铁屑　100克
- 食醋　500毫升
- 1/4杯米　约38克
- 2.5升小号不锈钢圆盆　1个
- 炭炉
- 小桶　1只

① 将1/4杯米加2升水熬成粥，粥越稠越容易与铁融合，所以要熬得黏稠。

② 将100克铁屑放入炭炉中加热，用火将铁屑烧红为止。

③ 将烧红的铁屑倒入粥中煮20分钟，直至沸腾。

④ 将烧好的铁屑粥倒入小桶，加入500毫升食醋，搅拌均匀。放置一周待其沉淀，将液体上层的清澄液用密筛过滤后使用。自制铁浆水的使用期限为3个月，应定期制作新液进行替换。

【消石灰媒染液】消石灰溶于水后，可使用乳白色浑浊液体，有时也可使用沉淀液上层的清澄液。不论何种状态，消石灰液体一直是水溶液，温度不会上升。

【山茶灰媒染液】用紫草根等进行染色时，需要以山茶灰或柃木灰的灰汁做染媒剂，灰和灰汁的制法如下。如果没有山茶灰而用明矾替代时，染出

①焚烧山茶小枝至完全成灰烬

的颜色会偏红。

① 将山茶小枝放入金属盆中焚烧，直至完全烧成灰烬。

② 把 20 克山茶灰倒入 1 升开水中，放置 2 天后用密筛过滤，获取上层的清澄液。与稻草灰相同，1 升开水只能过滤出 600 毫升灰汁，所以要预备比所需灰汁更多的量。

※ 清洗棉布时的灰汁制法也一样，只是要在 1 升开水里加入 100 克木灰。

清洗

和染色后的清洗要领相同，只是染色后的清洗与媒染后的清洗使用的容器一定要分开。

干燥

干燥使色素定色。最后的媒染（根据染料不同也可能是染色）结束后清洗，再用干净的清水清洗一次，不可用手拧，提起面料或线使多余水分自然滴下，晾在背光通风的地方干燥。注意不要有皱折、折叠、扭结等，另外，完全干燥前要注意不要使灰尘落在上面。

染制深色

如要染制深色，可延长染物在染液中的浸泡时间，也可增加染色与媒染次数。但在每次浸染时，面料和线所吸收的色素量是有限的，一旦饱和，无论增加多少次也不会得到好的效果。在这种情况下，可先停止操作，让面料或线先干燥，利用“干燥法”固定色素，让干燥后的面料再次吸收色素。第 2 天，采用相同的方式再次从染材中提取色素制作染液，把干燥后的面料浸入染液，重复染色、媒染的工序，也就是说，完成干燥的流程之后，就可以多次重复同样的工序。

但是，应用干燥法时，如果媒染剂是明矾或灰汁，一定要在清洗工序完成后再进行干燥。由于明矾和灰汁等铝盐难溶于水，干燥后再次做染前准备时，要用温水将面料充分浸湿，以防染斑产生。

染制浅色

如要染制浅色，第 1 次染色时的染液浓度需低于普通染液，根据媒染情况调节色液的添加剂量（以铁浆水为媒染剂时，媒染液的浓度也应作相应调整），然后和普通染色一样重复染色与媒染的工序和次数。如果使用高浓度的染液，减少染色与媒染的次数虽然也能减弱色彩的浓度，但是色素的固定性较差，容易马上褪色。所以，染制浅色时请不要减少染色的次数，而应降低染液的浓度，认真地操作。

天然染料的成分与分类

来自自然界的天然染料，大致可分为“单色性染料”和“多色性染料”两类。提取单色性染料的色素并对面料或线进行染色时，色素可直接染色，一种染料只可染得一种色相。而使用多色性染料进行染色时，必须借助媒染剂，故又被称为媒染染料。如果采用不同种类的媒染剂（金属盐），同一种染料可以染得多种色相。

同一类别的单色性或是多色性染料，尽管所染色彩的色相不同，但染色方法是相同的。本书中采用的染料如下：

主要色相	染料	单色性 / 多色性	成分类别
黄	黄檗	单色性染料	硫酸盐
	栀子	单色性染料	胡萝卜素
	藏红花	单色性染料	胡萝卜素
	洋葱	多色性染料	黄酮醇
	刈安	多色性染料	黄酮醇
	槐	多色性染料	黄酮醇
	麒麟草	多色性染料	黄酮醇
	杨梅	多色性染料	黄酮醇
	石榴	多色性染料	石榴鞣酸
蓝 · 绿	蓼蓝	单色性染料	靛蓝
红	红花	单色性染料	红花素
	东洋茜	多色性染料	红紫素
	印度茜	多色性染料	茜素
	六叶茜	多色性染料	茜素
	苏方木（苏芳）	多色性染料	二氢吡喃诱导体
	胭脂虫	多色性染料	蒽醌诱导体
紫	紫草根	多色性染料	紫草素
黑 · 茶	五倍子	多色性染料	邻苯三酚 = 鞣酸
	桤木果	多色性染料	邻苯三酚 = 鞣酸
	诃子	多色性染料	邻苯三酚 = 鞣酸
	梅	多色性染料	邻苯二酚 = 鞣酸
	儿茶	多色性染料	邻苯二酚 = 鞣酸
	糯杜鹃	多色性染料	邻苯二酚 = 鞣酸
	栗子	多色性染料	邻苯二酚 = 鞣酸
	涩柿	多色性染料	邻苯二酚 = 鞣酸
	核桃	多色性染料	邻苯二酚 = 鞣酸
	槟榔树	多色性染料	邻苯二酚 = 鞣酸
	番茶	多色性染料	鞣酸
	咖啡	多色性染料	咖啡鞣酸
	红茶	多色性染料	鞣酸
	橡子	多色性染料	邻苯三酚 = 鞣酸
	红豆杉	多色性染料	不明
	艾蒿	多色性染料	不明
	丁香	多色性染料	不明
	日本柳杉	多色性染料	不明

黄蘗

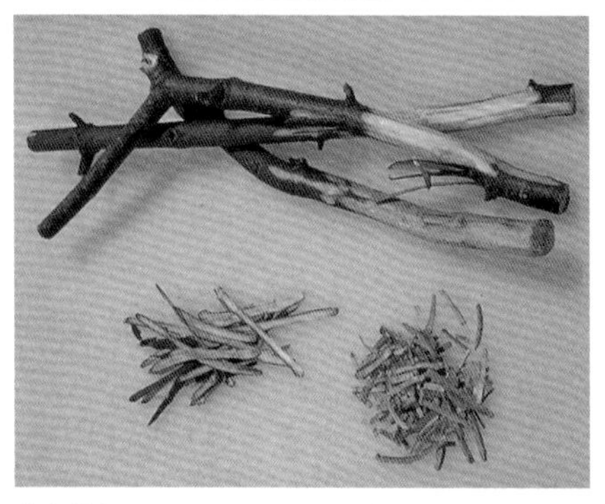

黄蘗树皮

日本全国、朝鲜半岛、中国东北部等地的山区生长的桔科落叶乔木，高度达25米。初夏开满小花，秋季结成1厘米大小的果实，果实成熟后呈黑色。树皮外表为厚质软木，内侧是鲜亮的黄色，味苦，是其名字的由来。黄蘗自古以来就是黄色的重要染料。

在中药里，做成粉末煎熬服用，有健胃、止泻、打虫的作用，也可用来漱口。另外对医治黄疸、肾脏炎、膀胱炎也极有疗效。做成贴膏可治疗挫伤、扭伤、淤血。另外，苦味的“陀罗尼助”胃药也是使用黄蘗与青木叶煎煮而成。最初僧侣诵《陀罗尼经》（梵语书写的长篇经文）时，口中含入“陀罗尼助”以防止打瞌睡，药名便由此而来。黄蘗木还被用来制作家具等。

黄蘗的内皮是先被制成药物还是先被做成染料，已难以得知。但，鲜艳的黄色成分因有良好的防虫性能，所以需要长期保存的纸张如经文、户籍账本等的纸都是用黄蘗来染色。根据《正仓院文书》以及其他文献的记载，正仓院的黄纸、黄色染纸、浅黄纸等都是用黄蘗染色制成的。奈良时代盛行抄经，《药师寺大般若经》《百万塔陀罗尼》等使用的黄蘗染色纸一直保存至今。

黄蘗含丰富的色素，是硫酸盐天然染料中唯一的盐基性染料。盐基性染料与其他染料混合时会发生沉淀，从而失去染色的作用，因此，想在黄蘗上加染别的颜色几乎不可能，即使染上去了，一经清洗也会脱色。在10世纪初编写的《延喜式》法典里，虽然记载着在蓝染后加黄蘗可染成中绿、浅绿色，但和蓝色重复染时，黄蘗一定要最后染。后染有固定颜色的效果，尤其是在红色染后，为了定色而使用黄蘗。

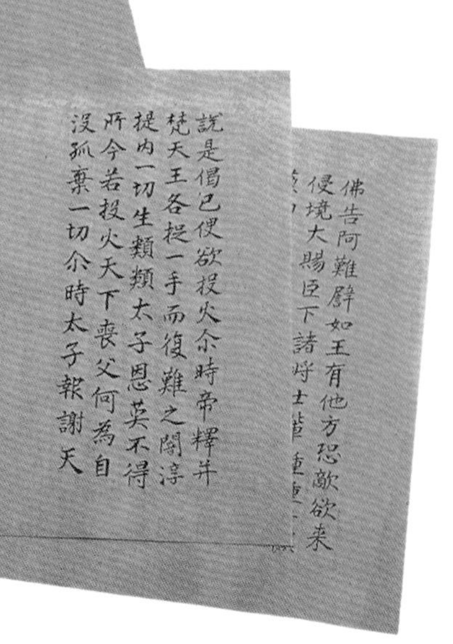

黄蘗染·抄经用纸

材料和用具

- 和纸 8 张（30×50 厘米）
- 黄蘖　50 克
- 2.5 升小号不锈钢圆盆　1 个
- 滤筛
- 密筛
- 毛刷
- 细长木板 16 块（约 2×40 厘米）
- 夹子　等

染前准备

① **准备和纸。** 因两面都需要染色，为操作方便，把和纸的一端用细长木板夹住，用夹子固定木板两端。

色液提取

② **提取黄蘖。**把 50 克黄蘖放入 500 毫升水（冷热均可）中，大火煮沸，然后改为小火继续煎煮 20 分钟。

③ **过滤色液。**把煮出的色液用滤筛和密筛过滤。

刷染

④ **刷染。**把和纸放在不吸水的桌面或木板上，一只手拿起夹住的木板，另一只手用蘸有染液的毛刷刷染和纸。一面完成后，用同样的方法刷染反面。

染后处理

⑤ **晾干。**慢慢小心地拆除夹子，用 2 根晾衣杆架起夹和纸的木板，在无风的地方阴干。

⑥ **完成木板粘裱和纸。**将阴干的和纸再次浸湿，用毛刷仔细地刷平，裱在木板上，不要使和纸出现折痕，晾干。在盛水的容器里加少量藻与水融化，平裱的和纸在晾干过程中不会干裂。如果平裱在塑料制品的物体上，黄蘖的颜色不会移染。

④用毛刷吸蘸染液

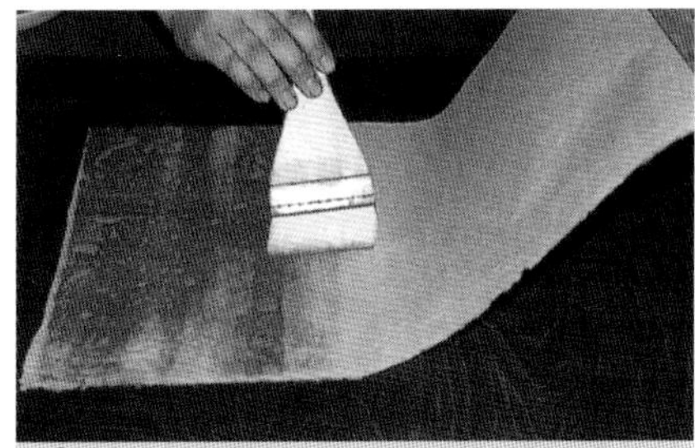

④从底边开始刷

②在水里加入黄蘖

③用滤筛过滤色液

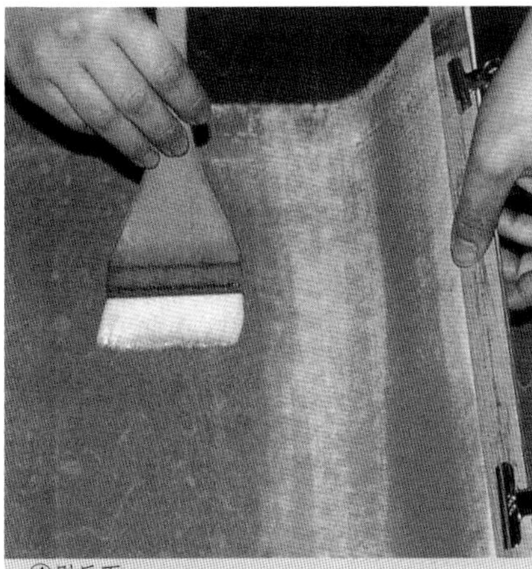

④刷反面

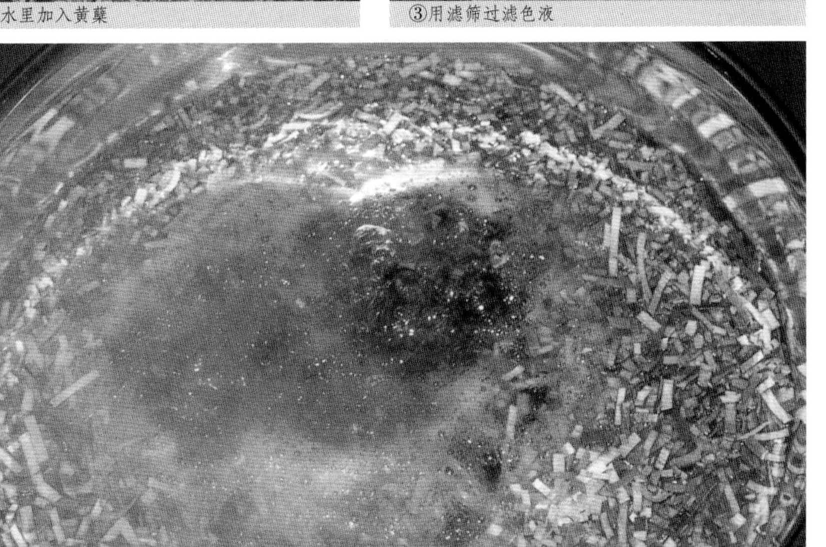

②煮沸

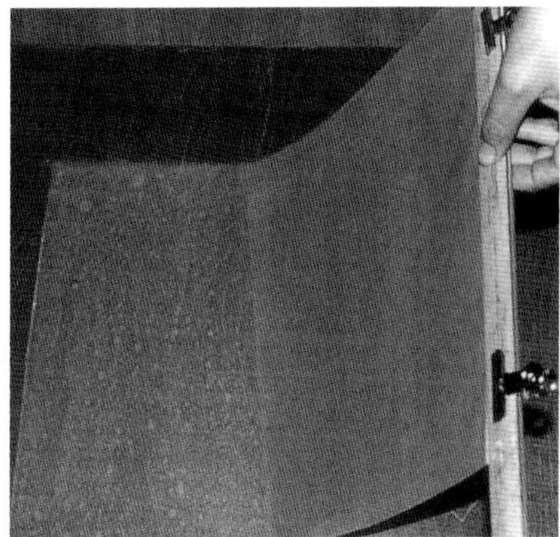

⑤慢慢揭开

栀子

生长在日本西部、四国、九州、冲绳、中国南部[1]和中国等温暖地域的茜草科常绿灌木。高达1—3米，对称生长的细长叶呈深绿色且有光泽，5—7月时开出又大又白的芳香六瓣花朵。萼上部为细长的6片，下部呈圆筒型，果实被萼筒包着慢慢成熟，长成桔红色。只有单层花瓣会结果。

栀子的词源解释，在江户中期的《日本释名》（贝原益轩 著/1700年出版）一书中就有提及，“果实内孕育其种子，待成熟后果必张开口，栗子、橡子、石榴等皆如此。唯此物成熟后不开口，故称之无口”，即指果实成熟后仍不张开的意思[2]。室町时代（1336—1573）的文献《下学集》中也有“无口”的记载。

从栀子果实中提取的黄色色素，自古以来就是常用的染料，中国早在周朝之前就已经使用。在日本天平时代（710—794）的文献中也有用其染纸的记录，可是由于它的色素牢固性差，又没有黄蘗所具备的防虫效果，就有了后来在《大乘院寺社杂事记》（室町时代）里的“（经文纸染色时）黄皮（黄蘗）染色比之无口（栀子）更合适”的记载。

平安时代《延喜式》中记录有深支子（黄橙色）、黄支子（深黄色）、浅支子（黄色）三种色名和配方，根据配方黄支子只用栀子染色，而深支子和浅支子是用栀子染色后再用红花加染而成。那个时代的支子色是指果实本来的橙色，黄支子色则是指不带红色偏向的果实的稍强烈的深黄色。

另外，作为出色的食用色素，江户初期的假名草纸[3]《东海道名所记》中记载有静冈县藤枝的特产——栀子饭，即用栀子染色后的米饭。现在的栀子饭、剥皮金色栗子也是使用其作为染色剂染色的。作为中药，晒干的栀子果实被制作成利尿剂。

1 指日本的中国地区。
2 栀子的日语发音为kutinashi，发音同“口无”。
3 假名草纸：兴起于日本17世纪初到17世纪80年代的一种通俗文学作品，体裁以小说物语为主。因这类小说全用假名写成，所以叫假名草纸。
4 盐濑，是指用细密的生丝经线与粗的纬线织成有纬径的丝织物。

栀子染·真丝盐濑[4]包裹布和小包裹布

材料和用具

- 盐濑 1 块（300×35 厘米） 220 克
- 栀子果实 110 克
- 6.5 升中号不锈钢圆盆 2 个
- 2.5 升小号不锈钢圆盆 1 个
- 15 升小号桶锅 1 个
- 滤筛
- 密筛
- 计量杯 等

②把栀子果实倒入水中

②煮沸

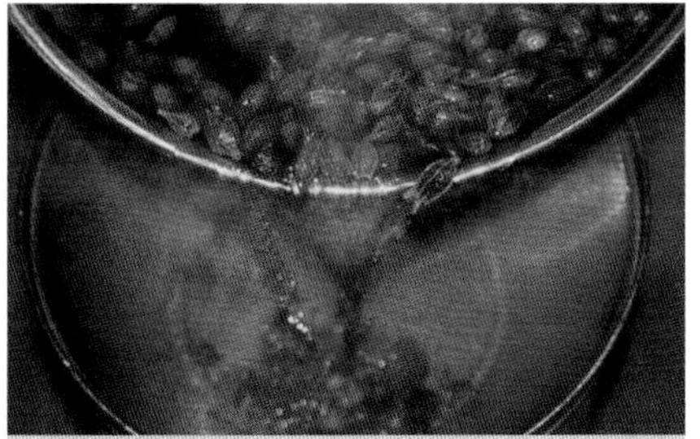
③用滤筛过滤色液

⑤用密筛过滤色液 ⑤往色液里加水

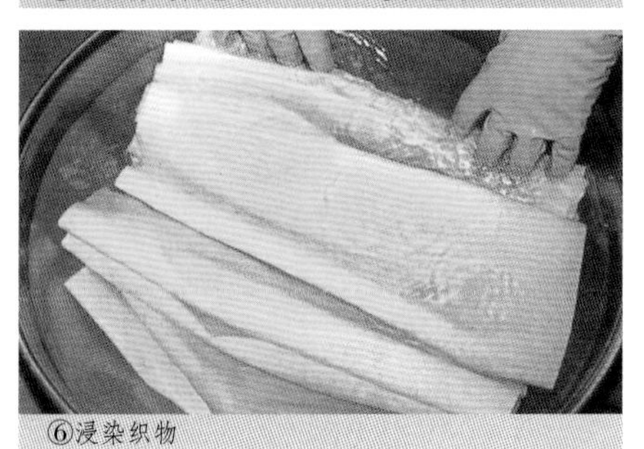
⑥浸染织物

染前准备

① **盐濑的染前准备。**将面料浸入 40℃—50℃的热水里，为使面料吸水均匀，应让面料整体浸入。

色液提取

② **第 1 次提取。**把 110 克栀子果实放入 2.5 升水（冷热均可）中，大火煮沸，然后改为小火继续煎煮 20 分钟。

③ **过滤色液。**把煮过的栀子果实用滤筛过滤，2.5 升水煮出约 2.5 升色液。

④ **第 2 次提取。**将滤筛里的栀子再次加水，采用与第 1 次提取相同的方法煮沸、过滤，2 次煮出的色液合计约 5 升。

染色

⑤ **制作染液。** 将 1 升色液用密筛过滤，加入 8 升水（冷热均可），制成 9 升染液。剩余的色液留待后续添加使用。

⑥ **在染液里浸染。**面料以不急速上色为好。将盐濑做好染前准备之后，不要用手拧，应轻轻提起，使之适当滴去水分，然后放入染液中浸染 1 小时。在 1 小时内逐次加入剩余的色液：每间隔 15 分钟，就用密筛过滤 1 升色液加入染液里。应加热染液，使其温度慢慢上升。丝绸面料在高温下容易受损，故请注意，温度应控制在 50℃—60℃之间。盐濑面料如发生互相摩擦，容易受损，应十分注意。浸染时要始终在染液中拨动面料，并避免面料与染液间出现气泡。面料出现折痕或由于空气进入织物而产生气泡，都会使染色不均匀而出现染斑，所以必须仔细地将面料从头至尾、反复拨动。

⑦ **清洗。**用水清洗掉面料上多余的染液。

⑥ 染色 1 小时			
15 分钟后 ＋1 升	30 分钟后 ＋1 升	45 分钟后 ＋1 升	→ ⑦ 清洗

★ 色液不可放置过夜。

★ 如需染更深的颜色，染色、清洗、干燥（参照第 20 页）以后，第 2 天再从步骤①开始，重复操作。

染后处理

⑧ **清洗。**完成⑦后，再用清水清洗干净。

⑨ **晾干。**清洗后的面料不要用手拧，用晾衣夹夹住一边，吊起阴干。

⑩ **熨烫。**盖上垫布，用熨斗熨平。熨烫时注意温度。

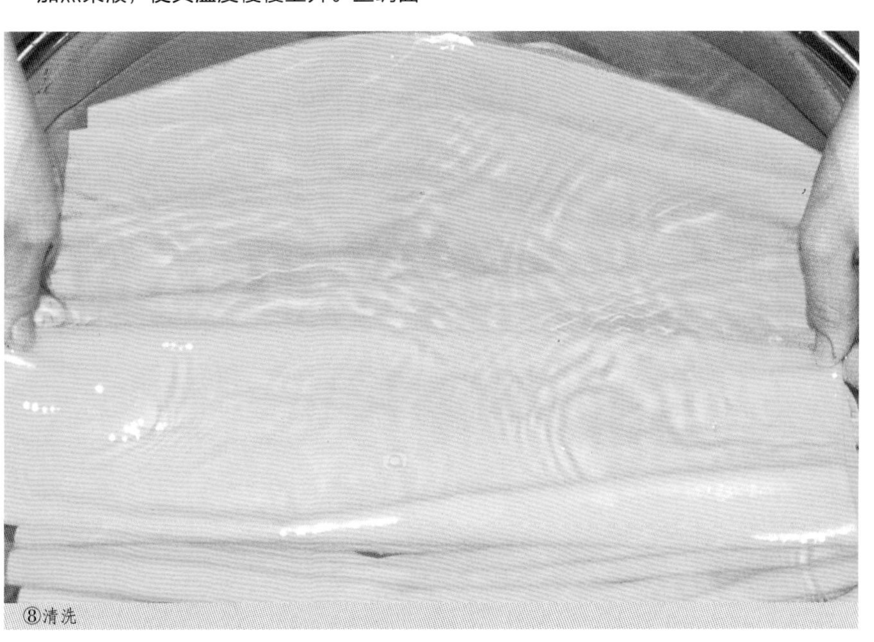
⑧清洗

藏红花

原产于中近东的鸢尾科，属多年生草本植物。观赏用的称番红花、西红花，药用的称藏红花。适合在温暖且雨水少的地区生长，现在主要在西班牙、法国、意大利等地广泛栽培。有和大蒜一样的球茎，叶子呈针状，秋天开淡紫色的花朵。

雌蕊的芯头不仅芳香还含有黄色色素。藏红花（Safra）为阿拉伯语黄色之意，原指柱头的黄色成分，后延用成花名。自古以来就被用作染料、香料以及药材（痛风、风湿病的特效药）的原材料。

在公元前1500年的古希腊，已经作为染料被广泛地利用，希腊神话里登场的人物狄俄尼索斯和安德洛墨达身穿的就是以藏红花染色的黄衣袍，传说赫拉克勒斯的黄色尿布也是用藏红花染的。

公元前2世纪的中国，张骞出使西域时带回的药材中也有晒干的藏红花花蕊的蕊柱。明代李时珍著的《本草纲目》中也记载有“番红花”，解释为番（西域）、波斯、阿拉伯等产地的红花。江户时代天宝年间藏红花作为药材传入日本。

一株花朵有一根雌蕊蕊柱和三根雄蕊蕊柱，雌蕊蕊柱又分叉成三根。要摘取这根雌蕊蕊柱是一件费工夫的事。1千克染料需要采摘几十万根雌蕊蕊柱，所以天然染料中藏红花是最昂贵的材料，为此，常常从红花（英文名Safflower）的黄水中提取黄色色素作为替代品。

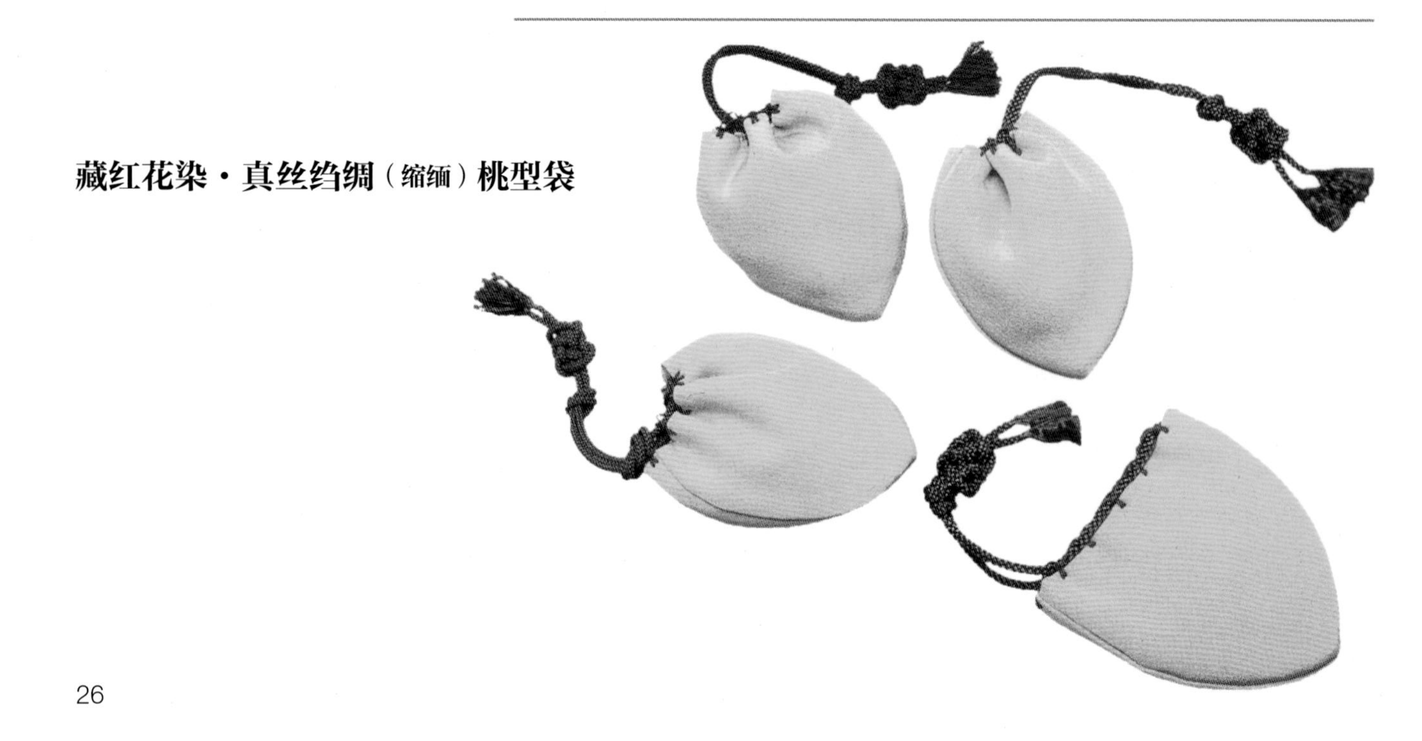

藏红花染·真丝绉绸（缩缅）桃型袋

材料和用具

- 一越绉绸 1 块（35×38 厘米） 20 克
- 藏红花 5 克
- 6.5 升中号不锈钢圆盆 2 个
- 2.5 升小号不锈钢圆盆 1 个
- 15 升小号桶锅 1 个
- 滤筛
- 密筛
- 计量杯 等

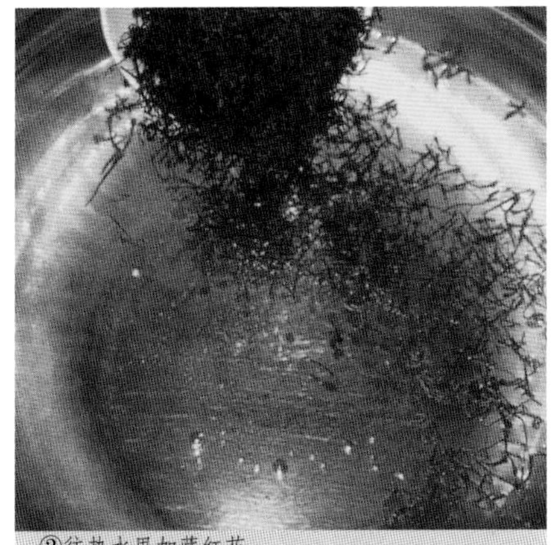
②往热水里加藏红花

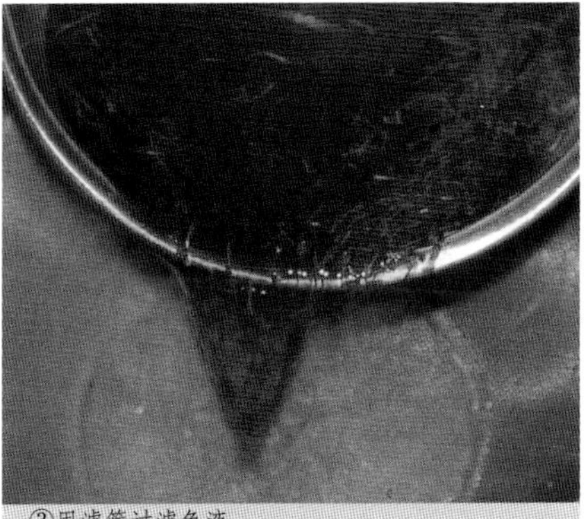
③用滤筛过滤色液

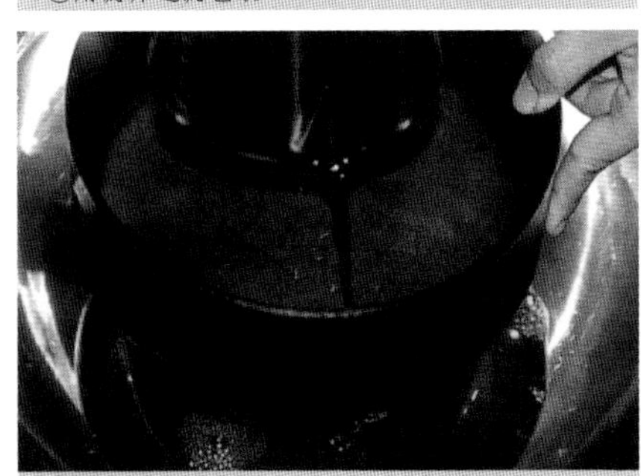
⑤用密筛过滤色液

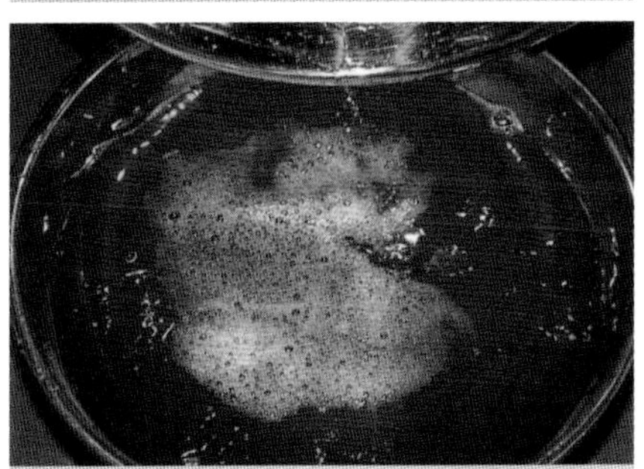
⑤往色液里加热水

染前准备

① **绉绸的染前准备。**将面料浸入 40℃—50℃的热水里。拨动面料，使之整体均匀浸透。绉绸浸水后纤维中会浮出杂物，中途应换一次热水。

色液提取

②**第 1 次提取。**把 5 克藏红花放入 1 升水（冷热均可）中，大火煮沸，然后改为小火继续煎煮 20 分钟。

③**过滤色液。**把煮过的藏红花用滤筛过滤，1 升水煮出约 1 升色液。

④**第 2 次提取。**将滤筛里的藏红花再次加水，采用与第 1 次提取相同的方法煮沸、过滤，2 次煮出的色液合计约 2 升。

染色

⑤ **制作染液。** 将 0.5 升色液用密筛过滤，加入 4.5 升水（冷热均可），制成 5 升染液。剩余的色液留待后续添加使用。

⑥ **在染液里浸染。**面料以不急速上色为好。将盐濑做好染前准备之后，不要用手拧，应轻轻提起，使之适当滴去水分，然后放入染液中浸染 1 小时。在 1 小时内分次加入色液：每间隔 15 分钟，就用密筛过滤 0.5 升色液加入染液里。应加热染液，使其温度慢慢上升。丝绸面料在高温下容易受损，故请注意，温度应控制在 50℃—60℃之间。盐濑面料如发生互相摩擦，容易受损，应十分注意。浸染时要始终在染液中拨动面料，并避免面料与染液间出现气泡。面料出现折痕或由于空气进入织物而产生气泡，都会使染色不均匀而出现染斑，所以必须仔细地将面料从头至尾、反复拨动。

⑦ **清洗。**用水清洗掉面料上多余的染液。

⑥ 染色 1 小时			
15 分钟后 ＋0.5 升	30 分钟后 ＋0.5 升	45 分钟后 ＋0.5 升	→ ⑦ 清洗

★ 色液不可放置过夜。

★ 如需染更深的颜色，染色、清洗、干燥（参照第 20 页）以后，第 2 天再从步骤①开始，重复操作。

染后处理

⑧ **清洗。**完成⑦后，再用清水清洗干净。

⑨ **晾干。**清洗后的面料不要用手拧，用晾衣夹夹住一边，吊起阴干。

⑩ **熨烫。**盖上垫布，用熨斗熨平。熨烫时注意温度。

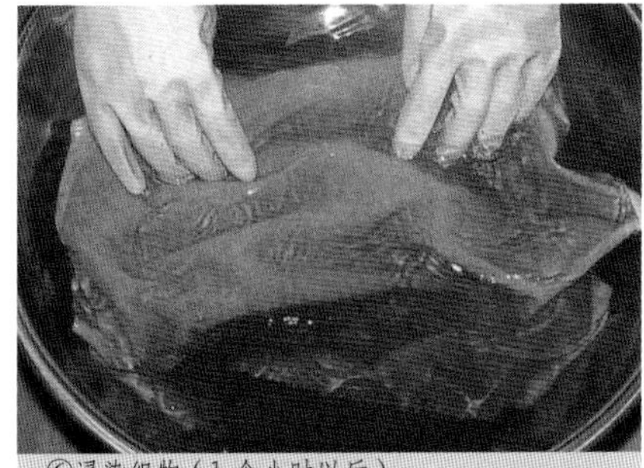
⑥浸染织物（1 个小时以后）

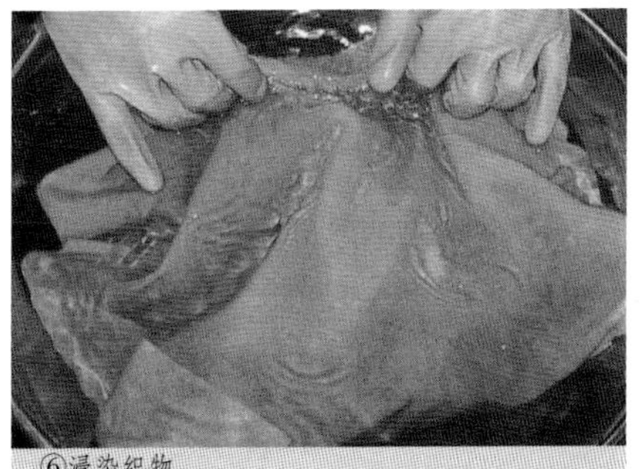
⑥浸染织物

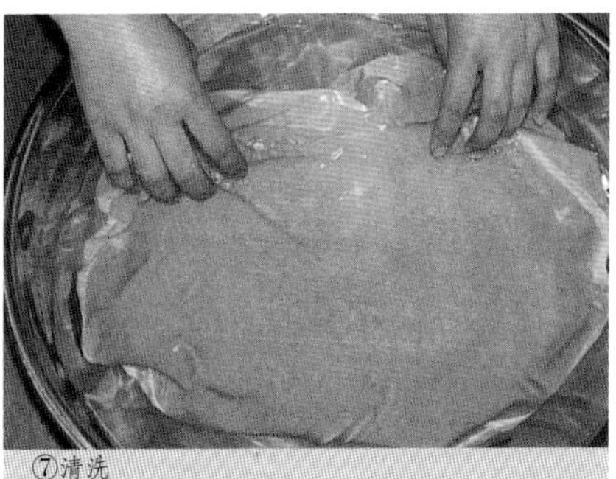
⑦清洗

洋葱

在我们生活中最常见的食材洋葱，原产于中亚，公元前3000年古埃及就已经开始食用，它是世界上最古老的蔬菜之一。后来经过品种改良，世界各地都开始种植起来，于是现在有了很多不同的品种。洋葱的品种大致分为南欧系列的甘甜型和中东欧洲的辛辣型。

1620年代到1630年代，日本长崎已有洋葱栽培的记录，但中途失传。1870年年初，从欧美进口的种子在北海道栽培成功。第二次世界大战之后，随着西洋料理的普及，洋葱的需求增大，洋葱种植在日本也兴旺起来，成为继中国、印度、美国之后的洋葱生产大国。其中，北海道、大阪和兵库等是辛辣型洋葱的主要产地。

洋葱是百合科葱属，属多年生叶菜，生长在地下的粗大葱头可食用。其特有的刺激成分具有促进消化液分泌和血液循环的作用，对糖尿病、动脉管硬化、高血压等老年病有着良好的改善效果。

葱头被一层褐色薄皮包裹着。料理时剥去扔掉的外皮里，就含有黄酮醇类槲皮素的黄色色素。在北欧，洋葱自古以来就被用于毛织物、亚麻、棉布等的染色。

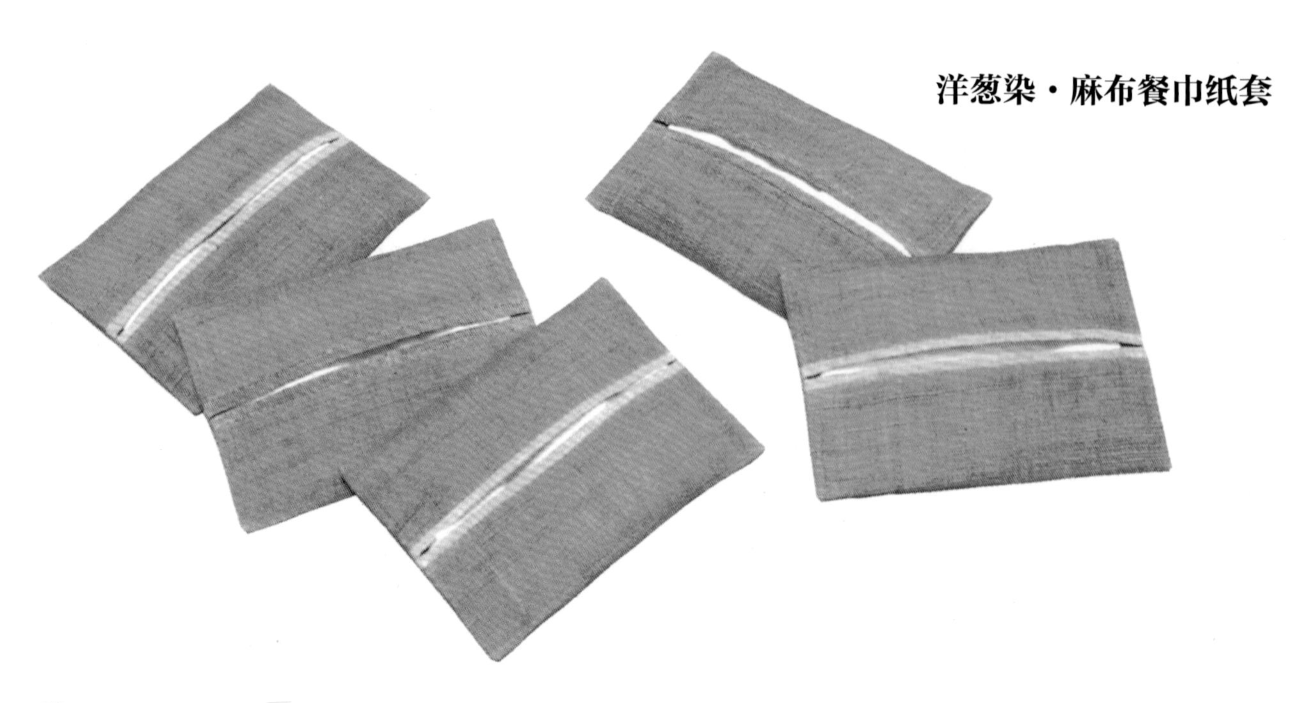

洋葱染·麻布餐巾纸套

材料和用具

- 麻布 1 块（50×37 厘米）　30 克
- 洋葱皮　30 克
- 明矾　18 克
- 13 升大号不锈钢圆盆　4 个
- 6.5 升中号不锈钢圆盆　1 个
- 15 升小号桶锅　1 个
- 滤筛
- 密筛
- 计量杯 等

染前准备

① **麻布的染前准备。**将面料浸入 40℃—50℃的热水里。拨动面料，使之整体均匀浸透。

色液提取

②**第 1 次提取。**把 30 克洋葱皮放入 5 升水（冷热均可）中，大火煮沸，然后改为小火继续煎煮 20 分钟。

③**过滤色液。**把煮过的洋葱皮用滤筛过滤，5 升水煮出约 5 升色液。

④**第 2 次提取。**将滤筛里的洋葱皮再次加水，采用与第 1 次提取相同的方法煮沸、过滤，2 次煮出的色液合计约 10 升。

染色

⑤**制作染液。**将 2 升色液用密筛过滤，加入 7 升水（冷热均可）中，制成 9 升染液。剩余的色液留待后续添加使用。

⑥**在染液里浸染。**面料以不急速上色为好。将面料做好染前准备后，不要用手拧，应轻轻提起，使之适当滴去水分，然后放入染液中浸染约 20 分钟，使面料均匀上色。麻在 70℃左右的染液中容易染色，应加热染液，使其温度慢慢上升。浸染时要始终在染液中拨动面料，并避免面料与染液间出现气泡。面料出现折痕或由于空气进入织物而产生气泡，都会使染色不均匀而出现染斑，所以必须仔细地将面料从头至尾、反复拨动。

⑦**清洗。**用水清洗掉面料上多余的染液。

媒染

⑧**配制媒染液。**将 18 克明矾放入 9 升 40℃—50℃的热水里，充分搅拌溶化。请记住，如果是麻质面料，明矾的使用量是 1 升水中放 2 克明矾。明矾不易溶化，应先另取容器，用开水溶化后再用。

⑨**在媒染液里浸染。**采用与⑥相同的方法浸染 20 分钟。加温明矾媒染液，使其温度保持在 40℃—50℃之间。

⑩**清洗。**从媒染液里提起面料，将面料上多余的媒染液用清水洗掉。但是，染色后的清洗与媒染后的清洗要使用不同的容器。

以上⑥⑦⑨⑩的染色→媒染步骤操作 4 次。

↗ ⑥染色 20 分钟 ↘
⑩清洗　　　　⑦清洗
↖ ⑨媒染 20 分钟 ↙

★ 如果第 1 次就用高浓度染液染色，容易出现染斑。故分成 4 次操作，每次浓度逐渐加深。第 2、3、4 次染色时，应从上一次使用的染液里取出 2 升旧染液倒掉，加入 2 升新的色液。

★ 色液不可放置过夜。

★ 如需染更深的颜色，染色、清洗、干燥（参照第 20 页）以后，第 2 天再从步骤①开始，重复操作。

染后处理

⑪ **清洗。**完成第 4 次媒染清洗以后，再用清水清洗干净。

⑫ **晾干。**清洗后的面料不要用手拧，用晾衣夹夹住一边，吊起阴干。

⑬ **熨烫。**盖上垫布，用熨斗熨平。熨烫时注意温度。

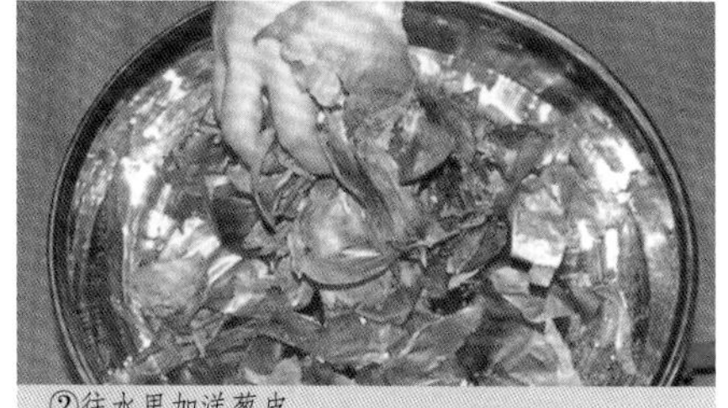
②往水里加洋葱皮

②煮沸

⑤用密筛过滤色液

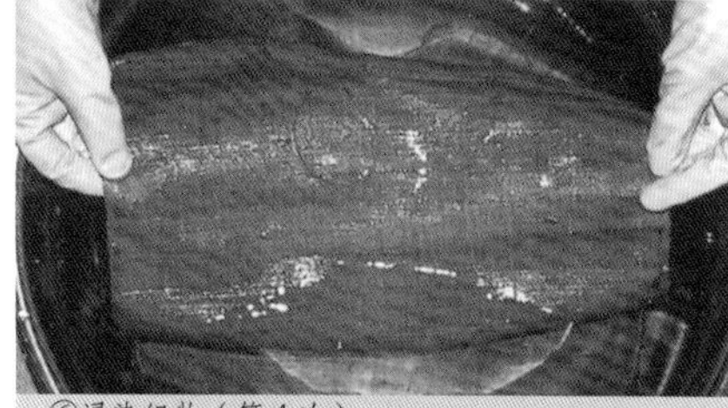
⑥浸染织物（第 4 次）

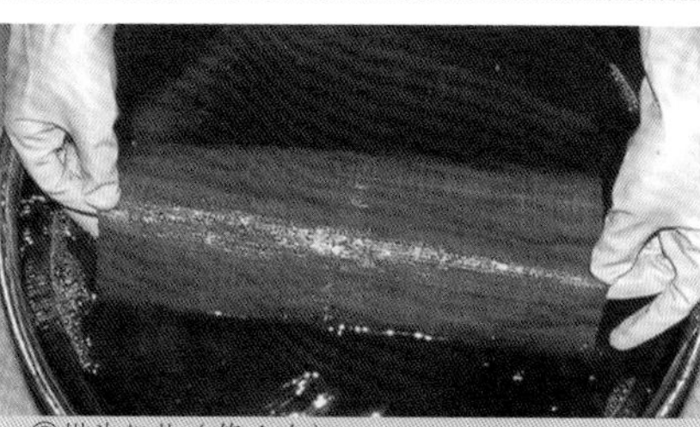
⑨媒染织物（第 4 次）

③用滤筛过滤色液

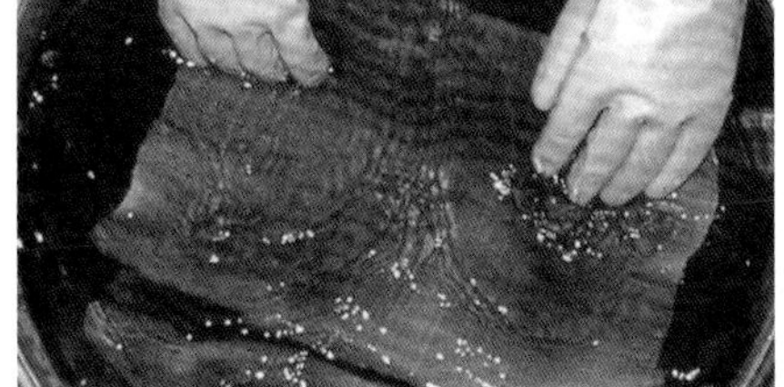
⑥浸染织物（第 1 次）

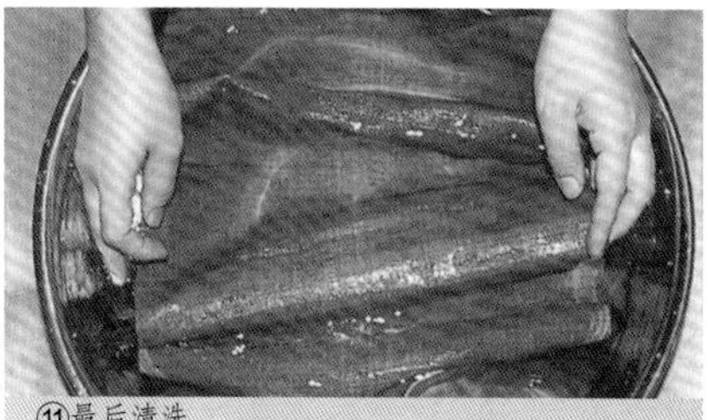
⑪最后清洗

刈安

刈安为禾本科，芒属植物。生长在从关东到近畿四国等地的山野中，近江（滋贺县）的伊吹山最多，所以也称为“近江刈安”。与芒草相比，其身矮小而且茎细，叶质很薄，是一种容易（安）收割（刈）的草，故得此名。9月至10月左右，两三株分长成一束并生长出15厘米左右的褐穗，抽穗时就可以收割作成染料了。

作为染料，刈安属于黄酮醇类植物，是黄色染料的代表。在中国古代，正黄色是只有皇帝才可使用的专属色彩，而这种正黄色就是用刈安染成的。在日本古代，它也是一直用来染纯正黄色的染料，如《日本书记》中有“……诏告天下百姓，着黄色服饰”的记载。因刈安容易大量得到，以刈安为染料的黄色是最普通的色彩，所以黄色成为庶民衣服的主要颜色。

据《延喜式》中记载，用灰汁可染出“深黄”“浅黄”，先染刈安色再染紫草色可得“青白橡”色（灰中带青绿色），然后加染蓝色可得“深绿”色。这种蓝加刈安染色也用于蚊帐、包袱等涂油后能经久耐用的物品的染色。

刈安除了服饰也常用于染纸。天平时代，为了防虫蛀一般用黄蘖染纸，正仓院保存的染纸中也有刈安纸、浅刈安纸、深刈安纸。《枕草子》中也有“薄样色纸以白、紫、红、刈安染，青也可”的记载，能证明存在刈安染的色名。

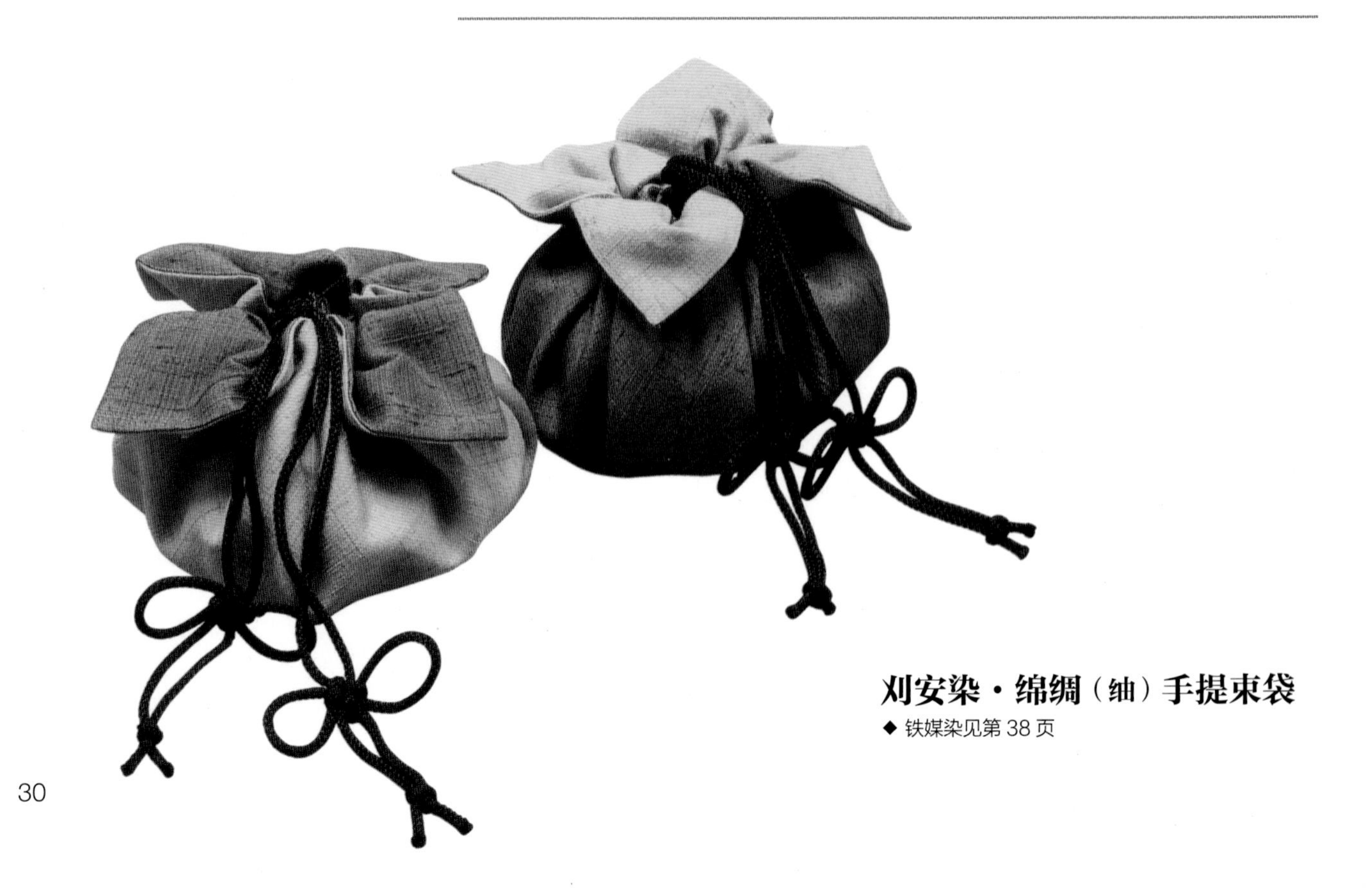

刈安染·绵绸（紬）手提束袋

◆ 铁媒染见第38页

材料和用具

- 绵绸 1 块（200×36 厘米） 100 克
- 刈安 200 克
- 明矾 18 克
- 13 升大号不锈钢圆盆 4 个
- 6.5 升中号不锈钢圆盆 1 个
- 15 升小号桶锅 1 个
- 滤筛
- 密筛
- 计量杯
- 玻璃棒 等

染前准备

① **绵绸的染前准备。**将面料浸入 40℃—50℃的热水里。拨动面料，使之整体均匀浸透。绵绸面料的表面因织造工艺而凸凹不平，吃水困难，因此染前准备时间要稍长一些。

色液提取

② **第 1 次提取。**把 200 克刈安放入 5 升水（冷热均可）中，大火煮沸，然后改为小火继续煎煮 20 分钟。

③ **过滤色液。**把煮过的刈安用滤筛过滤，5 升水煮出约 5 升色液。

④ **第 2 次提取。**将滤筛里的刈安再次加水，采用与第 1 次提取相同的方法煮沸、过滤，2 次煮出的色液合计约 10 升。

染色

⑤ **制作染液。** 将 2 升色液用密筛过滤，加入 7 升水（冷热均可），制成 9 升染液。剩余的色液留待后续添加使用。

⑥ **在染液里浸染。**面料以不急速上色为好。将绵绸做好染前准备之后，不要用手拧，应轻轻提起，使之适当滴去水分，然后放入染液中浸染约 20 分钟，使面料均匀上色。应加热染液，使其温度慢慢上升。绵绸面料在高温下容易受损，故请注意，温度应控制在 50℃—60℃之间。浸染时要始终在染液中拨动面料，并避免面料与染液间出现气泡。面料出现折痕或由于空气进入织物而产生气泡，都会使染色不均匀而出现染斑，所以必须仔细地将面料从头至尾、反复拨动。

⑦ **清洗。**用水清洗掉面料上多余的染液。

媒染

⑧ **配制媒染液。**将 18 克明矾放入 9 升开水里，充分搅拌溶化。请记住，如果是丝绸面料，明矾的使用量是 1 升水中放 1 克明矾。绵绸面料质地较厚，为了更好地进行媒染，1 升水要放 2 克明矾。明矾不易溶化，应先另取容器，用开水溶化后再用。

⑨ **在媒染液里浸染。**采用与⑥相同的方法浸染 20 分钟。加温明矾媒染液，使其温度保持在 40℃—50℃之间。

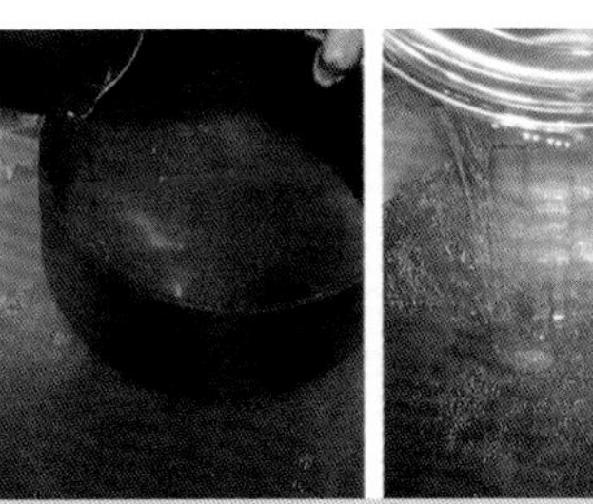

⑤用密筛过滤色液

⑤往色液里加水

⑩ **清洗。**从媒染液里提起面料，将面料上多余的媒染液用清水洗掉。但是，染色后的清洗与媒染后的清洗要使用不同的容器。

以上⑥⑦⑨⑩的染色→媒染步骤操作 4 次。

↗ ⑥染色 20 分钟 ↘
⑩清洗 ⑦清洗
↖ ⑨媒染 20 分钟 ↙

★ 如果第 1 次就用高浓度染液染色，容易出现染斑。故分成 4 次操作，每次浓度逐渐加深。第 2、3、4 次染色时，应从上一次使用的染液里取出 2 升旧染液倒掉，加入 2 升新的色液。

★ 色液不可放置过夜。

★ 如需染更深的颜色，染色、清洗、干燥（参照第 20 页）以后，第 2 天再从步骤①开始，重复操作。

染后处理

⑪ **清洗。**完成第 4 次媒染清洗以后，再用清水清洗干净。

⑫ **晾干。**清洗后的面料不要用手拧，用晾衣夹夹住一边，吊起阴干。

⑬ **熨烫。**盖上垫布，用熨斗熨平。熨烫时注意温度。

②煮沸

⑥浸染织物（第 1 次）

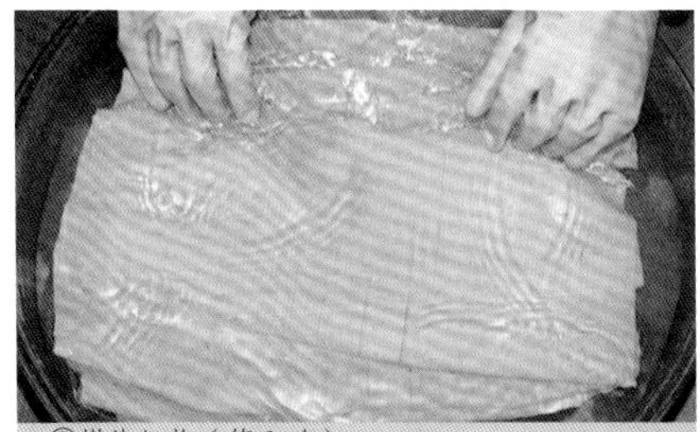

⑨媒染织物（第 1 次）

③用滤筛过滤色液

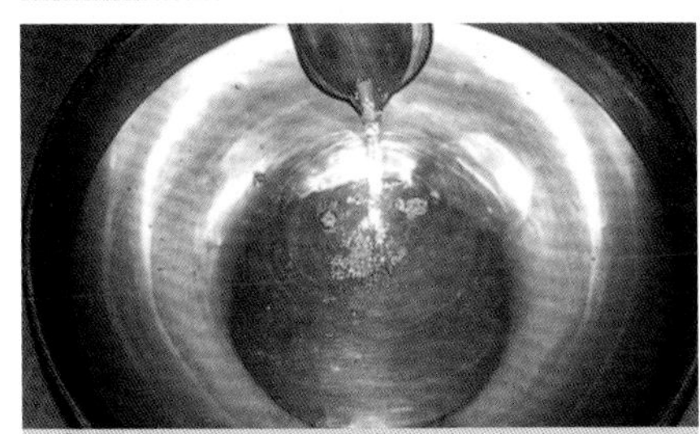

⑧配制媒染液

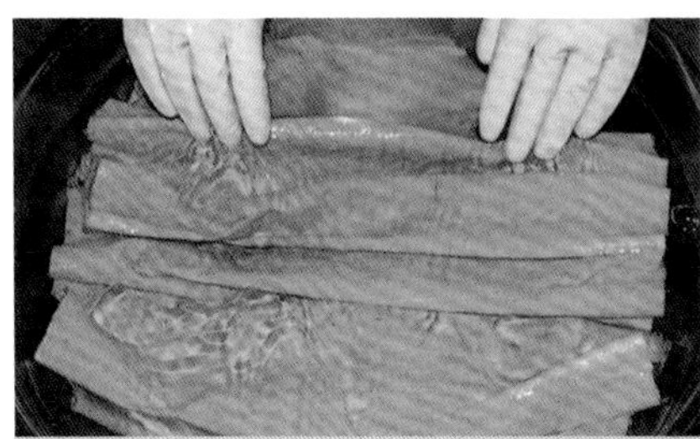

⑨媒染织物（第 4 次）

刈安染・真丝盐濑茶道用具布包

◆ 完成品见第 30 页

材料和用具

- 盐濑 1 块（200×35 厘米）　120 克
- 刈安　240 克
- 明矾　9 克
- 13 升大号不锈钢圆盆　4 个
- 6.5 升中号不锈钢圆盆　1 个
- 15 升小号桶锅　1 个
- 滤筛
- 密筛
- 计量杯
- 玻璃棒 等

染前准备

① **盐濑的染前准备。**将面料浸入 40℃—50℃的热水里。拨动面料，使之整体均匀浸透。

色液提取

② **第 1 次提取。**把 240 克刈安放入 5 升水（冷热均可）中，大火煮沸，然后改为小火继续煎煮 20 分钟。

③ **过滤色液。**把煮过的刈安用滤筛过滤，5 升水煮出约 5 升色液。

④ **第 2 次提取。**将滤筛里的刈安再次加水，采用与第 1 次提取相同的方法煮沸、过滤，2 次煮出的色液合计约 10 升。

染色

⑤ **制作染液。**将 2 升色液用密筛过滤，加入 7 升水（冷热均可），制成 9 升染液。剩余的色液留待后续添加使用。

⑥ **在染液里浸染。**面料以不急速上色为好。将盐濑做好染前准备之后，不要用手拧，应轻轻提起，使之适当滴去水分，然后放入染液中浸染约 20 分钟，使面料均匀上色。应加热染液，使其温度慢慢上升。丝绸面料在高温下容易受损，故请注意，温度应控制在 50℃—60℃之间。盐濑面料如发生互相摩擦，容易受损，应十分注意。浸染时要始终在染液中拨动面料，并避免面料与染液间出现气泡。面料出现折痕或由于空气进入织物而产生气泡，都会使染色不均匀而出现染斑，所以必须仔细地将面料从头至尾、反复拨动。

⑦ **清洗。**用水清洗掉面料上多余的染液。

媒染

⑧ **配制媒染液。**将 9 克明矾放入 9 升开水里，充分搅拌溶化。请记住，如果是丝绸面料，明矾的使用量是 1 升水中放 1 克明矾。明矾不易溶化，应先另取容器，用开水溶化后再用。

⑨ **在媒染液里浸染。**采用与⑥相同的方法浸染 20 分钟。加温明矾媒染液，使其温度保持在 40℃—50℃之间。

⑩ **清洗。**从媒染液里提起面料，将面料上多余的媒染液用清水洗掉。但是，染色后的清洗与媒染后的清洗要使用不同的容器。

以上⑥⑦⑨⑩的染色→媒染步骤操作 4 次。

↗ ⑥染色 20 分钟 ↘
⑩清洗　　　　⑦清洗
↖ ⑨媒染 20 分钟 ↙

★ 如果第 1 次就用高浓度染液染色，容易出现染斑。故分成 4 次操作，每次浓度逐渐加深。第 2、3、4 次染色时，应从上一次使用的染液里取出 2 升旧染液倒掉，加入 2 升新的色液。

★ 色液不可放置过夜。

★ 如需染更深的颜色，染色、清洗、干燥（参照第 20 页）以后，第 2 天再从步骤①开始，重复操作。

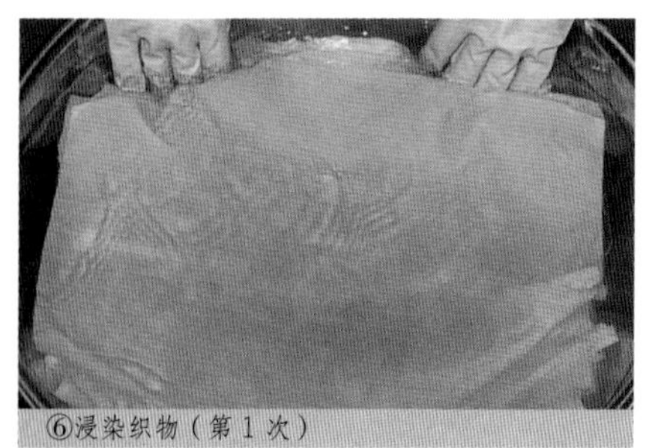

⑥浸染织物（第 1 次）

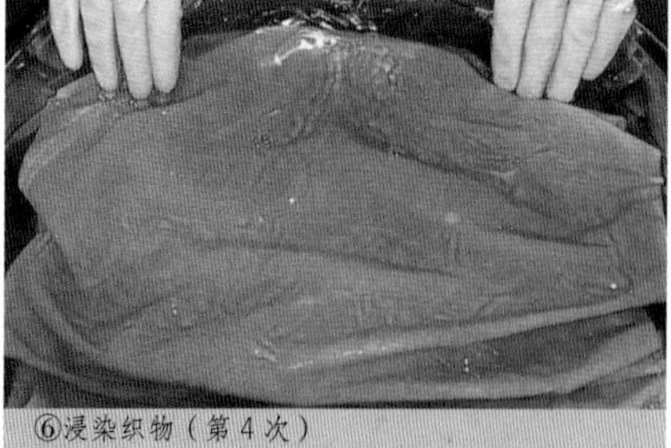

⑥浸染织物（第 4 次）

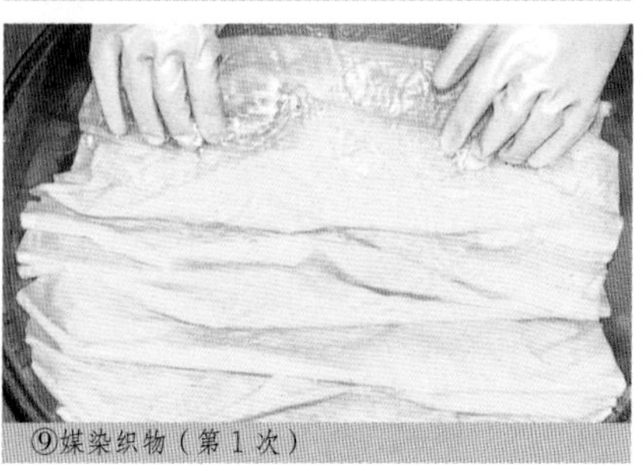

⑨媒染织物（第 1 次）

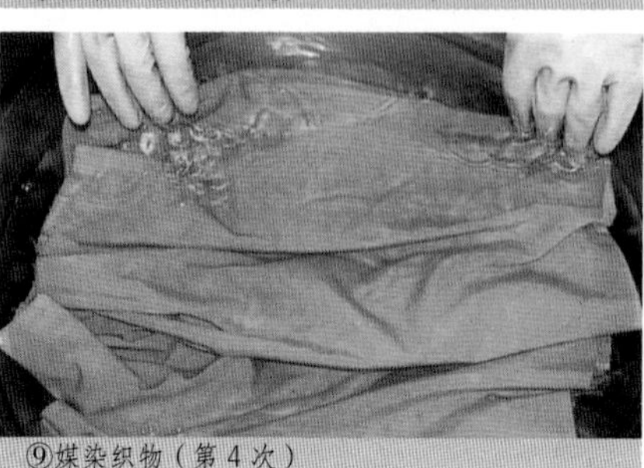

⑨媒染织物（第 4 次）

染后处理

⑪ **清洗。**完成第 4 次媒染清洗以后，再用清水清洗干净。

⑫ **晾干。**清洗后的面料不要用手拧，用晾衣夹夹住一边，吊起阴干。

⑬ **熨烫。**盖上垫布，用熨斗熨平。熨烫时注意温度。

刈安染・真丝刺绣线（用于和服领口刺绣）

◆ 完成品见第 105 页

材料和用具

- 真丝刺绣线 1 绞　10 克
- 刈安　100 克
- 明矾　4 克
- 6.5 升中号不锈钢圆盆　4 个
- 15 升小号桶锅　1 个
- 滤筛
- 密筛
- 计量杯、直棒 等

染前准备

① **丝线的染前准备。**将丝线用直棒挑起，浸入 40℃—50℃的热水里。上下运动直棒，转动丝线挑起的位置，使之能整体均匀浸透。

色液提取

② **第 1 次提取。**把 100 克刈安放入 2.5 升水（冷热均可）中，大火煮沸，然后改为小火继续煎煮 20 分钟。

③ **过滤色液。**把煮过的刈安用滤筛过滤，2.5 升水煮出约 2.5 升色液。

④ **第 2 次提取。**将滤筛里的刈安再次加水，采用与第 1 次提取相同的方法煮沸、过滤，2 次煮出的色液合计约 5 升。

染色

⑤ **制作染液。**将 1 升的色液用密筛过滤，加入 3 升水（冷热均可），制成 4 升染液。剩余的色液留待后续添加使用。

⑥ **在染液里浸染。**将丝线做好染前准备之后，轻轻拧水，抖散丝线，放入染液中。不停拨动丝线，使其均匀染色，操作 10—15 分钟。应加热染液，使其温度慢慢上升，染制真丝丝线的温度应在 50℃—60℃之间。和做染前准备一样，上下运动直棒，转动丝线挑起的位置。转动时要避免丝线出现拉伸、缠绕现象。从染液中提起后，轻轻拧一下水分。

②煮沸

⑦ **清洗。**把轻轻拧过的丝线抖开，将线上多余的染液用水清洗。

媒染

⑧ **配制媒染液。**将 4 克明矾放入 4 升开水里，充分搅拌溶化。请记住，如果是真丝丝线，明矾的使用量是 1 升水中放 1 克明矾。明矾不易溶化，应先另取容器，用开水溶化后再用。

⑤用密筛过滤色液

⑤往色液里加水

⑥浸染丝线（第 1 次）

⑨媒染丝线（第 1 次）

⑥浸染丝线（第 4 次）

⑨媒染丝线（第 4 次）

⑨ **在媒染液里浸染。**把清洗后的丝线轻轻拧水、抖散开后放入媒染液里浸染，采用与⑥相同的方法浸染 10—15 分钟。加温明矾媒染液，使其温度保持在 40℃—50℃之间。

⑩ **清洗。**从媒染液里取出丝线，将丝线上多余的媒染液用清水洗掉。但是，染色后的清洗与媒染后的清洗要使用不同的容器。

以上⑥⑦⑨⑩的染色→媒染步骤操作 4 次。

⑥染色 10—15 分钟 → ⑦清洗 → ⑨媒染 10—15 分钟 → ⑩清洗 → ⑥

★ 如果第 1 次就用高浓度染液染色，容易出现染斑。故分成 4 次操作，每次浓度逐渐加深。第 2、3、4 次染色时，应从上一次使用的染液里取出 1 升旧染液倒掉，加入 1 升新的色液。

★ 色液不可放置过夜。

★ 如需染更深的颜色，染色、清洗、干燥（参照第 20 页）以后，第 2 天再从步骤①开始，重复操作。

染后处理

⑪ **清洗。**完成第 4 次媒染清洗以后，再用清水清洗干净。

⑫ **晾干。**将清洗后的丝线轻轻拧水，挂在固定棒上，另一端用直棒穿起，用力拧挤，并不断变换丝线的位置反复拧挤。拧好后，在同样状态下用力拉棒抻直丝线，整理平直后，穿在晾衣竿上阴干。

刈安染・丝线（用于腰带编织）

◆ 完成品见第 39 贞

材料和用具

- 柞蚕丝线 1 绞　80 克
- 刈安　160 克
- 明矾　4 克
- 6.5 升中号不锈钢圆盆　4 个
- 15 升小号桶锅　1 个
- 滤筛
- 密筛
- 计量杯、直棒 等

染前准备

① **丝线的染前准备。** 将丝线用直棒挑起，浸入 40℃—50℃的热水里。上下运动直棒，转动丝线挑起的位置，使之能整体均匀浸透。

色液提取

② **第 1 次提取。** 把 160 克刈安放入 2.5 升水（冷热均可）中，大火煮沸，然后改为小火继续煎煮 20 分 钟。

③ **过滤色液。** 把煮过的刈安用滤筛过滤，2.5 升水煮出约 2.5 升色液。

④ **第 2 次提取。** 将滤筛里的刈安再次加水，采用与第 1 次提取相同的方法煮沸、过滤，2 次煮出的色液合计约 5 升。

染色

⑤ **制作染液。** 将 1 升色液用密筛过滤，加入 3 升水（冷热均可），制成 4 升染液。剩余的色液留待后续添加使用。

⑥ **在染液里浸染。** 将丝线做好染前准备之后，轻轻拧水，抖散丝线，放入染液中。不停拨动丝线，使其均匀染色，约操作 20 分钟。应加热染液，使其温度慢慢上升，染制真丝丝线的温度应在 50℃—60℃之间。和做染前准备一样，上下运动直棒，转动丝线挑起的位置。转动时要避免丝线出现拉伸、缠绕现象。从染液中提起后，轻轻拧一下水分。

⑦ **清洗。** 把轻轻拧过的丝线抖开，将线上多余的染液用水清洗。

媒染

⑧ **配制媒染液。** 将 4 克明矾放入 4 升开水里，充分搅拌溶化。请记住，如果是真丝丝线，明矾的使用量是 1 升水中放 1 克明矾。明矾不易溶化，应先另取容器，用开水溶化后再用。

⑨ **在媒染液里浸染。** 把清洗后的丝线轻轻拧水、抖散开后放入媒染液里浸染，采用与⑥相同的方法浸染 20 分钟。加温明矾媒染液，使其温度保持在 40℃—50℃之间。

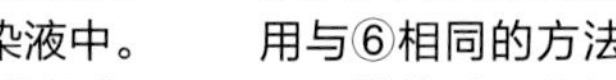

⑩ **清洗。** 从媒染液里取出丝线，将丝线上多余的媒染液用清水洗掉。但是，染色后的清洗与媒染后的清洗要使用不同的容器。

以上⑥⑦⑨⑩的染色→媒染步骤操作 4 次。

↗ ⑥染色 20 分钟 ↘
⑩清洗　　⑦清洗
↖ ⑨媒染 20 分钟 ↙

★ 如果第 1 次就用高浓度染液染色，容易出现染斑。故分成 4 次操作，每次浓度

②煮沸

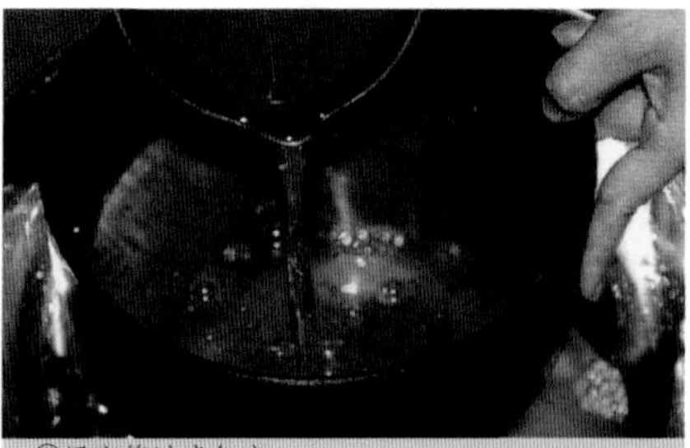

⑤用密筛过滤色液

⑥浸染丝线（第 1 次）

③用滤筛过滤色液

⑤往色液里加水

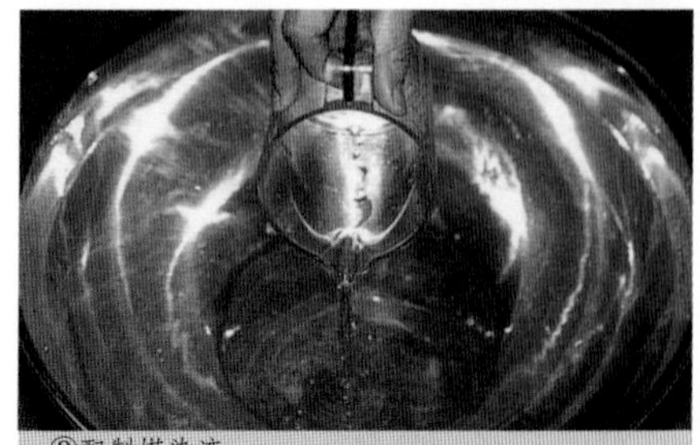

⑧配制媒染液

逐渐加深。第 2、3、4 次染色时，应从上一次使用的染液里取出 1 升旧染液倒掉，加入 1 升新的色液。

★ 色液不可放置过夜。

★ 如需染更深的颜色，染色、清洗、干燥（参照第 20 页）以后，第 2 天再从步骤①开始，重复操作。

染后处理

⑪ **清洗。**完成第 4 次媒染清洗以后，再用清水清洗干净。

⑫ **晾干。**将清洗后的丝线轻轻拧水，挂在固定棒上，另一端用直棒穿起，用力拧挤，并不断变换丝线的位置反复拧挤。拧好后，在同样状态下用力拉棒抻直丝线，整理平直后，穿在晾衣竿上阴干。

⑫ 拧丝线

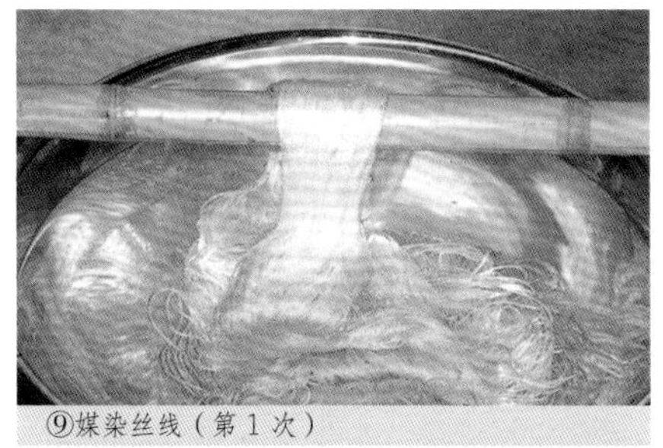
⑨媒染丝线（第 1 次）

⑫ 拉抻整理

⑫ 拉抻整理

⑥浸染丝线（第 4 次）

⑨媒染丝线（第 4 次）

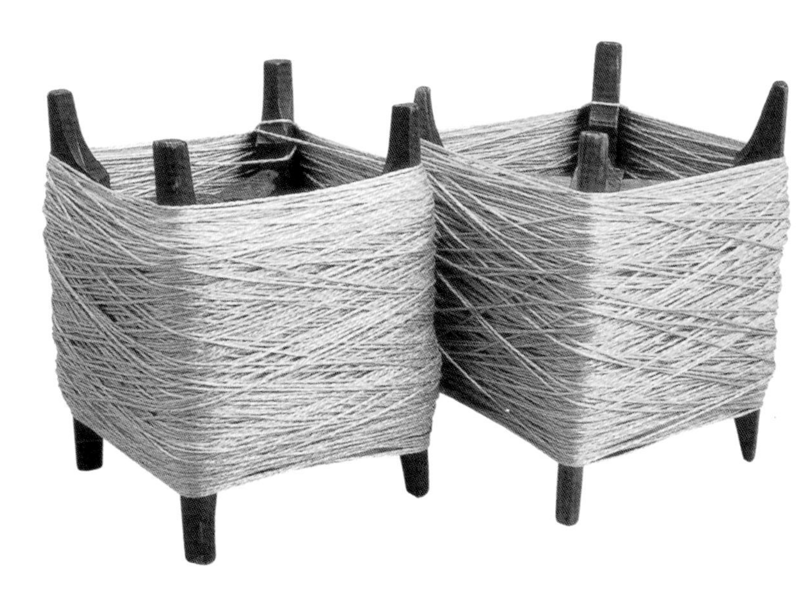

刈安染·真丝盐濑茶道用具布包

◆ 明矾媒染见第 32 页

材料和用具

- 盐濑 1 块（200×35 厘米）　120 克
- 刈安　120 克
- 铁浆水　60 毫升
- 13 升大号不锈钢圆盆　4 个
- 6.5 升中号不锈钢圆盆　1 个
- 15 升小号桶锅　1 个
- 滤筛
- 密筛
- 计量杯
- 玻璃棒 等

染前准备

① **盐濑的染前准备。**将面料浸入 40℃—50℃的热水里。拨动面料，使之整体均匀浸透。

色液提取

② **第 1 次提取。**把 120 克刈安放入 3 升水（冷热均可）中，大火煮沸，然后改为小火继续煎煮 20 分钟。

③ **过滤色液。**把煮过的刈安用滤筛过滤，3 升水煮出约 3 升色液。

④ **第 2 次提取。**将滤筛里的刈安再次加水，采用与第 1 次提取相同的方法煮沸、过滤，2 次煮出的色液合计约 6 升。

染色

⑤ **制作染液。**将 1 升色液用密筛过滤，加

②煮沸

⑤用密筛过滤色液

③用滤筛过滤色液

⑤在色液里加水

⑥浸染织物（第 1 次）

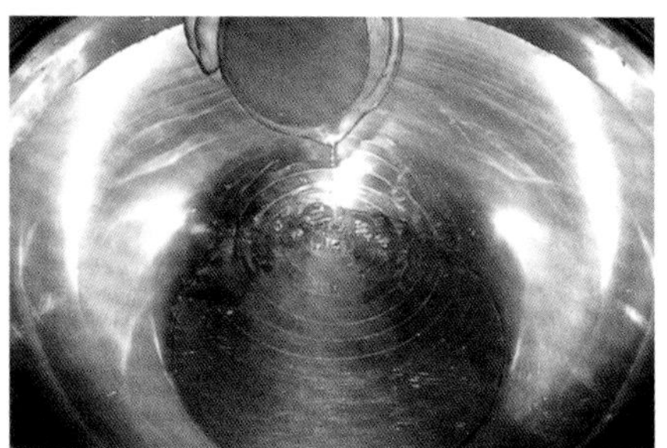

⑧配制媒染液

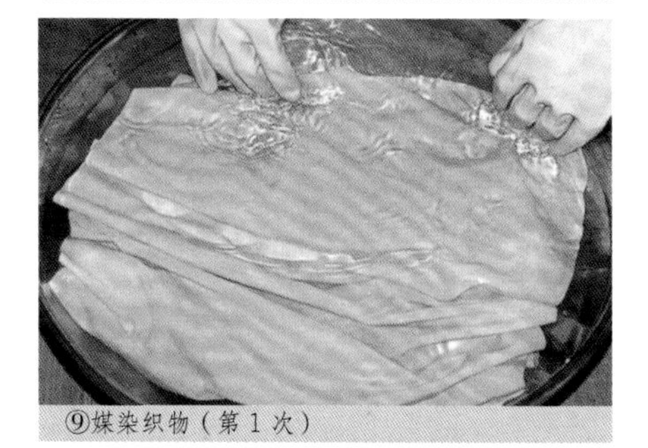

⑨媒染织物（第 1 次）

⑩清洗（第 1 次）

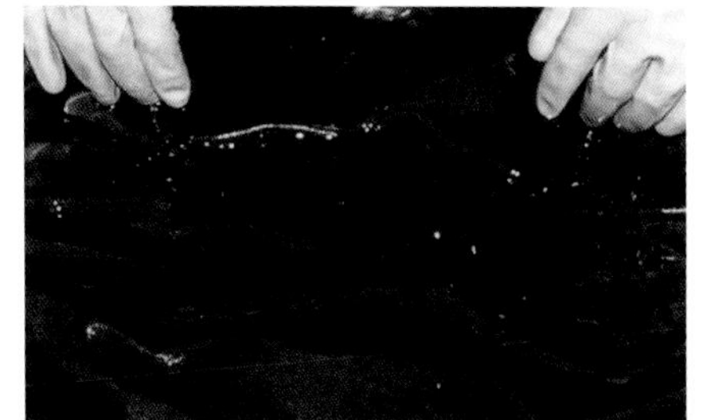

⑥浸染织物（第 4 次）

⑥浸染织物（第 2 次）

入 8 升水（冷热均可），制成 9 升染液。剩余的色液留待后续添加使用。

⑥ **在染液里浸染。**面料以不急速上色为好。将盐濑做好染前准备之后，不要用手拧，应轻轻提起，使之适当滴去水分，然后放入染液中浸染约 20 分钟，使面料均匀上色。应加热染液，使其温度慢慢上升。丝绸面料在高温下容易受损，故请注意，温度应控制在 50℃—60℃之间。盐濑面料如发生互相摩擦，容易受损，应十分注意。浸染时要始终在染液中拨动面料，并避免面料与染液间出现气泡。面料出现折痕或由于空气进入织物而产生气泡，都会使染色不均匀而出现染斑，所以必须仔细地将面料从头至尾、反复拨动。

⑦ **清洗。**用水清洗掉面料上多余的染液。

媒染

⑧ **配制媒染液。**将 20 毫升铁浆水倒入 9 升冷水中，充分搅拌溶化。

⑨ **在媒染液里浸染。**采用与⑥相同的方法浸染 20 分钟。铁浆水温度应在 15℃—20℃之间。

⑩ **清洗。**从媒染液里提起面料，将面料上多余的媒染液用清水洗掉。但是，染色后的清洗与媒染后的清洗要使用不同的容器。

以上⑥⑦⑨⑩的染色→媒染步骤操作 4 次。

↗ ⑥染色 20 分钟 ↘

⑩清洗　　　　⑦清洗

↖ ⑨媒染 20 分钟 ↙

★ 如果第 1 次就用高浓度染液染色，容易出现染斑。故分成 4 次操作，每次浓度逐渐加深。第 2、3、4 次染色时，应从上一次使用的染液里取出 1 升旧染液倒掉，加入 1 升新的色液。

★ 在第 2、3 次媒染时，每次要添加 20 毫升铁浆水。

★ 色液不可放置过夜。

★ 如需染更深的颜色，染色、清洗、干燥（参照第 20 页）以后，第 2 天再从步骤①开始，重复操作。

染后处理

⑪ **清洗。**完成第 4 次媒染清洗以后，再用清水清洗干净。

⑫ **晾干。**清洗后的面料不要用手拧，用晾衣夹夹住一边，吊起阴干。

⑬ **熨烫。**盖上垫布，用熨斗熨平。熨烫时注意温度。

刈安染·绵绸（紬）手提束袋

◆ 完成品见第 30 页

材料和用具

- 绵绸 1 块（200×36 厘米） 100 克
- 刈安 100 克
- 铁浆水 60 毫升
- 13 升大号不锈钢圆盆 4 个
- 2.5 升小号不锈钢圆盆 1 个
- 15 升小号桶锅 1 个
- 滤筛
- 密筛
- 计量杯 等

染前准备

① **绵绸的染前准备。**将面料浸入 40℃—50℃的热水里。拨动面料，使之整体均匀浸透。绵绸面料的表面因织造工艺而凸凹不平，吃水困难，因此染前准备时间要稍长一些。

色液提取

② **第 1 次提取。**把 200 克刈安放入 2.5 升水（冷热均可）中，大火煮沸，然后改为小火继续煎煮 20 分钟。

③ **过滤色液。**把煮过的刈安用滤筛过滤，2.5 升水煮出约 2.5 升色液。

④ **第 2 次提取。**将滤筛里的刈安再次加水，采用与第 1 次提取相同的方法煮沸、过滤，2 次煮出的色液合计约 5 升。

染色

⑤ **制作染液。**将 1 升色液用密筛过滤，加入 8 升水（冷热均可），制成 9 升染液。剩余的色液留待后续添加使用。

⑥ **在染液里浸染。**面料以不急速上色为好。将绵绸做好染前准备之后，不要用手拧，应轻轻提起，使之适当滴去水分，然后放入染液中浸染约 20 分钟，使面料均匀上色。应加热染液，使其温度慢慢上升。绵绸面料在高温下容易受损，故请注意，温度应控制在 50℃—60℃之间。浸染时要始终在染液中拨动面料，并避免面料与染液间出现气泡。面料出现折痕或由于空气进入织物而产生气泡，都会使染色不均匀而出现染斑，所以必须仔细地将面料从头至尾、反复拨动。

⑦ **清洗。**用水清洗掉面料上多余的染液。

⑤用密筛过滤色液　⑤往色液中加水

⑥浸染织物（第 1 次）

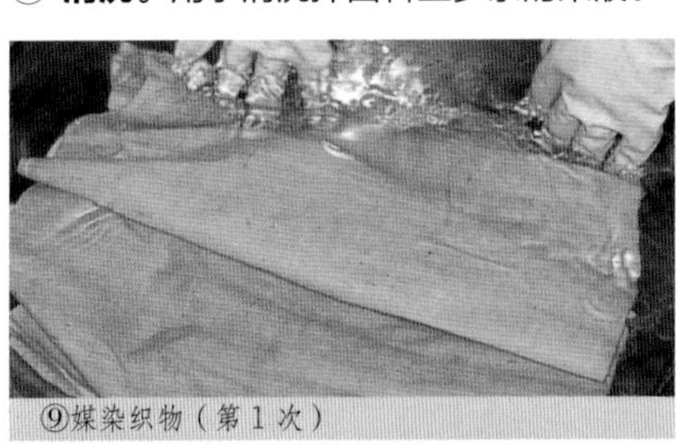

⑨媒染织物（第 1 次）

⑩清洗（第 1 次）

⑨媒染织物（第 4 次）

媒染

⑧ **配制媒染液。**将 20 毫升铁浆水倒入 9 升冷水中，充分搅拌溶化。

⑨ **在媒染液里浸染。**采用与⑥相同的方法浸染 20 分钟。铁浆水的温度应在 15℃—20℃之间。

⑩ **清洗。**从媒染液里提起面料，将面料上多余的媒染液用清水洗掉。但是，染色后的清洗与媒染后的清洗要使用不同的容器。

以上⑥⑦⑨⑩的染色→媒染步骤操作 4 次。

↗ ⑥染色 20 分钟 ↘

⑩清洗　　⑦清洗

↖ ⑨媒染 20 分钟 ↙

★ 如果第 1 次就用高浓度染液染色，容易出现染斑。故分成 4 次操作，每次浓度逐渐加深。第 2、3、4 次染色时，应从上一次使用的染液里取出 1 升旧染液倒掉，加入 1 升新的色液。

★ 在第 2、3 次媒染时，每次要添加 20 毫升铁浆水。

★ 色液不可放置过夜。

★ 如需染更深的颜色，染色、清洗、干燥（参照第 20 页）以后，第 2 天再从步骤①开始，重复操作。

染后处理

⑪ **清洗。**完成第 4 次媒染清洗以后，再用清水清洗干净。

⑫ **晾干。**清洗后的面料不要用手拧，用晾衣夹夹住一边，吊起阴干。

⑬ **熨烫。**盖上垫布，用熨斗熨平。熨烫时注意温度。

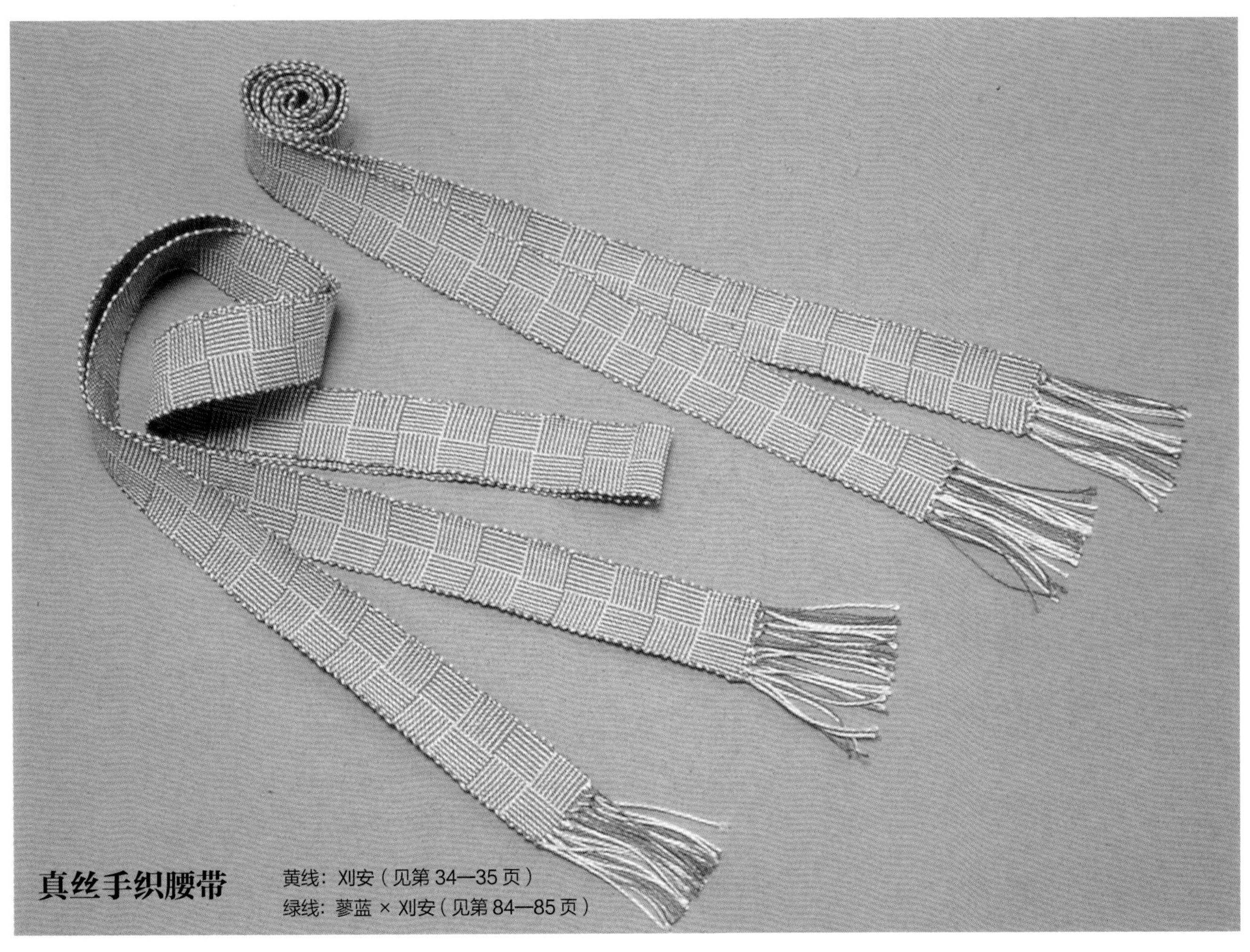

真丝手织腰带　黄线：刈安（见第 34—35 页）
绿线：蓼蓝 × 刈安（见第 84—85 页）

黄八丈

和刈安色素成分很接近的植物有禾本科“荩草”。这种生长在田埂等处的 30 厘米余高的杂草，在古代中国和日本与刈安一样是作为黄色染料来使用的。

值得一提的是，代表八丈岛的黄色质地条、格纹真丝织物“黄八丈”里不可缺少的刈安染料，也被称作八丈刈安。10 月中旬，在出穗前收割，干燥后水煮再提取其中的染液。把浸在这种染液里染成的丝线再浸染在从柃木和山茶花灰提取的灰汁里，就能染出微微泛青的漂亮黄色。

黄八丈在江户时代被规定作为年贡品以及江户城的订购商品，后来在市民之间开始流行，到了明治时代又成了下层平民女性的象征。

荩草

黄八丈

槐

经丝　纬丝

槐树原产于中国，属乔木豆科，是种植在路边、庭院里常见的树木。树干笔直可达 10 米，树皮呈灰褐色并有无数纵裂纹。初夏时，盛开如豆类花般淡黄、白色蝶形花朵，花束长 20—30 厘米。一到秋天便结满 5—8 厘米长如菜豆一样的荚果。新叶煮熟后可以食用，也可作为茶叶的代用品。纹理有美感并具有美丽光泽的树干，作为木材是制作地板、家具、三弦线乐器、伞柄等用具的良好材料。

干燥后的幼嫩花蕾被称为槐花米、槐米，在中国古代被视为珍贵的染色材料，用于黄纸和官吏丝绸礼服的染色。据说加蓝染成的“大红官绿”是至尊色彩。槐树作为染料在日本不太使用，在《重修<本草纲目>启蒙》(1844)中有“本国因用刈安，故不用槐米”的记述。高达 10—20 米的槐树在中国北方作为防风林种植于房屋四周，农家还采集花蕾晒干后出售。

中国现存最早的农书《齐民要术》中记有此树的用途，明代末的科学技术著作《天工开物》中也记载着槐米作为染料的用法和储存方法等。根据记载，将花蕾捣碎可制成红饼出售。

除了花蕾具有增进气力、明目乌发、延寿、降血压等功效外，槐树的果实能医治痔疮，树皮、根皮、树液等各个部分都可入药。

槐树很早以前就传至日本，在平安时代的百科全书《倭名类聚抄》中为槐取日本名“惠尔须”。《重修<本草纲目>启蒙》中也有“槐·惠尔须(和名抄)”的记载。

槐米染·真丝围巾

◆ 六叶茜染见第 118 页

材料和用具

- 21/21（经线）丝线2绞　60克
- 21中/36（纬线）丝线2绞　100克
- 槐米　160克（2次用量）
- 明矾　10克（2次用量）
- 6.5升中号不锈钢圆盆　4个
- 2.5升小号不锈钢圆盆　1个
- 15升小号桶锅　1个
- 滤筛
- 密筛
- 计量杯、直棒 等

★ 经线、纬线各1绞染成浓淡两色，与用六叶茜染成的丝线织成围巾。

染前准备

① **丝线的染前准备。**将丝线用直棒挑起，浸入40℃—50℃的热水里。上下运动直棒，转动丝线挑起的位置，使之能整体均匀浸透。

色液提取

② **第1次提取。**用水将槐米表面的灰尘冲洗干净，把80克槐米放入2.5升水（冷热均可）中，大火煮沸，然后改为小火继续煎煮20分钟。

③ **过滤色液。**把煮过的槐米用滤筛过滤，2.5升水煮出约2.5升色液。

④ **第2次提取。**将滤筛里的槐米再次加水，采用与第1次提取相同的方法煮沸、过滤，2次煮出的色液合计约5升。

染色

⑤ **制作染液。**将1升的色液用密筛过滤，加入4升水（冷热均可），制成5升染液。剩余的色液留待后续添加使用。

⑥ **在染液里浸染。**丝线以不急速上色为好，将丝线做好染前准备之后，轻轻拧水，抖散丝线，放入染液中。不停拨动丝线，使其均匀染色，操作约20分钟。应加热染液，使其温度慢慢上升，染制真丝丝线的温度应在50℃—60℃之间。和做染前准备一样，上下运动直棒，转动丝线挑起的位置。转动时要避免丝线出现拉伸、缠绕现象。从染液中提起后，轻轻拧一下水分。

⑦ **清洗。**把轻轻拧过的丝线抖开，将线上多余的染液用水清洗。

媒染

⑧ **配制媒染液。**将5克明矾放入4升开水里，充分搅拌溶化。请记住，如果是真丝丝线，明矾的使用量是1升水中放1克明矾。明矾不易溶化，应先另取容器，用开水溶化后再用。

⑨ **在媒染液里浸染。**把清洗后的丝线轻轻拧水、抖散开后放入媒染液里浸染，采用与⑥相同的方法浸染20分钟。加温明矾媒染液，使其温度保持在40℃—50℃之间。

⑩ **清洗。**从媒染液里取出丝线，将丝线上多余的媒染液用清水洗掉。但是，染色后的清洗与媒染后的清洗要使用不同的容器。

以上⑥⑦⑨⑩的染色→媒染步骤操作4次。

↗ ⑥染色20分钟 ↘
⑩清洗　　⑦清洗
↖ ⑨媒染20分钟 ↙

★ 如果第1次就用高浓度染液染色，容易出现染斑。故分成4次操作，每次浓度逐渐加深。第2、3、4次染色时，应从上一次使用的染液里取出1升旧染液倒掉，加入1升新的色液。

★ 色液不可放置过夜。

★ 如需染更深的颜色，干燥以后，第2天再从步骤①开始，重复操作。

染后处理

⑪ **清洗。**完成第4次媒染清洗以后，再用清水清洗干净。

⑫ **晾干。**将清洗后的丝线轻轻拧水，挂在固定棒上，另一端用直棒穿起，用力拧挤，并不断变换丝线的位置反复拧挤。拧好后，在同样状态下用力拉棒抻直丝线，整理平直后，穿在晾衣竿上阴干。

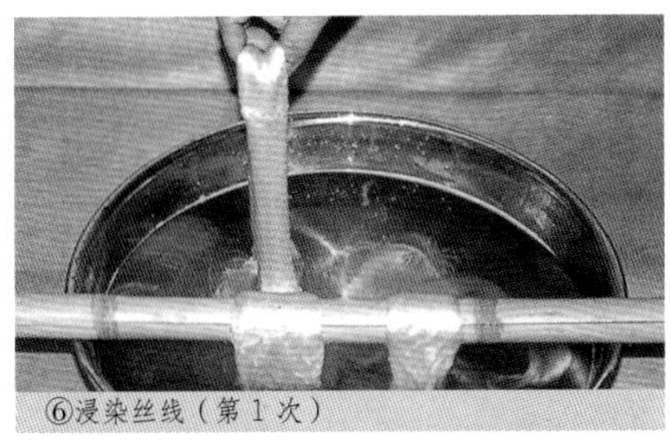
⑥浸染丝线（第1次）

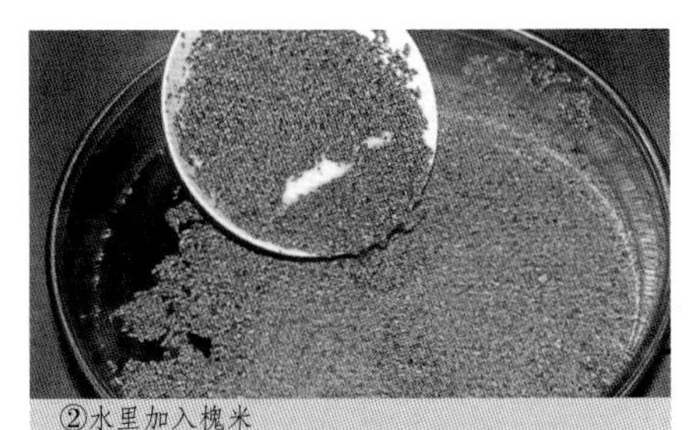
②水里加入槐米

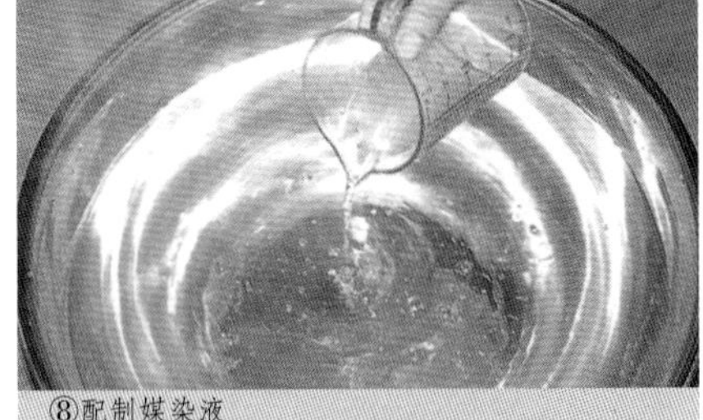
⑧配制媒染液

⑥浸染丝线（第3次）

⑤用密筛过滤色液

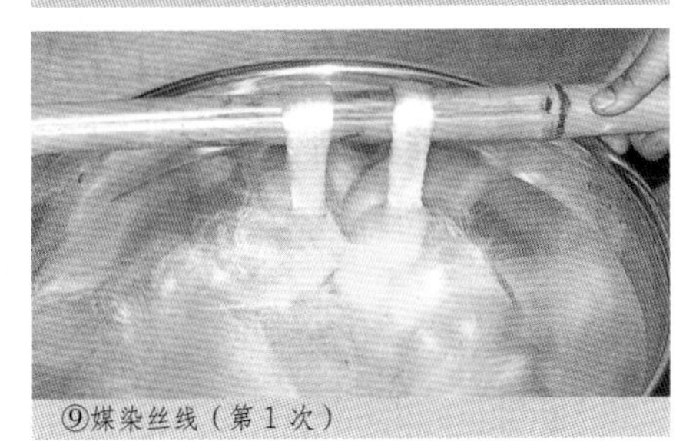
⑨媒染丝线（第1次）

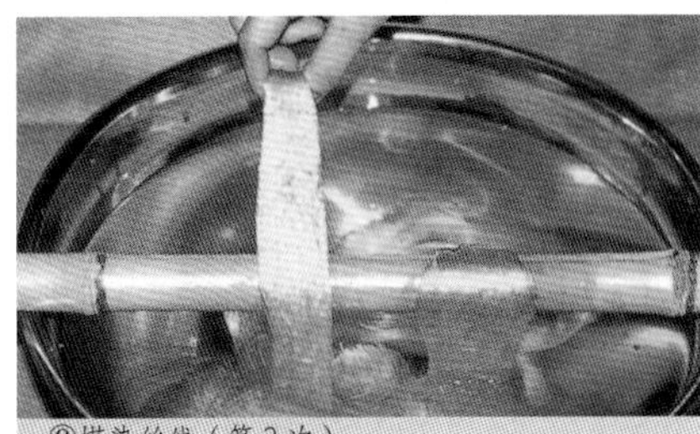
⑨媒染丝线（第3次）

麒麟草

原产于北美，属菊科多年草，株高1.5—2米，又名“一枝黄花”。10月至11月盛开出由黄色小花组成的大型圆锥状花柱。第一次世界大战前从北美传入日本，作为外来植物，它的繁殖力极强，无论是荒地还是堤坝，到处丛生。九州北部的煤矿地区，因为煤矿关闭闲置，麒麟草迅速蔓延、一望无际，故又被称作“封山草”。有段时间麒麟草漫天飞舞的花粉被误认为哮喘病和花粉过敏的元凶，后来证实这两种病的病源不是风媒花而是虫媒花，与此花没有关系。对于养蜂的人来说，这种晚秋的蜜源植物极为珍贵。

麒麟草花开前，茎、叶都可以作为染料；花开后就只能从花中才能提取到色素了，所以花朵被采集用来作为染料。

相似的植物还有秋麒麟草，也属菊科宿根草本，株高30—60厘米，夏季开花。

麒麟草染・绵绸（䌷）板夹染桌旗

材料和用具

- 绵绸 1 块（78×36 厘米） 50 克
- 麒麟草花（鲜花） 300 克
- 明矾 8 克
- 6.5 升中号不锈钢圆盆 4 个
- 15 升小号桶锅 1 个
- 滤筛
- 密筛
- 计量杯
- 木棒（高 2 厘米、长 15—20 厘米） 2 根
- 木板（长 10 厘米） 2 块
- 皮筋 等

板夹准备

① **夹布。**根据设计好的图形折叠布料，用木板夹住，再用木棒把木板压紧，木棒两端用皮筋扎牢固定。注意，如果没有扎紧，染液会浸入防染部分，导致图案染色失败。也可先将面料做好染前准备，晾至半干状态后进行折叠与板夹，这样更易操作。

染前准备

② **板夹染的染前准备。**将面料浸入 40℃—50℃的热水里。板夹后产生的折叠部分，热水不容易渗透，可用手轻轻抻开并搓揉面料，使之充分浸湿。特别需要注意的是，绵绸面料的表面呈凹凸状，不易吃水，染前准备时间应更长一些。

色液提取

③ **第 1 次提取。**把 300 克麒麟草的新鲜花朵放入 3 升水（冷热均可）中，大火煮沸，然后改为小火继续煎煮 20 分钟。

④ **过滤色液。**把煮过的麒麟草花朵用滤筛过滤，3 升水煮出约 3 升色液。

⑤ **第 2 次提取。**将滤筛里的麒麟草花朵再次加水，采用与第 1 次提取相同的方法煮沸、过滤，2 次煮出的色液合计约 6 升。

染色

⑥ **制作染液。**将 1 升色液用密筛过滤，加入 3 升水（冷热均可），制成 4 升染液。剩余的色液留待后续添加使用。

⑦ **在染液里浸染。**面料以不急速上色为好。将绵绸做好染前准备之后，不要用手拧，应轻轻提起，使之适当滴去水分，然后放入染液中浸染约 15 分钟。应加热染液，使其温度慢慢上升。绵绸面料在高温下容易受损，故请注意，温度应控制在 50℃—60℃之间。板夹在染液里的操作时间不能过长，以短时间内浓染为佳。如果时间过长，染液会由板夹空隙渗入防染部分。面料的折叠部分不容易染透，应将面料抻开轻揉。

⑧ **清洗。**用水清洗掉面料上多余的染液。

媒染

⑨ **配制媒染液。**将 8 克明矾放入 4 升开水里，充分搅拌溶化。请记住，如果是丝绸面料，明矾的使用量是 1 升水中放 1 克明矾。绵绸面料质地较厚，为了更好地进行媒染，1 升水要放 2 克明矾。明矾不易溶化，应先另取容器，用开水溶化后再用。

⑩ **在媒染液里浸染。**采用与⑦相同的方法浸染 15 分钟。加温明矾媒染液，使其温度保持在 40℃—50℃之间。

⑪ **清洗。**从媒染液里提起面料，将面料上多余的媒染液用清水洗掉。但是，染色后的清洗与媒染后的清洗要使用不同的容器。

以上⑦⑧⑩⑪的染色→媒染步骤操作 3 次。

↗ ⑦染色 15 分钟 ↘
⑪清洗　　　⑧清洗
↖ ⑩媒染 15 分钟 ↙

★ 如果第 1 次就用高浓度染液染色，容易出现染斑。故分成 3 次操作，每次浓度逐渐加深。第 2、3 次染色时，应从上一次使用的染液里取出 2 升旧染液倒掉，加入 2 升新的色液。

★ 色液不可放置过夜。

★ 如需染更深的颜色，染色、清洗、干燥（参照第 20 页）以后，第 2 天再从步骤②开始，重复操作。

染后处理

⑫ **清洗。**完成第 3 次媒染清洗以后，拆除夹板，用清水再仔细清洗一次。

⑬ **晾干。**清洗后的面料不要用手拧，用晾衣夹夹住一边，吊起阴干。

⑭ **熨烫。**盖上垫布，用熨斗熨平。熨烫时注意温度。

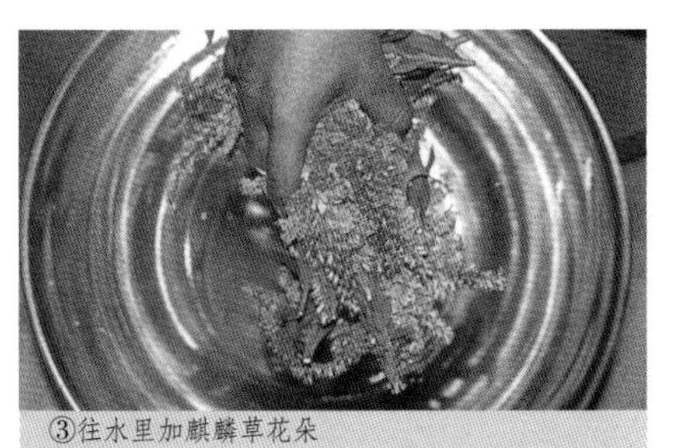
③往水里加麒麟草花朵

④用滤筛过滤色液

⑩媒染织物（第 1 次）

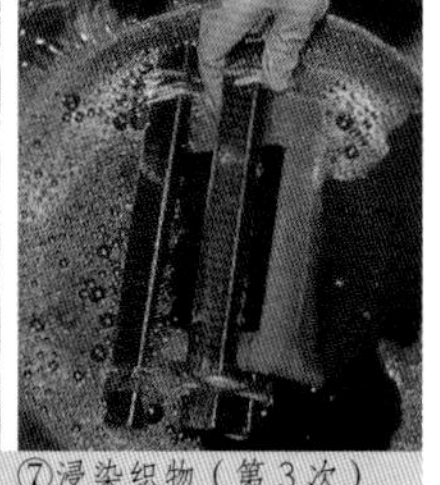
⑦浸染织物（第 3 次）

③煮沸

⑦浸染织物（第 1 次）

⑫拆木棒后清洗

杨梅

杨梅分布于中国大陆南部和台湾地区，在日本则生长在本州中部以南靠海的温暖地带，属山桃科常绿树。家庭种植一般作为果树或防风用植物。雌雄异株，4月，叶腋处开出泛黄的一簇簇尾状长穗红色小花。6月左右，结出2厘米大小的圆球形果实，成熟后为暗紫红色。果肉多汁，味道酸甜，可以生吃也可加工成果酱、果酒。树皮作为中草药有止泻、跌打伤、驱虫、解毒的功效。

在日本第一次出现杨梅的名字，是日本文献《出云风土记》（733）里，杨梅作为一种农产物被记载。平安时代初编撰的律令《延喜式》中有从山城、大和、摄津等地把杨梅作为进献果品的记载。

“杨梅”被日文注音为“山桃”的原因不详，在《古今要览稿》这部收录了古今自然、社会、历史等诸多事物解释的书籍里，有“生于山，味如野生桃，故曰山桃”的注解。

杨梅树的树皮作为染料早在奈良时代已被采用。在记载平安时代后期至镰仓时代初期的惯例和仪式所用装束和马具等的书籍《饰抄》中，有“杨梅色革鞦”，提到了杨梅色的色名。在江户时代，《和汉三才图会》（1713）书中有“煮出汁可染得黄褐色，与涩柿相同（能增强耐水性），故冠名涩木”的记载，所以得知其有涩木、桃皮等称谓，作为染料可以染得黄褐色。

明治二十年代初，大阪南堀江的上杉治兵卫从冲绳学会了涩木色液的制做方法，后来制造色膏销售。之后纪州产的色液被誉为上等品。

本书尝试用这种色液染棉和丝绸、用杨梅树皮染棉的方法，媒染剂选用的都是明矾和铁浆水这两种。

杨梅染・真丝手绢

◆ 明矾媒染见第48页

材料和用具

- 真丝手绢 3 块（28×28 厘米）　15 克
- 涩木色膏（固体）　2 克
- 铁浆水　40 毫升
- 13 升大号不锈钢圆盆　4 个
- 2.5 升小号不锈钢圆盆　1 个
- 密筛
- 计量杯
- 玻璃棒 等

染前准备

① **真丝手绢的染前准备。**将丝绸手绢浸入 40℃—50℃的热水里。拨动手绢，使之整体均匀浸透。

染色

② **制作原液。**把 2 克涩木色膏（固体）放入 200 毫升开水中，要注意避免产生焦糊，中火加热，充分搅拌使之慢慢溶化。

③ **制作染液。**将 50 毫升原液用密筛边过滤边加入水（冷热均可）中充分搅拌，制成 9 升染液。剩余的色液留待后续添加使用。

④ **在染液里浸染。**手绢以不急速上色为好，将手绢做好染前准备之后，不要用手拧，应轻轻提起，使之适当滴去水分，然后放入染液中浸染约 20 分钟，使手绢均匀上色。应加热染液，使其温度慢慢上升。真丝面料在高温下容易受损，故请注意，温度应控制在 50℃—60℃之间。浸染时要始终在染液中拨动手绢，并避免手绢与染液间出现气泡。手绢出现折痕或由于空气进入手绢而产生气泡，都会使染色不均匀而出现染斑，所以必须仔细地将手绢反复拨动。

⑤ **清洗。**用水清洗掉面料上多余的染液。

媒染

⑥ **配制媒染液。**将 20 毫升铁浆水倒入 9 升冷水中，充分搅拌溶化。

⑦ **在媒染液里浸染。**采用与④相同的方法浸染 20 分钟。铁浆水的温度应在 15℃—20℃之间。

⑧ **清洗。**从媒染液里拿出手绢，将面料上多余的媒染液用清水洗掉。但是，染色后的清洗与媒染后的清洗要使用不同的容器。

以上④⑤⑦⑧的染色→媒染步骤操作 4 次。

↗ ④染色 20 分钟 ↘
⑧清洗　　　　⑤清洗
↖ ⑦媒染 20 分钟 ↙

★ 如果第 1 次就用高浓度染液染色，容易出现染斑。故分成 4 次操作，每次浓度逐渐加深。第 2、3、4 次染色时，应再加入 50 毫升新的原液。

★ 在第 2、3 次媒染时，每次要添加 20 毫升铁浆水。

★ 提取的原液不可放置过夜。

★ 如需染更深的颜色，染色、清洗、干燥（参照第 20 页）以后，第 2 天再从步骤①开始，重复操作。

染后处理

⑨ **清洗。**完成第 4 次媒染清洗以后，再用清水清洗干净。

⑩ **晾干。**清洗后的面料不要用手拧，用晾衣夹夹住一边，吊起阴干。

⑪ **熨烫。**盖上垫布，用熨斗熨平。熨烫时注意温度。

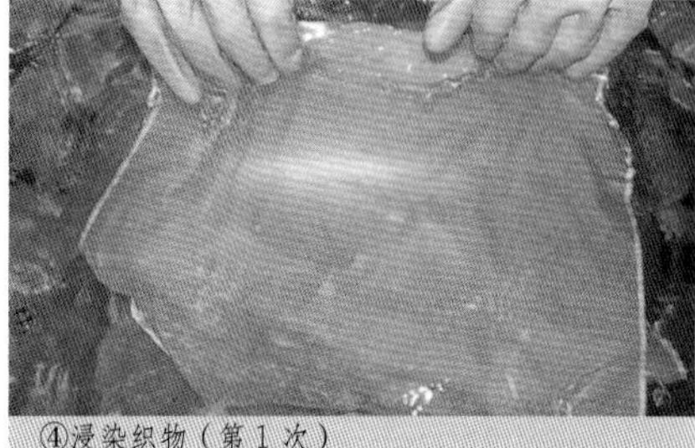
④浸染织物（第 1 次）

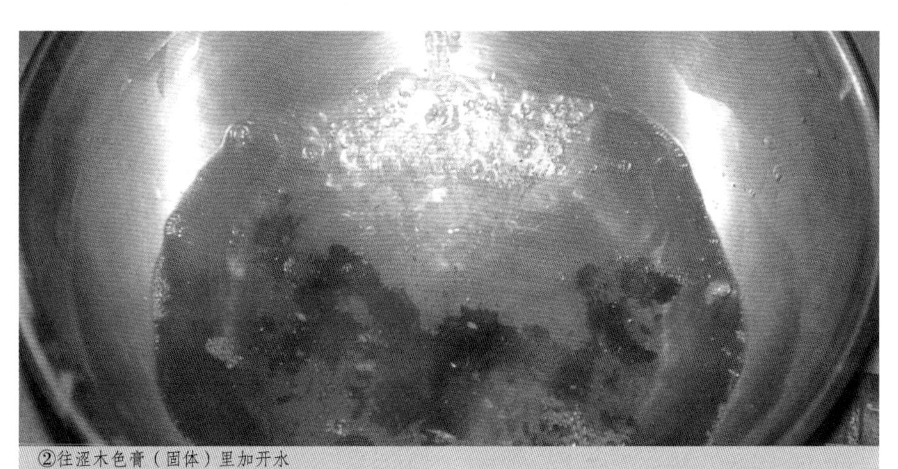
②往涩木色膏（固体）里加开水

⑨媒染织物（第 1 次）

②慢慢溶化固体色膏

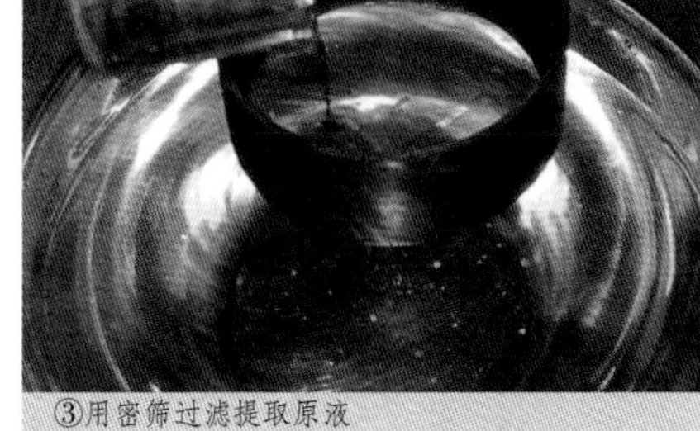

③用密筛过滤提取原液

⑨浸染织物（第 4 次）

杨梅染・棉布板夹染手提束袋

◆ 完成品见第 49 页

材料和用具

- 棉布 1 块（65×50 厘米） 50 克
- 涩木色膏（固体） 10 克
- 铁浆水 150 毫升
- 6.5 升中号不锈钢圆盆 4 个
- 2.5 升小号不锈钢圆盆 1 个
- 玻璃棒
- 木棒（高 2 厘米、长 15—20 厘米） 2 根
- 密筛
- 皮筋
- 计量杯 等

板夹准备

① **夹布。**根据设计好的图形折叠布料，用木板夹住，再用木棒把木板压紧，木棒两端用皮筋扎牢固定。注意，如果没有扎紧，染液会浸入防染部分，导致图案染色失败。也可先将面料做好染前准备，晾至半干状态后进行折叠与板夹，这样更易操作。

染前准备

② **板夹染的染前准备。**将面料浸入 40℃—50℃的热水里。板夹后产生的折叠部分，热水不容易渗透，可用手轻轻抻开并搓揉面料，使之充分浸湿。

⑤浸染织物（第 1 次）

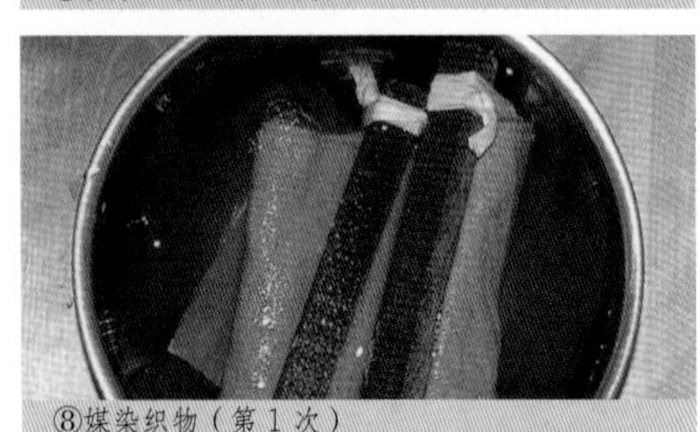

⑧媒染织物（第 1 次）

⑩拆木棒

染色

③ **制作原液。**把 10 克涩木色膏（固体）放入 400 毫升开水中，要注意避免产生焦糊，中火加热，充分搅拌使之慢慢溶化。

④ **制作染液。**将 200 毫升原液用密筛边过滤边加入水（冷热均可）中充分搅拌，制成 4 升染液。剩余的色液留待后续添加使用。

⑤ **在染液里浸染。**面料以不急速上色为好，将面料做好染前准备之后，不要用手拧，应轻轻提起，使之适当滴去水分，然后放入染液中浸染约 15 分钟。棉布在 70℃左右的染液中容易染色，应加热染液，使其温度慢慢上升。板夹在染液里的操作时间不能过长，以短时间内浓染为佳。如果时间过长，染液会由板夹空隙渗入防染部分。面料的折叠部分不容易染透，应将面料抻开轻揉。

⑥ **清洗。**用水清洗掉面料上多余的染液。

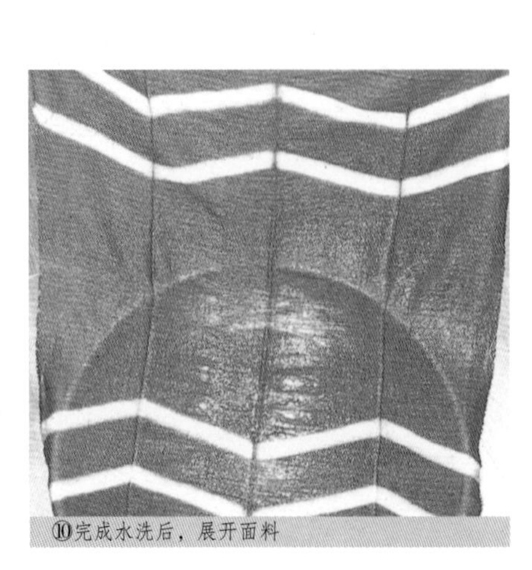

⑩完成水洗后，展开面料

媒染

⑦ **配制媒染液。**将 50 毫升铁浆水倒入 4 升冷水中，充分搅拌溶化。

⑧ **在媒染液里浸染。**采用与⑤相同的方法浸染 15 分钟。铁浆水的温度应在 15℃—20℃之间。

⑨ **清洗。**从媒染液里提起面料，将面料上多余的媒染液用清水洗掉。但是，染色后的清洗与媒染后的清洗要使用不同的容器。

以上⑤⑥⑧⑨的染色→媒染步骤操作 3 次。

↗ ⑤染色 15 分钟 ↘

⑨清洗　　⑥清洗

↖ ⑧媒染 15 分钟 ↙

★ 如果第 1 次就用高浓度染液染色，容易出现染斑。故分成 3 次操作，每次浓度逐渐加深。第 2、3 次染色时，应再加入 100 毫升新的原液。

★ 在第 2、3 次媒染时，每次要添加 50 毫升铁浆水。

★ 提取的原液不可放置过夜。

★ 如需染更深的颜色，染色、清洗、干燥（参照第 20 页）以后，第 2 天再从步骤①开始，重复操作。

染后处理

⑩ **清洗。**完成第 3 次媒染清洗以后，拆除夹板，用清水再仔细清洗一次。

⑪ **晾干。**清洗后的面料不要用手拧，用晾衣夹夹住一边，吊起阴干。

⑫ **熨烫。**盖上垫布，用熨斗熨平。熨烫时注意温度。

杨梅染·棉布板夹染手提束袋

◆ 完成品见第 49 页

材料和用具

- 棉布 1 块（65×50 厘米）　50 克
- 涩木色膏（固体）　10 克
- 明矾　6 克
- 6.5 升中号不锈钢圆盆　4 个
- 2.5 升小号不锈钢圆盆　1 个
- 密筛
- 木棒（高 2 厘米、长 15—20 厘米）　2 根
- 计量杯
- 皮筋
- 玻璃棒 等

板夹准备

① **夹布。**根据设计好的图形折叠布料，用木棒夹住，木棒两端用皮筋扎牢固定。注意，如果没有扎紧，染液会浸入防染部分，导致图案染色失败。也可先将面料做好染前准备，晾至半干状态后进行折叠与板夹，这样更易操作。

染前准备

② **板夹染的染前准备。**将面料浸入 40℃—50℃的热水里。板夹后产生的折叠部分，热水不容易渗透，可用手轻轻抻开并搓揉面料，使之充分浸湿。

染色

③ **制作原液。**把 10 克涩木色膏（固体）放入 400 毫升开水中，要注意避免产生焦糊，中火加热，充分搅拌使之慢慢溶化。

④ **制作染液。**将 200 毫升原液用密筛边过滤边加入水（冷热均可）中充分搅拌，制成 4 升染液。剩余的色液留待后续添加使用。

⑤ **在染液里浸染。**面料以不急速上色为好，将面料做好染前准备之后，不要用手拧，应轻轻提起，使之适当滴去水分，然后放入染液中浸染约 15 分钟，使面料均匀上色。棉布在 70℃左右的染液中容易染色，应加热染液，使其温度慢慢上升。板夹在染液里的操作时间不能过长，以短时间内浓染为佳。如果时间过长，染液会由板夹空隙渗入防染部分。面料的折叠部分不容易染透，应将面料抻开轻揉。

⑥ **清洗。**用水清洗掉面料上多余的染液。

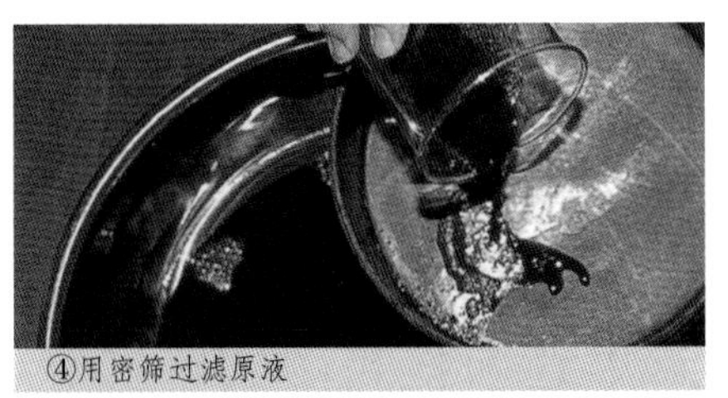

④用密筛过滤原液

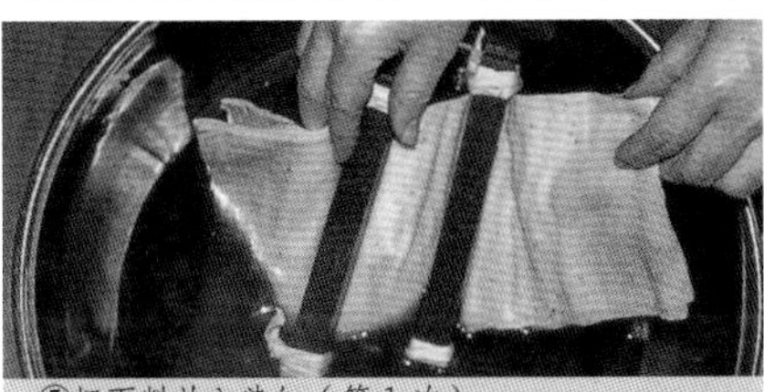

⑤把面料放入染缸（第 1 次）

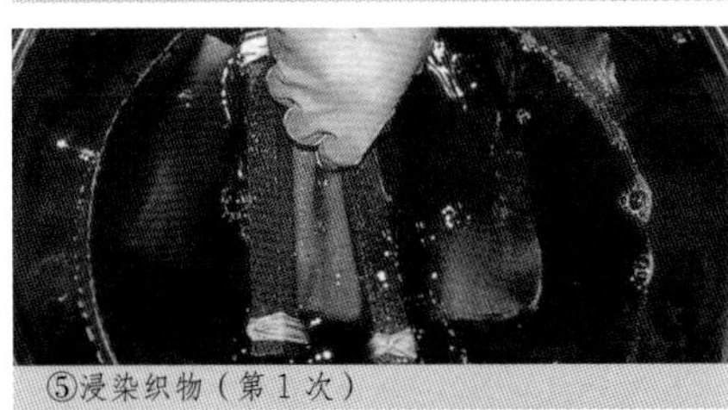

⑤浸染织物（第 1 次）

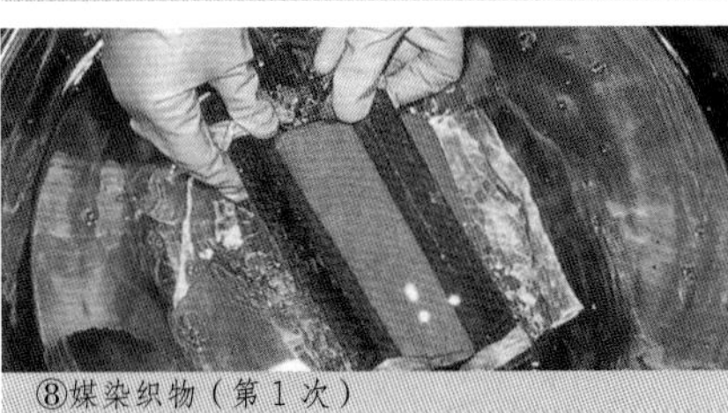

⑧媒染织物（第 1 次）

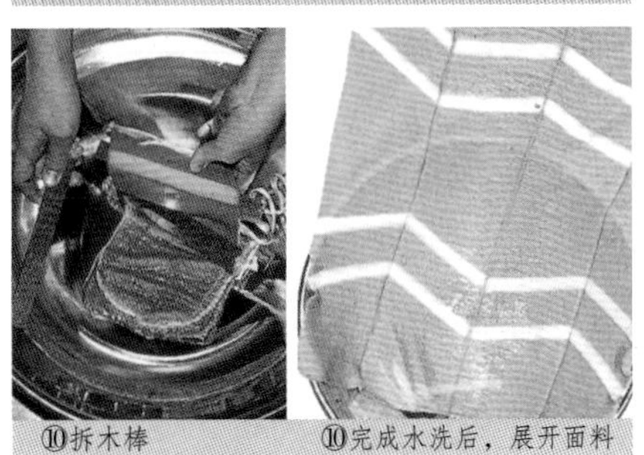

⑩拆木棒　⑩完成水洗后，展开面料

媒染

⑦ **配制媒染液。**将 8 克明矾放入 4 升开水里，充分搅拌溶化。请记住，如果是棉布，明矾的使用量是 1 升水中放 2 克明矾。明矾不易溶化，应先另取容器，用开水溶化后再用。

⑧ **在媒染液里浸染。**采用与⑤相同的方法浸染 15 分钟。加温明矾媒染液，使其温度保持在 40℃—50℃之间。

⑨ **清洗。**从媒染液里提起面料，将面料上多余的媒染液用清水洗掉。但是，染色后的清洗与媒染后的清洗要使用不同的容器。

以上⑤⑥⑧⑨的染色→媒染步骤操作 3 次。

↗ ⑤染色 15 分钟 ↘
⑨清洗　　　　⑥清洗
↖ ⑧媒染 15 分钟 ↙

★ 如果第 1 次就用高浓度染液染色，容易出现染斑。故分成 3 次操作，每次浓度逐渐加深。第 2、3 次染色时，应再加入 100 毫升新的原液。

★ 色液不可放置过夜。

★ 如需染更深的颜色，染色、清洗、干燥（参照第 20 页）以后，第 2 天再从步骤②开始，重复操作。

染后处理

⑩ **清洗。**完成第 3 次媒染清洗以后，拆除木棒，用清水再仔细清洗一次。

⑪ **晾干。**清洗后的面料不要用手拧，用晾衣夹夹住一边，吊起阴干。

⑫ **熨烫。**盖上垫布，用熨斗熨平。熨烫时注意温度。

杨梅染·真丝手绢

◆ 完成品见第 44 页

材料和用具

- 真丝手绢 3 块（28×28 厘米） 15 克
- 涩木色膏（固体） 2 克
- 明矾 9 克
- 13 升大号不锈钢圆盆 4 个
- 2.5 升小号不锈钢圆盆 1 个
- 密筛
- 计量杯
- 玻璃棒 等

染前准备

① **真丝手绢的染前准备。**将丝绸手绢浸入 40℃—50℃的热水里。拨动手绢，使之整体均匀浸透。

染色

② **制作原液。**把 2 克涩木色膏（固体）放入 200 毫升开水中，要注意避免产生焦糊，中火加热，充分搅拌使之慢慢溶化。

③ **制作染液。**将 50 毫升原液用密筛边过滤边加入水（冷热均可）中充分搅拌，制成 9 升染液。剩余的色液留待后续添加使用。

④ **在染液里浸染。**手绢以不急速上色为好，将手绢做好染前准备之后，不要用手拧，应轻轻提起，使之适当滴去水分，然后放入染液中浸染约 20 分钟，使手绢均匀上色。应加热染液，使其温度慢慢上升。真丝面料在高温下容易受损，故请注意，温度应控制在 50℃—60℃之间。浸染时要始终在染液中拨动手绢，并避免手绢与染液间出现气泡。手绢出现折痕或由于空气进入手绢而产生气泡，都会使染色不均匀而出现染斑，所以必须仔细地将手绢反复拨动。

⑤ **清洗。**用水清洗掉面料上多余的染液。

媒染

⑥ **配制媒染液。**将 9 克明矾放入 9 升开水里，充分搅拌溶化。请记住，如果是真丝，明矾的使用量是 1 升水中放 1 克明矾。明矾不易溶化，应先另取容器，用开水溶化后再用。

⑦ **在媒染液里浸染。**采用与④相同的方法浸染 20 分钟。加温明矾媒染液，使其温度保持在 40℃—50℃之间。

⑧ **清洗。**从媒染液里提起面料，将面料上多余的媒染液用清水洗掉。但是，染色后的清洗与媒染后的清洗要使用不同的容器。

③用密筛过滤原液

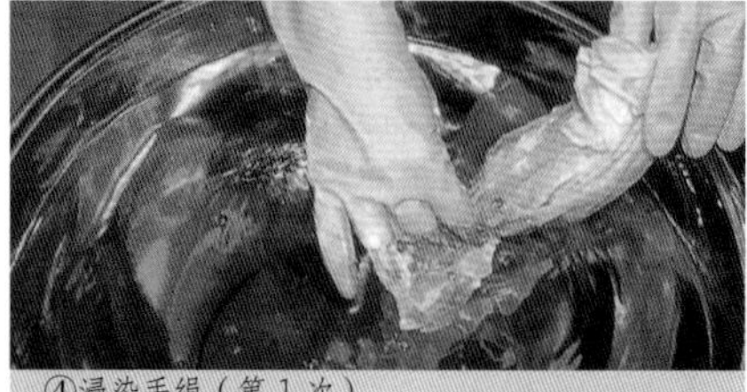

④浸染手绢（第 1 次）

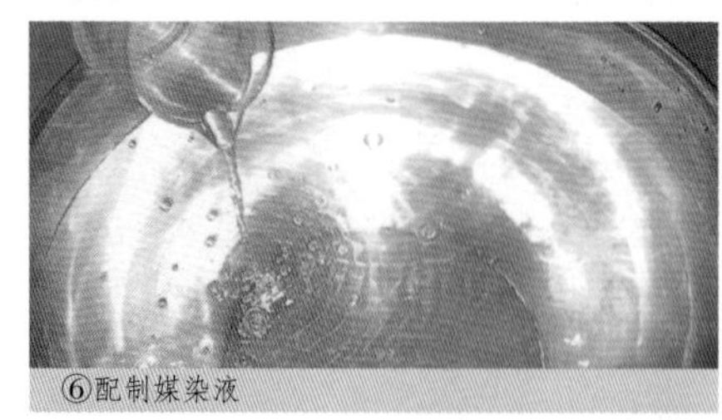

⑥配制媒染液

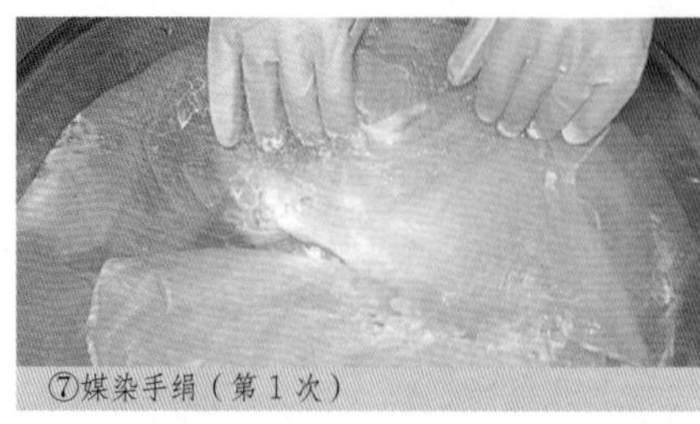

⑦媒染手绢（第 1 次）

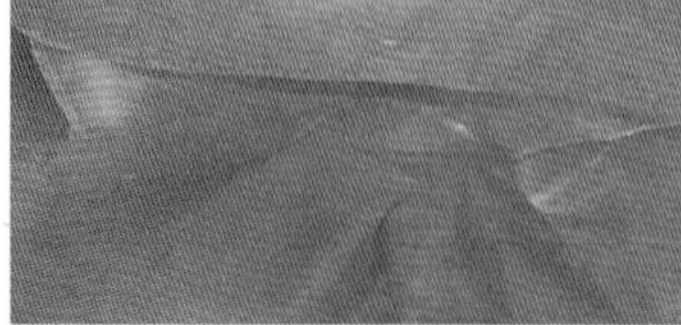

⑦媒染手绢（第 4 次）

以上④⑤⑦⑧的染色→媒染步骤操作 4 次。

↗ ④染色 20 分钟 ↘

⑧清洗　　　　⑤清洗

↖ ⑦媒染 20 分钟 ↙

★ 如果第 1 次就用高浓度染液染色，容易出现染斑。故分成 4 次操作，每次浓度逐渐加深。第 2、3、4 次染色时，应再加入 50 毫升新的原液。

★ 提取的原液不可放置过夜。

★ 如需染更深的颜色，染色、清洗、干燥（参照第 20 页）以后，第 2 天再从步骤①开始，重复操作。

染后处理

⑨ **清洗。**完成第 4 次媒染清洗以后，再用清水清洗干净。

⑩ **晾干。**清洗后的面料不要用手拧，用晾衣夹夹住一边，吊起阴干。

⑪ **熨烫。**盖上垫布，用熨斗熨平。熨烫时注意温度。

杨梅染・棉布板夹手提束袋

◆ 铁浆水媒染（第 46 页）、明矾媒染（第 47 页）

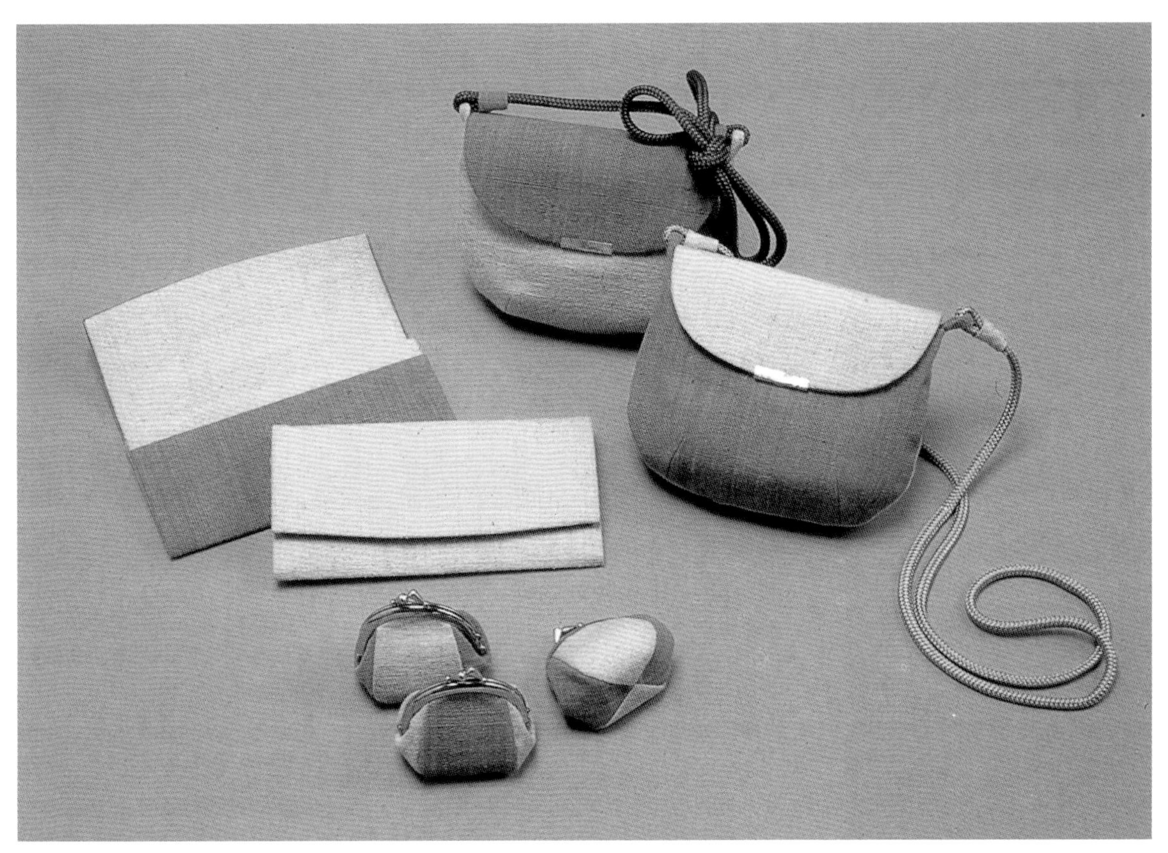

杨梅染・棉布小挎包、长款钱包、口金硬币包

◆ 明矾媒染（第 50—51 页）、铁浆水媒染（第 52—53 页）

杨梅染·棉布小挎包、长款钱包、口金硬币包

◆ 完成品见第 49 页

材料和用具

- 棉布 1 块（120×50 厘米） 150 克
- 杨梅树皮 300 克
- 明矾 18 克
- 13 升大号不锈钢圆盆 4 个
- 6.5 升中号不锈钢圆盆 1 个
- 15 升小号桶锅 1 个
- 滤筛
- 密筛
- 计量杯 等

染前准备

① **棉布的染前准备。**将面料浸入 40℃—50℃的热水里。拨动面料，使之整体均匀浸透。

色液提取

② **第 1 次提取。**把 300 克杨梅树皮放入 5 升水（冷热均可）中，大火煮沸，然后改为小火继续煎煮 20 分钟。

③ **过滤色液。**把煮过的杨梅树皮用滤筛过滤，5 升水煮出约 5 升色液。

④ **第 2 次提取。**将滤筛里的杨梅树皮再次加水，采用与第 1 次提取相同的方法煮沸、过滤，2 次煮出的色液合计约 10 升。

染色

⑤ **制作染液。**将 2 升色液用密筛过滤，加入 7 升水（冷热均可）中，制成 9 升染液。剩余的色液留待后续添加使用。

⑥ **在染液里浸染。**面料以不急速上色为好。将面料做好染前准备后，不要用手拧，应轻轻提起，使之适当滴去水分，然后放入染液中浸染约 20 分钟，使面料均匀上色。棉布在 70℃左右的染液中容易染色，应加热染液，使其温度慢慢上升。浸染时要始终在染液中拨动面料，并避免面料与染液间出现气泡。面料出现折痕或由于空气进入织物而产生气泡，都会使染色不均匀而出现染斑，所以必须仔细地将面料从头至尾、反复拨动。

⑦ **清洗。**用水清洗掉面料上多余的染液。

媒染

⑧ **配制媒染液。**将 18 克明矾放入 9 升的开水里，充分搅拌溶化。请记住，如果是棉布面料，明矾的使用量是 1 升水中放 2 克明矾。明矾不易溶化，应先另取容器，用开水溶化后再用。

⑨ **在媒染液里浸染。**采用与⑥相同的方法浸染 20 分钟。加温明矾媒染液，使其温度保持在 40℃—50℃之间。

⑩ **清洗。**从媒染液里提起面料，将面料上多余的媒染液用清水洗掉。但是，染色后的清洗与媒染后的清洗要使用不同的容器。

以上⑥⑦⑨⑩的染色→媒染步骤操作 4 次。

↗ ⑥染色 20 分钟 ↘
⑩清洗　　　　⑦清洗
↖ ⑨媒染 20 分钟 ↙

★ 如果第 1 次就用高浓度染液染色，容易出现染斑。故分成 4 次操作，每次浓度逐渐加深。第 2、3、4 次染色时，应从上一次使用的染液里取出 2 升旧染液倒掉，加入 2 升新的色液。

★ 色液不可放置过夜。

★ 如需染更深的颜色，染色、清洗、干燥（参照第 20 页）以后，第 2 天再从步骤①开始，重复操作。

②往热水里加树皮

③用滤筛过滤色液

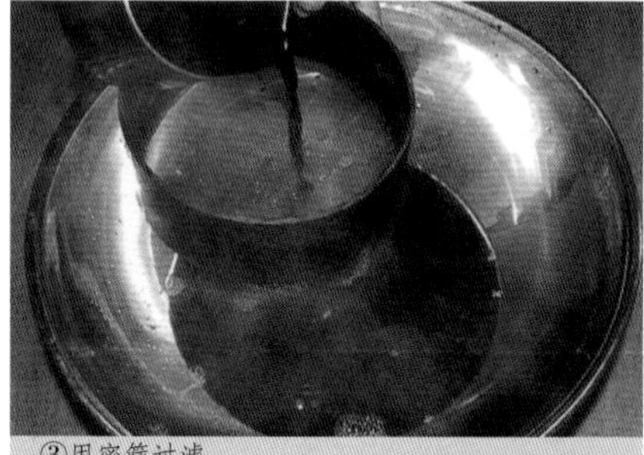

③用密筛过滤

⑤往色液里加水

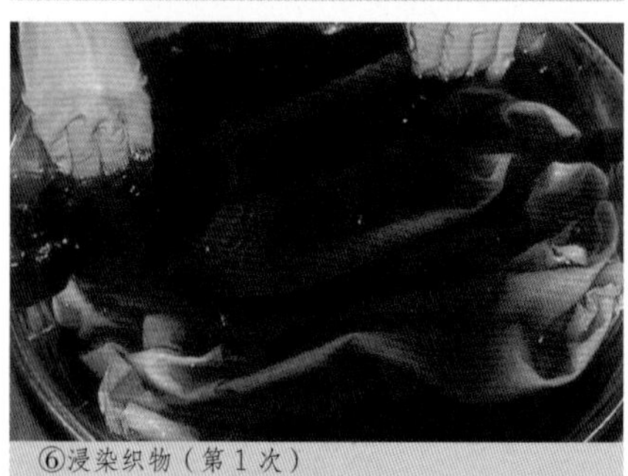

⑥浸染织物（第 1 次）

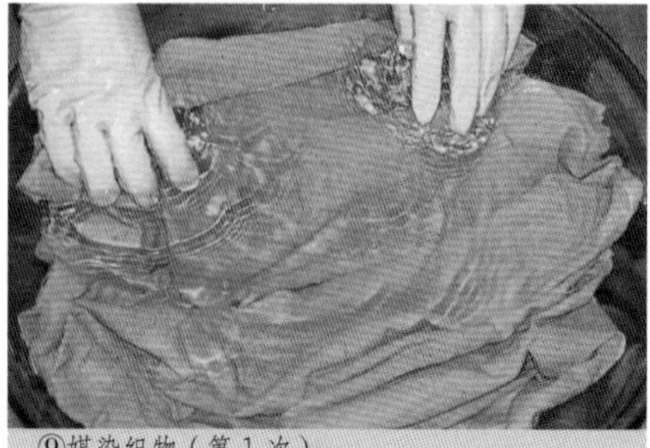

⑨媒染织物（第 1 次）

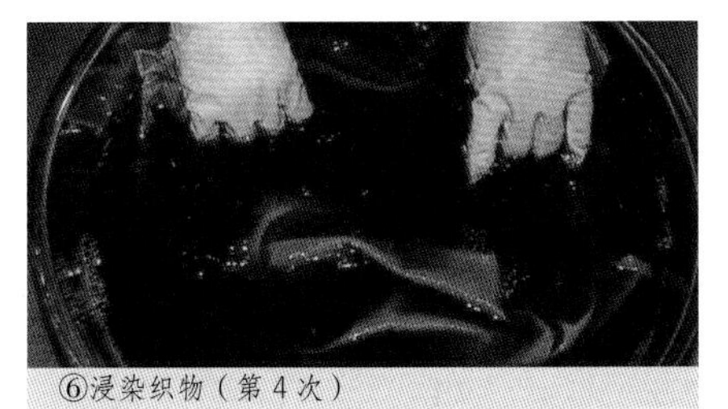
⑥浸染织物（第 4 次）

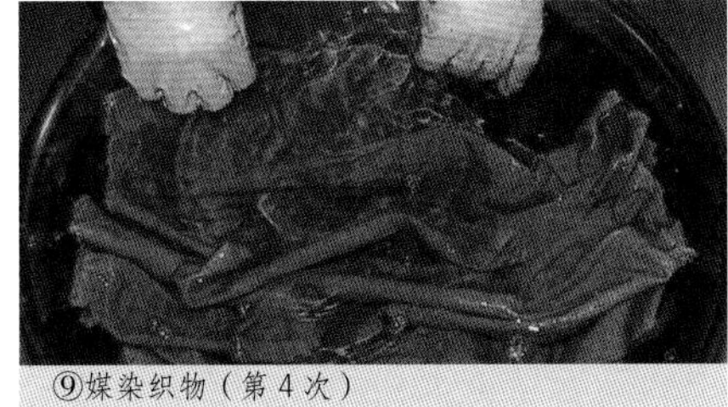
⑨媒染织物（第 4 次）

染后处理

⑪ **清洗。**完成第 4 次媒染清洗以后，再用清水清洗干净。
⑫ **晾干。**清洗后的面料不要用手拧，用晾衣夹夹住一边，吊起阴干。
⑬ **熨烫。**盖上垫布，用熨斗熨平。熨烫时注意温度。

杨梅色膏的制作方法

材料和用具

- 涩木提取色膏（固体） 10 克
- 明矾 5 克
- 2.5 升小号不锈钢圆盆 3 个
- 木灰 100 克（浓度为 100 克 / 升）
- 2 升烧杯 1 个
- 100 毫升烧杯 1 个
- 密筛
- 咖啡过滤器
- 过滤纸
- 刮片
- 小瓷盘（盛装色膏用）等

① 在 100 克木灰中加入 1 升开水，静置 2 天以上，将上层的清澈液用密筛过滤，待用。
② 将 10 克涩木色膏（固体）放入 1 升开水中，要注意避免产生焦糊，中火加热，充分搅拌使之慢慢溶化，用密筛过滤。
③ 将 5 克明矾放入 100 毫升开水中溶化，加入溶液②中充分搅拌。
④ 因明矾溶液属于酸性，在溶液③中加入 500 毫升碱性灰汁，充分搅拌后放置一晚。
⑤ 放置一晚后，沉淀物和上层清澈液分开了，倒掉清澈液后加水，再放置一晚使其沉淀。这一步骤操作两三次，以去除色膏里的杂质。
⑥ 最后一次倒掉清澈液后，用装有过滤纸的咖啡过滤器，对沉淀物进行过滤。
⑦ 用刮片把过滤纸里滤出的色膏刮出，装在容器里。为防止干燥，密封后放入冰箱，可保存半年左右。

②

③

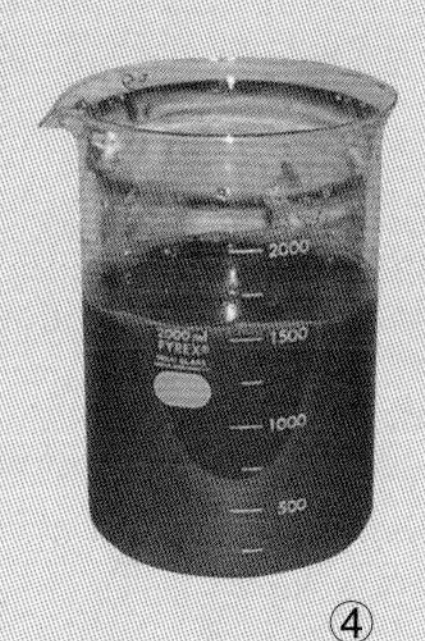
④

⑤

⑥

⑦

杨梅染・棉布小挎包、长款钱包、口金硬币包

◆ 完成品见第 49 页

材料和用具

- 棉布 1 块（120×50 厘米） 150 克
- 杨梅树皮 150 克
- 铁浆水 120 毫升
- 13 升大号不锈钢圆盆 4 个
- 2.5 升小号不锈钢圆盆 1 个
- 15 升小号桶锅 1 个
- 滤筛
- 密筛
- 计量杯 等

染前准备

① **棉布的染前准备。**将面料浸入 40℃—50℃的热水里。拨动面料，使之整体均匀浸透。

色液提取

② **第 1 次提取。**把 150 克杨梅树皮放入 2.5 升水（冷热均可）中，大火煮沸，然后改为小火继续煎煮 20 分钟。

③ **过滤色液。**把煮过的杨梅树皮用滤筛过滤，2.5 升水煮出约 2.5 升色液。

④ **第 2 次提取。**将滤筛里的杨梅树皮再次加水，采用与第 1 次提取相同的方法煮沸、过滤，2 次煮出的色液合计约 5 升。

染色

⑤ **制作染液。**将 1 升色液用密筛过滤，加入 8 升水（冷热均可）中，制成 9 升染液。剩余的色液留待后续添加使用。

⑥ **在染液里浸染。**面料以不急速上色为好。将面料做好染前准备后，不要用手拧，应轻轻提起，使之适当滴去水分，然后放入染液中浸染约 20 分钟，使面料均匀上色。棉布在 70℃左右的染液中容易染色，应加热染液，使其温度慢慢上升。浸染时要始终在染液中拨动面料，并避免面料与染液间出现气泡。面料出现折痕或由于空气进入织物而产生气泡，都会使染色不均匀而出现染斑，所以必须仔细地将面料从头至尾、反复拨动。

⑦ **清洗。**用水清洗掉面料上多余的染液。

媒染

⑧ **配制媒染液。**将 30 毫升铁浆水倒入 9 升冷水中，充分搅拌溶化。

⑨ **在媒染液里浸染。**采用与⑥相同的方法浸染 20 分钟。铁浆水的温度应在 15℃—20℃之间。

⑩ **清洗。**从媒染液里提起面料，将面料上多余的媒染液用清水洗掉。但是，染色后的清洗与媒染后的清洗要使用不同的容器。

以上⑥⑦⑨⑩的染色→媒染步骤操作 4 次。

↗ ⑥染色 20 分钟 ↘
⑩清洗　　　　　　⑦清洗
↖ ⑨媒染 20 分钟 ↙

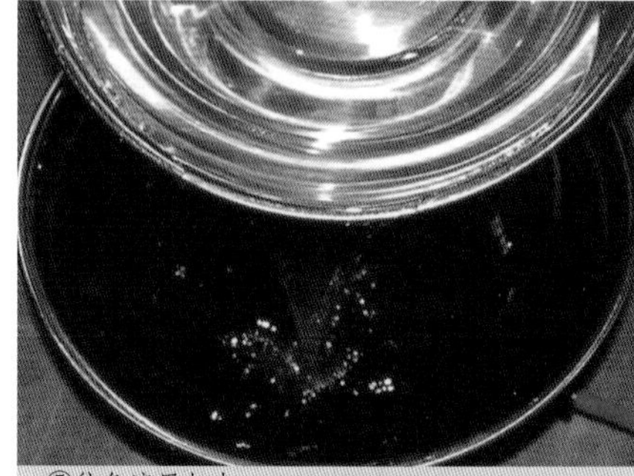

⑤往色液里加水

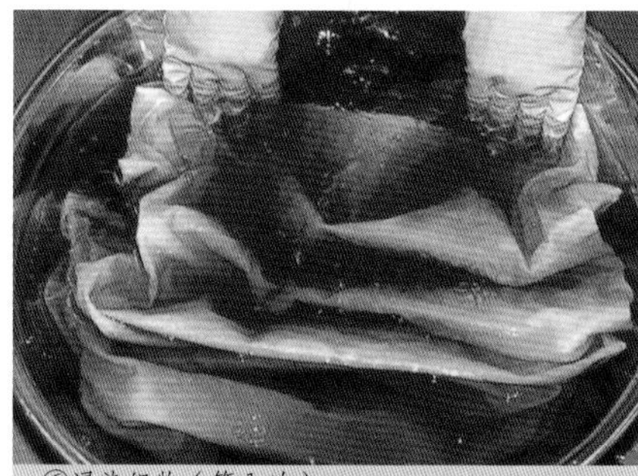

⑥浸染织物（第 1 次）

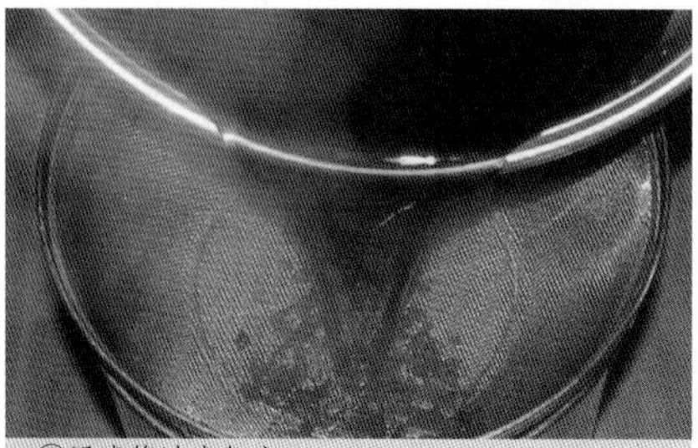

②往热水里加树皮

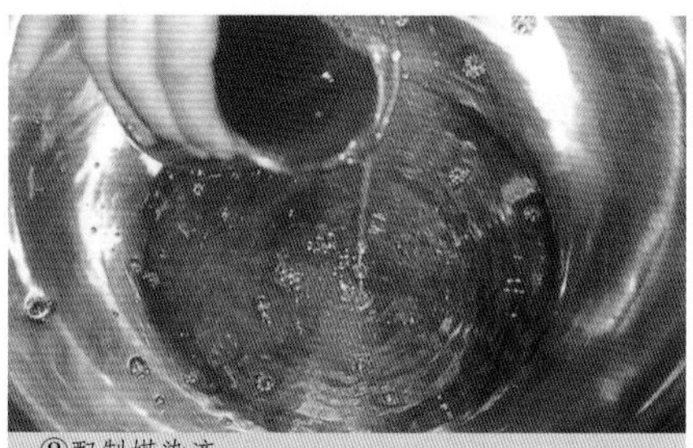

⑧配制媒染液

⑤用密筛过滤

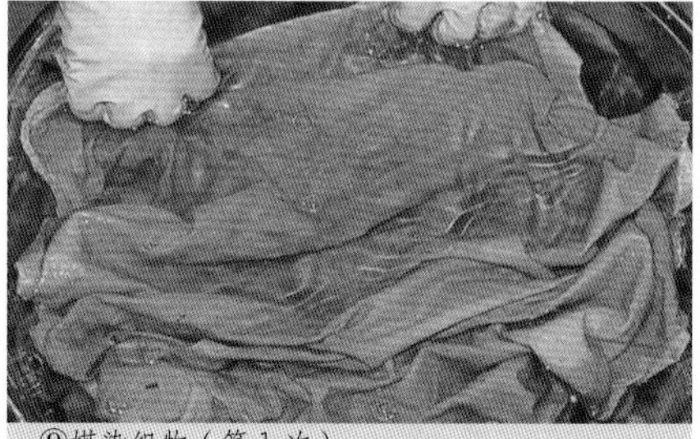

⑨媒染织物（第 1 次）

③用滤筛过滤色液

★ 如果第 1 次就用高浓度染液染色，容易出现染斑。故分成 4 次操作，每次浓度逐渐加深。第 2、3、4 次染色时，应从上一次使用的染液里取出 1 升旧染液倒掉，加入 1 升新的色液。
★ 在第 2、3、4 次媒染时，每次要添加 30 毫升铁浆水。
★ 色液不可放置过夜。
★ 如需染更深的颜色，染色、清洗、干燥（参照第 20 页）以后，第 2 天再从步骤①开始，重复操作。

染后处理

⑪ **清洗。**完成第 4 次媒染清洗以后，再用清水清洗干净。
⑫ **晾干。**清洗后的面料不要用手拧，用晾衣夹夹住一边，吊起阴干。
⑬ **熨烫。**盖上垫布，用熨斗熨平。熨烫时注意温度。

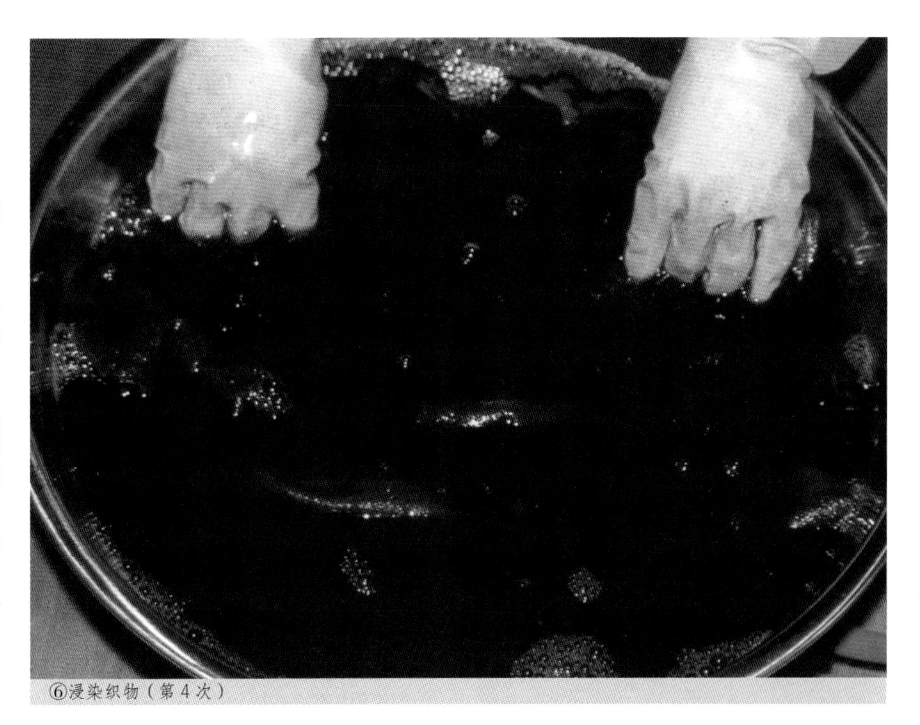

⑥浸染织物（第 4 次）

黄栌染

黄栌是黄色色素染料植物中的一种，属漆科。树材的木芯为黄色，故被称作黄栌。《延喜式》中有“一疋黄栌绫，十四斤栌、十一斤苏芳、二升醋、三斛灰、八担木柴。一疋帛，十五斤紫草根、一升醋、一斛灰、四担木柴”的记载。黄栌的芯材黄色加苏方木的红色可以染得黄红色系。这里不清楚为何记载的绫（织有纹样的绸）与帛（熟丝丝绸）的染色配方不同，其色相会是什么样的，自古以来一直都引有争议。

被称作“黄栌染”的颜色只能用于染色天皇的束腰式御袍，也就是为天皇的专用色。平安时代，从嵯峨天皇开始，作为天皇御袍的专用色一直延续至今。在江户时代，根据八代将军德川吉宗的下令，复原《延喜式》中所记载的各种染色技法，由此流传下来了《延喜式内染鉴》，其中在题为《黄栌染考》的篇文里可以考证这种颜色的色调。

由于黄栌染容易刺激皮肤过敏，所以一般不推荐此染料，本书也就省去介绍其染色法。

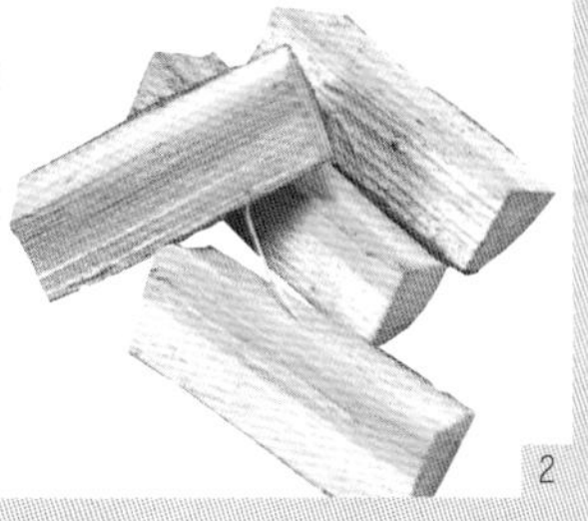

1 黄栌
2 黄栌的芯材含有黄色色素
3 黄栌染（栌 × 苏方木）

石榴

原产于中近东的果树，自古以来世界各地都有种植。6—8 月时盛开出鲜艳的朱红白和淡红色花朵，9—10 月时结出石榴果，成熟后厚果皮会不规则开裂，从露出的鲜艳的淡红色外皮可以看到果实里面。种子的外皮多汁，味道酸甜，含有丰富的维生素 C 和柠檬酸，因具有解除疲劳的效果，是沙漠旅行时最佳的携带饮料。（在中近东，人们将未开裂的石榴用手揉捏后，开一小孔饮用到里面的果汁。）另外，树皮和根还含有生物碱，煎煮后可用作驱逐绦虫的驱虫剂。干燥的果皮可作为止泻药。古罗马帝政初期的宫廷大臣兼学者普林尼在《博物志》中写道，不仅花型美丽且在药效方面也是珍贵的果树之一。

石榴皮还被用作染料。果皮中含有鞣质成分，从干燥后果皮中可提取色素。有史以来波斯地方就有种植，公元前 11 世纪时期开始有用于染色的纪录。中国在公元前 2 世纪，因张骞出使西域时从安石国（波斯邻近地区）带回石榴，所以石榴也称安石榴。由于籽多又被视为子孙繁荣的象征。具《齐民要术》书里记载，此果汁可用作红染的媒染剂。

日本在平安时代中期的《倭名类聚抄》辞书中提及石榴，大致是平安之前传入日本。作为果实、药用之外，果汁还能打磨铜镜。

现在日本常见的以观赏用花石榴为多，而在中国、美国东南部、印度等地则大量种植食用石榴。

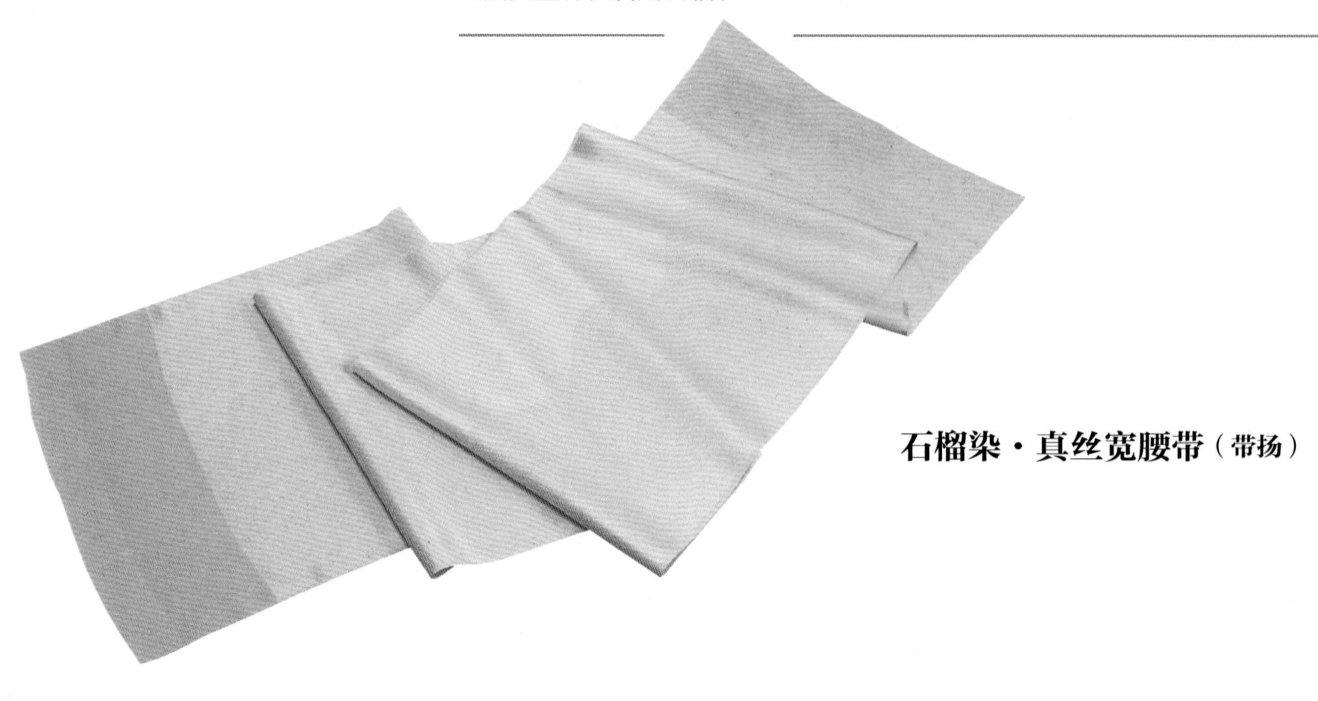

石榴染・真丝宽腰带（带扬）

材料和用具

- 丝绸宽腰带　45 克
- 石榴果皮　45 克
- 明矾　9 克
- 13 升大号不锈钢圆盆　4 个
- 6.5 升中号不锈钢圆盆　1 个
- 15 升小号桶锅　1 个
- 滤筛
- 密筛
- 计量杯 等

染前准备

① **腰带的染前准备。**将腰带浸入 40℃—50℃的热水里。拨动腰带，使之整体均匀浸透。

色液提取

② **第 1 次提取。**把 45 克石榴果皮放入 5 升水（冷热均可）中，大火煮沸，然后改为小火继续煎煮 20 分钟。

③ **过滤色液。**把煮过的石榴果皮用滤筛过滤，5 升水煮出约 5 升色液。

④ **第 2 次提取。**将滤筛里的石榴果皮再次加水，采用与第 1 次提取相同的方法煮沸、过滤，2 次煮出的色液合计约 10 升。

染色

⑤ **制作染液。**将 2 升色液用密筛过滤，加入 7 升水（冷热均可）中，制成 9 升染液。剩余的色液留待后续添加使用。

⑥ **在染液里浸染。**腰带以不急速上色为好。将腰带做好染前准备后，不要用手拧，应轻轻提起，使之适当滴去水分，然后放入染液中浸染约 20 分钟，使腰带均匀上色。应加热染液，使其温度慢慢上升。真丝面料在高温下容易受损，故请注意，温度应控制在 50℃—60℃之间。浸染时要始终在染液中拨动腰带，并避免腰带与染液间出现气泡。腰带出现折痕或由于空气进入织物而产生气泡，都会使染色不均匀而出现染斑，所以必须仔细地将面料从头至尾、反复拨动。

⑦ **清洗。**用水清洗掉腰带上多余的染液。

媒染

⑧ **配制媒染液。**将 9 克明矾放入 9 升的开水里，充分搅拌溶化。请记住，如果是真丝面料，明矾的使用量是 1 升水中放 1 克明矾。明矾不易溶化，应先另取容器，用开水溶化后再用。

⑨ **在媒染液里浸染。**采用与⑥相同的方法浸染 20 分钟。加温明矾媒染液，使其温度保持在 40℃—50℃之间。

⑩ **清洗。**从媒染液里提起腰带，将腰带上多余的媒染液用清水洗掉。但是，染色后的清洗与媒染后的清洗要使用不同的容器。

以上⑥⑦⑨⑩的染色→媒染步骤操作 4 次。

↗ ⑥染色 20 分钟 ↘
⑩清洗　　　　⑦清洗
↖ ⑨媒染 20 分钟 ↙

★ 如果第 1 次就用高浓度染液染色，容易出现染斑。故分成 4 次操作，每次浓度逐渐加深。第 2、3、4 次染色时，应从上一次使用的染液里取出 2 升旧染液倒掉，加入 2 升新的色液。

★ 色液不可放置过夜。

★ 如需染更深的颜色，染色、清洗、干燥（参照第 20 页）以后，第 2 天再从步骤①开始，重复操作。

染后处理

⑪ **清洗。**完成第 4 次媒染清洗以后，再用清水清洗干净。

⑫ **晾干。**清洗后的面料不要用手拧，用晾衣夹夹住一边，吊起阴干。

⑬ **熨烫。**盖上垫布，用熨斗熨平。熨烫时注意温度。

⑧配制媒染液

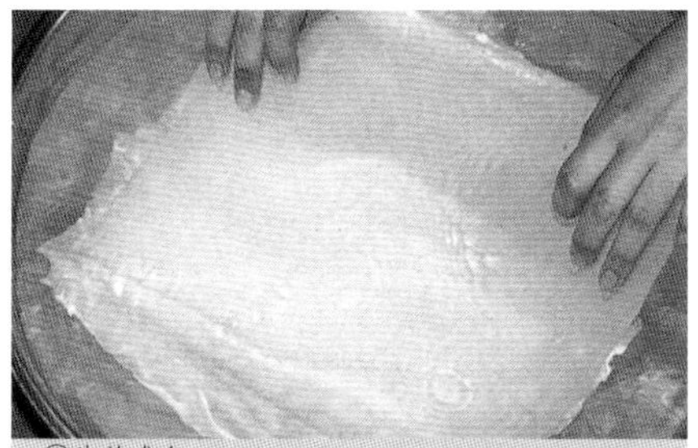
①染前准备

⑤用密筛过滤

⑤往色液里加水

⑨媒染腰带（第 1 次）

②往热水里加果皮　③用滤筛过滤色液

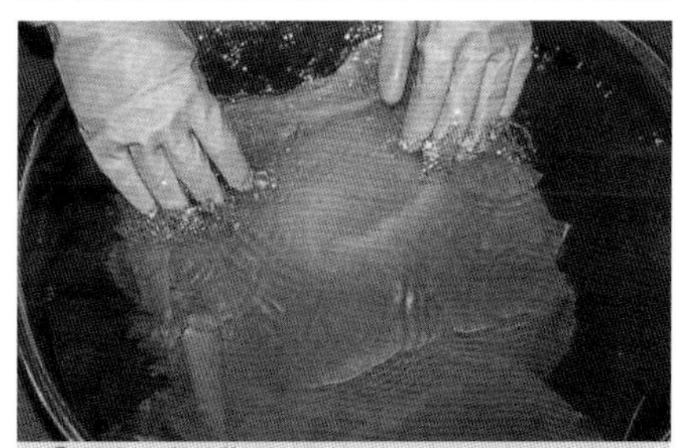
⑥浸染腰带（第 1 次）

⑨媒染腰带（第 4 次）

蓼蓝

蓝是含有蓝色素的植物统称，包括生长在印度周边的豆科印度蓝，中国和日本的蓼科蓼蓝，还有欧洲的十字花科菘蓝，因各地风土与气候不同，所含蓝色素的植物品种也不同。适宜生长在高温多湿气候、土地肥沃地区的蓼蓝，自古就在中国和日本等亚热带至温带地域种植。据考据，蓼蓝原产地为中南半岛，经中国和朝鲜半岛，在飞鸟时代其种植和染色技术传入日本。不管是动物性纤维还是植物性纤维都较容易上色，所以从贵族到百姓都喜用蓼蓝。在中国战国时期的著作《荀子・劝学篇》中有“青出于蓝”的成语，由此可以推断，蓝染技法大约在公元前 3 世纪就已经有了。

蓝染的染色法分为两种，一种是把撕碎后的叶子浸泡在水中，制成染液染色，即生叶染。蓝色可均匀地渗透到纤维里，避免碱性灰对纤维造成的损伤。在《延喜式》中提到绫、帛、丝等染色用“蓝十围”“蓝四围”，根据这里捆扎的单位所使用的“围”字，可推测是生叶染。

另一种染色法叫还原染，是将蓼蓝放入木灰或消石灰等碱性液体中，利用蓼蓝在 18℃以上温度里会还原出溶于水的色素这一特性。《延喜式》中提到染麻布时用“干蓝一斗，灰一斗，薪三十斤”，可见因染色对象不同会变换染色方法。还原染的染色速度虽快，但渗透性差，染色浓度看似很深，但耐摩擦性也差。但是，收割的蓼蓝叶经纤维发酵后储存的造靛法发明后，蓝染便不受季节左右随时可染了，于是生叶染也就逐渐走向衰退。

中世纪，被称作“座”的手工业行会兴起，日本各地都涌现出蓝染专门作坊“绀屋”。棉布在近世纪传入日本后，使蓝染的需求迅速增长。那时发明了将蓝染装瓮埋入土中、用烧火加热的方法来调节染液温度的方法，使蓝染在一年四季里都能进行。

到了江户时代中期，阿波藩（四国德岛）因雨季泛滥，河水从上游带来大量的肥沃砂土堆积在吉野川的三角洲，政府号召民众种植蓼蓝，以至德岛一跃成为全国第一大产蓝盛地。但是由于受到含蓝色素丰富的印度蓝和合成染料的冲击，日本的蓼蓝种植和制蓝业日渐衰退，已没了往日的繁荣。即使如此，在现在的阿波德岛上，仍然有人传承着传统制靛法，而且尝试古代蓝染技术的人也越来越多。

蓼蓝生叶染・薄丝巾

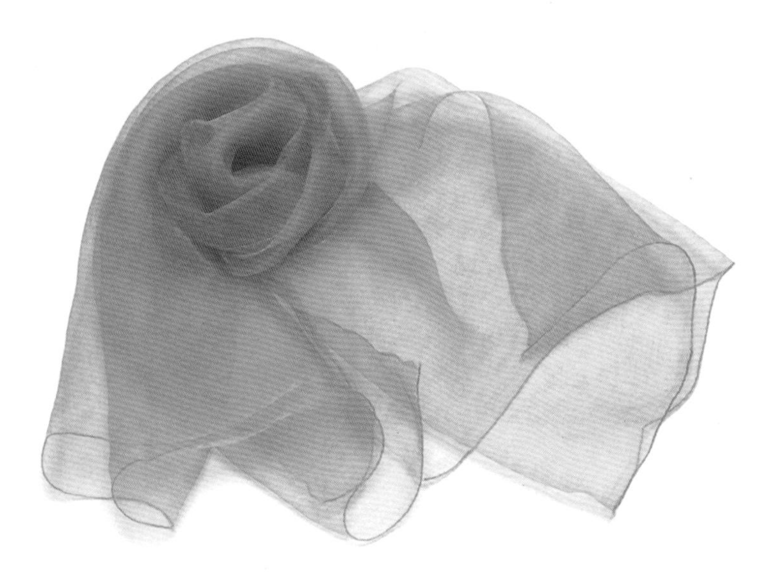

材料和用具

- 印度真丝 1 块（112×150 厘米）　20 克
- 蓼蓝生叶　500 克
- 食醋　40 毫升
- 13 升大号不锈钢圆盆　2 个
- 6.5 升中号不锈钢圆盆　1 个
- 密筛
- 麻袋
- 计量杯 等

色液提取

① **第 1 次提取。**把蓼蓝生叶用手扯碎后，加入 5 升水进行浸泡（如要切碎，可使用不锈钢刀）。加入 20 毫升食醋，搓揉 30 分钟，提取出色素。

② **拧挤色液。**把搓揉后的蓼蓝叶装入细麻布袋中，用力挤压，挤压出的液体就是染液。

③ **第 2 次提取。**采用与第 1 次提取相同的方法搓揉出色素，用麻布袋过滤。2 次提取的色液合计约 10 升。

染前准备

④ **面料的染前准备。**将薄丝巾浸入 40℃—50℃的热水里。拨动丝巾，使之整体均匀浸透。

染色

⑤ **制作染液。**将 10 升色液用密筛过滤，过滤后的原液就是染液。

⑥ **在染液里浸染。**丝巾以不急速上色为好。将丝巾做好染前准备后，不要用手拧，应轻轻提起，使之适当滴去水分，然后放入染液中浸染约 20 分钟，使腰带均匀上色。浸染时要始终在染液中拨动丝巾，并避免丝巾与染液间出现气泡。丝巾出现折痕或由于空气进入织物而产生气泡，都会使染色不均匀而出现染斑，所以必须仔细地将丝巾从头至尾、反复拨动。

⑦ **清洗。**用水清洗掉丝巾上多余的染液，换 2—3 次水充分清洗。

染后处理

⑧ **晾干。**清洗后的丝巾不要用手拧，用晾衣夹夹住一边，吊起阴干。

⑨ **熨烫。**盖上垫布，用熨斗熨平。熨烫时注意温度。

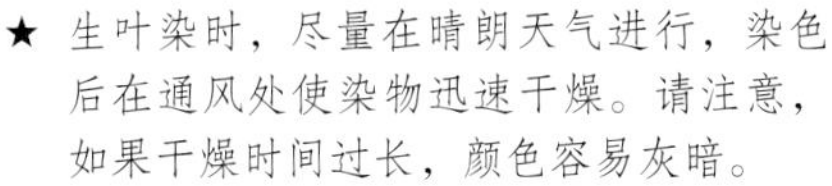

★ 生叶染时，尽量在晴朗天气进行，染色后在通风处使染物迅速干燥。请注意，如果干燥时间过长，颜色容易灰暗。

★ 如需染更深的颜色，染色、清洗、干燥（参照第 20 页）以后，第 2 天再从步骤①开始，重复操作。

①把蓼蓝生叶切碎

①用水浸泡切细的生叶

①加入食醋

①搓揉生叶、挤出色素

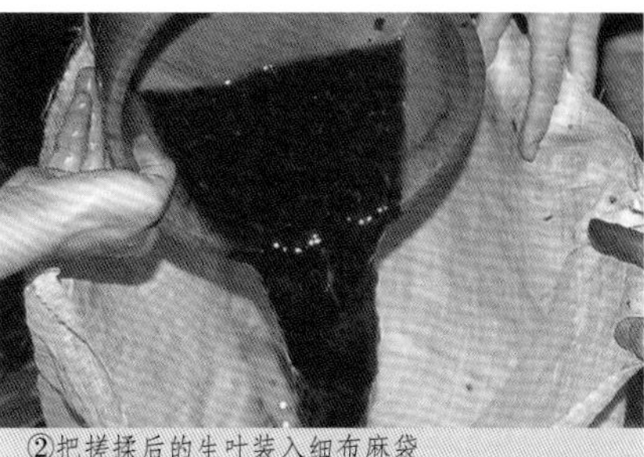

②把搓揉后的生叶装入细布麻袋

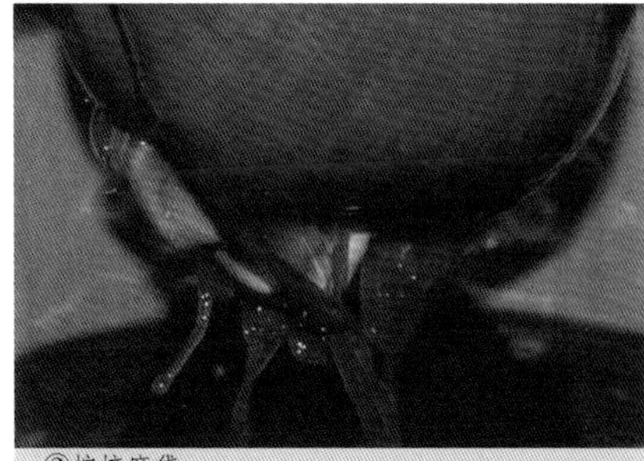

②拧挤麻袋

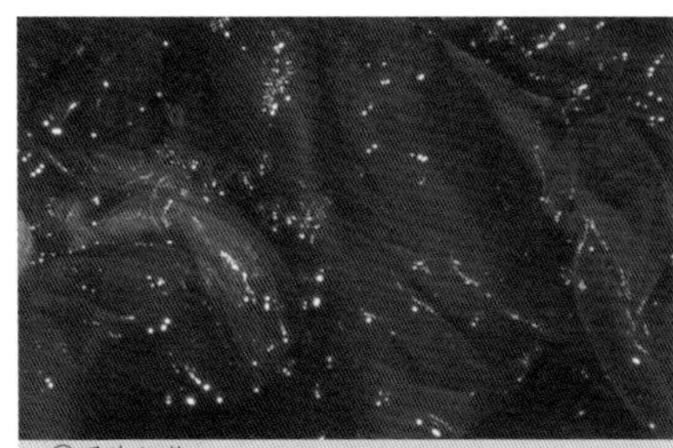

⑥浸染织物

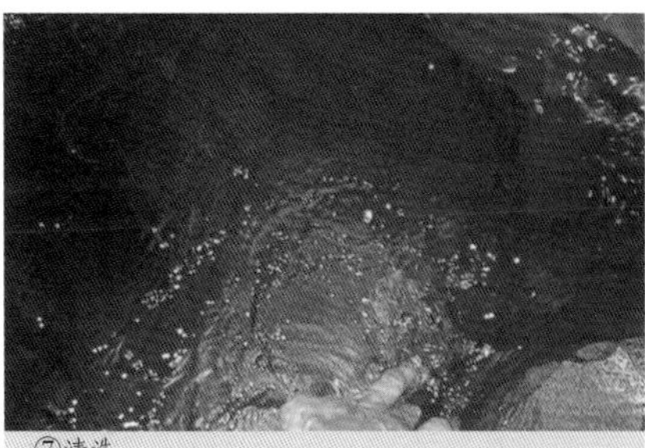

⑦清洗

建蓝缸

材料和用具

- 蒅（堆积发酵法获得的蓼蓝） 1000 克
- 麻栎木灰 700 克
- 麦麸 100 克
- 消石灰 20 克
- 密筛
- 13 升大号不锈钢圆盆 3 个
- 2.5 升小号不锈钢圆盆 1 个
- 20 升制蓝容器 1 个
- 市场贩卖的保温器 等

灰汁提取

① **提取第 1 道灰汁。**在 700 克木灰里倒入 7 升开水，放置两天以上使灰沉淀。把上层的清澄液用密筛过滤，另装在圆桶中。这是第 1 道灰汁，碱性最高。

② **提取第 2、3 道灰汁。**采用与①相同的方法，在剩下的灰里加开水，放置两天以上，提取第 2 道、第 3 道灰汁。

蓝缸准备

[第 1 天]

③ **加第 2 道灰汁。**将 1000 克蒅倒入 20 升容器（蓝缸）中，加入 5 升第 2 道灰汁，充分搅拌。液体温度应保持在 20℃左右。

②制作第 2 道灰汁

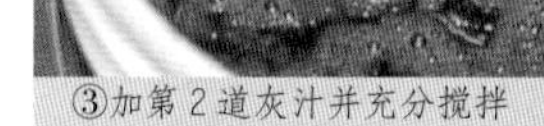

③加第 2 道灰汁并充分搅拌

②制作第 3 道灰汁

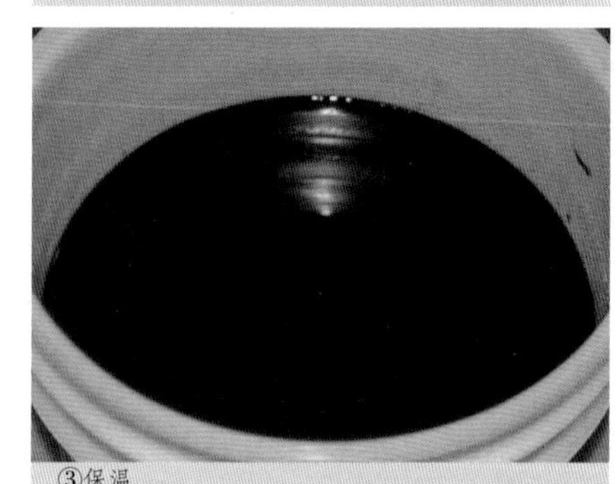

③保温

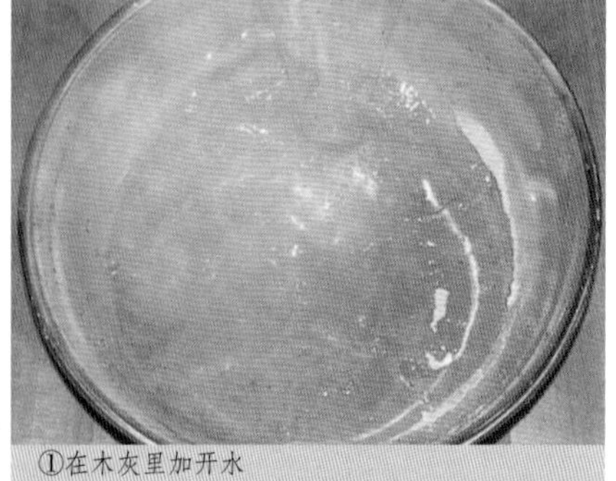

①在木灰里加开水

①检测第 1 道灰汁的碱性值（ph = 11）

④加第 3 道灰汁

①提取第 1 道灰汁上层的清澈液

③往容器里加蒅

④加第 3 道灰汁并充分搅拌

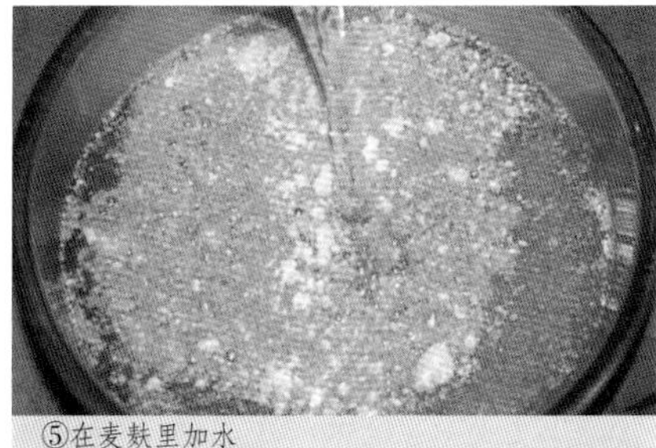

⑤在麦麸里加水

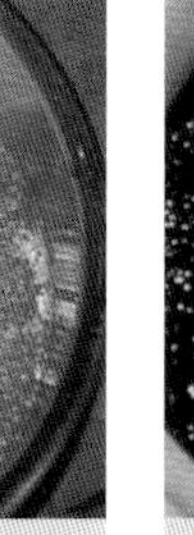

⑧加消石灰并充分搅拌

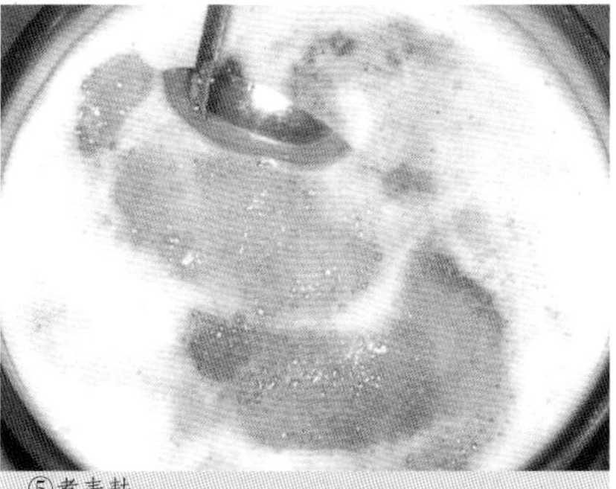

⑤煮麦麸

初建蓝缸

⑥加麦麸

蓝缸建好

⑦加第 1 道灰汁

如果冬季气温过冷，可将蓝缸再放入一个直径更大的盛水容器中，用保温装置使水温维持稳定（夏季不用保温）。从建缸当天起，每日 2 次充分搅拌蓝液。

[第 2 天]

④ **加第 3 道灰汁。**将 5 升第 3 道灰汁倒入蓝缸中充分搅拌，放置 7—10 天。期间每日 2 次充分搅拌蓝液，7—10 天后，蓝液表面会产生一层薄膜。

[1 周—10 天]

⑤ **煮麦麸。**蓝液表面生成薄膜后，取 100 克麦麸，加入 2 升水并进行加热，不断搅拌以避免焦糊，煮制 20—30 分钟。

⑥ **加麦麸。**将煮好的麦麸冷却后加入蓝液。麦麸是一种能促进发酵的营养剂，加入麦麸以后，要每日一次慢慢搅拌蓝液。

[加麦麸 2—3 天后]

⑦ **加第 1 道灰汁。**在制蓝过程中，蓝液的碱性会逐日减弱，可在蓝液中加入第 1 道灰汁，以稳定发酵。在加入灰汁的第 2 天，蓝缸便可建成。

[后期工序]

⑧ **加消石灰。**蓝缸建成后，蓝液的碱性会逐日减弱，应每日应观察蓝缸情况并检测 pH 值。为了保持其 pH 值（11—12），应加入第 1 道灰汁与消石灰，以补充其碱性。

★ 蓝缸建成后，每天需慢慢搅拌蓝液并观察其状况。但是，如果在染色之前搅拌蓝液，缸里的沉淀物会浮上来，附着在待染的面料或线上，所以应在染色完成后再进行搅拌。另外，在浸染线时，要将滤筛或滤网放入染缸、沉入染液，以防沉淀物附着在线上。如果是浸染面料，则无需使用滤筛或滤网。

蓼蓝染·扎染丝巾

◆ 完成品见第 77 页

材料和用具

- 丝巾 3 块（87×87 厘米） 120 克
- 蓝缸
- 13 升大号不锈钢圆盆 2 个
- 滤筛、滤网
- 粗绳
- 粗棉线（风筝线）等

★ 先扎染围巾染制浅蓝，然后再重新扎染一次染制深蓝，使围巾形成浓淡纹样。

【扎染浅蓝色】

扎系准备

① **扎系丝巾。**根据设计好的图案，把不需要染的留白区域用粗棉线扎紧。为了使图案染得均匀，可用粗绳为芯进行扎系。注意，如果没有扎紧，染液会浸入防染部分，导致图案染色失败。

染前准备

② **染前准备。**将扎好的丝巾浸入 40℃—50℃的热水里。因扎系而使丝巾产生的重叠部分，热水不容易渗透，可用手轻轻抻开并搓揉丝巾，使之充分浸湿。

染色

③ **准备蓝缸。**制蓝方法参照第 58—59 页。蓝液制成后，在染色前不要搅动蓝缸，让沉淀物处于蓝缸底部。为使沉淀物不上浮，可在蓝缸里放置一个滤筛或滤网。

④ **在蓝缸里浸染。**丝巾以不急速上色为好。将丝巾做好染前准备后，不要用手拧，应轻轻提起，使之适当滴去水分，然后放入蓝缸中浸染约 5 分钟，使丝巾均匀上色。因扎系而使丝巾产生的重叠部分不容易染透，应将丝巾抻开轻揉。

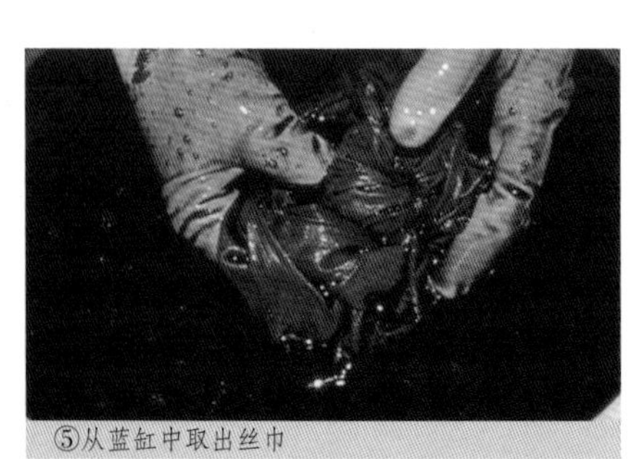

⑤从蓝缸中取出丝巾

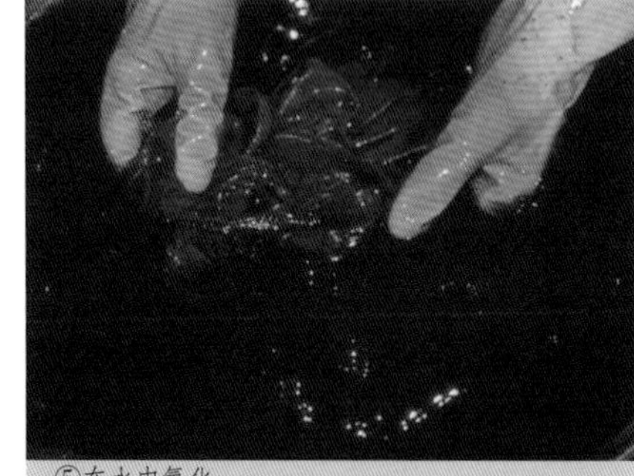

⑤在水中氧化

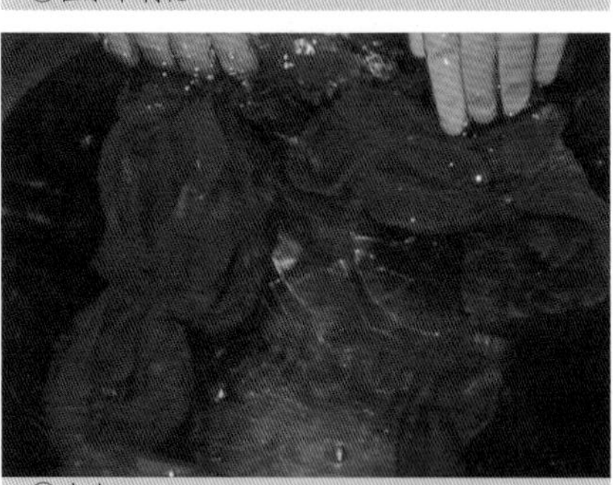

⑥清洗

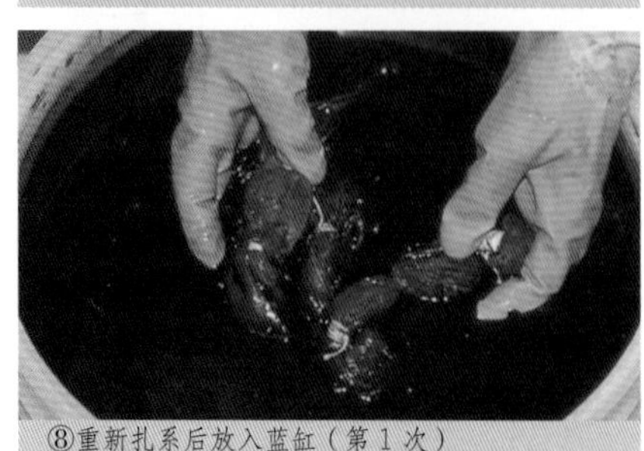

⑧重新扎系后放入蓝缸（第 1 次）

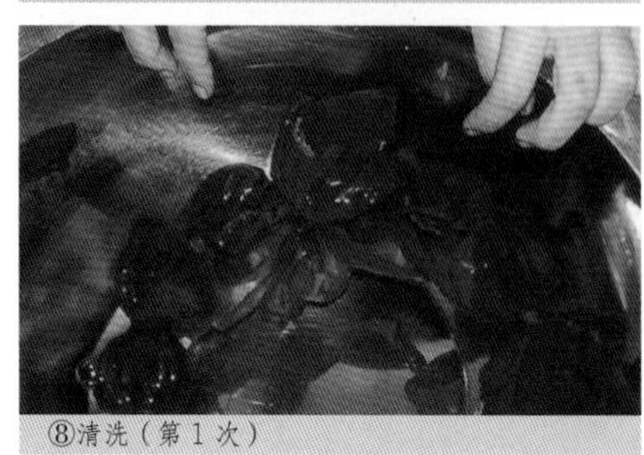

⑧清洗（第 1 次）

氧化

⑤ **在水中氧化。**蓝液接触氧气后产生氧化现象，从而使色素着色。从蓝缸中提起丝巾，一边让附着在丝巾上的多余染液顺势流去，一边在水中拨动丝巾，使之接触水中氧分子进行氧化，直到丝巾由绿色转为蓝色。

清洗

⑥ **清洗。**从水中提起氧化好的丝巾，另取容器清洗。

以上④⑤⑥的染色→氧化→清洗步骤操作 1 次。

④在蓝缸里浸染 5 分钟

⑥清洗 ← ⑤在水中氧化

【扎染深蓝色】

⑦ 在浅蓝区域重新用粗棉线扎紧。

⑧ 以上④⑤⑥的染色→氧化→清洗步骤操作 2 次。

染后处理

⑨ **清洗。**完成 2 次染色以后，清洗并阴干。干燥后拆线，再次清洗。

⑩ **清除灰汁。**把拆线后的丝巾放入清水里浸泡 30—60 分钟，清除残余的染料和灰汁，再次清洗至完全干净为止。

⑪ **晾干。**清洗后的丝巾不要用手拧，用晾衣夹夹住一边，吊起阴干。

⑫ **熨烫。**盖上垫布，用熨斗熨平。熨烫时注意温度。

蓼蓝染・麻布板夹染门帘

◆ 完成品见第 76 页

材料和用具

- 麻布 2 块（120×37 厘米） 180 克
- 蓝缸
- 13 升大号不锈钢圆盆 2 个
- 滤筛、滤网
- 大小两种三角板
- 木棒 4 根
- 皮筋 等

【板夹染浅蓝色】

板夹准备

① **夹布。**根据设计好的图形折叠布料，用木板夹住，再用木棒把木板压紧，木棒两端用皮筋扎牢固定。注意，如果没有扎紧，染液会浸入防染部分，导致图案染色失败。也可先将面料做好染前准备，晾至半干状态后进行折叠与板夹，这样更易操作。

染前准备

② **板夹染的染前准备。**将面料浸入 40℃—50℃的热水里。板夹后产生的折叠部分，热水不容易渗透，可用手轻轻抻开并搓揉面料，使之充分浸湿。

染色

③ **准备蓝缸。**制蓝方法参照第 58—59 页。蓝液制成后，在染色前不要搅动蓝缸，让沉淀物处于蓝缸底部。为使沉淀物不上浮，可在蓝缸里放置一个滤筛或滤网。

④ **在蓝缸里浸染。**面料以不急速上色为好。将面料做好染前准备后，不要用手拧，应轻轻提起，使之适当滴去水分，然后放入蓝缸中浸染约 5 分钟，使面料均匀上色。板夹在染液里的操作时间不能过长，以短时间内浓染为佳。如果时间过长，染液会由板夹空隙渗入防染部分。面料的折叠部分不容易染透，应将面料抻开轻揉。面料出现折痕或由于空气进入面料而产生气泡，都会使染色不均匀而出现染斑，应注意避免。

①用夹板夹布

氧化

⑤ **在水中氧化。**蓝液接触氧气后产生氧化现象，从而使色素着色。从蓝缸中提起面料，一边让附着在面料上的多余染液顺势流去，一边在水中拨动面料，使之接触水中氧分子进行氧化，直到面料由绿色转为蓝色。

清洗

⑥ **清洗。**从水中提起氧化好的面料，另取容器清洗。

以上④⑤⑥的染色→氧化→清洗步骤操作 1 次。

④在蓝缸里浸染 5 分钟
↓
⑥清洗 ← ⑤在水中氧化

④在蓝缸里浸染

⑤从蓝缸中取出面料

【板夹深蓝色】

⑦ **清洗。**完成⑥的清洗以后，再用清水清洗干净。

⑧ **板夹染色。**在浅蓝区域重新用板夹紧。

⑨ 以上④⑤⑥的染色→氧化→清洗步骤操作 2 次。

★ 如需染更深的颜色，染色、清洗、干燥（参照第 20 页）以后，第 2 天再从步骤②开始，重复操作。

染后处理

⑨ **清洗。**完成深色染的清洗步骤以后，再次清洗、拆除夹板，然后用清水再仔细清洗一次。

⑩ **清除灰汁。**把拆除夹板后的面料放入清水里浸泡 30—60 分钟，清除残余的染料和灰汁，再次清洗至完全干净为止。

⑪ **晾干。**清洗后的面料不要用手拧，用晾衣夹夹住一边，吊起阴干。

⑫ **熨烫。**在面料上喷撒水雾，盖上垫布，用熨斗熨平。

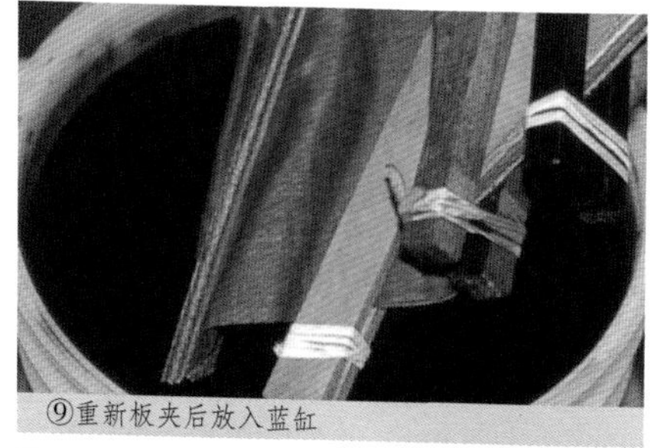

⑨重新板夹后放入蓝缸

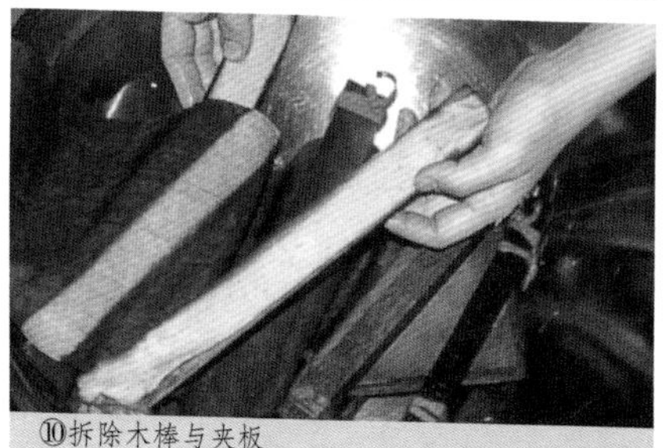

⑩拆除木棒与夹板

扎染技法

将面料的一部分扎系起来进行防染，用以表现图案纹样，这是扎染的基本方法；从扎系、缝紧这些简单的手法到利用器物进行绑系，扎染的表现技法颇为丰富。有专门用于扎系的木台和尖型圆铁锥等工具，各有用途；大家

平缝扎法

描绘完平缝纹样的轮廓后，用抽紧防染的方式进行染色，染色完成后的纹样没有正反面区别。

① 在面料上用青花笔（或水消笔）描绘纹样。

② 将双根棉线的线头打结，按 3—5 毫米的针距进行平缝。缝完整根线后，留出线头，针仍然穿在线上。

③ 用平缝针法缝完所有纹样线条之后，一根一根地分别抽紧缝线，直至抽紧到线头的打结处。

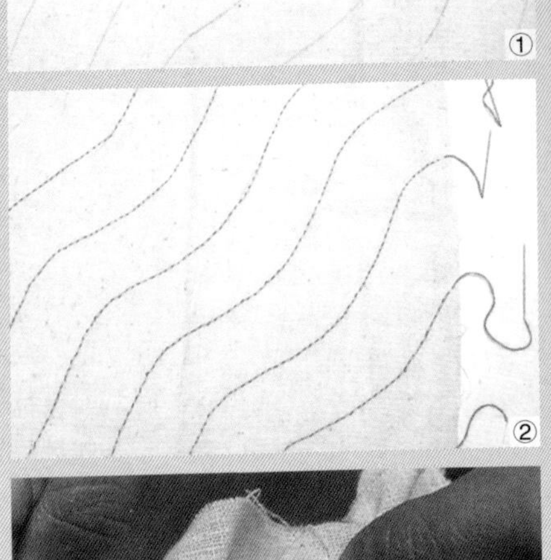

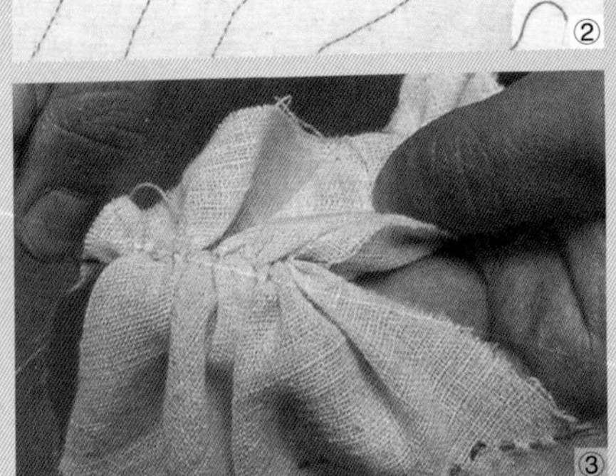

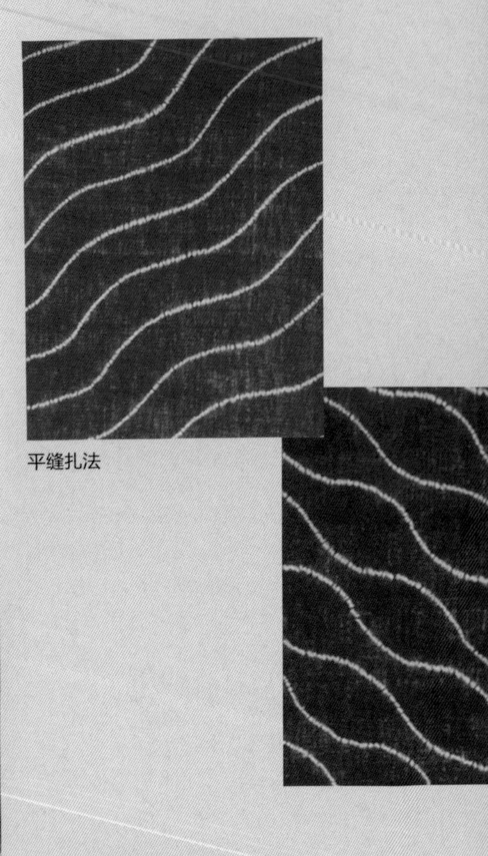

平缝扎法

柳条扎法

在面料里充填用粗绳做成的芯，一边灵活地用手指拨拢皱褶，一边卷动面料进行缠扎，即进行纵向的缠绑扎系。柳条扎法不刻意讲究纵向纹路走向，为表现出风吹杨柳、随风摇曳般的感觉，边随意拨拢皱褶边用风筝线绑缠。

① 一边用手指拨拢皱褶，一边把绳芯卷进面料里。

② 开始卷缠前，先用线在起始位置卷缠 2—3 圈，充分绑紧。

③ 边拨拢皱褶，边用风筝线按螺旋方向绑缠扎紧。不要连续旋转绑缠，应在绑缠 3—4 圈后，稍作停顿再继续进行，这样比较容易操作。

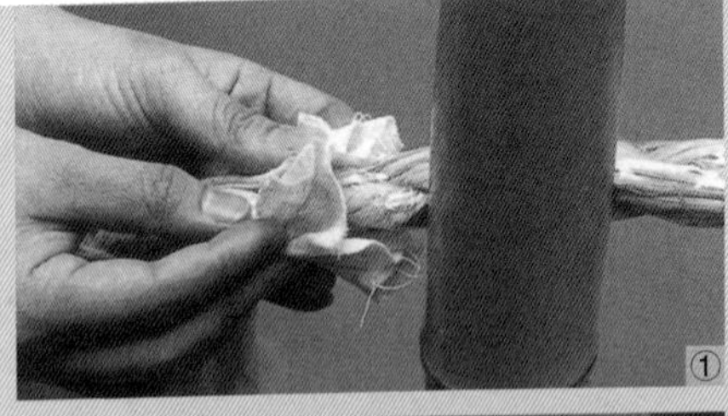

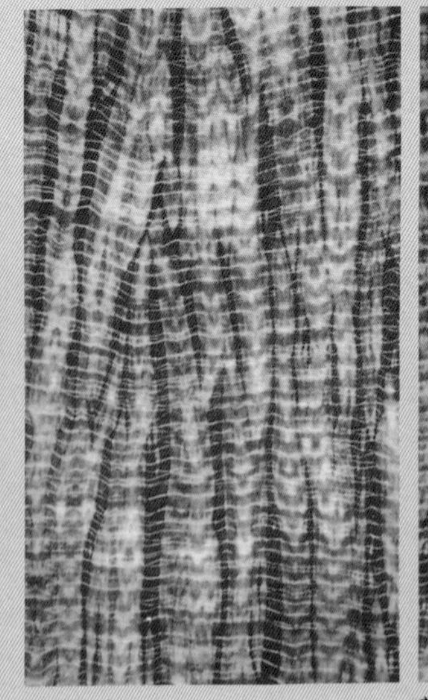

柳条扎法

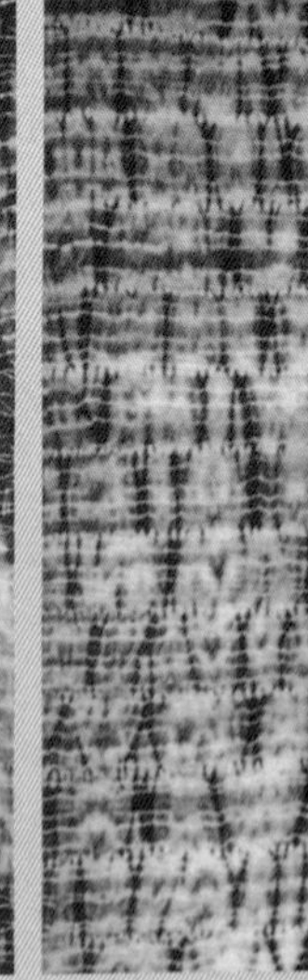

养老扎法

也可自行开发用以替代的类似工具或方法，只要易于固定、方便操作即可。

本书介绍 4 种比较简单的扎系方法。扎系之线本应使用白色棉线（8 号、10 号粗线）或风筝线，为使图例照片简易明了，在这里改用蓝色棉线。

小帽子扎法

用塑料纸或尼龙纸将面料局部包缠起来，这一部分的面料便可完全防染、留白或可分开染色。把面料缠绑成小揪，像被戴上了帽子一样，在日本被称为“帽子扎法”。这种缠扎最初是为了防止染料渗入，以达到“防止”的目的，后来被叫成了“帽子”（在日语中，“防止”与“帽子”同音）。根据防染面积大小，有大帽子、中帽子、小帽子之分。小帽子还有一个别名叫垫芯帽子。为了避免染料渗入防染部分，在小帽子里垫上芯料后再扎系起来。小帽子比较简单，一般用于较小的纹样。

① 用青花笔（或水消笔）描绘纹样后，用一根单棉线进行平缝，棉线末端要留足长度。

② 将手指伸进纹样里仔细抽线，确认里侧的缝扎口完全抽紧封严后，再在抽紧的根部用线缠绕 2—3 圈。

③ 取白色薄塑料纸，包卷住缝扎根部。首先把塑料纸的上端折叠起来。

④ 从缠扎根部的稍下方部位开始卷起塑料纸，根部用风筝线充分固定扎紧，然后依次向上缠绕。

⑤ 用风筝线粗粗绑扎，把塑料纸的最前端仔细缠绑 2—3 圈，扎牢。

小帽子扎法

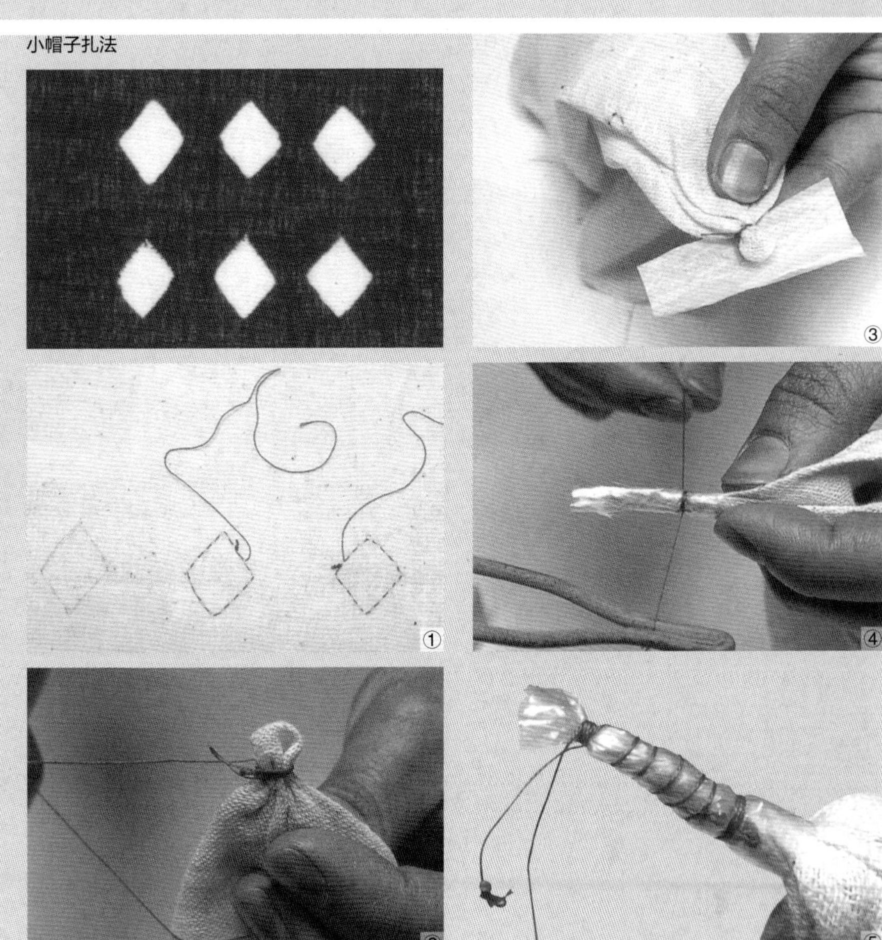

养老扎法

缠扎纵向图案的一种技法。先将面料进行整体的平缝扎系，与柳条扎法的不规则相比，能表现出纵向条纹。

① 用青花笔（或水消笔）在面料上描画间隔 3 厘米的条纹，再用 2 毫米的针距进行平缝。不要剪断正向的缝线，把针穿到反向，用同样的方法进行平缝。依照顺序边抽紧缝线，边进行“之”字形双向平缝。

② 把粗绳作为内芯卷进面料里，在起始部位仔细缠绕 2—3 圈后开始进行绑缠。每绑缠 3—4 圈后，稍作停顿再继续进行，最后用风筝线充分固定扎紧。

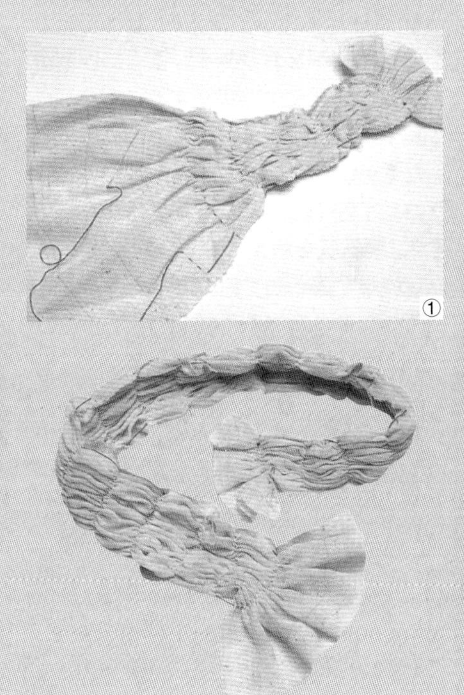

蓼蓝染·麻布型染餐垫、杯垫

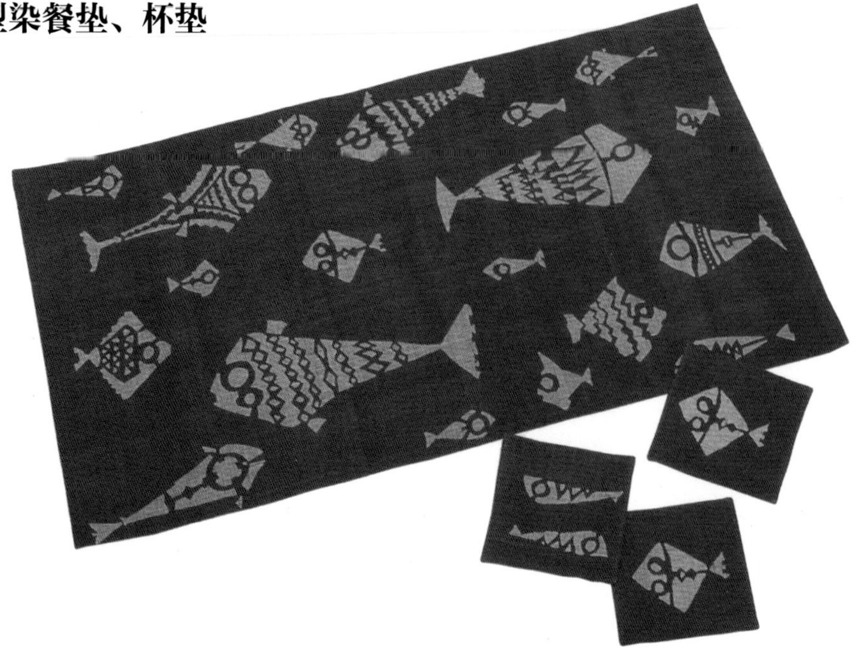

材料和用具

- 麻布 3 块（100×37 厘米） 180 克
- 蓝缸
- 糊（或使用染料店出售的型染用糊）
  - 糯米粉 120 克、小纹糠 180 克（糯米粉和小纹糠的比例为 2∶3）
  - 消石灰 5 克、盐 10 克
- 磨粉
- 蒸锅
- 13 升大号不锈钢圆盆 2 个
- 涩纸
- 裱纱框
- 刻刀
- 刮糊刷 等

型纸准备

① **制作型纸。** 根据设计稿，在涩纸上描绘出图案并用刻刀进行雕刻。为了增加强度，可将雕刻好的型纸进行裱纱（参照第 69 页），可使用市售的裱纱框，也可直接使用染料店出售的已经雕好纹样并裱完纱的型纸。

防染糊准备 参照第 68 页

② **揉面。** 把糯米粉和小纹糠分别倒入面盆中混合，一边缓缓加入 300 毫升水一边充分揉匀。为了方便蒸透，可分次取出适量面团，做成多个小面圈。

③ **蒸面。** 在蒸锅里垫上一块棉布，把②制成的面圈排放在垫布上，用布包住，蒸 1—1.5 小时。

④ **加水和消石灰后揉面。** 取 5 克消石灰，用水溶化成乳白液体。将蒸好的面圈再次放在盆里趁热加水揉捏，揉到适当硬度后加入石灰乳白液，充分揉捏。

⑤ **加盐。** 为避免防染糊干燥后产生龟裂，在④中加入 10 克盐并充分揉捏。

刮浆上糊

⑥ **上糊。** 为了让型纸和面料紧密相贴，先将型纸浸入水里打湿，取出后擦去多余水分。熨烫面料，将它平整地放在板上。为防止面料移动，可用胶带把面料贴在木板上，或直接把面料裱在板上固定（参照第 69 页）。把型纸铺放在布上，用排刷取适量的防染糊，在型纸上按一定

⑥上糊

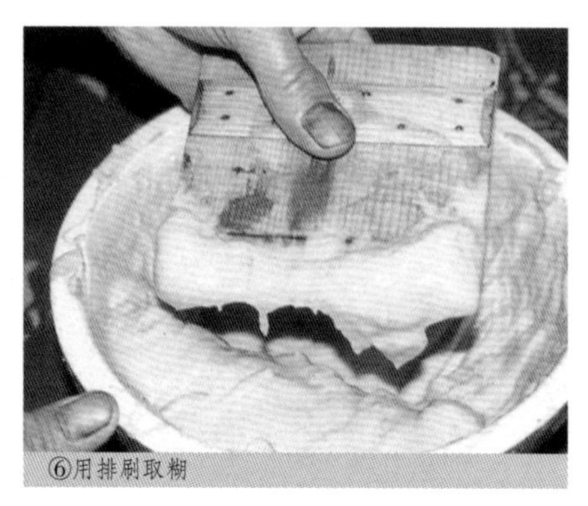

⑥用排刷取糊

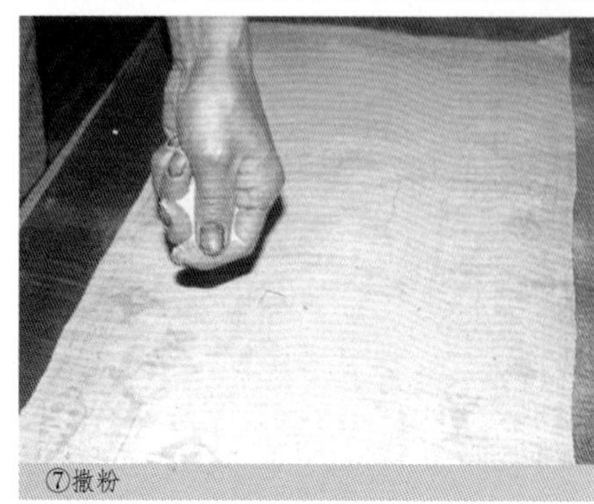

⑦撒粉

方向均匀涂刮。确认将防染糊均匀地涂刮在型纸上之后，再揭开型纸。

⑦ **撒粉。**为避免防染糊之间互相粘连，揭开型纸后在面料上撒一层磨粉。

⑧ **晾干。**把上糊后的面料，用晾衣夹夹住底边，使糊完全干透。

染前准备

⑨ **面料上糊干燥后的染前准备。**将面料浸入 20℃—30℃的温水里。如果将上糊后的面料长时间泡在水中，容易产生脱糊现象，因此在面料整体浸透后，要迅速将面料从水里取出。

染色

⑩ **准备蓝缸。**制蓝方法参照第 58—59 页。蓝液制成后，在染色前不要搅动蓝缸，让沉淀物处于蓝缸底部。

⑪ **在蓝缸里浸染。**面料以不急速上色为好。将面料做好染前准备后，不要用手拧，应轻轻提起，使之适当滴去水分，注意不要损伤到防染糊，然后放入蓝缸中。面料的一端用夹子夹住，挂在木棍上，沉入蓝缸中浸染 5 分钟。在蓝缸中不要晃动面料。

氧化

⑫ **在空气中氧化。**蓝液接触氧气后产生氧化现象，从而使色素着色。从蓝缸中慢慢提起面料，小心放入水中再迅速提起，让附着在面料上的多余染液顺势流去。从水中提起面料后，在空气中停留 10 分钟，使之接触空气氧化。上糊后的面料如果长时间浸泡在水中容易脱糊，所以在水里只可轻轻摆动一下。

以上⑪⑫的染色→氧化步骤操作 2 次。

⑪在蓝缸里浸染 5 分钟

↑　↓

⑫在空气中氧化

★ 如需染更深的颜色，染色、清洗、干燥（参照第 20 页）以后，第 2 天再从步骤⑨开始，重复操作。但是，重复操作染色，防染糊可能会受到损伤，请务必注意。

除浆

⑬ **清洗。**完成第 2 次氧化后，拆掉夹子，用水清洗。

⑭ **清除灰汁与除浆。**把清洗后的面料放入清水里浸泡 30—60 分钟，清除残余的染料和灰汁，防染糊也会随浸泡而脱落。

染后处理

⑮ **清洗。**再次清洗，至完全洗净、被泡软的防染糊完全脱落为止。

⑯ **晾干。**清洗后的面料不要用手拧，用晾衣夹夹住一边，吊起阴干。

⑰ **熨烫。**在面料上喷撒水雾，盖上垫布，用熨斗熨平。

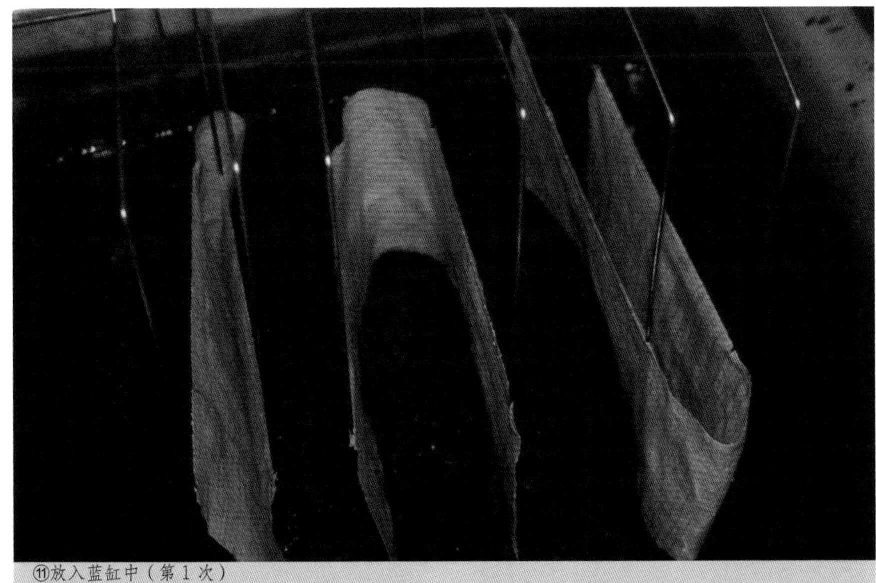

⑪放入蓝缸中（第 1 次）

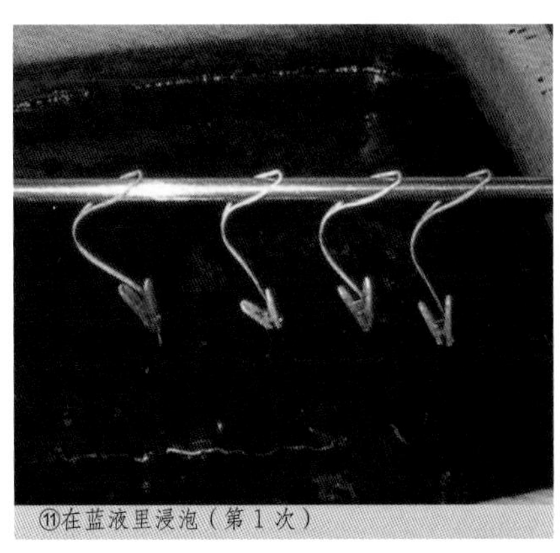

⑪在蓝液里浸泡（第 1 次）

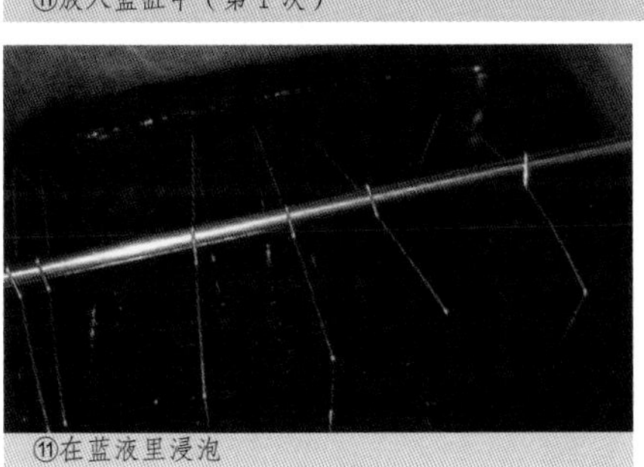

⑪在蓝液里浸泡

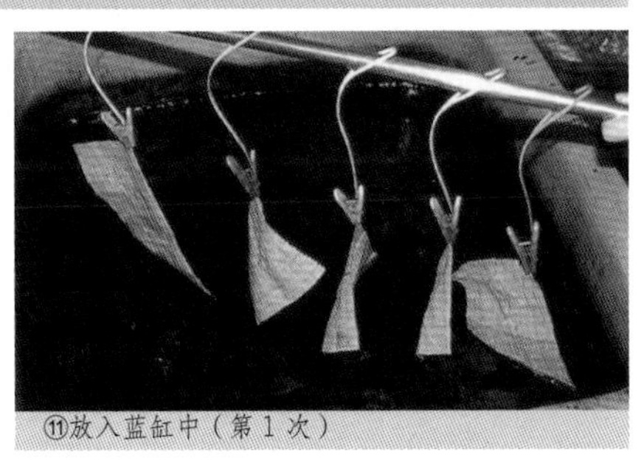

⑪放入蓝缸中（第 1 次）

⑭去灰汁、除浆

蓼蓝染·棉布筒锥描糊包袱布（风吕敷）

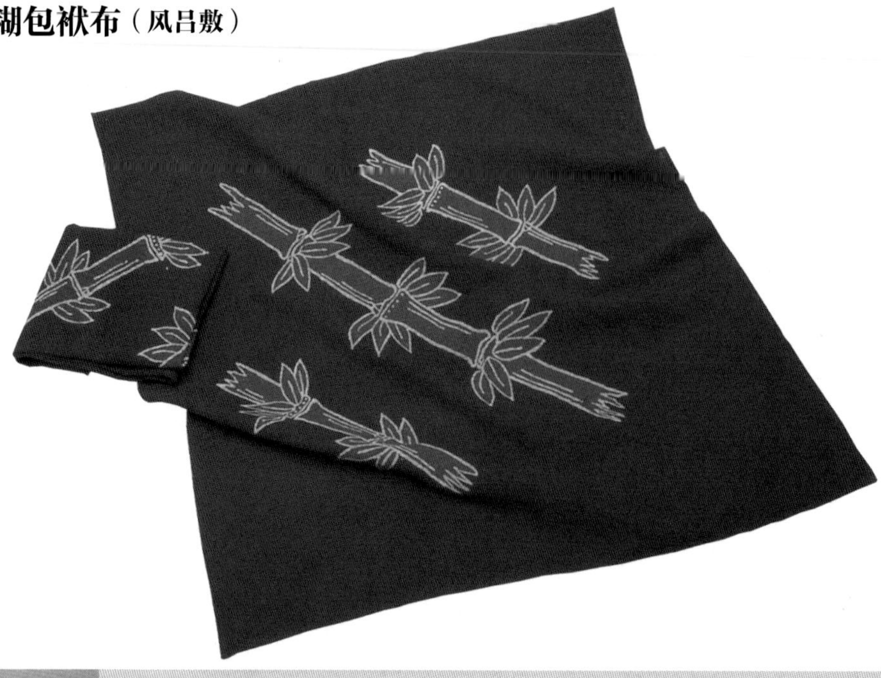

材料和用具

- 棉布（70×70 厘米）2 块　40 克
- 蓝缸
- 糊（或使用染料店出售的型染用糊）
  - 糯米粉 120 克、小纹糠 180 克（糯米粉和小纹糠的比例为 2∶3）
  - 消石灰 5 克、盐 10 克
- 磨粉
- 蒸锅
- 30 升浅形方盒　1 个
- 棉布
- 青花笔（或水消笔）
- 滤筛、滤网
- 揉面盆
- 糊筒、大口径筒锥、尖筒锥
- 竹绷 等

★ 先沿纹样轮廓上糊蓝染，再将纹样填充区域二次上糊蓝染，可染出深浅纹样。

【第 1 次蓝染】

防染糊准备

参照第 68 页

① **揉面。**把糯米粉和小纹糠分别倒入面盆中混合，一边缓缓加入 300 毫升水一边充分揉匀。为了方便蒸透，可分次取出适量面团，做成多个小面圈。

② **蒸面。**在蒸锅里垫上一块棉布，把②制成的面圈排放在垫布上，用布包住，蒸 1—1.5 小时。

③ **加水和消石灰后揉面。**取 5 克消石灰，用水溶化成乳白液体。将蒸好的面圈再次放在盆里趁热加水揉捏，揉到适当硬度后加入石灰乳白液，充分揉捏。

④ **加盐。**为避免防染糊干燥后产生龟裂，在③中加入 10 克盐并充分揉捏。

上糊

⑤ **画图案。**设计好图案，用青花笔（或水消笔）将图案描绘在面料上。

⑥ **上糊。**为了能流畅挤出防染糊，先把糊筒浸水打湿，待糊筒变软后擦去多余水分、剪去尖端，插上大口径筒锥，套上尖锥。为使后续操作能顺利进行，从布的反面用竹绷撑开面料，竹绷的交叉处用绳子固定。把防染糊装进糊筒，上端口用皮筋扎住，一点一点慢慢挤，直至能流畅地绘出线条。

⑦ **撒粉。**为避免防染糊之间互相粘连，上糊后在面料上撒一层磨粉。

⑧ **固定糊。**让竹绷抻着面料的正面，从反面轻轻喷雾使布湿润，然后用篦子从防染糊的反面轻轻刮刷，使糊固定。

⑥上糊

⑨ **干燥。**保持竹绷的抻开状态，使糊完全干透。

染前准备

⑩ **面料上糊干燥后的染前准备。**把面料的四个角系上绳子，吊起四角，将面料浸入 20℃—30℃的温水里。如果将上糊后的面料长时间泡在水中，容易产生脱糊现象，因此在面料整体浸透后，要迅速将面料从水里取出。

染色

⑪ **准备蓝缸。**制蓝方法参照第 58—59 页。蓝液制成后，在染色前不要搅动蓝缸，让沉淀物处于蓝缸底部。

⑫ **在蓝缸里浸染。**面料以不急速上色为好。将面料做好染前准备后，轻轻提起面料，使之适当滴去水分，注意不要损伤到防染糊，然后放入蓝缸中。提着面料的四角，使面料在蓝缸里吊着浸染 10 分钟。在蓝缸中不要晃动面料。

氧化

⑬ **在空气中氧化。**蓝液接触氧气后产生氧化现象，从而使色素着色。从蓝缸中慢慢提起面料，小心放入水中再迅速提起，让附着在面料上的多余染液顺势流去。从水中提起面料后，在空气中停留 10 分钟，使之接触空气氧化。上糊后的面料如果长时间浸泡在水中容易脱糊，所以在水里只可轻轻摆动一下。

以上⑫⑬的染色→氧化步骤操作 2 次。

⑫在蓝缸里浸染 10 分钟
↑　↓
⑬在空气中氧化

★ 如需染更深的颜色，染色、清洗、干燥（参照第 20 页）以后，待防染糊完全干燥，再从步骤⑩开始，重复操作。但是，重复操作染色，防染糊可能会受到损伤，请务必注意。

干燥

⑭ **晾干。**第 2 次染色并氧化后，直接晾干。

【第 2 次蓝染】

上糊

⑮ **上糊。**在第 1 次防染糊线条上面加盖第二层，用篦子或糊筒在线条的内部区域填充防染糊。竹绷的撑布方法与要领，与⑥相同。

⑯ **撒粉。**为避免防染糊之间互相粘连，上糊后在面料上撒一层磨粉。

⑰ **固定糊。**让竹绷抻着面料的正面，从反面轻轻喷雾使布湿润，然后用篦子从防染糊的反面轻轻刮刷，使糊固定。

⑱ **干燥。**保持竹绷的抻开状态，使糊完全干透。

染色・氧化

⑲ 在做完染前准备后，⑫⑬的染色→氧化步骤操作 3 次。

除浆

⑳ **清除灰汁与除浆。**把清洗后的面料放入清水里浸泡 30—60 分钟，清除残余的染料和灰汁，防染糊也会随浸泡而脱落。

染后处理

㉑ **清洗。**再次清洗，至完全洗净、被泡软的防染糊完全脱落为止。

㉒ **晾干。**清洗后的面料不要用手拧，用晾衣夹夹住一边，吊起阴干。

㉓ **熨烫。**在面料上喷撒水雾，盖上垫布，用熨斗熨平。

⑬从蓝缸里提起面料（第 1 次）

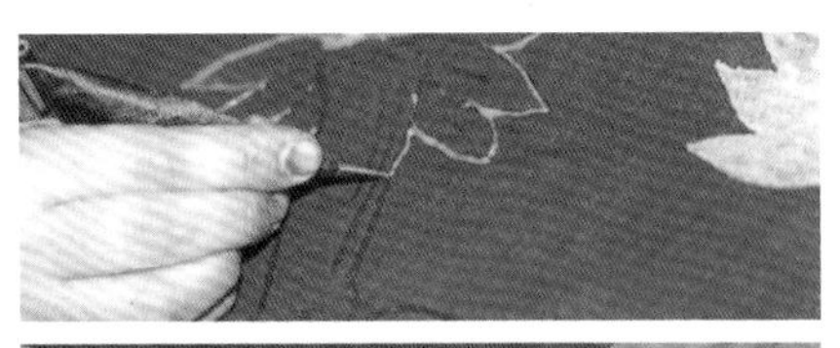

⑮上糊

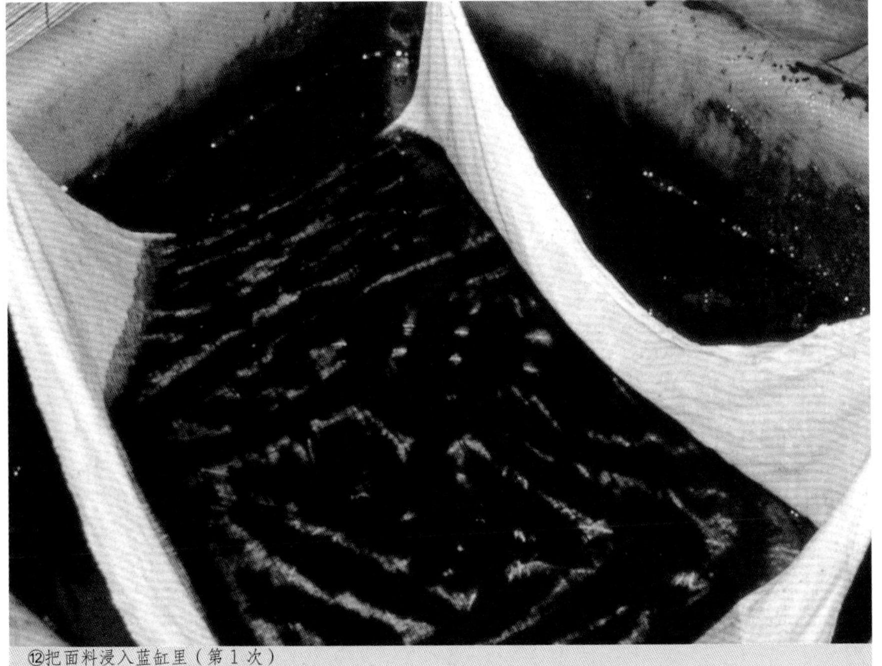

⑫把面料浸入蓝缸里（第 1 次）

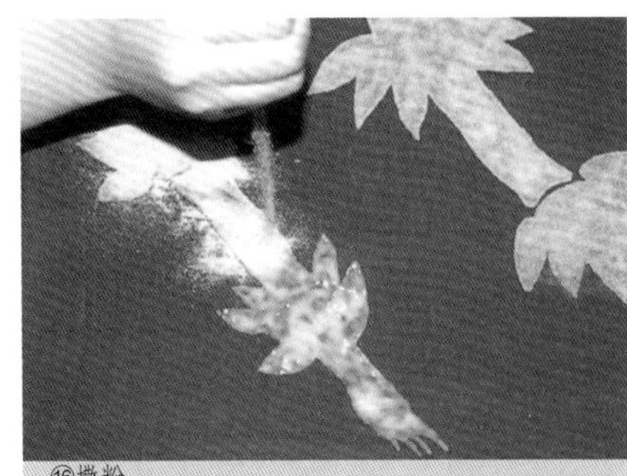

⑯撒粉

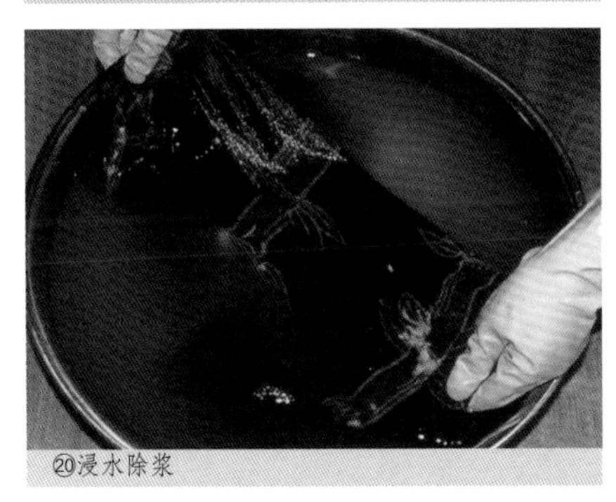

⑳浸水除浆

制作防染糊

材料和用具

- 糯米粉　120 克
- 小纹糠　180 克（糯米粉和小纹糠的比例为 2:3）
- 消石灰　5 克
- 盐　10 克
- 蒸锅
- 棉布
- 研磨盆 等

① 把 120 克糯米粉倒入研磨盆中。
② 加入 180 克小纹糠并充分混合。
③ 缓缓加入 300 毫升水。
④ 糯米粉、小纹糠、水一起充分揉匀。
⑤ 为了方便蒸透，分次取出适量面团，做成多个小面圈。
⑥ 在蒸锅里垫一块棉布，把⑤制成的面圈排放在垫布上，用布包住，蒸 1—1.5 小时。
⑦ 将蒸好的面圈再次放在面盆里，趁热加水揉捏，揉到适当硬度。
⑧ 取 5 克消石灰，用水溶化成乳白液体，一点点加入⑦里，充分揉捏。
⑨ 为避免防染糊干燥后产生龟裂，在⑧中里加入 10 克盐并充分揉捏。

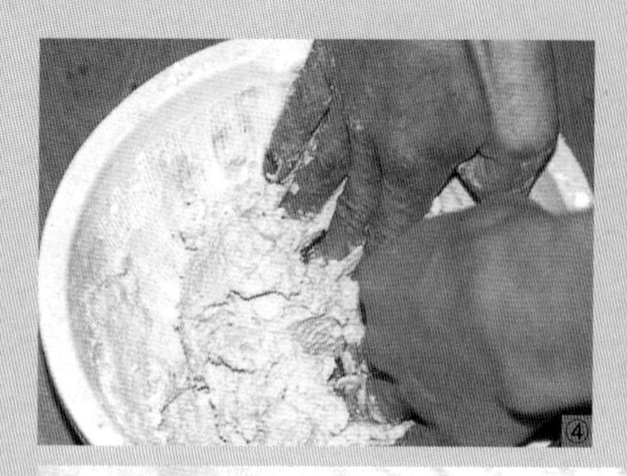
④

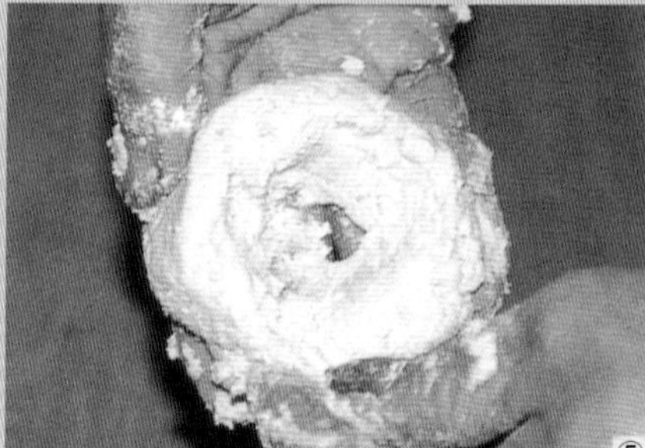
⑤

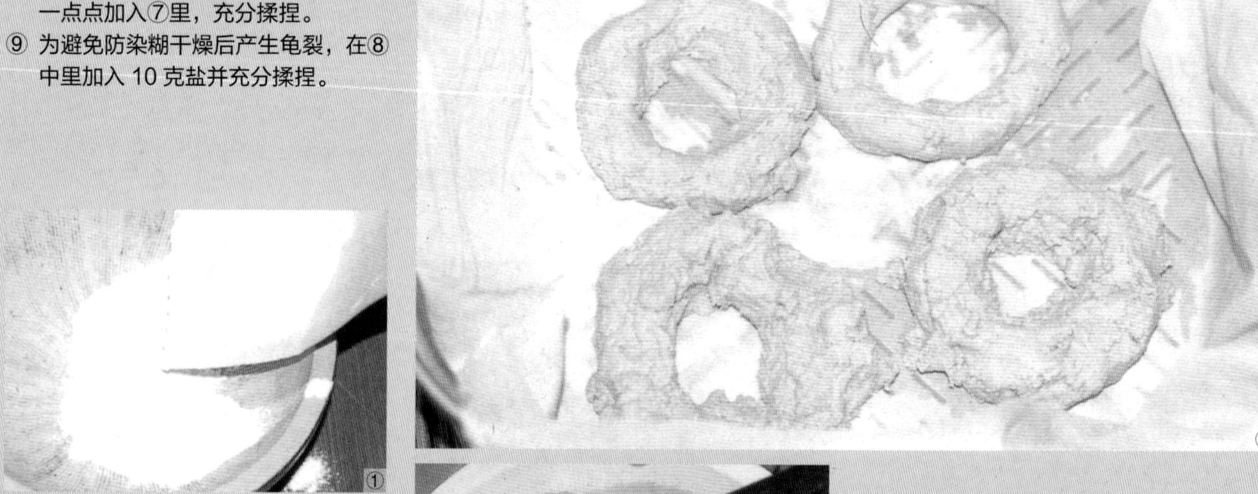
⑥

①

⑦

③

⑧

裱纱

进行型染上糊染色时，可购买市售的型纸；但如果想染制自已设计的图案，就需用涩纸（相关内容参看第 168 页）雕刻纹样。根据设计稿雕刻精细纹样时，某些局部细节处难免被刻断，这时为了增加强度、辅助支撑、修补刻断之处，可在型纸下面裱一层薄纱（市售的型纸已经裱过了薄纱），这道工序就叫裱纱。

③

④

⑤

⑥

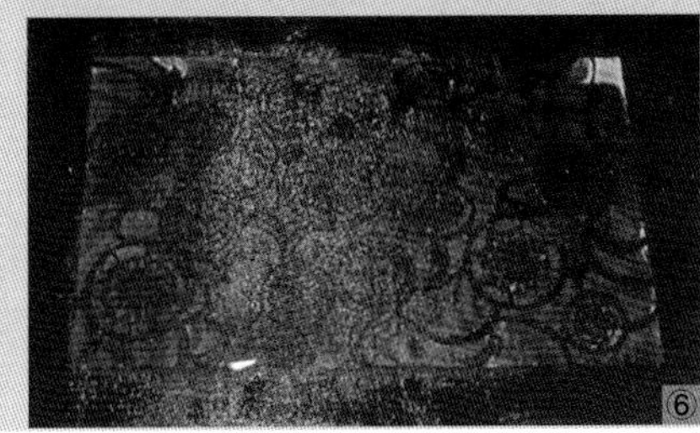
⑥

材料和用具

- 涩纸
- 刻刀
- 型纸专用真丝薄纱
- 合成树脂涂料（合成漆）
- 合成树脂涂料稀释液
- 毛刷 等

① 在涩纸上描绘图案，并用刻刀雕刻完成。如涩纸在雕刻时有断裂处，在裱纱时可粘裱修补。
② 把合成树脂涂料（合成漆）装入容器，加入适量的合成树脂涂料稀释液，制成粘贴薄纱和型纸的胶液。胶液过浓则难以涂刷，过稀又难以将薄纱与型纸裱贴紧密，故需调整至适当浓度。
③ 把型纸放在水中浸湿，用报纸吸去多余水分。
④ 在型纸上放置一张比型纸稍大的真丝薄纱。
⑤ 轻轻喷些水雾，注意不要使薄纱松塌，用毛刷将其裱在型纸上。
⑥ 在薄纱上均匀地涂一层②胶液。
⑦ 把裱贴完成后的型纸放在报纸或木板上晾干。充分干燥后，调整型纸纹样，剪掉四周多余的薄纱。

裱布

将型纸放在面料上做防染时，为了不使面料移动，可在操作台板上涂一层面糊，先使之干燥，裱布时在板上撒少许水使其产生粘连性，再把面料张贴在板上，这个工序被称为裱布。

材料和用具

- 糯米粉 50 克
- 2.5 升小号圆盆　1 个
- 木板
- 橡胶刮片
- 和面盆
- 深勺 等

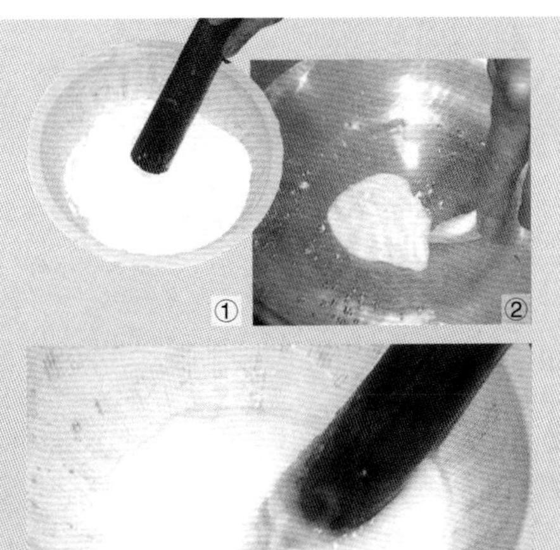
① ② ③

① 在 50 克糯米粉里加入 50 毫升水，充分揉面，做成团状。
② 把糯米团放在开水里煮，团子浮起后盛出。
③ 将煮好的糯米团放在研磨盆里，边加水边捣碾，做成糊状。
④ 用橡胶刮片取出③的糊，均匀地涂刮在操作台板上。
⑤ 充分干燥。
⑥ 裱布时，先用毛刷把水刷在涂过面糊的板上。请注意，如果刷水过多容易把布打湿，所以尽量少量刷水。再在板上放置面料，用手把面料铺平、贴紧。

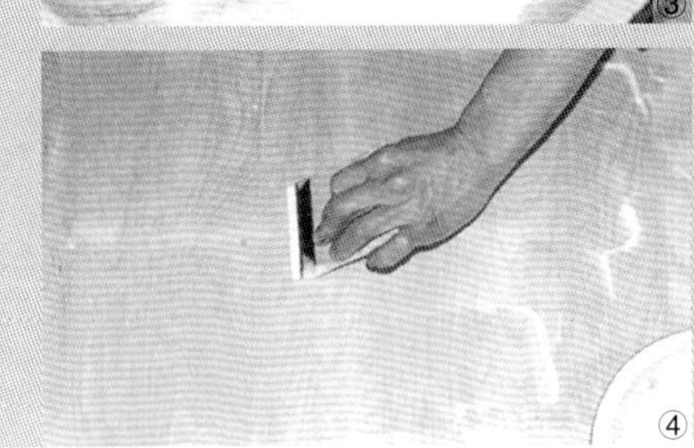
④

⑥

蓼蓝染·真丝织带

材料和用具

- 榨蚕丝 2 绞　160 克
- 蓝缸
- 6.5 升中号不锈钢圆盆　2 个
- 滤筛、滤网
- 竹棒 等

★ 将丝线染成深浅 2 种蓝色，加上白色丝线，可织成 3 色织带。

染前准备

① **丝线的染前准备。**将丝线用直棒挑起，浸入 40℃—50℃的热水里。上下运动直棒，转动丝线挑起的位置，使之能整体均匀浸透。

染色（第 1 次）

② **准备蓝缸。**制蓝方法参照第 58—59 页。蓝液制成后，在染色前不要搅动蓝缸，让沉淀物处于蓝缸底部。为使沉淀物不上浮，可在蓝缸里放置一个滤筛或滤网。

③ **在蓝缸里浸染。**将丝线做好染前准备之后，轻轻拧水，抖散丝线，放入蓝缸中浸染约 5 分钟，使丝线均匀上色。和做染前准备一样，上下运动直棒，转动丝线挑起的位置。转动时要避免丝线出现拉伸、缠绕现象。从蓝缸中提起后，轻轻拧一下水分。

③把丝线放进蓝缸

氧化

④ **在水中氧化。**蓝液接触氧气后产生氧化现象，从而使色素着色。从蓝缸中提起丝线，轻轻拧水后抖开，一边让附着在丝线上的多余染液顺势流去，一边在水中拨动丝线，使之接触水中氧分子进行氧化，直到丝线由绿色转为蓝色。

清洗

⑤ **清洗。**从水中提起氧化好的丝线，轻轻拧水，再用清水清洗干净。

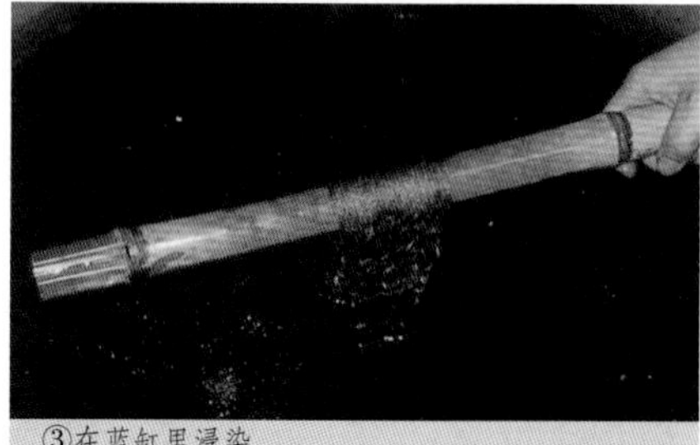

③在蓝缸里浸染

以上③④⑤的染色→氧化→清洗步骤操作 1 次。

③在蓝缸里浸染 5 分钟
↓
⑤清洗 ← ④在水中氧化

干燥

⑥ **清洗、清除灰汁。**完成⑤清洗后，再用清水进行充分清洗。把线放入清水里浸泡 30—60 分钟，清除残余的染料和灰汁，再次清洗至完全干净为止。

⑦ **干燥。**把清除灰汁后的染线用力拧干，充分整理整齐后，将线绞穿在晾衣竿上，吊起阴干。

染色（第 2 次）

⑧ 把干燥后的丝线从染前准备开始重复操作，如染浅色，将③④⑤的步骤操作 2 次；如染深色，将③④⑤的步骤操作 3 次。

★ 如需染更深的颜色，染色、清洗、干燥（参照第 20 页）以后，第 2 天再从步骤①开始，重复操作。

染后处理

⑨ **清洗、清除灰汁。**完成最后一次水中氧化后，再用清水清洗干净。把线放入清水里浸泡 30—60 分钟，清除残余的染料和灰汁，再次清洗至完全干净为止。

⑩ **晾干。**将清洗后的丝线轻轻拧水，挂在固定棒上，另一端用直棒穿起，用力拧挤，并不断变换丝线的位置反复拧挤。拧好后，在同样状态下用力拉棒抻直丝线，整理平直后，穿在晾衣竿上阴干。

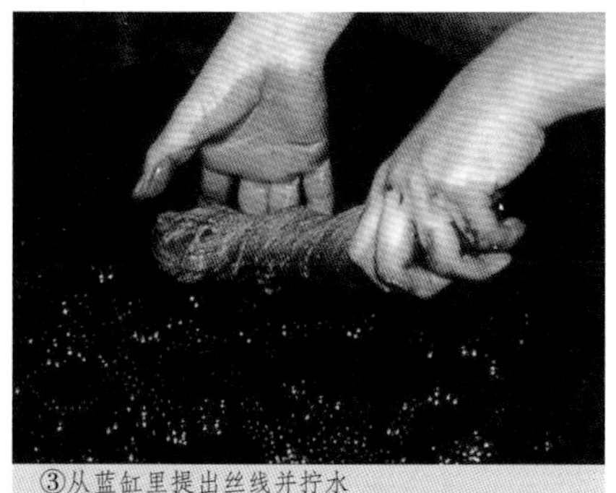
③从蓝缸里提出丝线并拧水

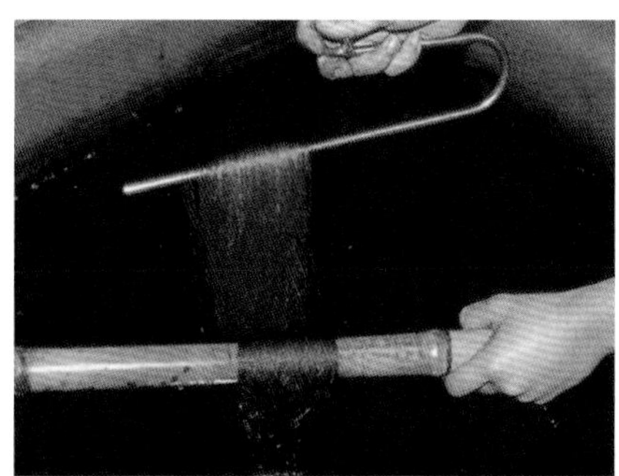
⑧在蓝缸里浸染（第 1 次）

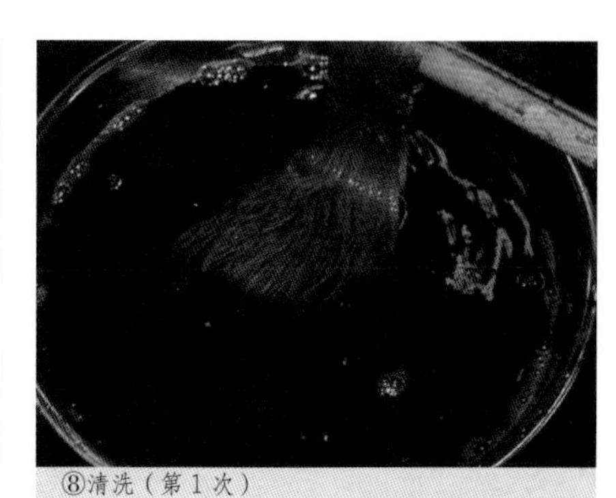
⑧清洗（第 1 次）

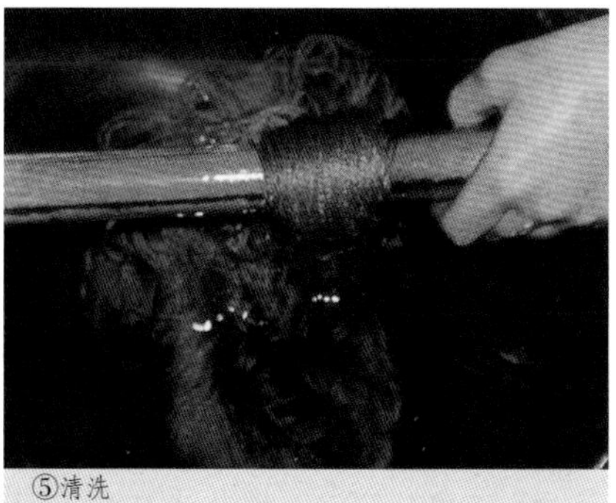
⑤清洗

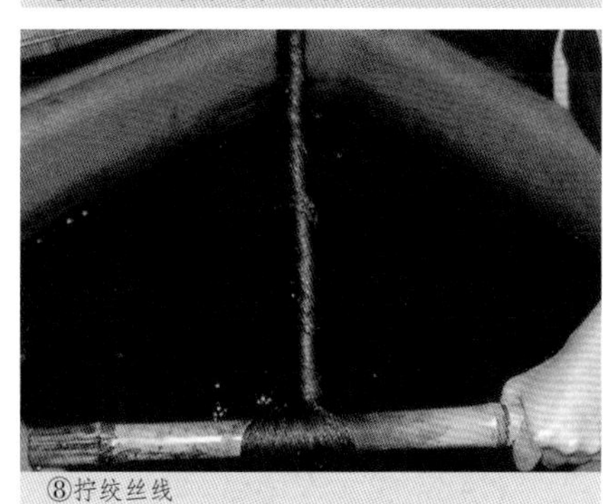
⑧拧绞丝线

浅蓝

深蓝

蓼蓝染·棉线（用于桌旗织布）

◆ 完成品见第 162 页

材料和用具

- 40/2 机纺线（经线）2 绞　60 克
- 手纺线（纬线）2 绞　180 克
- 蓝缸
- 6.5 升中号不锈钢圆盆　2 个
- 滤筛、滤网
- 竹棒 等

★ 经线、纬线分别染成深浅 2 种蓝色。

染前准备

① **棉线的染前准备。**将棉线用直棒挑起，浸入 40℃—50℃的热水里。上下运动直棒，转动棉线挑起的位置，使之能整体均匀浸透。

染色（第 1 次）

② **准备蓝缸。**制蓝方法参照第 58—59 页。蓝液制成后，在染色前不要搅动蓝缸，让沉淀物处于蓝缸底部。为了避免沉淀物上浮附着在棉线上，可在蓝缸里放置一个滤筛或滤网。

③ **在蓝缸里浸染。**将棉线做好染前准备之后，轻轻拧水，抖散棉线，放入蓝缸中浸染约 5 分钟，使棉线均匀上色。和做染前准备一样，上下运动直棒，转动丝线挑起的位置。转动时要避免丝线出现

⑤清洗（经线·第 1 次）

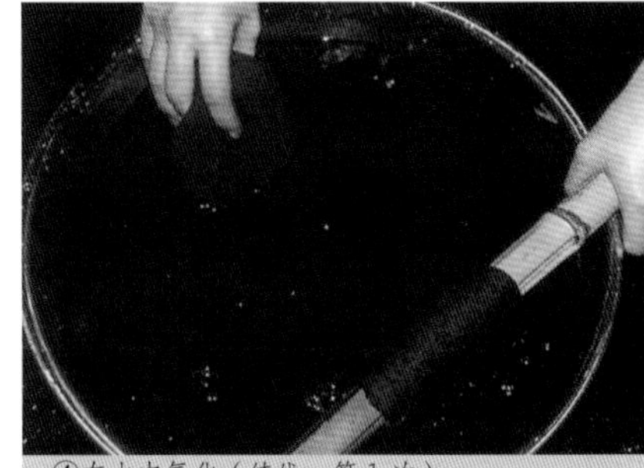

④在水中氧化（纬线·第 1 次）

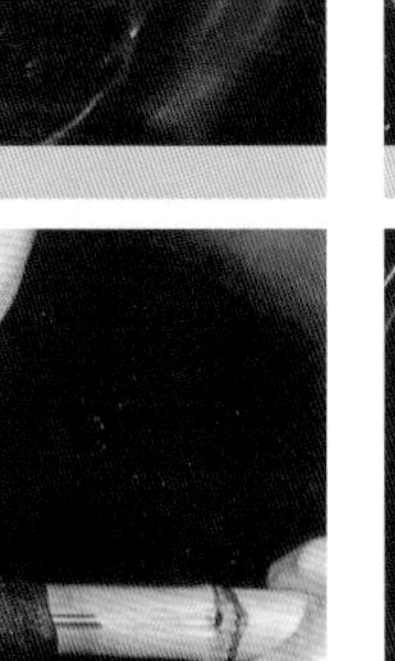

③把干燥后的线放进蓝缸（纬线·第 1 次）

⑤清洗（纬线·第 1 次）

③把线放进蓝缸（经线·第 1 次）

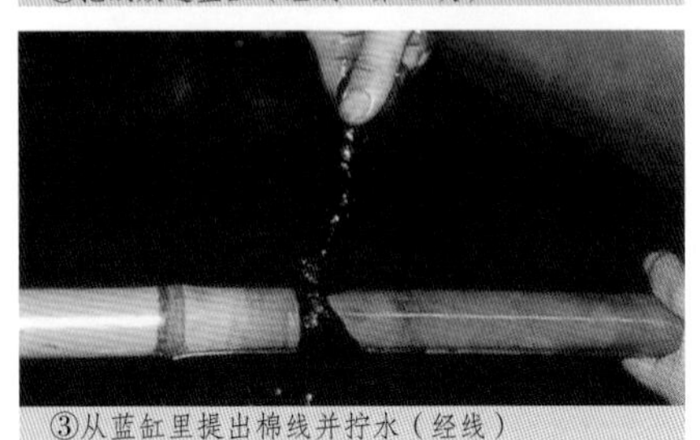

③从蓝缸里提出棉线并拧水（经线）

⑦干燥

拉伸、缠绕现象。从蓝缸中提起后，轻轻拧一下水分。

氧化

④ **在水中氧化。**蓝液接触氧气后产生氧化现象，从而使色素着色。从蓝缸中提起棉线，为了避免产生染斑，轻轻拧水后抖开，一边让附着在棉线上的多余染液顺势流去，一边在水中拨动棉线，使之接触水中氧分子进行氧化，直到棉线由绿色转为蓝色。

清洗

⑤ **清洗。**从水中提起氧化好的棉线，轻轻拧水，再用清水清洗干净。

以上③④⑤的染色→氧化→清洗步骤操作 1 次。

③在蓝缸里浸染 5 分钟

↓

⑤清洗 ← ④在水中氧化

干燥

⑥ **清洗、清除灰汁。**完成⑤后，再用清水进行充分清洗。更换干净的清水，把线放入并浸泡 30—60 分钟，清除残余的染料和灰汁，再次清洗至完全干净为止。

⑦ **干燥。**把清除灰汁后的染线用力拧干，

③在蓝缸里浸染（第 2 次）

③从蓝缸里提出棉线并拧水

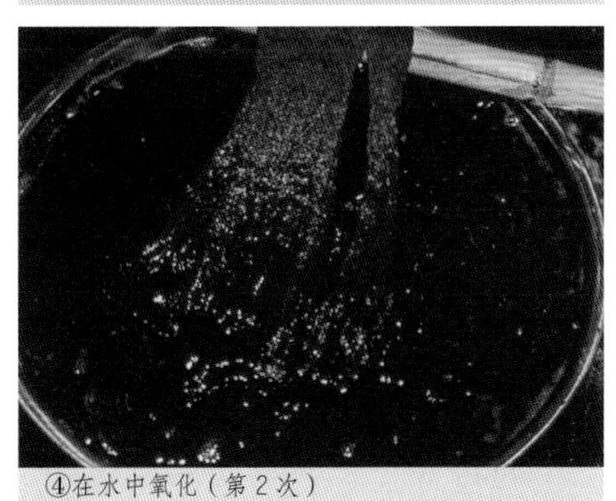

④在水中氧化（第 2 次）

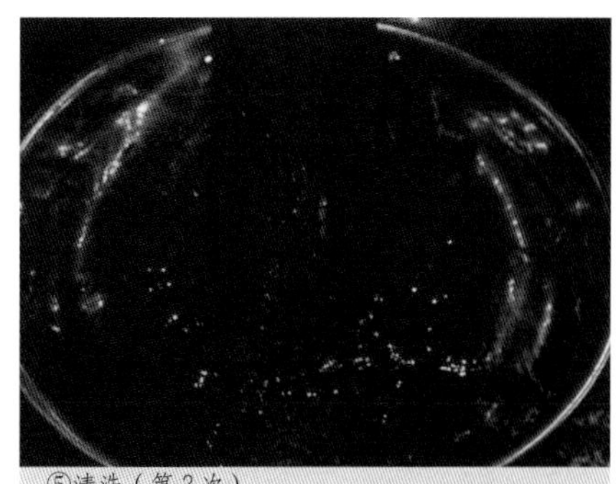

⑤清洗（第 2 次）

充分整理整齐后，将线绞穿在晾衣竿上，吊起阴干。

染色（第 2 次）

⑧ 染深色棉线时，把干燥后的棉线先做好染前准备，再将③④⑤的步骤操作 3 次。

★ 如需染更深的颜色，染色、清洗、干燥（参照第 20 页）以后，第 2 天再从步骤①开始，重复操作。

染后处理

⑨ **清洗、清除灰汁。**完成最后一次水中氧化后，再用清水清洗干净。把线放入清水里浸泡 30—60 分钟，清除残余的染料和灰汁，再次清洗至完全干净为止。

⑩ **晾干。**将清除灰汁后的棉线轻轻拧水，挂在固定棒上，另一端用直棒穿起，用力拧挤，并不断变换棉线的位置反复拧挤。拧好后，在同样状态下用力拉棒抻直棉线，整理平直后，穿在晾衣竿上阴干。

经线　　纬线

蓼蓝 × 杨梅染・真丝蜡染围巾（蓝染盖涩木褐染）

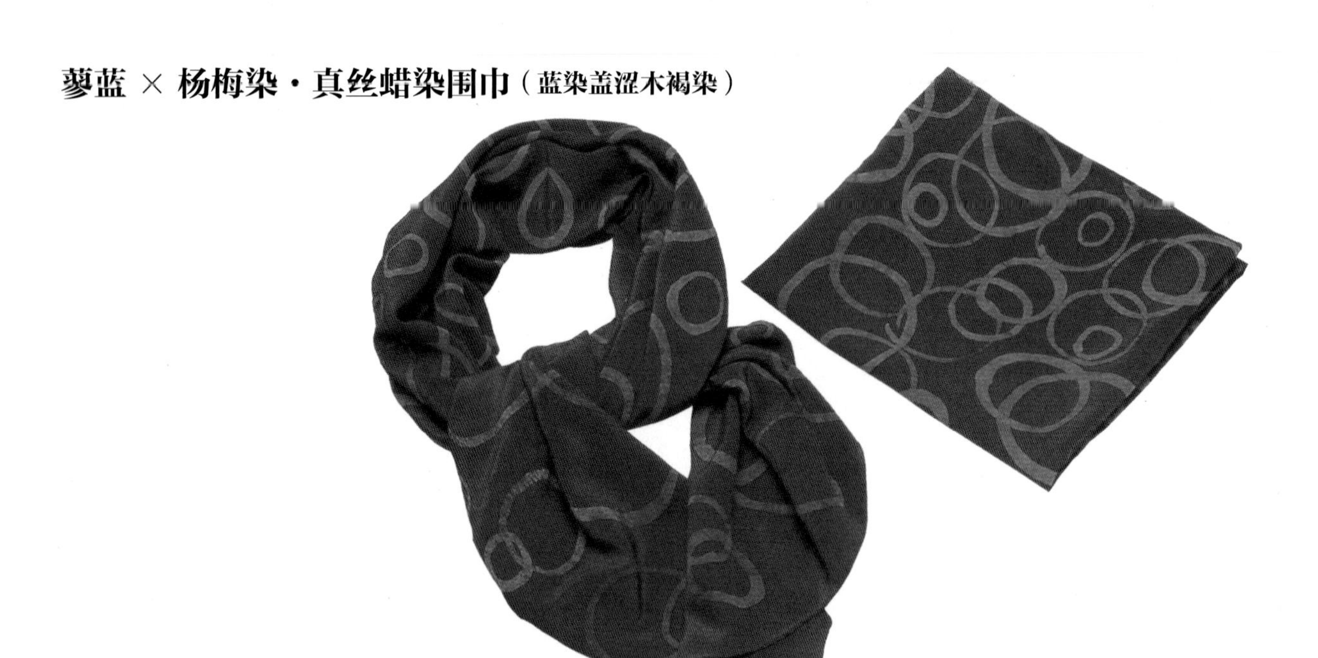

材料和用具

- 三眠蚕真丝 2 块（120 × 120 厘米） 240 克
- 蓝缸
- 涩木色膏（固体） 100 克
- 木灰或肥皂粉 适量
- 木蜡 200 克 ■ 蜂蜡 200 克
- 铁浆水 500 毫升
- 30 升长方型浅盘 4 个
- 6.5 升中号不锈钢圆盆 1 个
- 2.5 升小号不锈钢圆盆 1 个
- 30 升大号桶锅 1 个
- 滤筛、滤网、密筛、描蜡笔 等

★ 蓝染后，用蜡描绘纹样进行防染，然后再用涩木色膏进行套染。

【蓝染】

染前准备

① **真丝面料的染前准备。**将面料浸入 40℃—50℃的热水里。拨动面料，使之整体均匀浸透。

染色

② **准备蓝缸。**制蓝方法参照第 58—59 页。蓝液制成后，在染色前不要搅动蓝缸，让沉淀物处于蓝缸底部。为了避免沉淀物上浮附着在面料上，可在蓝缸里放置一个滤筛或滤网。

③ **在蓝缸里浸染。**面料以不急速上色为好。将面料做好染前准备后，不要用手拧，应轻轻提起，使之适当滴去水分，然后放入蓝缸中浸染约 5 分钟，使面料均匀上色。浸染时要始终在染液中拨动面料，并避免面料与染液间出现气泡。面料出现折痕或由于空气进入织物而产生气泡，都会使染色不均匀而出现染斑，所以必须仔细地将面料从头至尾、反复拨动。

氧化

④ **在水中氧化。**蓝液接触氧气后产生氧化现象，从而使色素着色。从蓝缸中提起面料，一边让附着在面料上的多余染液顺势流去，一边在水中拨动面料，使之接触水中氧分子进行氧化，直到面料由绿色转为蓝色。

清洗

⑤ **清洗。**从水中提起氧化好的面料，另取容器，用清水清洗干净。

以上③④⑤的染色→氧化→清洗步骤操作 2 次。

③在蓝缸里浸染 5 分钟
↑ ↓
⑤清洗 ← ④在水中氧化

★ 如需染更深的颜色，染色、清洗、干燥（参照第 20 页）以后，第 2 天再从步骤①开始，重复操作。

干燥

⑥ **清洗、清除灰汁。**完成第 2 次清洗后，把面料放入清水中浸泡 30—60 分钟，清除残余的染料和灰汁，再次清洗至完全干净为止。

⑦ **干燥。**清洗后的面料不要用手拧，用晾衣夹夹住一边，吊起阴干。

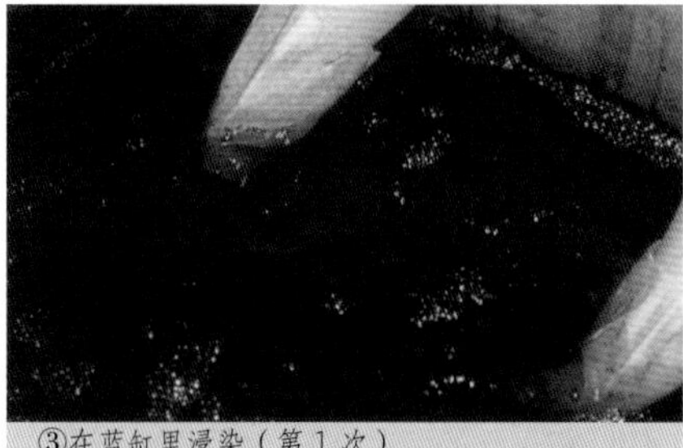

③在蓝缸里浸染（第 1 次）

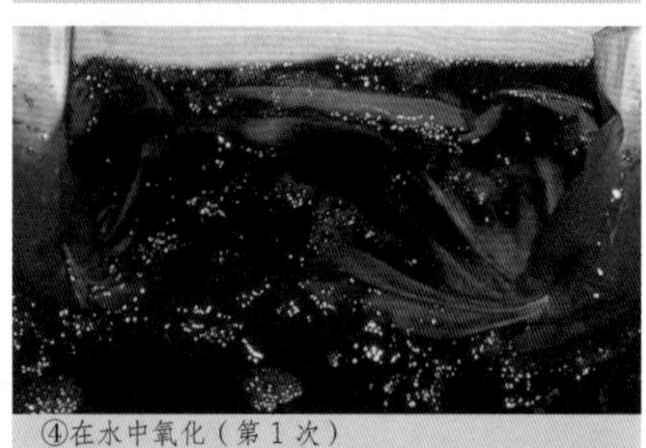

④在水中氧化（第 1 次）

⑤清洗（第 1 次）

【涩木色膏染】

上蜡防染

⑧ **配蜡。**将蜂蜡、木蜡各 200 克混合一起加温融化。

⑨ **上蜡。**用描蜡笔蘸取蜡液，描绘纹样。如温度太低，蜡液则难以浸透面料反面，故蜡液温度应保持在 120℃—140℃之间。

染前准备

⑩ **上蜡后的染前准备。**面料上蜡后如果浸入高温的水中，蜡容易受损，故应将面料浸入 20℃—30℃的温水里，待面料被整体浸透后，将其从水里取出。

染色

⑪ **制作原液。**把 100 克涩木色膏（固体）放入 2 升开水中，要注意避免产生焦糊，中火加热，充分搅拌使之慢慢溶化。

⑫ **制作染液。**将 2 升原液用密筛边过滤边加入 20 升水中。

⑬ **在染液里浸染。**面料以不急速上色为好，将面料做好染前准备之后，不要用手拧，应轻轻提起，使之适当滴去水分，然后放入染液中浸染约 20 分钟，使面料均匀上色。染液温度应该保持在 20℃—30℃，小心地慢慢浸染，不要损伤到蜡。

⑭ **清洗。**用水清洗掉面料上多余的染液。

媒染

⑮ **配制媒染液。**将 300 毫升铁浆水倒入 20 升冷水中，充分搅拌溶化。

⑯ **在媒染液里浸染。**采用与⑬相同的方法浸染 20 分钟。铁浆水的温度应在 15℃—20℃之间。

⑰ **清洗。**从媒染液里提起面料，将面料上多余的媒染液用清水洗掉。但是，染色后的清洗与媒染后的清洗要使用不同的容器。

以上⑬ ⑭ ⑯ ⑰ 的染色→媒染步骤操作 2 次。

↗ ⑬染色 20 分钟 ↘
⑰清洗　　⑭清洗
↖ ⑯媒染 20 分钟 ↙

★ 如需染更深的颜色，染色、清洗、干燥（参照第 20 页）以后，第 2 天再从步骤⑩开始，重复操作。但是，重复操作染色，上蜡部分可能会受到损伤，请务必注意。

脱蜡

⑱ **清洗。**完成第 2 次媒染清洗以后，再用清水充分清洗。

⑲ **晾干。**清洗后的面料不要用手拧，用晾衣夹夹住一边，吊起阴干。

⑳ **脱蜡。**在大桶锅里装入足量的热水，煮沸后加入木灰灰汁或肥皂粉，将 pH 值控制在 9—10 之间。把面料放入锅中，用木棍搅拌，水温保持在 70℃以上，使蜡融脱。更换热水，反复操作 2—3 次，直到蜡完全脱净。

染后处理

㉑ **清洗。**将脱蜡以后的面料，用清水充分清洗。

㉒ **晾干。**清洗后的面料不要用手拧，用晾衣夹夹住一边，吊起阴干。

㉓ **熨烫。**盖上垫布，用熨斗熨平。熨烫时注意温度。

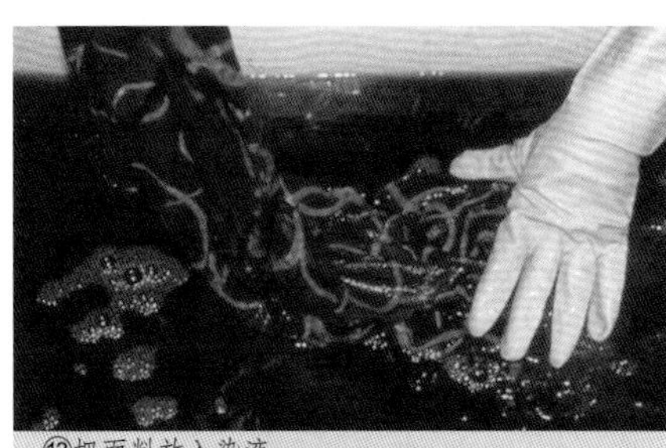
⑬把面料放入染液

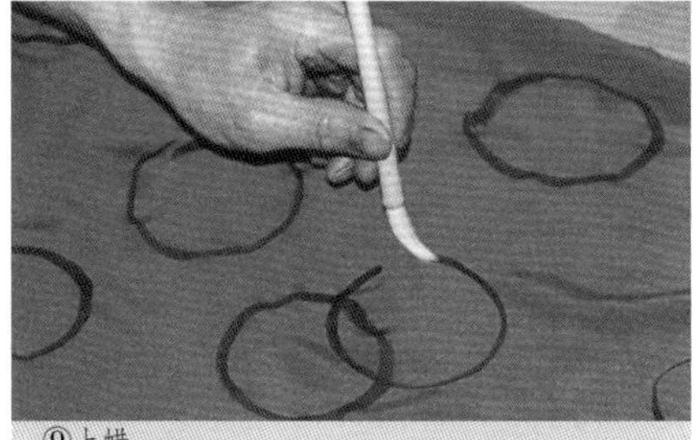
⑨上蜡

⑮配制媒染液

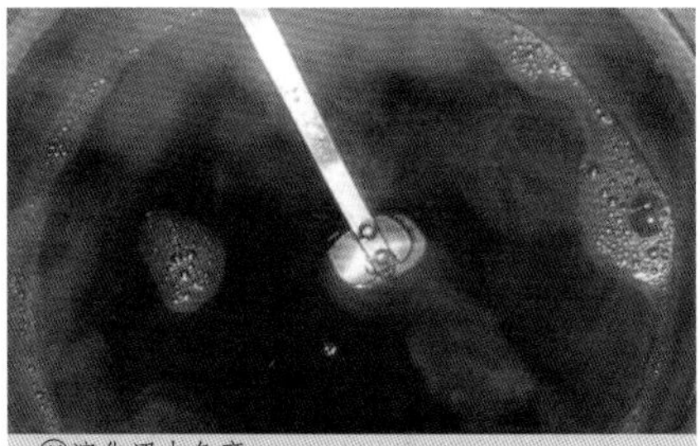
⑪溶化涩木色膏

⑯媒染织物（第 1 次）

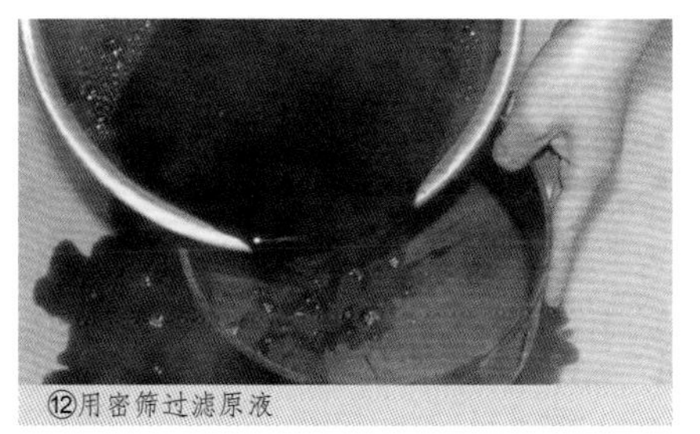
⑫用密筛过滤原液

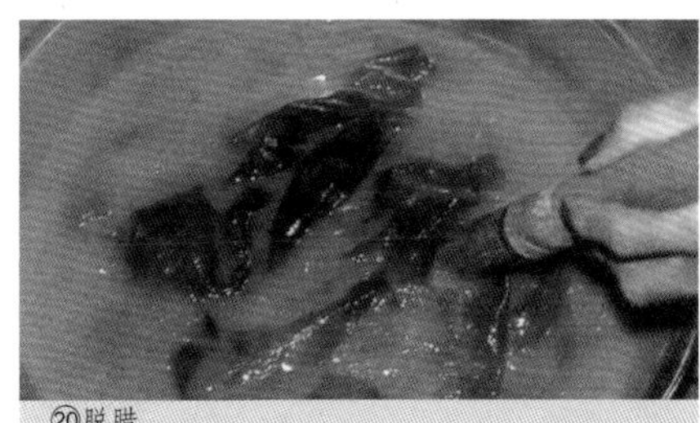
⑳脱腊

蓼蓝染・麻布板夹染门帘

◆ 制作过程见第 61 页

蓼蓝染·扎染丝巾

◆ 制作过程见第 60 页

染绿色

绿色是环绕在我们四周的大自然之色，所以人们会认为，绿色染料可随时随地轻易获得，但这些自然绿色的主要成分是叶绿素，并不具备染色性能。

例如，生长于山野背阴处的山蓝，人们会因其名称误以为它是含有青色色素的植物，但其成分也只含有叶绿素。因此，虽然在《古事记》里有“身着红纽扣的青摺染衣服”的记载，《万叶集》中也有“拖着红色裙摆、身着山蓝摺染的上衣，独自一人……”的诗句，然而书中提及的山靛摺染法，只是染后暂时呈现绿色，经过一定时间后会逐渐变成黄褐色，说不上有什么实用价值。平安时代以后，这种生长在山里象征纯净的植物，只用于染制祭神时所穿的祭服。现在也是如此，举行即位仪式时，仍用京都石清水八幡宫内生长的山蓝汁来摺染祭官所穿的祀服。

总之，在众多的天然染料中，单独用一种植物染成绿色的染料是极其罕见的，在日本几乎无法找到。就是在中国也只有一种叫“路考”的染料可用于染绿，也并不是广泛种植的常用染料。

所以要染绿色，至今仍然采用将黄蘖、刈安等黄色染料和蓝草进行套染的传统染色法。如《延喜式》中有“中绿绫一疋。绵紬丝紬。东絁亦同。蓝六围。黄蘖大二斤。薪九十斤”“浅绿绫一疋。蓝半围。黄蘖二斤八两”“深绿绫一疋。绵紬丝紬。东絁亦同。蓝十围。刈安草大三斤。灰二斗。薪二百卅斤”的记载，由此得知，染中绿和浅绿时使用蓼蓝与黄蘖，染深绿时则使用蓼蓝与刈安的染色技法。

蓼蓝 × 黄蘗染 · 真丝板夹染围巾

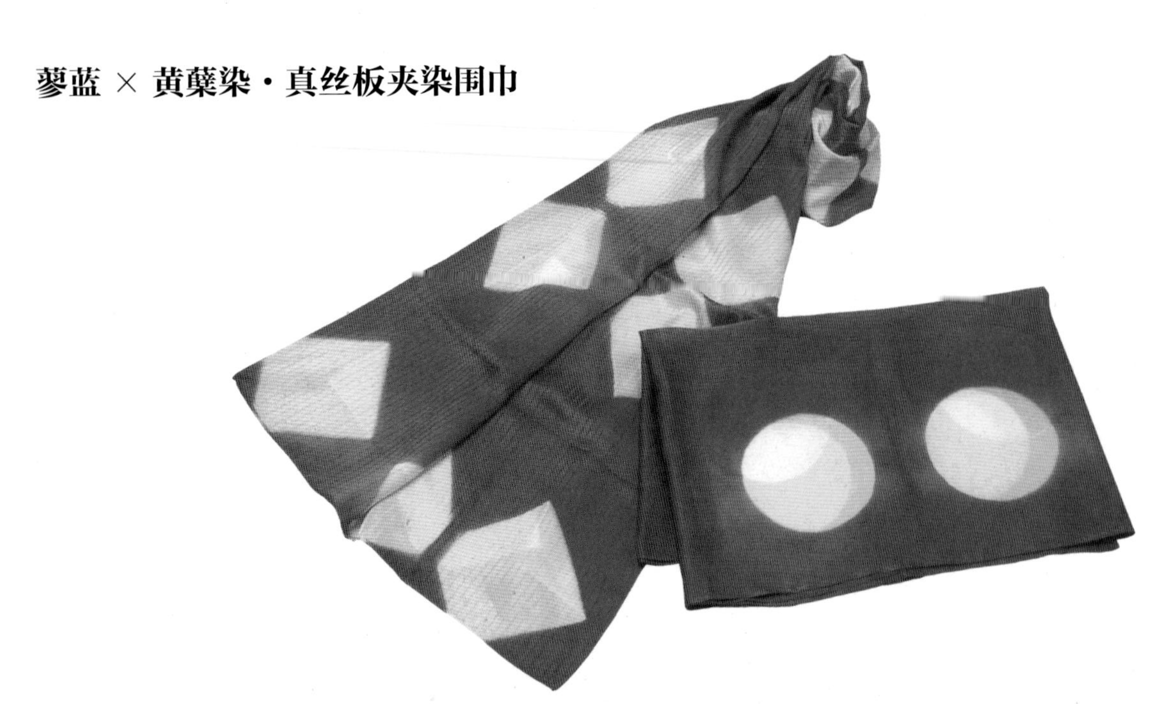

材料和用具

- 真丝围巾 2 块（168 × 54 厘米） 120 克
- 蓝缸
- 黄蘗 30 克
- 6.5 升中号不锈钢圆盆 4 个
- 2.5 升小号不锈钢圆盆 1 个
- 15 升小号桶锅 1 个
- 滤筛、滤网、密筛
- 圆形与方形夹板
- 板夹用木棒
- 计量杯
- 皮筋 等

★ 先用蓝缸板夹染色，再用黄蘗板夹染色。

【蓝染】

板夹准备

① **夹布。**根据设计好的白、黄、蓝三色图形折叠丝巾，用木板夹住，再用木棒把木板压紧，木棒两端用皮筋扎牢固定。注意，如果没有扎紧，染液会浸入防染部分，导致图案染色失败。将丝巾做好染前准备，晾至半干状态后进行折叠与板夹，这样更易操作。

染前准备

② **板夹染的染前准备。**将丝巾浸入 40℃—50℃的热水里。板夹后产生的折叠部分，热水不容易渗透，可用手轻轻抻开并搓揉丝巾，使之充分浸湿。

染色

③ **准备蓝缸。**制蓝方法参照第 58—59 页。蓝液制成后，在染色前不要搅动蓝缸，让沉淀物处于蓝缸底部。为了避免沉淀物上浮附着在丝巾上，可在蓝缸里放置一个滤筛或滤网。

④ **在蓝缸里浸染。**面料以不急速上色为好。将丝巾做好染前准备后，不要用手拧，应轻轻提起，使之适当滴去水分，然后放入蓝缸中浸染约 5 分钟，使面料均匀上色。板夹在染液里的操作时间不能过长，否则染液会由板夹空隙渗入防染部分。面料的折叠部分不容易染透，应将面料抻开轻揉。请注意，应避免空气进入丝巾、染色不均匀，而出现染斑。

氧化

⑤ **在水中氧化。**蓝液接触氧气后产生氧化现象，从而使色素着色。从蓝缸中提起

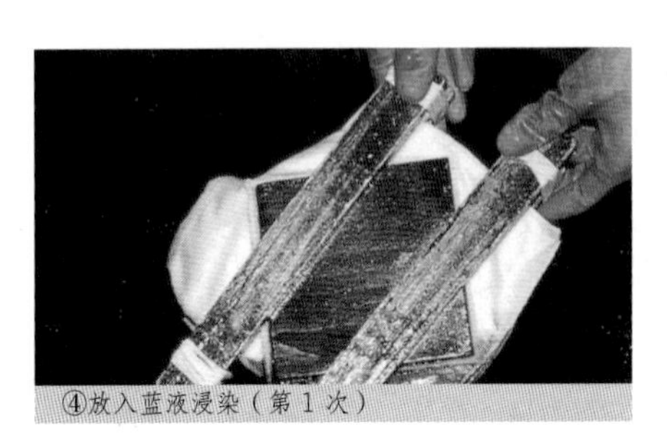

④放入蓝液浸染（第 1 次）

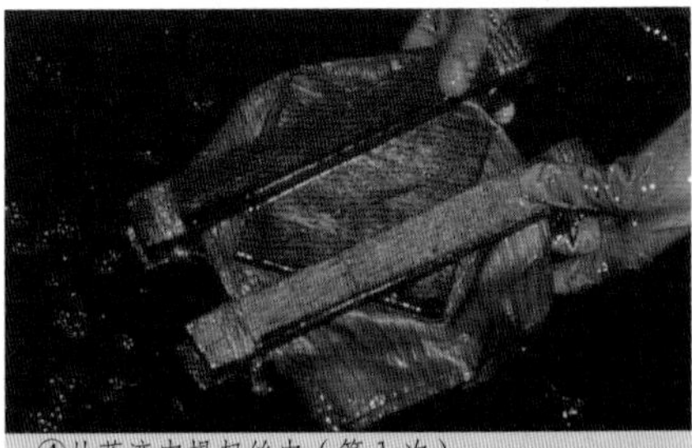

④从蓝液中提起丝巾（第 1 次）

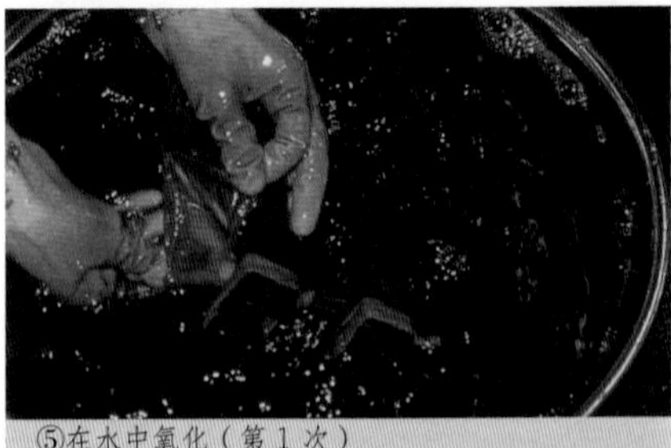

⑤在水中氧化（第 1 次）

⑥清洗（第 1 次）

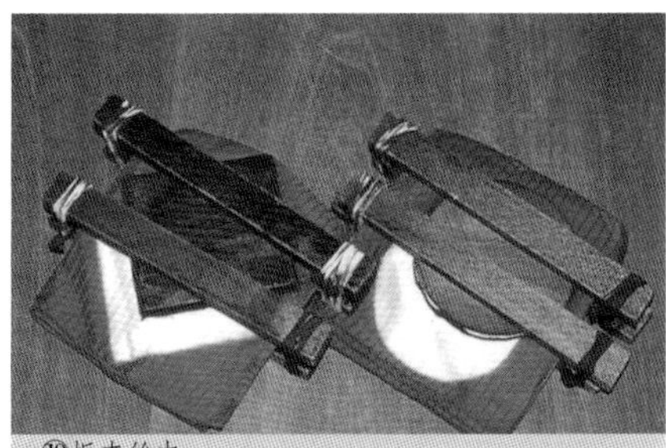

⑩板夹丝巾

⑫煮沸黄檗

⑬用滤筛过滤色液

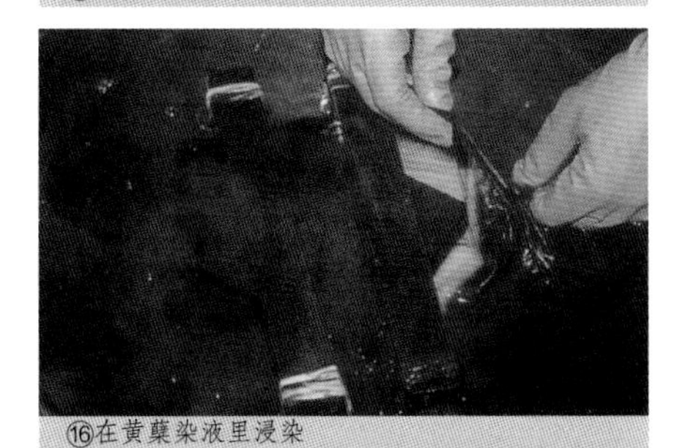

⑯在黄檗染液里浸染

⑱打开丝巾

面料，一边让附着在丝巾上的多余染液顺势流去，一边在水中拨动丝巾，使之接触水中氧分子进行氧化，直到丝巾由绿色转为蓝色。

清洗

⑥ **清洗。**从水中提起氧化好的丝巾，另取容器，用清水清洗干净。

以上④⑤⑥的染色→氧化→清洗步骤操作1次。

④在蓝缸里浸染5分钟

⑥清洗　←　⑤在水中氧化

★ 如需染更深的颜色，染色、清洗、干燥（参照第20页）以后，第2天再从步骤①开始，重复操作。

干燥

⑦ **清洗。**完成⑥以后，再用水清洗。拆除夹板，用清水仔细清洗。

⑧ **清除灰汁。**把丝巾放入清水中浸泡30—60分钟，清除残余的染料和灰汁，再次清洗至完全干净为止。

⑧ **干燥。**清洗后的丝巾不要用手拧，用晾衣夹夹住一边，吊起阴干。

【黄檗染】

更换板夹

⑩ **夹布。**与①一样折叠丝巾，留出第1次板夹的白色防染区域，以及第2次板夹的黄色防染区域，另用木板夹住。再次将丝巾做好染前准备，晾至半干状态后进行折叠与板夹，这样更易操作。

染前准备

⑪ **板夹染的染前准备。**将丝巾浸入40℃—50℃的热水里。操作要领与②相同。

色液提取

⑫ **第1次提取。**把30克黄檗放入1升水（冷热均可）中，大火煮沸，然后改为小火继续煎煮20分钟。

⑬ **过滤色液。**把煮过的黄檗用滤筛过滤，1升水煮出约1升色液。

⑭ **第2次提取。**将滤筛里的黄檗再次加水，采用与第1次提取相同的方法煮沸、过滤，2次煮出的色液合计约2升。

染色

⑮ **制作染液。**将300毫升色液用密筛过滤，加入8升水（冷热均可）制成染液。剩余的色液留待后续添加使用。

⑯ **在染液里浸染。**丝巾以不急速上色为好。将丝巾做好染前准备之后，不要用手拧，应轻轻提起，使之适当滴去水分，然后放入染液中，用与④相同的要领浸染1小时。在1小时内逐次加入剩余的色液：每隔15分钟，就用密筛过滤300毫升色液加入染液里。应加热染液，使其温度慢慢上升。丝绸面料在高温下容易受损，故请注意，温度应控制在50℃—60℃之间。

⑰ **清洗。**用水清洗掉面料上多余的染液。

⑯染色1小时

15分钟后　30分钟后　45分钟后
+300毫升　+300毫升　+300毫升　→⑰清洗

★ 色液不可放置过夜。

★ 如需染更深的颜色，染色、清洗、干燥（参照第20页）以后，第2天再从步骤①开始，重复操作。

染后处理

⑱ **清洗。**完成⑰以后，再用水清洗。拆除夹板，用清水仔细清洗。

⑲ **晾干。**清洗后的丝巾不要用手拧，用晾衣夹夹住一边，吊起阴干。

⑳ **熨烫。**盖上垫布，用熨斗熨平。熨烫时注意温度。

刈安 × 蓼蓝染·绵绸蜡染桌旗

材料和用具

- 绵绸 1 块（300×36 厘米） 150 克
- 刈安 300 克
- 明矾 40 克
- 蓝缸
- 木灰或肥皂粉 适量
- 木蜡 200 克 ■ 蜂蜡 200 克
- 蜡染铜印模 ■ 青花笔（水消笔）
- 30 升长方型浅盘 4 个
- 2.5 升小号不锈钢圆盆 1 个
- 30 升大号桶锅 1 个
- 15 升小号桶锅 1 个
- 滤筛、密筛
- 计量杯 等

★ 先上蜡进行刈安染，再次上蜡后用靛蓝进行套染。

【刈安染】

上蜡防染

① **配蜡。**将蜂蜡、木蜡各 200 克混合一起加温融化。

② **用蜡染铜印模拓蜡。**用蜡染铜印模在织物上盖拓上蜡，蜡印的间隔用青花笔绘出记号。在用蜡染铜印模蘸蜡时，如温度太低，蜡液则难以浸透面料反面，故蜡液温度应保持在 120℃—140℃之间。

染前准备

③ **上蜡后的染前准备。**面料上蜡后如果浸入高温的水中，蜡容易受损，故应将面料浸入 20℃—30℃的温水里，待面料被整体浸透后，将其从水里取出。

色液提取

④ **第 1 次提取。**把 300 克刈安放入 5 升水（冷热均可）中，大火煮沸，然后改为小火继续煎煮 20 分钟。

⑤ **过滤色液。**把煮过的刈安用滤筛过滤，5 升水煮出约 5 升色液。

⑥ **第 2 次提取。**将滤筛里的刈安再次加水，采用与第 1 次提取相同的方法煮沸、过滤，2 次煮出的色液合计约 10 升。

染色

⑦ **制作染液。**将 2 升色液用密筛过滤，加入 18 升水（冷热均可），制成 20 升染液。剩余的色液留待后续添加使用。

②蜡染铜印模拓蜡

④煮沸刈安

⑧ **在染液里浸染。**面料以不急速上色为好。将绵绸做好染前准备之后，不要用手拧，应轻轻提起，使之适当滴去水分，然后放入染液中浸染约 15 分钟，使面料均匀上色。这时染液温度应控制在 20℃—30℃之间，注意不要损伤到蜡，慢慢浸染面料。

⑨ **清洗。**用水清洗掉面料上多余的染液。

媒染

⑩ **配制媒染液。**将 40 克明矾放入 20 升 20℃—30℃的温水里，充分搅拌溶化。如果是丝绸面料，明矾的使用量是 1 升水中放 1 克明矾。绵绸面料质地较厚，为了更好地进行媒染，1 升水要放 2 克明矾。明矾不易溶化，应先另取容器，用开水溶化后再用。

⑪ **在媒染液里浸染。**采用与⑧相同的方法浸染 15 分钟。

⑫ **清洗。**从媒染液里提起面料，将面料上多余的媒染液用清水洗掉。但是，染色后的清洗与媒染后的清洗要使用不同的容器。

以上⑧⑨⑪⑫的染色→媒染步骤操作 4

次。第 5 次则使用染色→清洗步骤。因为明矾在液体里有回弹性，如果最后一次染色后采用媒染工序，会给干燥后的染前准备带来障碍。

↗ ⑧染色 15 分钟 ↘

⑫清洗　　　　⑨清洗

↖ ⑪媒染 15 分钟 ↙

★ 如果第 1 次就用高浓度染液染色，容易出现染斑。故分成 4 次操作，每次浓度逐渐加深。第 2、3、4 次染色时，应从上一次使用的染液里取出 2 升旧染液倒掉，加入 2 升新的色液。

★ 色液不可放置过夜。

★ 如需染更深的颜色，染色、清洗、干燥（参照第 20 页）以后，第 2 天再从步骤③开始，重复操作。但是，重复操作染色，上蜡部分可能会受到损伤，请务必注意。

干燥

⑬ **清洗。**完成第 5 次染色与清洗后，再次充分清洗面料。

⑭ **干燥。**清洗后的面料不要用手拧，用晾衣夹夹住一边，吊起阴干。

【蓝染】

上蜡防染

⑮ **化蜡**。将①混合好的蜡再次加温融化。

⑯ **用蜡染铜印模拓蜡。**在完成刈安染的面料上，用蜡染铜印模盖拓上蜡，并使纹样与第 1 次盖拓的吻合。

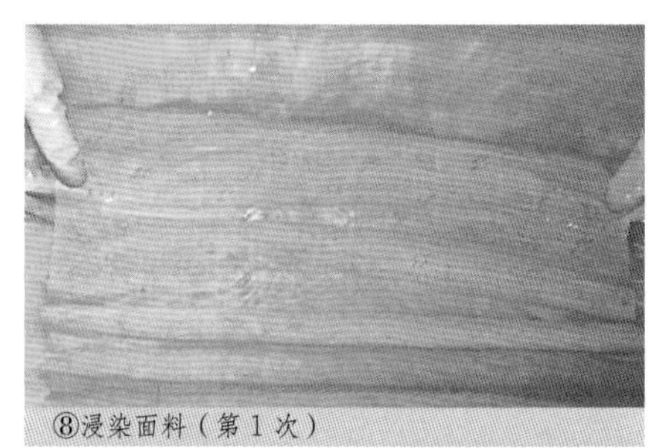

⑧浸染面料（第 1 次）

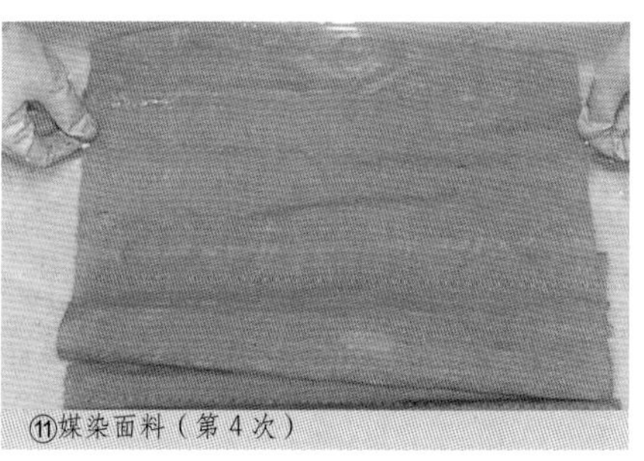

⑪媒染面料（第 4 次）

染前准备

⑰ **刈安染后的面料染前准备。**将用刈安染过并干燥后的面料，浸入 20℃—30℃的温水里，待面料被整体浸透后，将其从水里取出。

染色

⑱ **准备蓝缸。**制蓝方法参照第 58—59 页。蓝液制成后，在染色前不要搅动蓝缸，让沉淀物处于蓝缸底部。为了避免沉淀物上浮附着在面料上，可在蓝缸里放置一个滤筛或滤网。

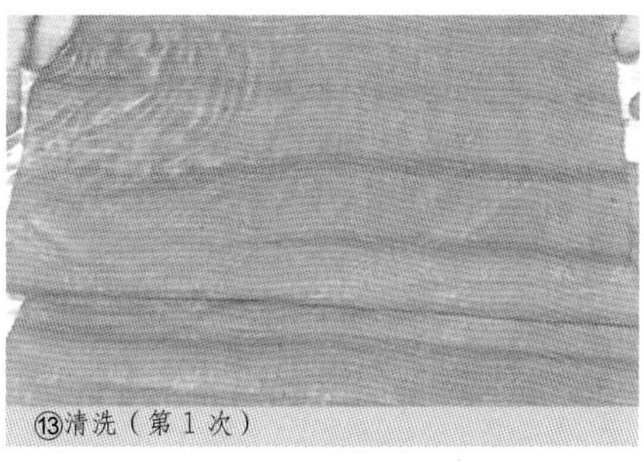

⑬清洗（第 1 次）

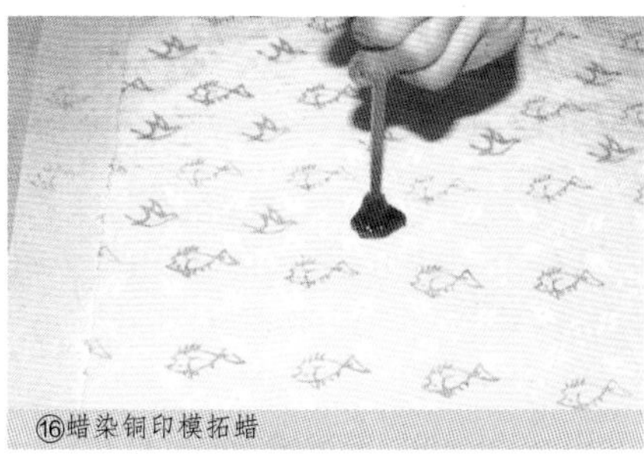

⑯蜡染铜印模拓蜡

⑲放入蓝缸（第 1 次）

⑲从蓝缸中提起（第1次）

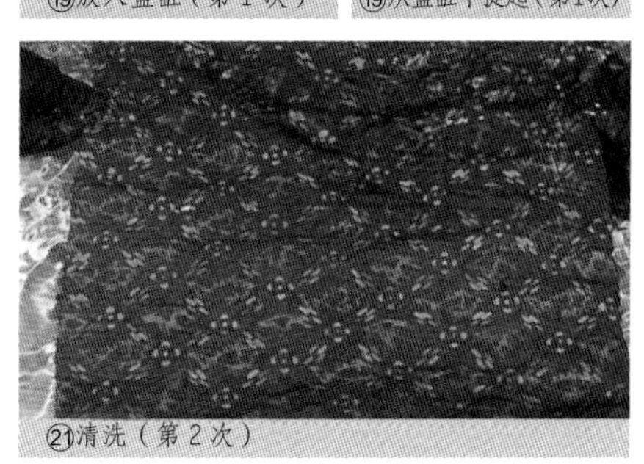

㉑清洗（第 2 次）

⑲ **在蓝缸里浸染。**面料以不急速上色为好。将面料做好染前准备后，不要用手拧，应轻轻提起，使之适当滴去水分，然后放入蓝缸中浸染约 5 分钟，使面料均匀上色。小心地慢慢浸染，不要损伤到蜡。

氧化

⑳ **在水中氧化。**蓝液接触氧气后产生氧化现象，从而使色素着色。从蓝缸中提起面料，一边让附着在面料上的多余染液顺势流去，一边在水中拨动面料，使之接触水中氧分子进行氧化，直到面料由绿色转为蓝色。

清洗

㉑ **清洗。**从水中提起氧化好的面料，另取容器，用清水清洗干净。

以上⑲⑳㉑的染色→氧化→清洗步骤操作 2 次。

⑲在蓝缸里浸染 5 分钟

↑　　　↓

㉑清洗　←　⑳在水中氧化

★ 如需染更深的颜色，染色、清洗、干燥（参照第 20 页）以后，第 2 天再从步骤⑰开始，重复操作。但是注意不要损伤到蜡。

脱蜡

㉒ **清洗、清除灰汁。**完成氧化与清洗后，把面料放入清水中浸泡 30—60 分钟，清除残余的染料和灰汁，再次清洗至完全干净为止。

㉓ **干燥。**清洗后的面料不要用手拧，用晾衣夹夹住一边，吊起阴干。

㉔ **脱蜡。**在大桶锅里装入足量的热水，煮沸后加入木灰灰汁或肥皂粉，将 PH 值控制在 9—10 之间。把面料放入锅中，用木棍搅拌，水温保持在 70℃以上，使蜡融脱。更换热水，反复操作 2—3 次，直到蜡完全脱净。

染后处理

㉕ **清洗。**将脱蜡以后的面料，用清水充分清洗。

㉖ **晾干。**清洗后的面料不要用手拧，用晾衣夹夹住一边，吊起阴干。

㉗ **熨烫。**盖上垫布，用熨斗熨平。熨烫时注意温度。

蓼蓝 × 刈安染・真丝刺绣线（用于和服领口刺绣）

◆ 完成品见第 105 页

材料和用具

- 真丝刺绣线 2 绞　20 克
- 蓝缸
- 刈安　20 克
- 明矾　4 克
- 2.5 升小号不锈钢圆盆　4 个
- 15 升小号桶锅　1 个
- 滤筛、密筛
- 计量杯、直棒 等

★ 绿色是在蓝染之上用刈安套染而成。根据蓝染的次数，可分别染出深浅不同的绿色，这里染制的是 2 种颜色的丝线。

【蓝染】

染前准备

① **真丝刺绣线的染前准备。**将丝线用直棒挑起，浸入 40℃—50℃的热水里。上下运动直棒，转动丝线挑起的位置，使之能整体均匀浸透。

染色（第 1 次）

② **准备蓝缸。**制蓝方法参照第 58—59 页。蓝液制成后，在染色前不要搅动蓝缸，让沉淀物处于蓝缸底部。为了避免沉淀物上浮附着在丝线上，可在蓝缸里放置一个滤筛或滤网。

③ **在蓝缸里浸染。**将丝线做好染前准备之后，轻轻拧水，抖散丝线，放入蓝缸中浸染约 5 分钟，使丝线均匀上色。和做染前准备一样，上下运动直棒，转动丝线挑起的位置。转动时要避免丝线出现拉伸、缠绕现象。从蓝缸中提起后，轻轻拧一下水分。

氧化

④ **在水中氧化。**蓝液接触氧气后产生氧化现象，从而使色素着色。从蓝缸中提起丝线，为了避免产生染斑，轻轻拧水后抖开，一边让附着在丝线上的多余染液顺势流去，一边在水中拨动丝线，使之接触水中氧分子进行氧化，直到丝线由绿色转为蓝色。

清洗

⑤ **清洗。**从水中提起氧化好的丝线，轻轻拧水，再用清水清洗干净。

以上③④⑤的染色→氧化→清洗步骤操作 1 次；如染深色，则操作 3 次。

③在蓝缸里浸染 5 分钟 ↓ ④在水中氧化 ← ⑤清洗 ↑

干燥

⑥ **清洗、清除灰汁。**完成⑤清洗后，再用清水进行充分清洗。更换干净的清水，把线放入并浸泡 30—60 分钟，清除残余的染料和灰汁，再次清洗至完全干净为止。

⑦ **干燥。**把清除灰汁后的染线用力拧干，充分整理整齐后，将线绞穿在晾衣竿上，吊起阴干。

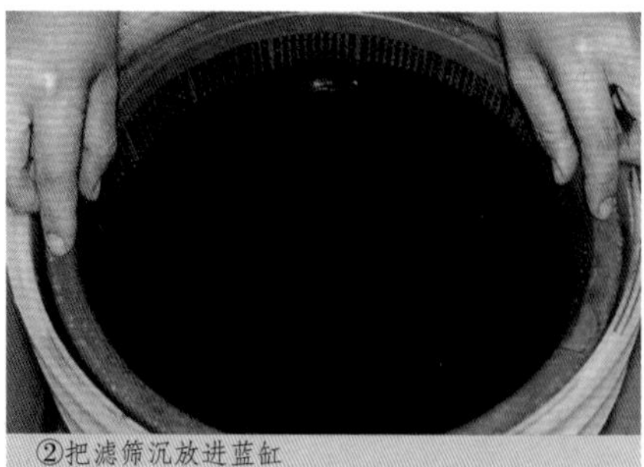

②把滤筛沉放进蓝缸

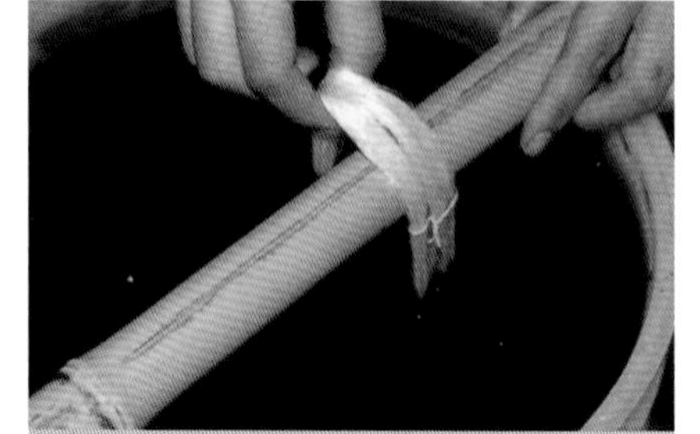

③把丝线放进蓝液（第 1 次）

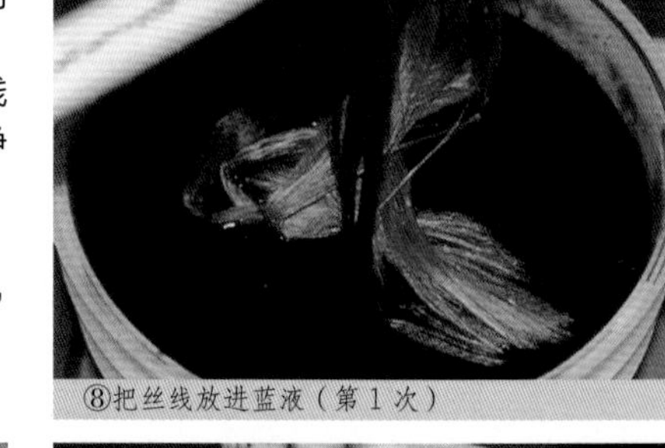

④在水中氧化（第 1 次）

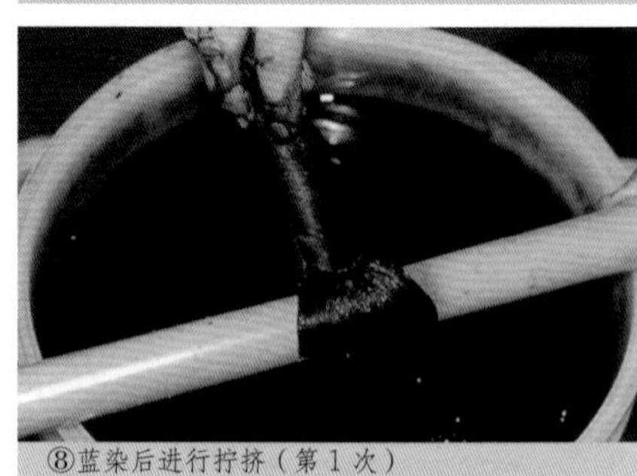

⑧把丝线放进蓝液（第 1 次）

⑧蓝染后进行拧挤（第 1 次）

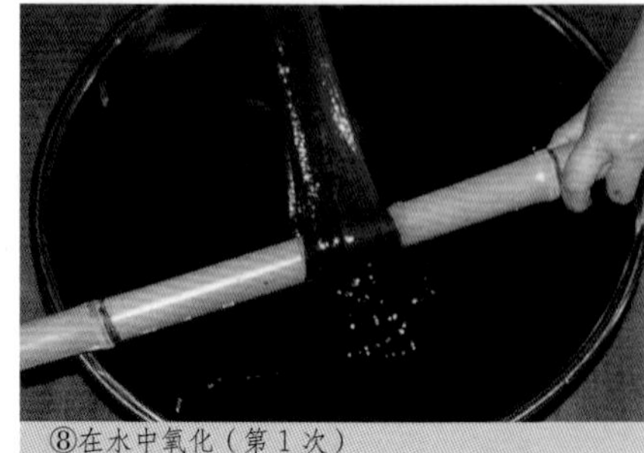

⑧在水中氧化（第 1 次）

染色（第 2 次）

⑧ 把干燥后的丝线先做好染前准备，如染浅色，将③④⑤的步骤操作 2 次；如染深色，将③④⑤的步骤操作 3 次。

★ 如需染更深的颜色，染色、清洗、干燥（参照第 20 页）以后，第 2 天再从步骤①开始，重复操作。

蓝染的染后处理

⑨ **清洗。**用与⑥相同的要领进行清洗、清除灰汁。

⑩ **晾干。**将清除灰汁后的丝线轻轻拧水，挂在固定棒上，另一端用直棒穿起，用力拧挤，并不断变换丝线的位置反复拧挤。拧好后，在同样状态下用力拉棒抻直丝线，整理平直后，穿在晾衣竿上阴干。

【刈安染】

染前准备

⑪ **真丝刺绣线的染前准备。**用与①相同的要领做染前准备。

色液提取

⑫ **第 1 次提取。**把 20 克刈安放入 500 毫升水（冷热均可）中，大火煮沸，然后改为小火继续煎煮 20 分钟。

⑬ **过滤色液。**把煮过的刈安用滤筛过滤，500 毫升水煮出约 500 毫升色液。

⑭ **第 2 次提取。**将滤筛里的刈安再次加水，采用与第 1 次提取相同的方法煮沸、过滤，2 次煮出的色液合计约 1 升。

染色

⑮ **制作染液。**将 500 毫升色液用密筛过滤，加入 3.5 升水（冷热均可），制成 4 升染液。剩余的色液留待后续添加使用。

⑯ **在染液里浸染。**丝线以不急速上色为好，将丝线做好染前准备之后，轻轻拧水，抖散丝线，放入染液中。不停拨动丝线，使其均匀染色，约操作 10—15 分钟。应加热染液，使其温度慢慢上升，染制真丝丝线的温度应在 50℃—60℃之间。和做染前准备一样，上下运动直棒，转动丝线挑起的位置。转动时要避免丝线出现拉伸、缠绕现象。从染液中提起后，轻轻拧一下水分。

⑰ **清洗。**把轻轻拧过的丝线抖开，将线上多余的染液用水清洗。

⑮在刈安色液中加水

⑯在刈安染液里浸染（第 1 次）

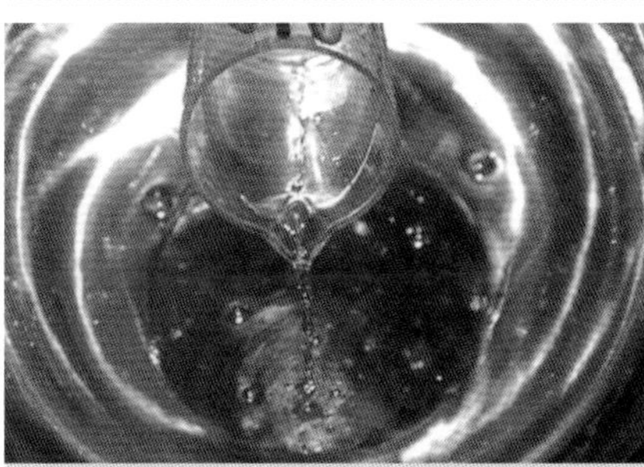

⑱配制媒染液

⑲在媒染液里浸染（第 1 次）

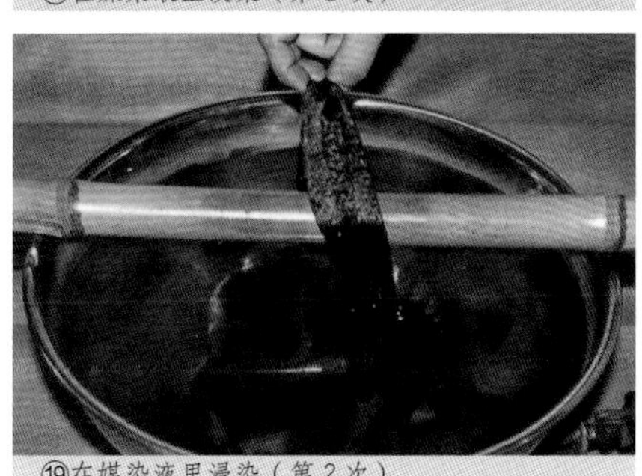

⑲在媒染液里浸染（第 2 次）

媒染

⑱ **配制媒染液。**将 4 克明矾放入 4 升开水里，充分搅拌溶化。请记住，如果是真丝丝线，明矾的使用量是 1 升水中放 1 克明矾。明矾不易溶化，应先另取容器，用开水溶化后再用。

⑲ **在媒染液里浸染。**把清洗后的丝线轻轻拧水、抖散开后放入媒染液里浸染，采用与⑯相同的方法浸染 10—15 分钟。加温明矾媒染液，使其温度保持在 40℃—50℃之间。

⑳ **清洗。**从媒染液里取出丝线，将丝线上多余的媒染液用清水洗掉。但是，染色后的清洗与媒染后的清洗要使用不同的容器。

以上⑯⑰⑲⑳的染色→媒染步骤操作 2 次。

↗ ⑯染色 10—15 分钟 ↘
⑳清洗　　　　⑰清洗
↖ ⑲媒染 20 分钟 ↙

★ 如果第 1 次就用高浓度染液染色，容易出现染斑。第 2 次染色时，应在染液中加入 500 毫升新的色液。

★ 色液不可放置过夜。

★ 如需染更深的颜色，染色、清洗、干燥（参照第 20 页）以后，第 2 天再从步骤⑪开始，重复操作。

染后处理

㉑ **清洗。**完成第 2 次媒染清洗以后，再用清水清洗干净。

㉒ **晾干。**将清洗后的丝线轻轻拧水，挂在固定棒上，另一端用直棒穿起，用力拧挤，并不断变换丝线的位置反复拧挤。拧好后，在同样状态下用力拉棒抻直丝线，整理平直后，穿在晾衣竿上阴干。

蓼蓝 × 刈安染 · 丝线（用于腰带编织）

◆ 完成品见第 39 页

材料和用具

- 柞蚕丝线 1 绞　80 克
- 蓝缸
- 刈安　80 克
- 明矾　4 克
- 6.5 升中号不锈钢圆盆　4 个
- 15 升小号桶锅　1 个
- 滤筛、密筛
- 计量杯、直棒 等

【蓝染】

染前准备

① **丝线的染前准备。**将丝线用直棒挑起，浸入 40℃—50℃的热水里。上下运动直棒，转动丝线挑起的位置，使之能整体均匀浸透。

染色（第 1 次）

② **准备蓝缸。**制蓝方法参照第 58—59 页。蓝液制成后，在染色前不要搅动蓝缸，让沉淀物处于蓝缸底部。为了避免沉淀物上浮附着在丝线上，可在蓝缸里放置一个滤筛或滤网。

③ **在蓝缸里浸染。**将丝线做好染前准备之后，轻轻拧水，抖散丝线，放入蓝缸中浸染约 5 分钟，使丝线均匀上色。和做染前准备一样，上下运动直棒，转动丝线挑起的位置。转动时要避免丝线出现拉伸、缠绕现象。从蓝缸中提起后，轻轻拧一下水分。

氧化

④ **在水中氧化。**蓝液接触氧气后产生氧化现象，从而使色素着色。从蓝缸中提起丝线，为了避免产生染斑，轻轻拧水后抖开，一边让附着在丝线上的多余染液顺势流去，一边在水中拨动丝线，使之接触水中氧分子进行氧化，直到丝线由绿色转为蓝色。

清洗

⑤ **清洗。**从水中提起氧化好的丝线，轻轻拧水，再用清水清洗干净。

以上③④⑤的染色→氧化→清洗步骤操作 1 次。

③在蓝缸里浸染 5 分钟

⑤清洗　←　④在水中氧化

干燥

⑥ **清洗、清除灰汁。**完成⑤清洗后，再用清水进行充分清洗。更换干净的清水，把线放入并浸泡 30—60 分钟，清除残

③在蓝液里浸染

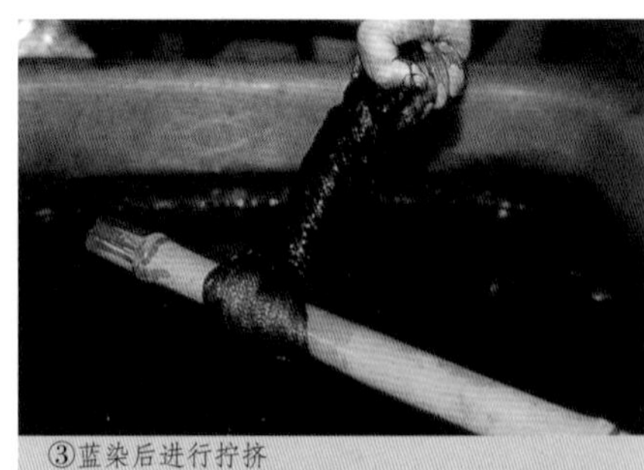

③蓝染后进行拧挤

⑤清洗

余的染料和灰汁，再次清洗至完全干净为止。

⑦ **干燥。**把清除灰汁后的染线用力拧干，充分整理整齐后，将线绞穿在晾衣竿上，吊起阴干。

染色（第 2 次）

⑧ 把干燥后的丝线先做好染前准备，将③④⑤的步骤重复操作 1 次。

★ 如需染更深的颜色，染色、清洗、干燥（参照第 20 页）以后，第 2 天再从步骤①开始，重复操作。

蓝染的染后处理

⑨ **清洗。**用与⑥相同的要领进行清洗、清除灰汁。

⑩ **晾干。**将清除灰汁后的丝线轻轻拧水，挂在固定棒上，另一端用直棒穿起，用力拧挤，并不断变换丝线的位置反复拧挤。拧好后，在同样状态下用力拉棒抻直丝线，整理平直后，穿在晾衣竿上阴干。

【刈安染】

染前准备

⑪ **丝线的染前准备。**用与①相同的要领做染前准备。

色液提取

⑫ **第 1 次提取。**把 80 克刈安放入 1.2 升水（冷热均可）中，大火煮沸，然后改为小火继续煎煮 20 分 钟。

⑬ **过滤色液。**把煮过的刈安用滤筛过滤，1.2 升水煮出约 1.2 升色液。

⑭ **第 2 次提取。**将滤筛里的刈安再次加水，采用与第 1 次提取相同的方法煮沸、过滤，2 次煮出的色液合计约 2.4 升。

染色

⑮ **制作染液。** 将 1 升色液用密筛过滤，加入 3 升水（冷热均可），制成 4 升染液。剩余的色液留待后续添加使用。

⑯ **在染液里浸染。**丝线以不急速上色为好，将丝线做好染前准备之后，轻轻拧水，抖散丝线，放入染液中。不停拨动丝线，使其均匀染色，约操作 20 分钟。应加热染液，使其温度慢慢上升，染制真丝丝线的温度应在 50℃—60℃之间。和做染前准备一样，上下运动直棒，转动丝线挑起的位置。转动时要避免丝线出现拉伸、缠绕现象。从染液中提起后，

⑪染前准备

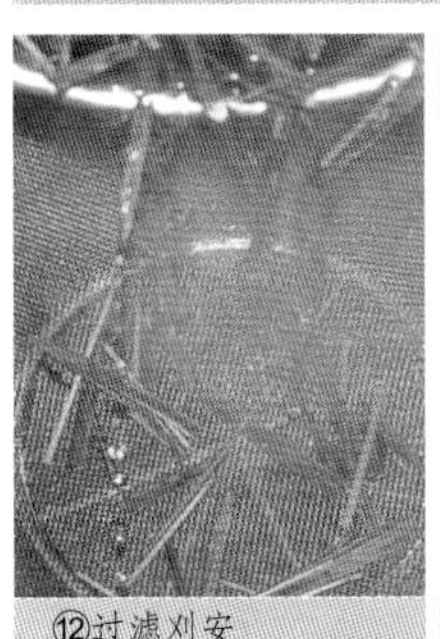

⑫过滤刈安

⑮密筛过滤刈安

⑯浸染丝线（第 1 次）

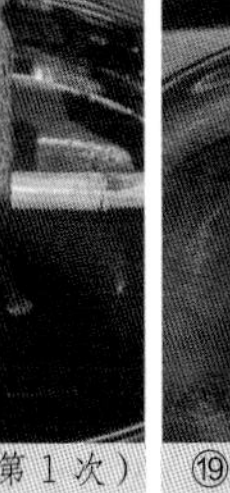

⑲媒染丝线（第 1 次）

⑲媒染丝线（第 2 次）

轻轻拧一下水分。

⑰ **清洗。**把轻轻拧过的丝线抖开，将线上多余的染液用水清洗。

媒染

⑱ **配制媒染液。**将 4 克明矾放入 4 升开水里，充分搅拌溶化。请记住，如果是真丝丝线，明矾的使用量是 1 升水中放 1 克明矾。明矾不易溶化，应先另取容器，用开水溶化后再用。

⑲ **在媒染液里浸染。**把清洗后的丝线轻轻拧水、抖散开后放入媒染液里浸染，采用与⑯相同的方法浸染 20 分钟。加温明矾媒染液，使其温度保持在 40℃—50℃之间。

⑳ **清洗。**从媒染液里取出丝线，将丝线上多余的媒染液用清水洗掉。但是，染色后的清洗与媒染后的清洗要使用不同的容器。

以上⑯⑰⑲⑳的染色→媒染步骤操作 2 次。

↗ ⑯染色 10—15 分钟 ↘
⑳清洗　　　　　　⑰清洗
↖ ⑲媒染 20 分钟 ↙

★ 如果第 1 次就用高浓度染液染色，容易出现染斑。第 2 次染色时，应在染液中加入 1 升新的色液。

★ 色液不可放置过夜。

★ 如需染更深的颜色，染色、清洗、干燥（参照第 20 页）以后，第 2 天再从步骤⑪开始，重复操作。

染后处理

㉑ **清洗。**完成第 2 次媒染清洗以后，再用清水清洗干净。

㉒ **晾干。**将清洗后的丝线轻轻拧水，挂在固定棒上，另一端用直棒穿起，用力拧挤，并不断变换丝线的位置反复拧挤。拧好后，在同样状态下用力拉棒抻直丝线，整理平直后，穿在晾衣竿上阴干。

红花

据说是原产于中近东和埃塞俄比亚的菊科二年生植物，大约4000年前作为染料和药草开始种植。外观似蓟，叶长并带刺，初夏时开橙黄色花。目前，红花的最大产地是中国，其中又以四川省种植的色彩偏红的品种为上乘。日本则是从江户时代以后，在山形县的最上川地区盛产红花，如今依然在种植红花。

从花的外形就能知道红花含有黄和红两种色素，采摘花瓣后经晒干可作染料。黄色色素很容易溶入水中，因为红色色素遇碱性后才开始显示其溶水性，所以当时一般先染黄色，但黄色的着色牢固程度不高。

因此，先将牢固度低的黄色色素用水清洗后，再浸泡在灰汁等碱性溶液里提取红色素，一边用酸中和一边染色，又发现了用石榴（日本则用乌梅）等果酸来进行媒染的复杂方法。后来用它作为染鲜红色彩的红色系列染料，是经过了相当长的时间才被最后确定的。

长期以来红花染色技法一直是西域的秘方，直到公元1世纪才传入中国。当时，匈奴统治下的燕国作为从西域传来的红花的产地而驰名，燕国制造的红花颜料，也就是被称为“燕脂”的化妆品，在当时被贵族女性们所钟爱。在这之前，化妆品使用的是含有毒水银的朱砂。红花因能消除血液中的胆固醇，起到活血的作用，加之鲜艳美丽，迅速流传开来。当汉武帝攻下焉支山时，匈奴国王曾经发出“失我焉支山，使我妇女无颜色”的哀叹。丧失了生产红花的产地，同时也丧失了美丽女性的红色。传说燕脂传入日本，是在610年，由高句丽的僧侣昙征东渡时带来的。可是，作为染料的红花传入时期可能更早。

新鲜采摘的花瓣

而红花的栽培和染色技术大约是在公元5—6世纪传入日本。当时作为染料的代表是蓝，所以在日本把染料也称作蓝。红花因为自吴国传进来，故也称红花为“吴蓝”，所以红花日文发音是“kurenayi”。它的鲜艳为人欣赏，它的光彩打动人心，它那隐而又现、且又易褪色和反映心灵各种各样深厚情感的特征更是在诗词里被人们歌颂。

由于红花的种植比较费时费力，染色也较复杂，所以红染是非常贵重的染色。因此多次重复染色的最深的红色“唐红”（参照第87—91页）、以栀子和郁金先染头道色后再加染深红色的“朱华”（参照第94—99页），就成了皇亲贵胄的专用，于一般平民则是“禁色”。普通百姓只许“一斤染”，即1匹布只能使用1斤（约600克）红花来染布。

另外，蓝加红可染得紫色，如前面所叙，红花是从吴国传来的蓝，所以蓝加红双重染色也被称作“二蓝”（参照第100页）。

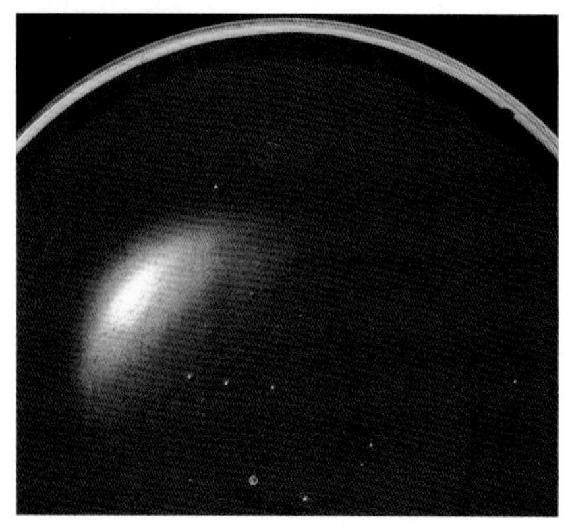

艳红：红花色膏涂染的红盘

红花（韩红）染・真丝绉绸包袱布

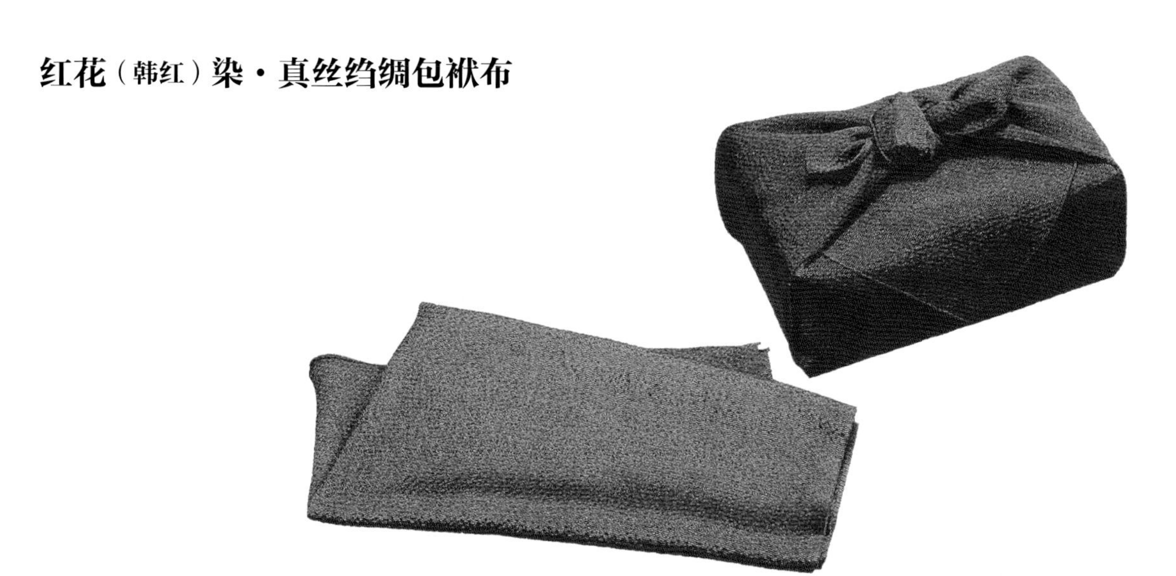

材料和用具

- 绉绸 1 块（160×45 厘米） 100 克
- 红花 1.5 公斤（染 3 次的量）
- 乌梅 20 克
- 蒿灰 1.5 公斤
- 黄蘗 5 克
- 食醋 500 毫升
- 13 升大号不锈钢圆盆 5 个
- 2.5 升小号不锈钢圆盆 1 个
- 滤筛、密筛
- 计量杯
- 麻布袋、漏水栅板 等

材料准备

① **提取乌梅澄清液。**在 20 克乌梅里加入 1 升开水，放置 3 天以上，提取浸泡液上层的清澈液体。

② **提取第 1 道蒿灰汁。**在 500 克蒿灰里倒入 15 升开水，放置 2 天以上使灰沉淀。把上层的清澄液用密筛过滤，这是第 1 道灰汁，碱性最高。

③ **提取第 2 道蒿灰汁。**在剩下的灰里加 15 升开水，放置 2 天以上，提取第 2 道灰汁。

④ **冷水浸泡红花。**把 500 克红花放入冷水中，充分搅拌后放置一晚。

①往乌梅里加开水

清洗黄汁

⑤ **洗红花、去黄汁。**取出浸泡在冷水中的红花，放在滤筛里用力揉挤。揉挤后再次用清水浸泡红花并充分搅拌，使之出现黄汁；采用与上述相同的方法，取出红花，放在滤筛里用力揉挤。重复揉挤→搅拌 6—7 次，直至黄汁颜色变淡、完全揉净为止。

染液提取

⑥**第 1 次提取。**在洗去黄汁的红花里加入 3 升第 2 道蒿灰汁（比例为 100 克红花加 600 毫升蒿灰汁，完全浸泡红花即可，第 2 道蒿灰汁的 pH 值为 9—10），约 30 分钟后，揉挤提取色素。然后将红

④用冷水浸泡红花

④浸泡红花并放置一晚

⑤把浸泡好的红花用滤筛过滤

⑤挤压黄汁

⑤将挤压后的红花放进水里搅拌

⑤黄汁的颜色变淡

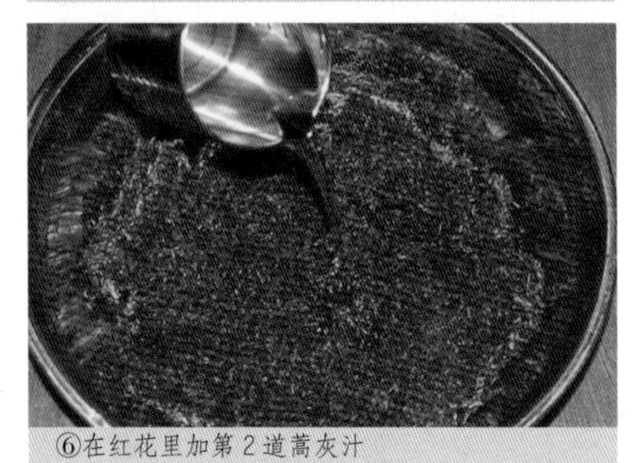

⑥在红花里加第 2 道蒿灰汁

⑥用灰汁揉搓红花、提取色素

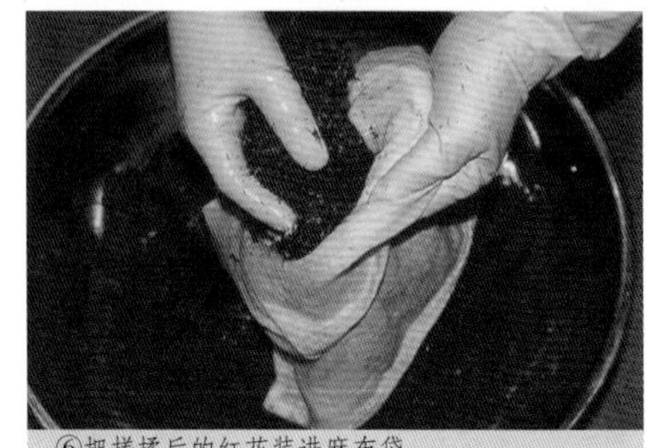

⑥把搓揉后的红花装进麻布袋

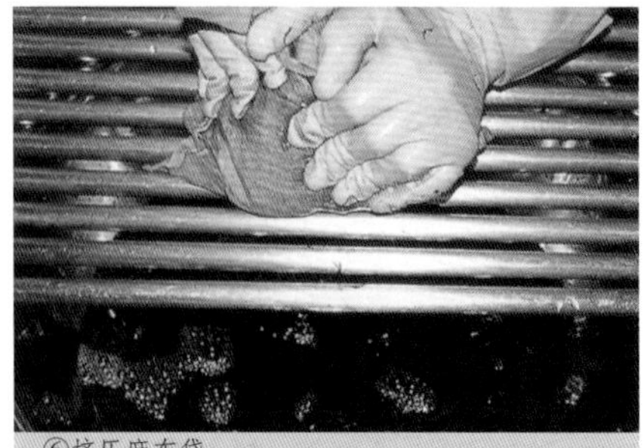

⑥挤压麻布袋

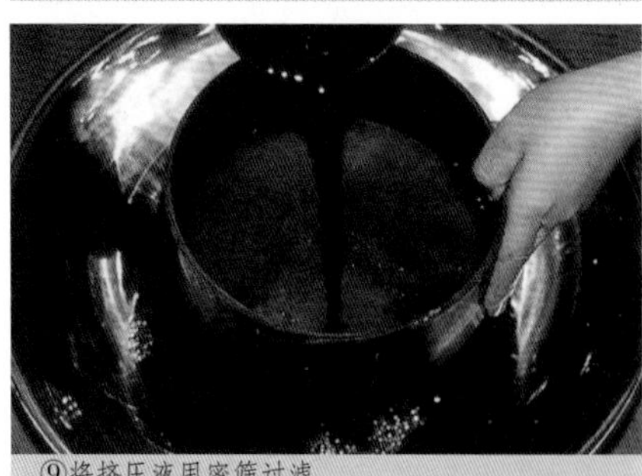

⑨将挤压液用密筛过滤

⑨加入食醋

花装进麻布袋，把漏水栅板放在圆盆上，在漏水栅板上用力挤压麻布袋，所提取的液体就是红花染液。

⑦ **第 2、3 次提取。**第 2、3 次提取染液时，使用碱性更高的第 1 道蒿灰汁，pH 值为 11。采用与⑥相同的方式，30 分钟后揉挤、挤压，重复 3 次，提取约 8 升染液。

染前准备

⑧ **绉绸的染前准备。**将绉绸浸入 40℃—50℃的热水里。拨动面料，使之整体均匀浸透。绉绸面料表面凸凹起伏，为使热水浸透面料，可抻拉面料的纬线。绉绸浸水后纤维中会浮出杂物，中途应换一次热水。

染色

⑨ **使染液接近中性。**将挤压出的染液全部用密筛过滤，加入 100 毫升食醋，用手充分搅拌，使染液的 pH 值接近 7.5。红花在碱性溶液中可溶解色素，在酸性溶液中可固定色素，因此在制作染液时用碱性灰汁挤抽色素，在染色时则用酸性食醋中和染液使色素着色。

⑩ **在染液里浸染。**面料以不急速上色为好。将面料做好染前准备之后，不要用手拧，应轻轻提起，使之适当滴去水分，然后放入染液，使面料均匀上色。色素被完全提取后，染液中的红色便会消失，故在染液呈红色即红色素依然存在时，一边观察染液一边浸染 2—3 小时。期间要查看染液的pH 值，并慢慢添加食醋，使 pH 值接近 6。浸染时要始终在染液中拨动面料，并避免面料与染液间出现气泡。面料出现折痕或由于空气进入织物而产生气泡，都会使染色不均匀而出现染斑，所以必须仔细地将面料从头至尾、反复拨动。

⑪ **清洗。**用水清洗掉面料上多余的染液。

固定色素

⑫ **在乌梅酸液里浸染。**在 9 升 20℃的温水里，加入①提取的乌梅澄清液（pH = 4）200 毫升，配制成 pH = 5 的酸

性液体。红花色素在酸性液体中可以着色固定，因此将面料在酸液中浸染 15 分钟。

干燥

⑬ **清洗。**把浸泡在乌梅酸液里的面料用水清洗。

⑭ **干燥。**清洗后的面料不要用手拧，用晾衣夹夹住一边，吊起阴干。

以上②—⑭的步骤操作 3 次。一旦面料用红花染过之后，再次做染前准备时，应用 20℃—30℃的温水，拨动面料，使之整体均匀浸透。

★ 色液不可放置过夜。

★ 如需染更深的颜色，染色、清洗、干燥（参照第 20 页）以后，第 2 天再从步骤②开始，重复操作。在⑫的乌梅液体里另加 100 毫升清澄液体。

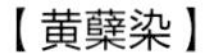

【黄蘖染】

在红花染后套装黄蘖，可用于定色。

色液提取

⑮ **黄蘖色液提取。**把 5 克黄蘖放入 500 毫升水（冷热均可）中，大火煮沸，然后改为小火继续煎煮 20 分钟。

⑯ **过滤色液。**把煮过的黄蘖用滤筛过滤。

染前准备

⑰ **干燥后的面料的染前准备。**将红花染后的面料浸入水里，使之整体均匀浸透。为避免红花染色产生变化，注意要尽快进行染前准备，面料整体浸透后迅速从水中提起。

染色

⑱ **制作染液。**将500毫升色液用密筛过滤，加入 9 升水（冷热均可），制成染液。

⑲ **在染液里浸染。**将绉绸做好染前准备之后，应轻轻提起拧水，然后放入染液中浸染约 20 分钟，使面料均匀上色。

⑳ **清洗。**用水清洗掉面料上多余的染液。

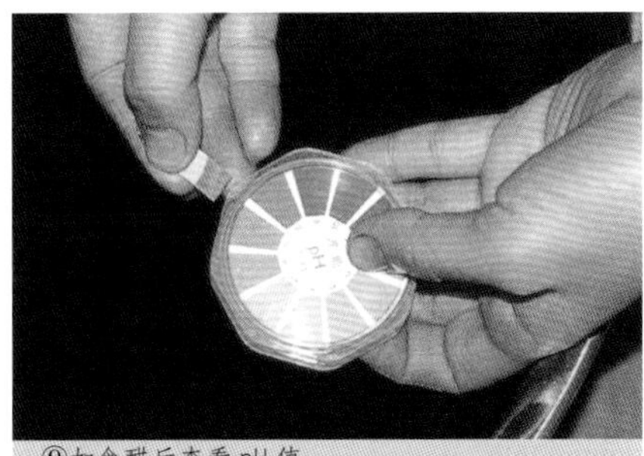

⑨加食醋后查看 pH 值

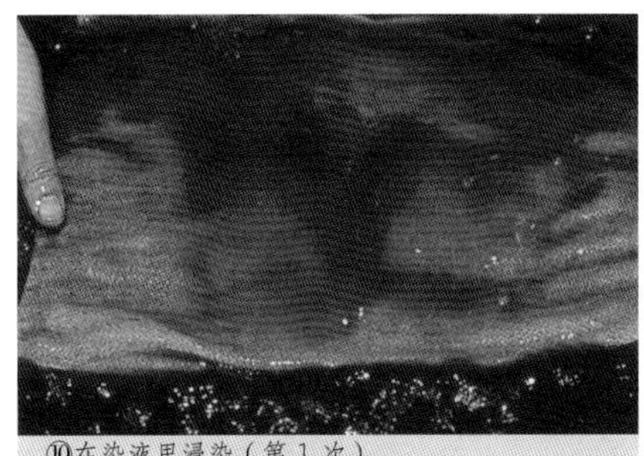

⑩在染液里浸染（第 1 次）

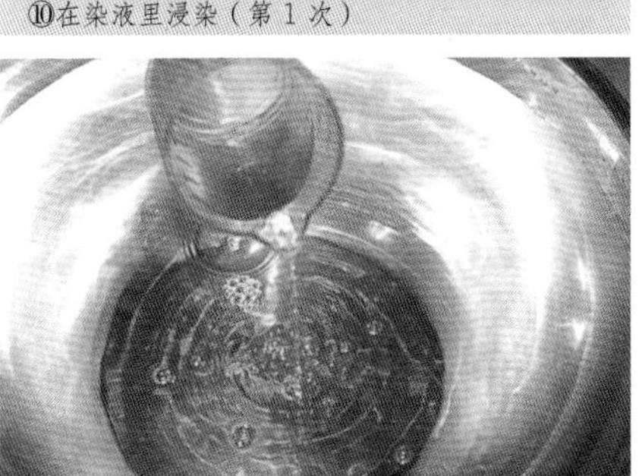

⑫制作乌梅水溶液

⑫在乌梅水溶液里浸染（第 1 次）

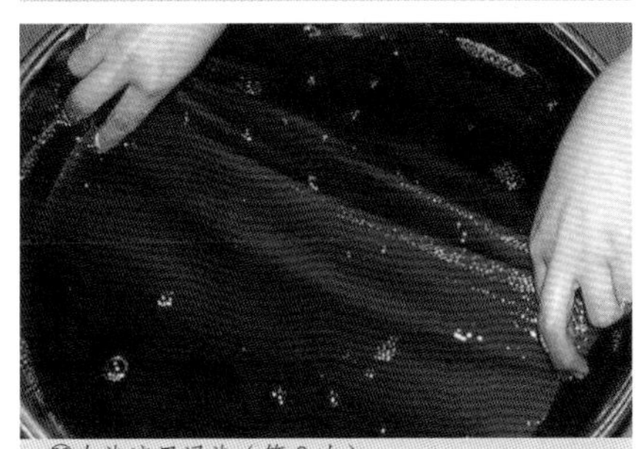

⑩在染液里浸染（第 2 次）

⑱用密筛过滤黄蘖色液

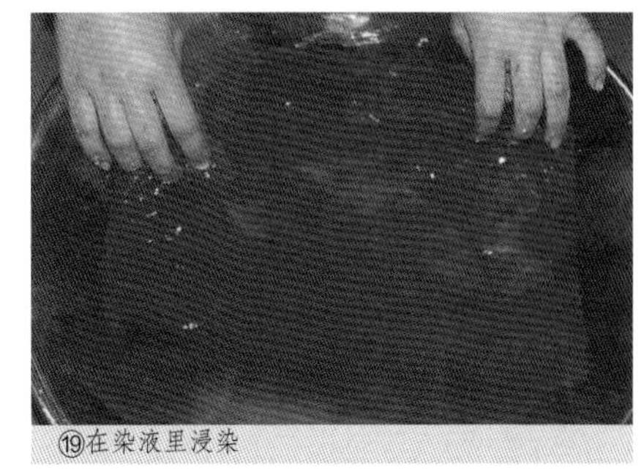

⑲在染液里浸染

染后处理

㉑ **清洗。**完成清洗后，再用清水清洗干净。

㉒ **晾干。**清洗后的面料不要用手拧，用晾衣夹夹住一边，吊起阴干。

㉓ **熨烫。**盖上垫布，用熨斗熨平。熨烫时注意温度。

红花（韩红）染·丝线（用于制作钮带绳）

材料和用具

- 丝线 1 块（钮带绳用） 40 克
- 红花 1.5 公斤（染 3 次的量）
- 乌梅 20 克
- 蒿灰 1.5 公斤
- 黄蘗 5 克
- 食醋 500 毫升
- 13 升大号不锈钢圆盆 5 个
- 2.5 升小号不锈钢圆盆 1 个
- 滤筛、密筛
- 计量杯、直棒
- 麻布袋 、漏水栅板 等

材料准备

① **提取乌梅澄清液。**在 20 克乌梅里加入 1 升开水，放置 3 天以上，提取浸泡液上层的清澈液体。

② **提取第 1 道蒿灰汁。**在 500 克蒿灰里倒入 15 升开水，放置 2 天以上使灰沉淀。把上层的清澄液用密筛过滤，这是第 1 道灰汁，碱性最高。

③ **提取第 2 道蒿灰汁。**在剩下的灰里加 15 升开水，放置 2 天以上，提取第 2 道灰汁。

④ **冷水浸泡红花。**把 500 克红花放入冷水中，充分搅拌后放置一晚。

清洗黄汁

⑤ **洗红花、去黄汁。**取出浸泡在冷水中的红花，放在滤筛里用力揉挤。揉挤后再次用清水浸泡红花并充分搅拌，使之出现黄汁；采用与上述相同的方法，取出红花，放在滤筛里用力揉挤。重复揉挤→搅拌 6—7 次，直至黄汁颜色变淡、完全揉净为止。

染液提取

⑥ **第 1 次提取。**在洗去黄汁的红花里加入 3 升第 2 道蒿灰汁（比例为 100 克红花加 600 毫升蒿灰汁，完全浸泡红花即可，第 2 道蒿灰汁的 pH 值为 9—10），约 30 分钟后，揉挤提取色素。然后将红花装进麻布袋，把漏水栅板放在圆盆上，在漏水栅板上用力挤压麻布袋，所提取的液体就是红花染液。

⑦ **第 2、3 次提取。**第 2、3 次提取染液时，使用碱性更高的第 1 道蒿灰汁，pH 值为 11。采用与⑥相同的方式，30 分钟后揉挤、挤压，重复 3 次，提取约 8 升染液。

染前准备

⑧ **丝线的染前准备。**将丝线用直棒挑起，浸入 40℃—50℃的热水里。上下运动直棒，转动丝线挑起的位置，使之能整体均匀浸透。

染色

⑨ **使染液接近中性。**将挤压出的染液全部用密筛过滤，加入 100 毫升食醋，用手充分搅拌，使染液的 pH 值接近 7.5。红花在碱性溶液中可溶解色素，在酸性溶液中可固定色素，因此在制作染液时用碱性灰汁挤抽色素，在染色时则用酸性食醋中和染液使色素着色。

⑤挤压黄汁

⑥在红花里加入灰汁

①往乌梅里加开水

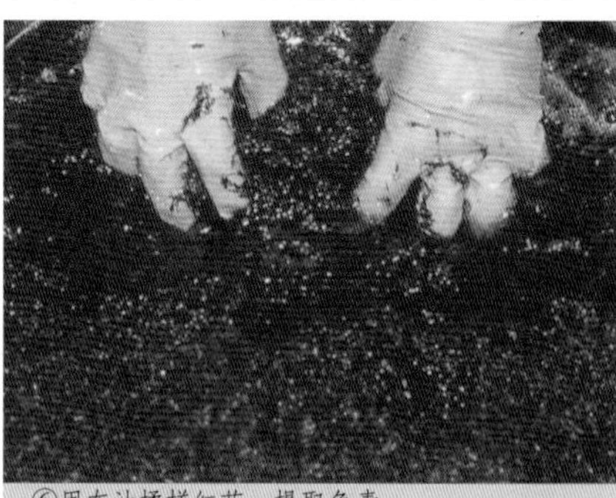

⑥用灰汁揉搓红花、提取色素

④用冷水浸泡红花

⑥把搓揉后的红花装进麻布袋并进行挤压

⑨在染液里加入食醋

⑫配制乌梅酸液

⑮煮沸黄蘖

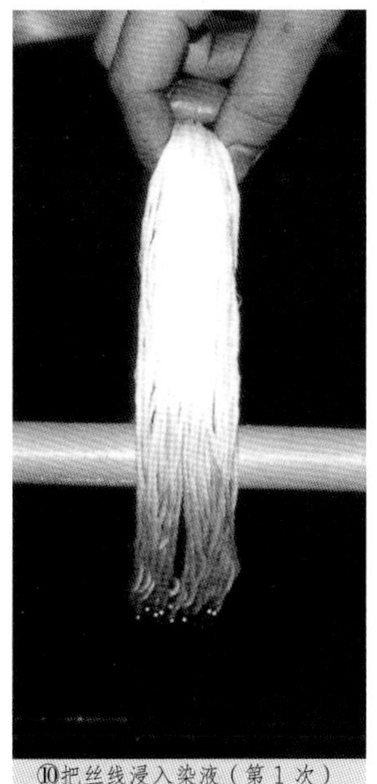
⑩把丝线浸入染液（第 1 次）

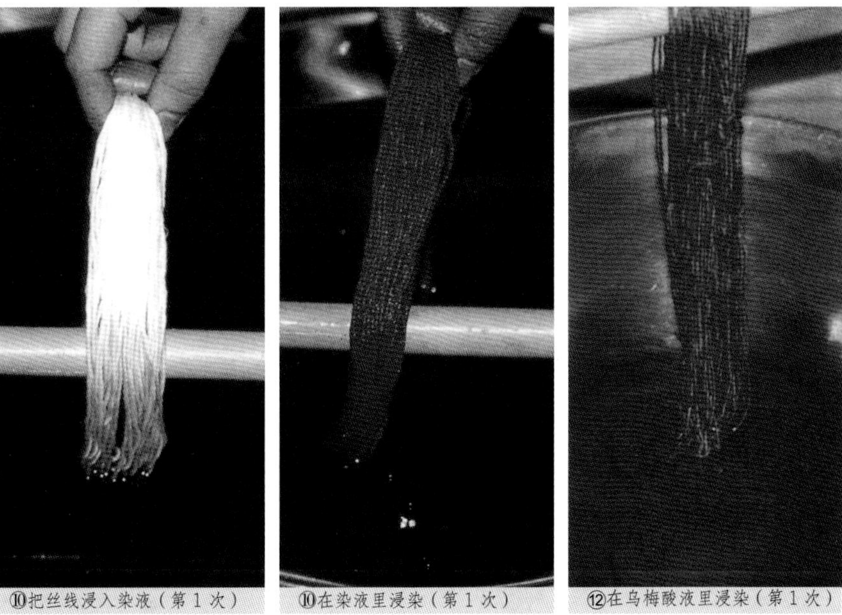
⑩在染液里浸染（第 1 次）

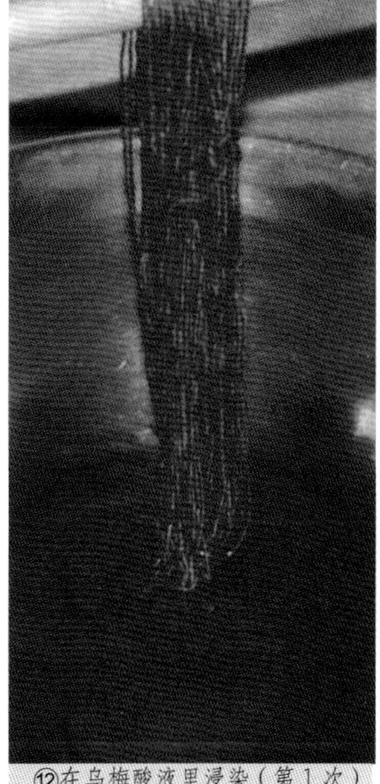
⑫在乌梅酸液里浸染（第 1 次）

⑩ **在染液里浸染。**丝线以不急速上色为好。将丝线做好染前准备之后，轻轻拧水，抖散丝线，放入染液中。不停拨动丝线，使其均匀染色。色素被完全提取后，染液中的红色便会消失，故在染液呈红色即红色素依然存在时，一边观察染液一边浸染 2—3 小时。期间要查看染液的 pH 值，并慢慢添加食醋，使 pH 值接近 6。和做染前准备一样，上下运动直棒，转动丝线挑起的位置。转动时要避免丝线出现拉伸、缠绕现象。从染液中提起后，轻轻拧一下水分。

⑪ **清洗**。将线上多余的染液用水清洗。

固定色素

⑫ **在乌梅酸液里浸染。**在 9 升 20℃的温水里，加入①提取的乌梅澄清液（pH = 4）200 毫升，配制成 pH = 5 的酸性液体。红花色素在酸性液体中可以着色固定，因此将丝线在酸液中浸染 15 分钟。

干燥

⑬ **清洗。**把浸泡在乌梅酸液里的丝线用水清洗。

⑭ **干燥。**将清洗后的丝线轻轻拧水，挂在固定棒上，另一端用直棒穿起，用力拧挤，并不断变换丝线的位置反复拧挤。拧好后，在同样状态下用力拉棒抻直丝线，整理平直后，穿在晾衣竿上阴干。

以上②—⑭的步骤操作 3 次。一旦面料用红花染过之后，再次做染前准备时，应用 20℃—30℃的温水，丝线整体浸透后便从水里提起。

★ 色液不可放置过夜。

★ 如需染更深的颜色，染色、清洗、干燥（参照第 20 页）以后，第 2 天再从步骤②开始，重复操作。在⑫的乌梅液体里另加 100 毫升清澄液体。

【黄蘖染】

在红花染后套装黄蘖，可用于定色。

色液提取

⑮ **黄蘖色液提取。**把 5 克黄蘖放入 500 毫升水（冷热均可）中，大火煮沸，然后改为小火继续煎煮 20 分钟。

⑯ **过滤色液。**把煮过的黄蘖用滤筛过滤。

染前准备

⑰ **干燥后的丝线的染前准备。**将红花染后的丝线浸入水里，使之整体均匀浸透。为避免红花染色产生变化，注意要尽快进行染前准备，丝线整体浸透后迅速提出。

染色

⑱ **制作染液。**将 500 毫升色液用密筛过滤，加入 9 升水（冷热均可），制成染液。

⑲ **在染液里浸染。**将丝线做好染前准备之后，应轻轻提起拧水，然后放入染液中浸染约 20 分钟，使丝线均匀上色。

⑳ **清洗。**用水清洗掉丝线上多余的染液。

染后处理

㉑ **清洗。**完成清洗后，再用清水清洗干净。

㉒ **晾干。**将清洗后的丝线轻轻拧水，挂在固定棒上，另一端用直棒穿起，用力拧挤，并不断变换丝线的位置反复拧挤。拧好后，在同样状态下用力拉棒抻直丝线，整理平直后，穿在晾衣竿上阴干。

红花颜料的制作方法

用红花做成的颜料，除了用豆汁溶化后描绘友禅上的红色部分外，还使用于京红颜色化妆、点心染色以及治疗高血压的特效药等。色素的提取方法和前页介绍的红花染色法一样。

材料和用具

- 红花　500 克
- 乌梅　220 克
- 蒿灰　500 克
- 食醋　约 150 毫升
- 脱脂棉　100 克
- 6.5 升中号不锈钢圆盆　4 个
- 2 升试验杯　1 个
- 滤筛
- 橡胶刮片
- 密织生丝织物
- 小瓷盘（提取颜料的容器）
- 漏水栅板　等

⑨

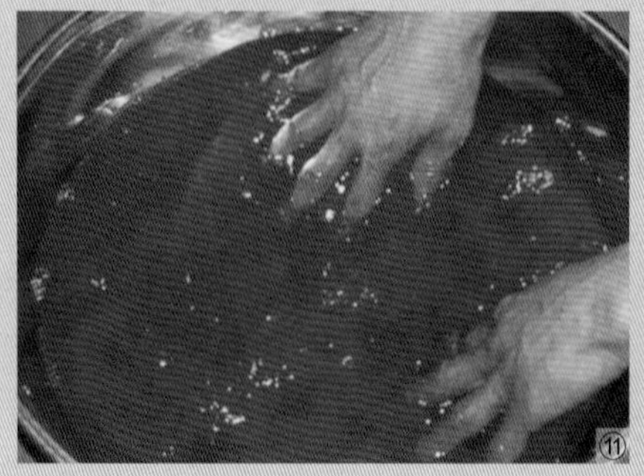
⑪

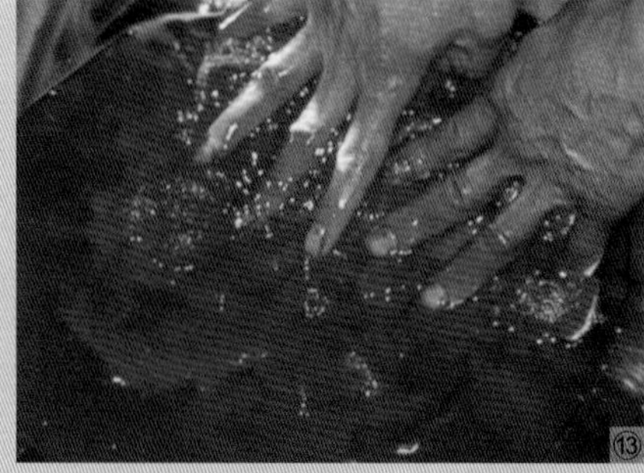

⑬

① 在 20 克乌梅里加入 1 升开水，放置 3 天以上，提取浸泡液上层的清澈液体。用同样的方法，在 200 克乌梅里加入 1 升开水，提取浸泡液体上层的高浓度清澈液体。
② 在 500 克蒿灰里倒入 15 升开水，放置 2 天以上使灰沉淀。把上层的清澄液用密筛过滤。这是第 1 道灰汁，碱性最高。
③ 在剩下的灰里加 15 升开水，放置 2 天以上，提取第 2 道灰汁。
④ 把 500 克红花放入冷水中，充分搅拌后放置一晚。
⑤ 取出浸泡在冷水中的红花，放在滤筛里用力揉挤。揉挤后再次用清水浸泡红花并充分搅拌，使之出现黄汁；采用与上述相同的方法，取出红花，放在滤筛里用力揉挤。重复揉挤→搅拌 6—7 次，直至黄汁颜色变淡、完全揉净为止。
⑥ 在洗去黄汁的红花里加入 3 升第 2 道蒿灰汁（比例为 100 克红花加 600毫升蒿灰汁，完全浸泡红花即可，第 2 道蒿灰汁的 pH 值为 9—10），约 30 分钟后，揉挤提取色素。然后将红花装进麻布袋，把漏水栅板放在圆盆上，在漏水栅板上用力挤压麻布袋，所提取的液体就是红花染液。
⑦ 第 2、3 次提取染液时，使用碱性更高的第 1 道蒿灰汁，pH 值为 11。采用与⑥相同的方式，30 分钟后揉挤、挤压，重复3次，提取约 8 升染液。
⑧ 将挤压出的染液全部用密筛过滤，加入 100 毫升食醋，用手充分搅拌，使染液的 pH 值接近 7.5。红花在碱性溶液中可溶解色素，在酸性溶液中可固定色素，因此在制作染液时用碱性灰汁挤抽色素，在染色时则用酸性食醋中和染液使色素着色。
⑨ 把脱脂棉放入染液中吸收色素，充分揉挤 30 分钟。期间要查看染液的 pH 值，并慢慢添加食醋，使 pH 值接近 6。从染液中取出脱脂棉，用力拧挤。
⑩ 在 3 升水里，加入①提取的乌梅澄清液（pH = 4）100 毫升，配制成 pH = 5 的酸性液体。
⑪ 红花色素在酸性液体中可以着色固定，因此在⑩配制的酸液中搓揉脱脂棉 15 分钟，使色素固定。
⑫ 把浸泡在乌梅酸液里的脱脂棉用力拧挤后，用水清洗掉多余的染液和杂质。
⑬ 红花色素在碱性溶液中可溶解，在清洗后的脱脂棉里加入 2 升第 1 道蒿灰汁（能浸泡住脱脂棉的量）并揉捏 5 分钟。用力拧挤脱脂棉，提取色素。
★ ⑨⑪⑫⑬的步骤操作 3 次。染液、乌梅水溶液、第 1 道灰汁可重复使用。
⑭ 在红花色素的溶解液⑬里加入 1 升①提取的高浓度乌梅溶液（PH = 5—6），放置一晚，沉淀红色色素。
⑮ 放置一晚后，倒掉上层的澄清液，把密织生丝织物垫在滤筛上，过滤沉淀的红色色素。
⑯ 用橡胶刮片刮取生丝织物上的颜料，盛装于小瓷盘里保存。为了防止干燥，密封后放置在冰箱里，可保存半年。

⑮

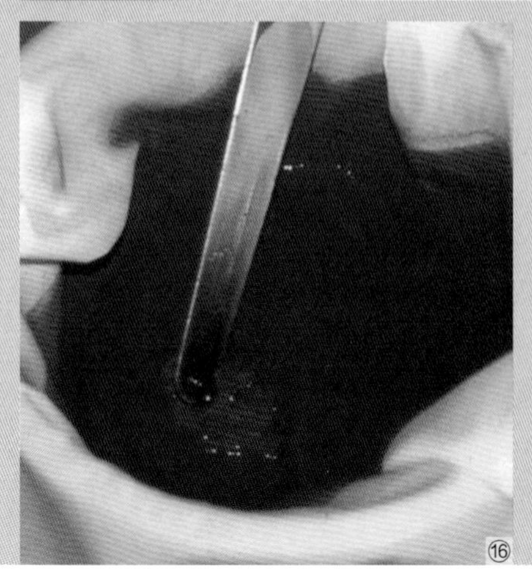
⑯

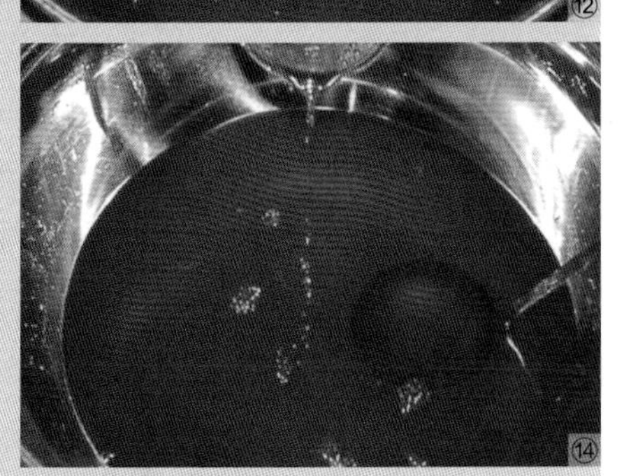

红花染·茶道用扇

材料和用具

- 扇纸　3 张
- 红花颜料（红颜料泥）
- 豆粉　10 克
- 棉纱布
- 毛笔 等

①泡涨豆粉

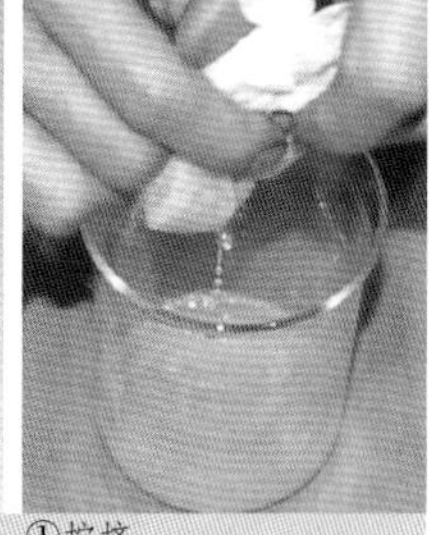

①拧挤

操作准备

① **调制豆汁。**把 10 克豆粉放入 100 毫升 30℃—40℃的热水（浓度 10%）里，浸泡 2 小时，泡涨后用棉纱布过滤拧挤出豆汁。豆汁里含有蛋白质，将使红花颜料固定附着。

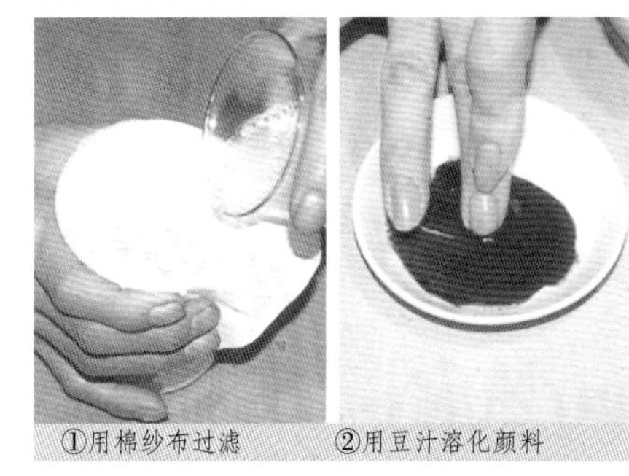

①用棉纱布过滤　②用豆汁溶化颜料

用红花颜料描画纹样

② **用豆汁调颜料。**从小瓷盘里取出颜料，加少量豆汁，用手指调和均匀。

③ **画纹样。**用毛笔蘸取调和好的颜料，在扇纸上绘画纹样。

④ **晾干。**把扇纸晾干。

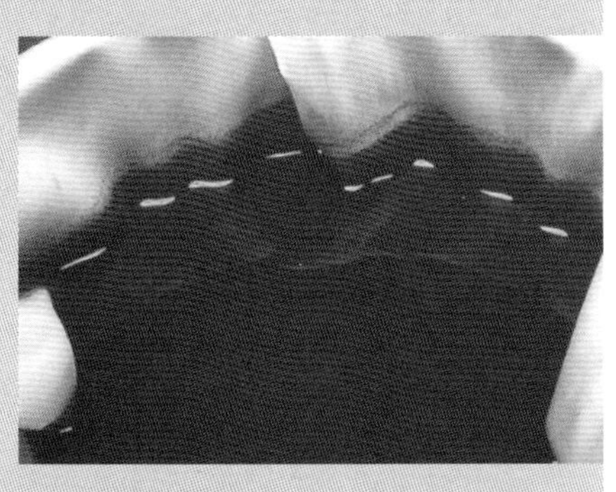

③在扇纸上绘画纹样

栀子 × 红花（朱华）染·真丝盐濑包裹布和小包裹布

材料和用具

- 盐濑 1 块（300×35 厘米）　130 克
- 红花　1.5 公斤（染 3 次的量）
- 栀子果实　130 克
- 乌梅　20 克
- 蒿灰　1.5 公斤
- 食醋　约 500 毫升
- 黄蘗　5 克
- 13 升大号不锈钢圆盆　5 个
- 2.5 升小号不锈钢圆盆　1 个
- 15 升小号桶锅　1 个
- 滤筛、密筛
- 计量杯
- 麻布袋、漏水栅板 等

【栀子染】

染前准备

① **盐濑的染前准备。**将面料浸入 40℃—50℃的热水里，拨动面料，使之整体均匀浸透。

色液提取

② **第 1 次提取。**把 130 克栀子果实放入 3 升水（冷热均可）中，大火煮沸，然后改为小火继续煎煮 20 分钟。

③ **过滤色液。**把煮过的栀子果实用滤筛过滤，3 升水煮出约 3 升色液。

④ **第 2 次提取。**将滤筛里的栀子再次加水，采用与第 1 次提取相同的方法煮沸、过滤，2 次煮出的色液合计约 6 升。

染色

⑤ **制作染液。**将 1 升色液用密筛过滤，加入 8 升水（冷热均可），制成 9 升染液。剩余的色液留待后续添加使用。

⑥ **在染液里浸染。**面料以不急速上色为好。将盐濑做好染前准备之后，不要用手拧，应轻轻提起，使之适当滴去水分，然后放入染液中浸染 1 小时。在 1 小时内逐次加入剩余的色液：每间隔 15 分钟，就用密筛过滤 1 升色液加入染液里。应加热染液，使其温度慢慢上升。真丝面料在高温下容易受损，故请注意，温度应控制在 50℃—60℃之间。盐濑面料如发生互相摩擦，也容易受损，应十分注意。浸染时要始终在染液中拨动

⑤用密筛过滤色液

⑤在色液里加水

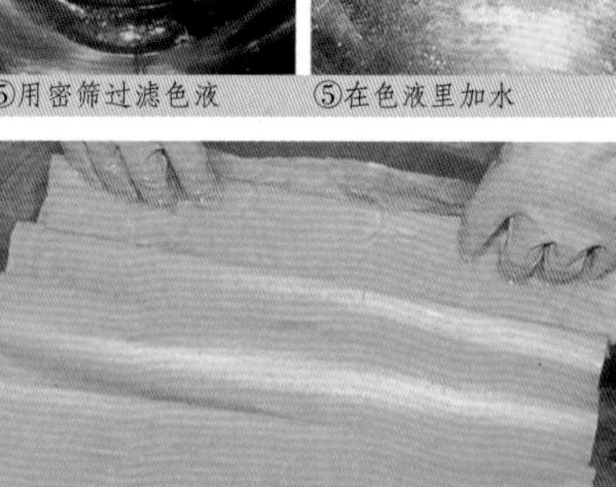

⑥浸染织物

②把栀子煮沸

③过滤

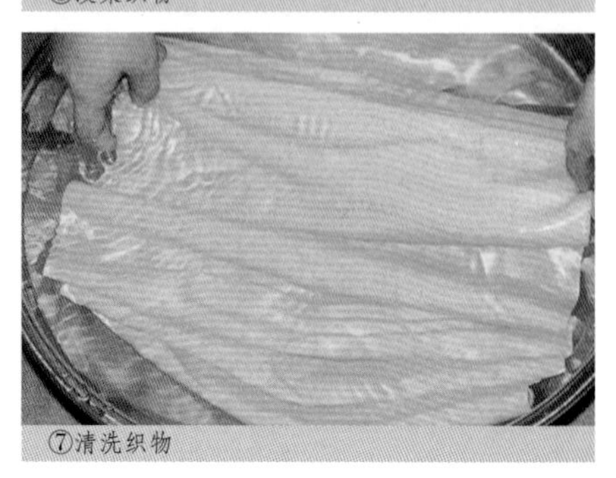

⑦清洗织物

面料，并避免面料与染液间出现气泡。面料出现折痕或由于空气进入织物而产生气泡，都会使染色不均匀而出现染斑，所以必须仔细地将面料从头至尾、反复拨动。

⑦ **清洗。**用水清洗掉面料上多余的染液。

⑥ 染色 1 小时			
15 分钟后	30 分钟后	45 分钟后	→ ⑦ 清洗
＋1 升	＋1 升	＋1 升	

★ 色液不可放置过夜。

★ 如需染更深的颜色，染色、清洗、干燥（参照第 20 页）以后，第 2 天再从步骤①开始，重复操作。

干燥

⑧ **清洗。**完成清洗后，再次充分清洗面料。

⑨ **干燥。**清洗后的面料不要用手拧，用晾衣夹夹住一边，吊起阴干。

【红花染】

材料准备

⑩ **提取乌梅澄清液。**在 20 克乌梅里加入 1 升开水，放置 3 天以上，提取浸泡液上层的清澈液体。

⑪ **提取第 1 道蒿灰汁。**在 500 克蒿灰里倒入 15 升开水，放置 2 天以上使灰沉淀。把上层的清澄液用密筛过滤，这是第 1 道灰汁，碱性最高。

⑫ **提取第 2 道蒿灰汁。**在剩下的灰里加 15 升开水，放置两天以上，提取第 2 道灰汁。

⑬ **冷水浸泡红花。**把 500 克红花放入冷水中，充分搅拌后放置一晚。

清洗黄汁

⑭ **洗红花、去黄汁。**取出浸泡在冷水中的红花，放在滤筛里用力揉挤。揉挤后再次用清水浸泡红花并充分搅拌，使之出现黄汁；采用与上述相同的方法，取出红花，放在滤筛里用力揉挤。重复揉挤→搅拌 6—7 次，直至黄汁颜色变淡、完全揉净为止。

染液提取

⑮ **第 1 次提取。**在洗去黄汁的红花里加入

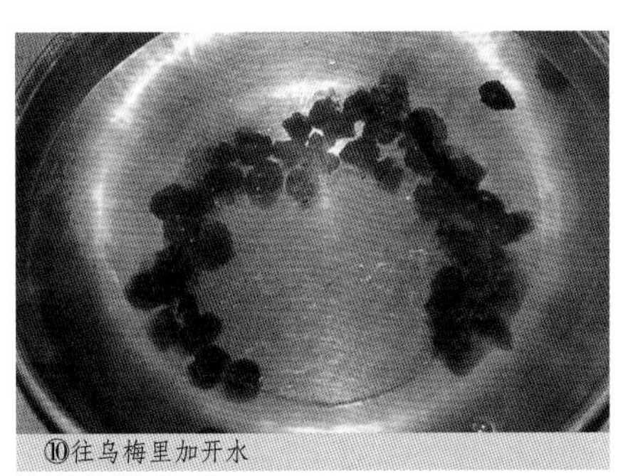
⑩往乌梅里加开水

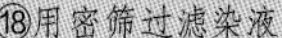
⑱用密筛过滤染液

⑭把浸泡好的红花用滤筛过滤

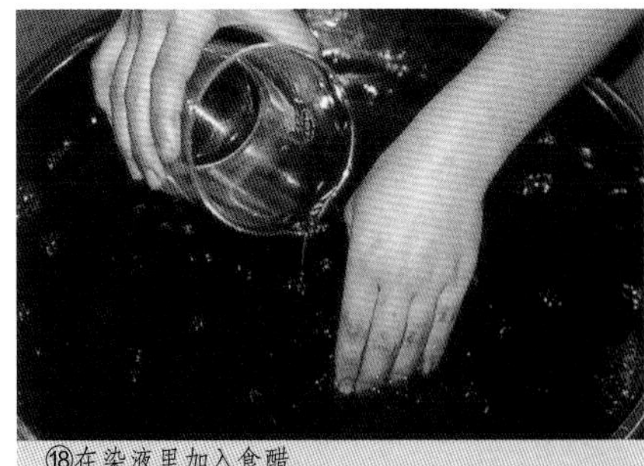
⑱在染液里加入食醋

⑭挤压黄汁

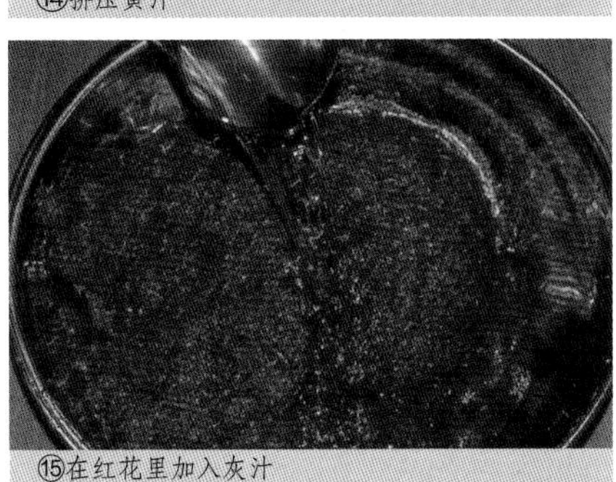
⑮在红花里加入灰汁

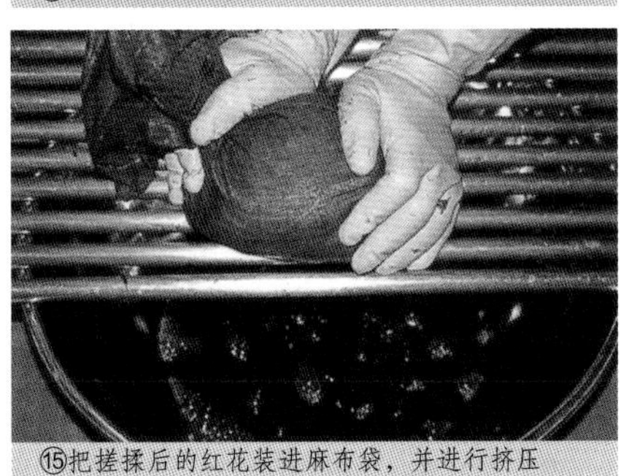
⑮把搓揉后的红花装进麻布袋，并进行挤压

3 升第 2 道蒿灰汁（比例为 100 克红花加 600 毫升蒿灰汁，完全浸泡红花即可，第 2 道蒿灰汁的 pH 值为 9—10），约 30 分钟后，揉挤提取色素。然后将红花装进麻布袋，把漏水栅板放在圆盆上，在漏水栅板上用力挤压麻布袋，所提取的液体就是红花染液。

⑯ **第 2、3 次提取。**第 2、3 次提取染液时，使用碱性更高的第 1 道蒿灰汁，pH 值为 11。采用与⑮相同的方式，30 分钟后揉挤、挤压，重复 3 次，提取约 8 升染液。

染前准备

⑰ **盐濑的染前准备。**将盐濑浸入 40℃—50℃的热水里。拨动面料，使之整体均匀浸透。

染色

⑱ **使染液接近中性。**将挤压出的染液全部用密筛过滤，加入 100 毫升食醋，用手充分搅拌，使染液的 pH 值接近 7.5。红花在碱性溶液中可溶解色素，在酸性溶液中可固定色素，因此在制作染液时用碱性灰汁挤抽色素，在染色时则用酸性食醋中和染液使色素着色。

⑲把布放进红花染液（第 1 次）

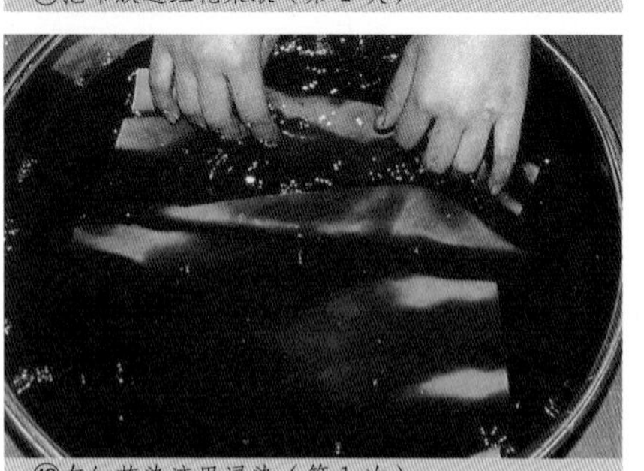

⑲在红花染液里浸染（第 1 次）

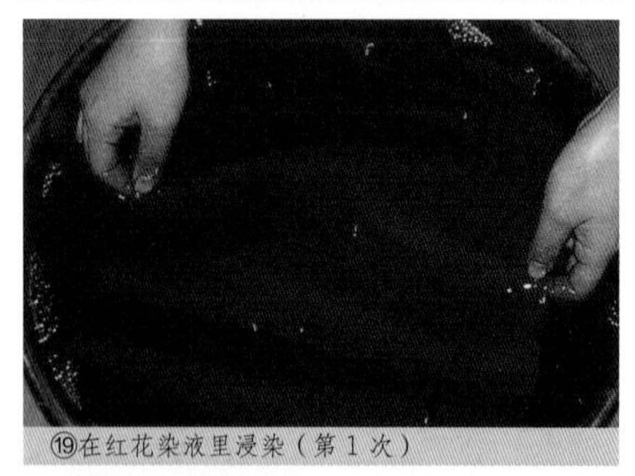

⑲在红花染液里浸染（第 1 次）

㉑配制乌梅酸液

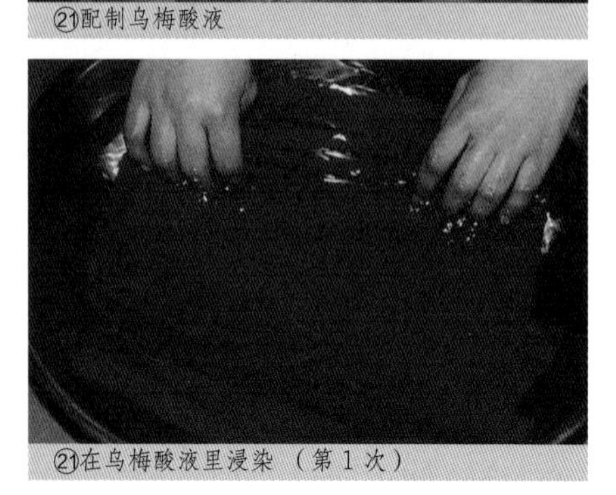

㉑在乌梅酸液里浸染（第 1 次）

㉗过滤黄蘖色液

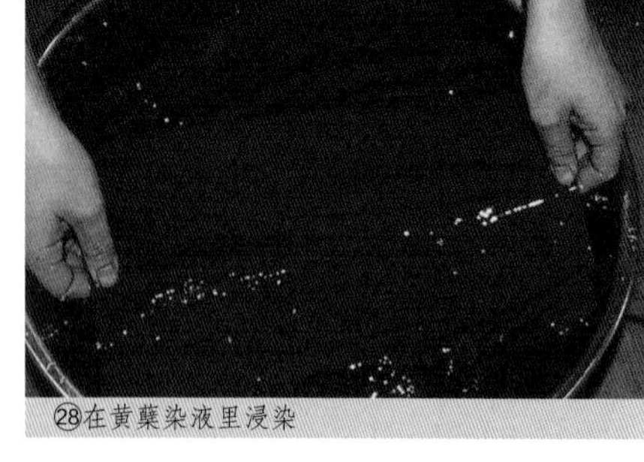

㉘在黄蘖染液里浸染

⑲ **在染液里浸染。**面料以不急速上色为好。将面料做好染前准备之后，不要用手拧，应轻轻提起，使之适当滴去水分，然后放入染液，使面料均匀上色。色素被完全提取后，染液中的红色便会消失，故在染液呈红色即红色素依然存在时，一边观察染液一边浸染 2—3 小时。期间要查看染液的 pH 值，并慢慢添加食醋，使 pH 值接近 6。

⑳ **清洗。**用水清洗掉面料上多余的染液。

固定色素

㉑ **在乌梅酸液里浸染。**在 9 升 20℃的温水里，加入⑩提取的乌梅澄清液（pH = 4）200 毫升，配制成 pH = 5 的酸性液体。红花色素在酸性液体中可以着色固定，因此将面料在酸液中浸染 15 分钟。

干燥

㉒ **清洗。**把浸泡在乌梅酸液里的面料用水清洗。

㉓ **干燥。**清洗后的面料不要用手拧，用晾衣夹夹住一边，吊起阴干。

以上⑪—㉓的步骤操作 3 次。一旦面料用红花染过之后，再次做染前准备时，应用 20℃—30℃的温水，面料整体均匀浸透后便从水中提出。

★ 色液不可放置过夜。

★ 如需染更深的颜色，染色、清洗、干燥（参照第 20 页）以后，第 2 天再从步骤⑪开始，重复操作。在㉑的乌梅液体里另加 100 毫升清澄液体。

【黄蘖染】

在红花染后套装黄蘖，可用于定色。

色液提取

㉔ **黄蘖色液提取。**把 5 克黄蘖放入 500 毫升水（冷热均可）中，大火煮沸，然后改为小火继续煎煮 20 分钟。

㉕ **过滤色液。**把煮过的黄蘖用滤筛过滤。

染前准备

㉖ **干燥后的面料的染前准备。**将红花染后的面料浸入水里，使之整体均匀浸透。为避免红花染色产生变化，注意要尽快进行染前准备，面料整体浸透后迅速从水中提起。

染色

㉗ **制作染液。**将 500 毫升色液用密筛过滤，加入 9 升水（冷热均可），制成染液。

㉘ **在染液里浸染。**将盐濑做好染前准备之后，应轻轻提起拧水，然后放入染液中浸染约 20 分钟，使面料均匀上色。染液的温度应保持在 20℃左右。

㉙ **清洗。**用水清洗掉面料上多余的染液。

染后处理

㉚ **清洗。**完成清洗后，再用清水清洗干净。

㉛ **晾干。**清洗后的面料不要用手拧，用晾衣夹夹住一边，吊起阴干。

㉜ **熨烫。**盖上垫布，用熨斗熨平。熨烫时注意温度。

栀子 × 红花（朱华）染 · 真丝绵绸手提束袋和桃型袋

材料和用具

- 绵绸 1 块（200 × 36 厘米）　80 克
- 红花　1.5 公斤（染 3 次的量）
- 栀子果实　80 克
- 乌梅　20 克
- 蒿灰　1.5 公斤
- 食醋　约 500 毫升
- 黄蘖　5 克
- 13 升大号不锈钢圆盆　5 个
- 2.5 升小号不锈钢圆盆　1 个
- 15 升小号桶锅　1 个
- 滤筛、密筛
- 计量杯
- 麻布袋、漏水栅板　等

【栀子染】

染前准备

① **绵绸的染前准备。**将面料浸入 40℃—50℃的热水里，拨动面料，使之整体均匀浸透。绵绸面料不易浸透，染前准备的时间应稍长一些。

色液提取

② **第 1 次提取。**把 80 克栀子果实放入 2 升水（冷热均可）中，大火煮沸，然后改为小火继续煎煮 20 分钟。

③ **过滤色液。**把煮过的栀子果实用滤筛过滤，2 升水煮出约 2 升色液。

④ **第 2 次提取。**将滤筛里的栀子再次加水，采用与第 1 次提取相同的方法煮沸、过滤，2 次煮出的色液合计约 4 升。

染色

⑤ **制作染液。**将 1 升色液用密筛过滤，加入 8 升水（冷热均可），制成 9 升染液。剩余的色液留待后续添加使用。

⑥ **在染液里浸染。**面料以不急速上色为好。将绵绸做好染前准备之后，不要用手拧，应轻轻提起，使之适当滴去水分，然后放入染液中浸染 1 小时。在 1 小时内逐次加入剩余的色液：每间隔 15 分钟，就用密筛过滤 1 升色液加入染液里。应加热染液，使其温度慢慢上升。真丝面料在高温下容易受损，故请注意，温度应控制在 50℃—60℃之间。浸染时要始终在染液中拨动面料，并避免面料与染液间出现气泡。面料出现折痕或由于空气进入织物而产生气泡，都会使染色不均匀而出现染斑，所以必须仔细地将面料从头至尾、反复拨动。

⑦ **清洗。**用水清洗掉面料上多余的染液。

⑥ 染色 1 小时
15 分钟后　30 分钟后　45 分钟后
＋1 升　＋1 升　＋1 升　→ ⑦ 清洗

★ 色液不可放置过夜。

★ 如需染更深的颜色，染色、清洗、干燥（参照第 20 页）以后，第 2 天再从步骤①开始，重复操作。

③过滤

⑥将面料放入染液

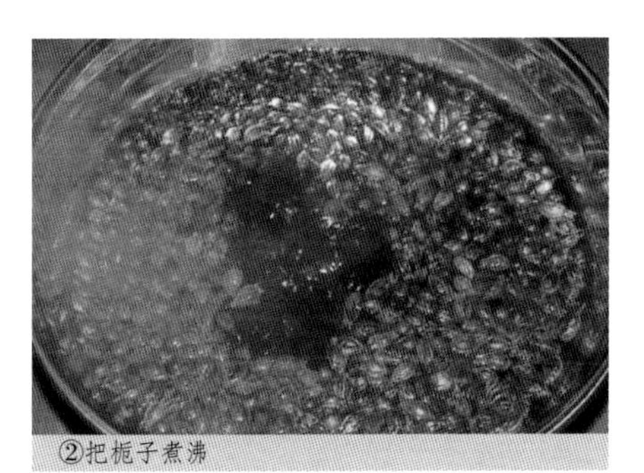

②把栀子煮沸

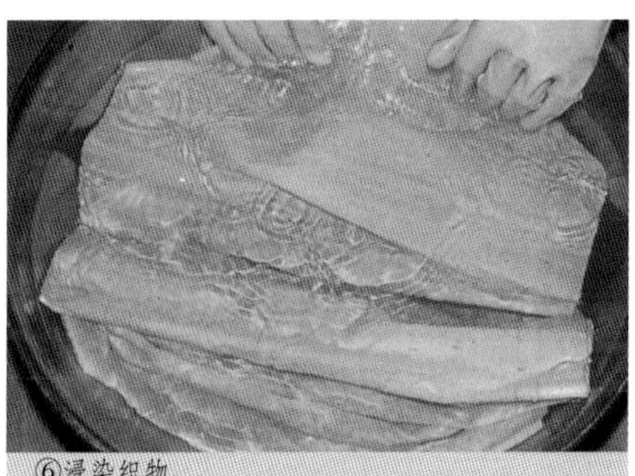

⑥浸染织物

⑦清洗织物

⑭把浸泡好的红花用滤筛过滤

⑭挤压黄汁

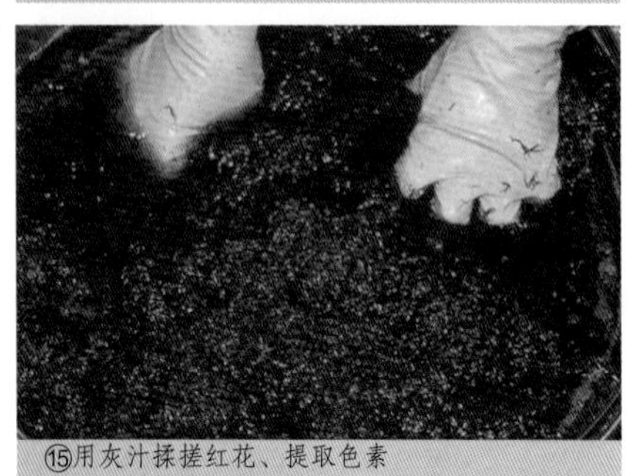

⑮用灰汁揉搓红花、提取色素

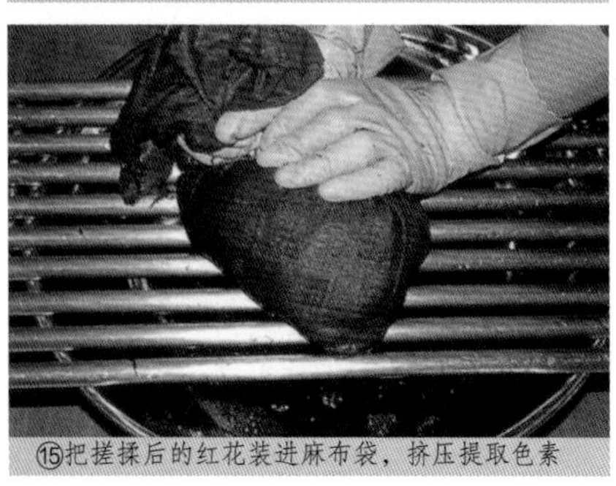

⑮把搓揉后的红花装进麻布袋，挤压提取色素

十燥

⑧ **清洗。**完成清洗后，再次充分清洗面料。

⑨ **干燥。**清洗后的面料不要用手拧，用晾衣夹夹住一边，吊起阴干。

【红花染】

材料准备

⑩ **提取乌梅澄清液。**在 20 克乌梅里加入 1 升开水，放置 3 天以上，提取浸泡液上层的清澈液体。

⑪ **提取第 1 道蒿灰汁。**在 500 克蒿灰里倒入 15 升开水，放置 2 天以上使灰沉淀。把上层的清澄液用密筛过滤，这是第 1 道灰汁，碱性最高。

⑫ **提取第 2 道蒿灰汁。**在剩下的灰里加 15 升开水，放置 2 天以上，提取第 2 道灰汁。

⑬ **冷水浸泡红花。**把 500 克红花放入冷水中，充分搅拌后放置一晚。

清洗黄汁

⑭ **洗红花、去黄汁。**取出浸泡在冷水中的红花，放在滤筛里用力揉挤。揉挤后再次用清水浸泡红花并充分搅拌，使之出现黄汁；采用与上述相同的方法，取出红花，放在滤筛里用力揉挤。重复揉挤→搅拌 6—7 次，直至黄汁颜色变淡、完全揉净为止。

染液提取

⑮ **第 1 次提取。**在洗去黄汁的红花里加入 3 升第 2 道蒿灰汁（比例为 100 克红花加600 毫升蒿灰汁，完全浸泡红花即可，第 2 道蒿灰汁的 pH 值为 9—10），约 30 分钟后，揉挤提取色素。然后将红花装进麻布袋，把漏水栅板放在圆盆上，在漏水栅板上用力挤压麻布袋，所提取的液体就是红花染液。

⑯ **第 2、3 次提取。**第 2、3 次提取染液时，使用碱性更高的第 1 道蒿灰汁，pH 值为 11。采用与⑮相同的方式，30 分钟后揉挤、挤压，重复 3 次，提取约 8 升染液。

染前准备

⑰ **绵绸的染前准备。**将面料浸入 40℃—50℃的热水里。拨动面料，使之整体均匀浸透。绵绸面料不易浸透，染前准备的时间应少长一些。

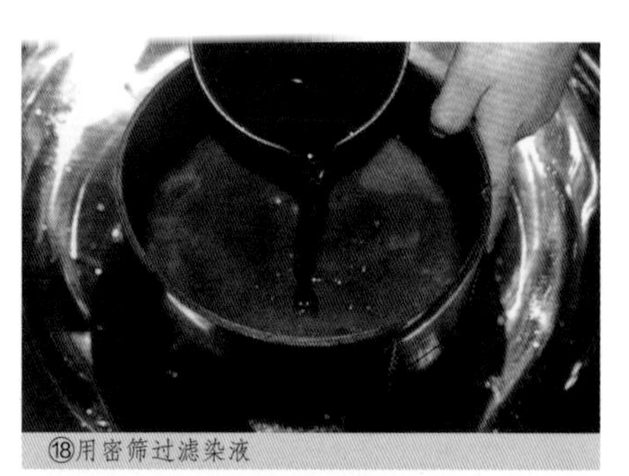

⑱用密筛过滤染液

⑱在染液里加入食醋

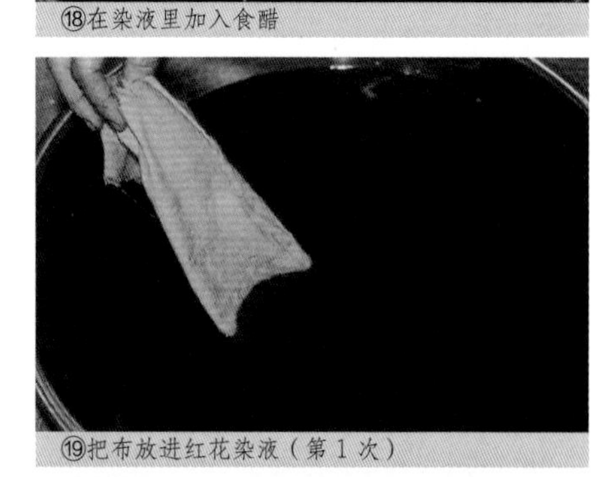

⑲把布放进红花染液（第 1 次）

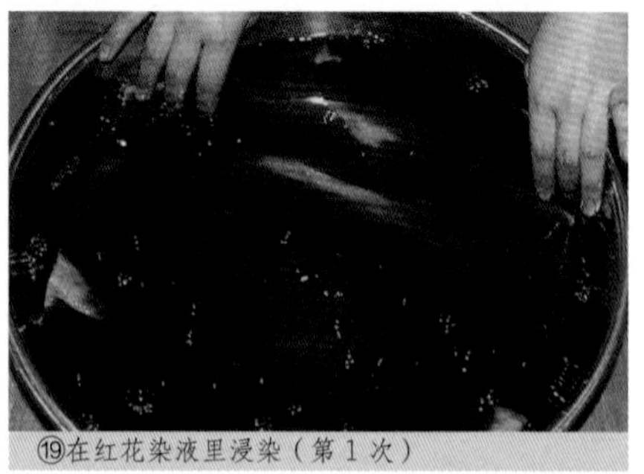

⑲在红花染液里浸染（第 1 次）

染色

⑱ **使染液接近中性。**将挤压出的染液全部用密筛过滤，加入 100 毫升食醋，用手充分搅拌，使染液的 pH 值接近 7.5。

红花在碱性溶液中可溶解色素，在酸性溶液中可固定色素，因此在制作染液时用碱性灰汁挤抽色素，在染色时则用酸性食醋中和染液使色素着色。

⑲ **在染液里浸染。**面料以不急速上色为好。将面料做好染前准备之后，不要用手拧，应轻轻提起，使之适当滴去水分，然后放入染液，使面料均匀上色。色素被完全提取后，染液中的红色便会消失，故在染液呈红色即红色素依然存在时，一边观察染液一边浸染 2—3 小时。期间要查看染液的 pH 值，并慢慢添加食醋，使 pH 值接近 6。

⑳ **清洗。**用水清洗掉面料上多余的染液。

⑲在红花染液里浸染（第 1 次）

固定色素

㉑ **在乌梅酸液里浸染。**在 9 升 20℃的温水里，加入⑩提取的乌梅澄清液（pH = 4）200 毫升，配制成 pH = 5 的酸性液体。红花色素在酸性液体中可以着色固定，因此将面料在酸液中浸染 15 分钟。

干燥

㉒ **清洗。**把浸泡在乌梅酸液里的面料用水清洗。

㉓ **干燥。**清洗后的面料不要用手拧，用晾衣夹夹住一边，吊起阴干。

以上⑪—㉓的步骤操作 3 次。一旦面料用红花染过之后，再次做染前准备时，应用 20℃—30℃的温水，面料整体均匀浸透后便从水中提出。

★ 色液不可放置过夜。

★ 如需染更深的颜色，染色、清洗、干燥（参照第 20 页）以后，第 2 天再从步骤⑪开始，重复操作。在⑫的乌梅液体里另加 100 毫升清澄液体。

【黄蘖染】

在红花染后套装黄蘖，可用于定色。

色液提取

㉔ **黄蘖色液提取。**把 5 克黄蘖放入 500 毫升水（冷热均可）中，大火煮沸，然后改为小火继续煎煮 20 分钟。

㉕ **过滤色液。**把煮过的黄蘖用滤筛过滤。

染前准备

㉖ **干燥后的面料的染前准备。**将红花染后的面料浸入水里，使之整体均匀浸透。为避免红花染色产生变化，注意要尽快进行染前准备，面料整体浸透后迅速从水中提起。

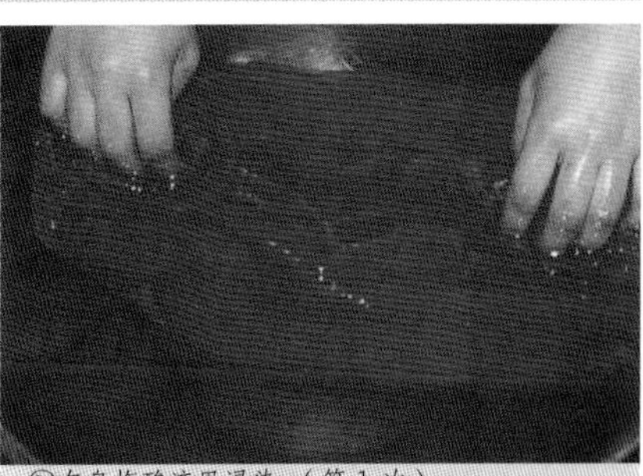
㉑在乌梅酸液里浸染（第 1 次）

染色

㉗ **制作染液。**将500毫升色液用密筛过滤，加入 9 升水（冷热均可），制成染液。

㉘ **在染液里浸染。**将绵绸做好染前准备之后，应轻轻提起拧水，然后放入染液中浸染约 20 分钟，使面料均匀上色。染液的温度应保持在 20℃左右。

㉙ **清洗。**用水清洗掉面料上多余的染液。

㉗用密筛过滤黄蘖色液

染后处理

㉚ **清洗。**完成清洗后，再用清水清洗干净。

㉛ **晾干。**清洗后的面料不要用手拧，用晾衣夹夹住一边，吊起阴干。

㉜ **熨烫。**盖上垫布，用熨斗熨平。熨烫时注意温度。

㉘在黄蘖染液里浸染

蓼蓝 × 红花（二蓝）染·薄丝渐变围巾

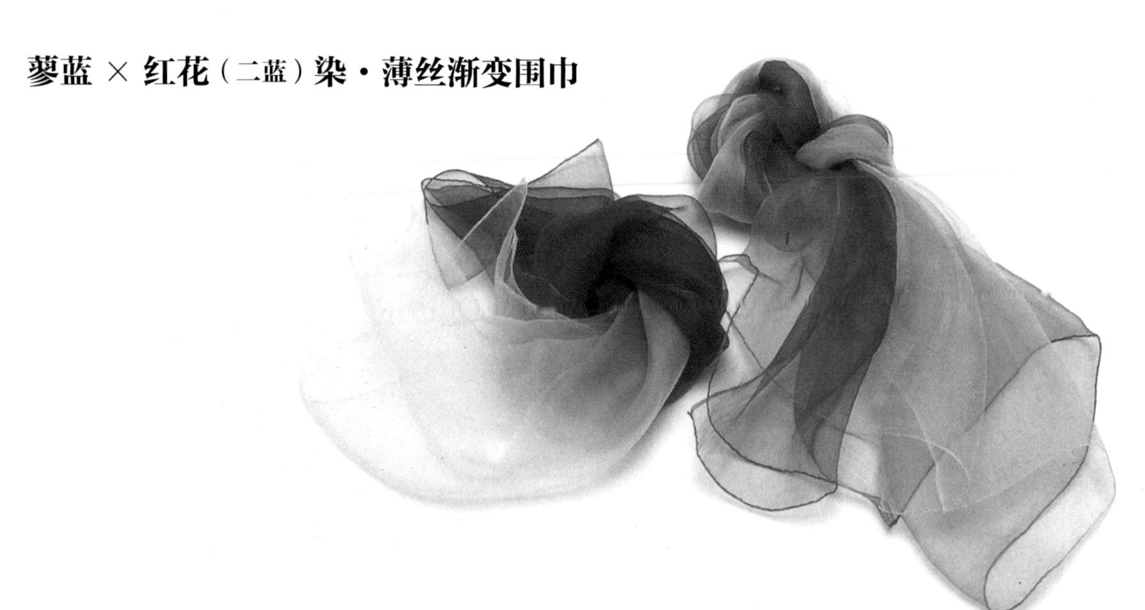

材料和用具

- 印度丝绸 2 块（112×150 厘米）　40 克
- 蓝缸
- 红花　500 克
- 乌梅　20 克
- 蒿灰　500 克
- 13 升大号不锈钢圆盆　5 个
- 直径 15 厘米、长 30 厘米的圆筒
- 滤筛、密筛
- 计量杯
- 麻布袋、漏水栅板、皮筋 等

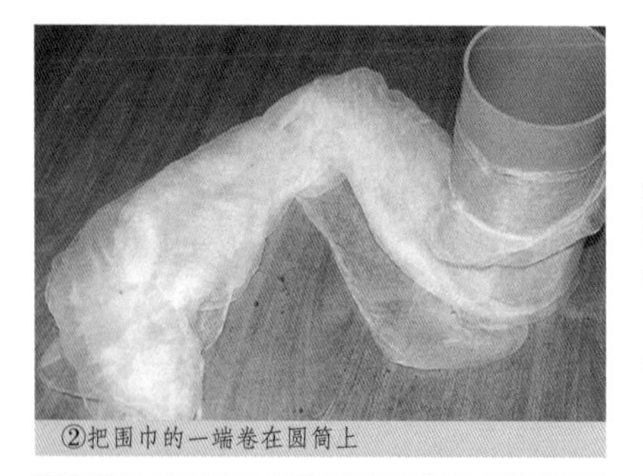

②把围巾的一端卷在圆筒上

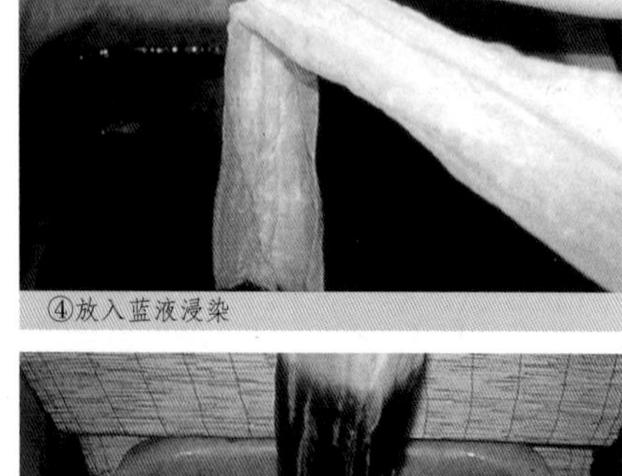

④放入蓝液浸染

④从蓝液中提起围巾

⑥清洗

【蓝染】

染前准备

① **染前准备。**将面料浸入 40℃—50℃的热水里。拨动面料，使之整体均匀浸透。

② **圆筒卷布。**把做完染前准备的面料轻轻去水，将面料一端的 10 厘米卷在圆筒上，用皮筋捆住。

染色

③ **准备蓝缸。**制蓝方法参照第 58—59 页。蓝液制成后，在染色前不要搅动蓝缸，让沉淀物处于蓝缸底部。

④ **在蓝缸里浸染。**在渐变染色中，应使底部面料浸染更长的时间，故将围巾慢慢浸入染液，使所染之色产生深浅渐变。根据个人喜好的染色深度，浸染 5—10 分钟。

氧化

⑤ **在水中氧化。**蓝液接触氧气后产生氧化现象，从而使色素着色。从蓝缸中提起卷筒面料，一边让附着在围巾上的多余染液顺势流去，一边在水中拨动围巾，使之接触水中氧分子进行氧化，直到围巾由绿色转为蓝色。

清洗

⑥ **清洗。**从水中提起氧化好的围巾，另取容器清洗。

以上④⑤⑥的染色→氧化→清洗步骤操作 1 次。

④在蓝缸里浸染 5—10 分钟

⑥清洗　←　⑤在水中氧化

★ 如需染更深的颜色，染色、清洗、干燥（参照第 20 页）以后，第 2 天再从步骤①开始，重复操作。

干燥

⑦ **清洗。**完成清洗后，把围巾从圆筒下拆下，再次充分清洗面料。

⑧ **清除灰汁。**更换干净的清水，把围巾放入清水中浸泡 30—60 分钟，清除残余的染料和灰汁，清洗至完全干净为止。

⑧ **干燥。**清洗后的围巾不要用手拧，用晾衣夹夹住一边，吊起阴干。

【红花染】

材料准备

⑩ **提取乌梅澄清液。**在 20 克乌梅里加入 1 升开水，放置 3 天以上，提取浸泡液上层的清澈液体。

⑪ **提取第 1 道蒿灰汁。**在 500 克蒿灰里倒入 15 升开水，放置 2 天以上使灰沉淀。把上层的清澄液用密筛过滤，这是第 1 道灰汁，碱性最高。

⑫ **提取第 2 道蒿灰汁。**在剩下的灰里加 15 升开水，放置 2 天以上，提取第 2 道灰汁。

⑬ **冷水浸泡红花。**把 500 克红花放入冷水中，充分搅拌后放置一晚。

清洗黄汁

⑭ **洗红花、去黄汁。**取出浸泡在冷水中的红花，放在滤筛里用力揉挤。揉挤后再次用清水浸泡红花并充分搅拌，使之出现黄汁；采用与上述相同的方法，取出红花，放在滤筛里用力揉挤。重复揉挤→搅拌 6—7 次，直至黄汁颜色变淡、完全揉净为止。

染液提取

⑮ **第 1 次提取。**在洗去黄汁的红花里加入 3 升第 2 道蒿灰汁（比例为 100 克红花加 600 毫升蒿灰汁，完全浸泡红花即可，第 2 道蒿灰汁的 pH 值为 9—10），约 30 分钟后，揉挤提取色素。然后将红花装进麻布袋，把漏水栅板放在圆盆上，在漏水栅板上用力挤压麻布袋，所提取的液体就是红花染液。

⑯ **第 2、3 次提取。**第 2、3 次提取染液时，使用碱性更高的第 1 道蒿灰汁，pH 值为 11。采用与⑮相同的方式，30 分钟后揉挤、挤压，重复 3 次，提取约 8 升染液。

染前准备

⑰ **绵绸的染前准备。**将围巾浸入 40℃—50℃的热水里。拨动围巾，使之整体均匀浸透。

⑱ **圆筒卷布。**把做完染前准备的面料轻轻去水，将面料顶端的 10 厘米卷在圆筒上，用皮筋捆住。

⑭挤压红花，挤出黄汁

⑭加水浸泡并搅拌

⑮把搓揉后的红花装进麻布袋

⑳在红花染液里浸染

㉒在乌梅酸液里浸染

染色

⑲ **使染液接近中性。**将挤压出的染液全部用密筛过滤，加入 100 毫升食醋，用手充分搅拌，使染液的 pH 值接近 7.5。红花在碱性溶液中可溶解色素，在酸性溶液中可固定色素，因此在制作染液时用碱性灰汁挤抽色素，在染色时则用酸性食醋中和染液使色素着色。

⑳ **在染液里浸染。**面料以不急速上色为好。将面料做好染前准备并卷于圆筒之后，不要用手拧，应轻轻提起，使之适当滴去水分。和蓝染时一样，应使底部面料在染液中浸染更长的时间，故将围巾慢慢浸入染液，使所染之色产生深浅渐变，与蓝色套染后呈现紫色。根据个人喜好的染色深度，浸染 20—30 分钟。

㉑ **清洗。**用水清洗掉面料上多余的染液。

固定色素

㉒ **在乌梅酸液里浸染。**在 9 升 20℃的温水里，加入⑩提取的乌梅澄清液（pH = 4）200 毫升，配制成 pH = 5 的酸性液体。红花色素在酸性液体中可以着色固定，因此将面料在酸液中浸染 15 分钟。

★ 色液不可放置过夜。

★ 如需染更深的颜色，染色、清洗、干燥（参照第 20 页）以后，第 2 天再从步骤⑪开始，重复操作。在㉒的乌梅液体里另加 100 毫升清澄液体。一旦面料用红花染过之后，再次做染前准备时，应用 20℃—30℃的温水，面料整体均匀浸透后便从水中提出。

染后处理

㉓ **清洗。**把浸泡在乌梅酸液里的围巾从圆筒上拆下，轻轻水洗。

㉔ **晾干。**清洗后的面料不要用手拧，用晾衣夹夹住一边，吊起阴干。

㉕ **熨烫。**盖上垫布，用熨斗熨平。熨烫时注意温度。

东洋茜

（日本茜）

东洋茜是日本、中国、朝鲜半岛等山野自生的多年生蔓草，秋季开黄色小花。心状叶和茎生有刺，叶成四片环状，从夏到秋盛开极不起眼的小花。10 月左右，如挖开根部，当年生长的根黄色倾向很强，而前一年生长的根则偏红。因为茜草根可以做红色染料，所以茜的日语“akane”也是从“赤根”来的。

在《令义解》（833）中写着茜是染料，但是由于染色繁复，所以室町时代以后茜染迅速衰退。

茜的色素成分为红紫素，与六叶茜（参照第 118 页）所含茜素不同，不容易提取出红色素。只是提取染液便进行染色，所染颜色必定成为浑浊的橙红色。根用水浸泡后会溶出黄色色素，黄色色素是染色时出现浑浊的原因。江户时代的《农业全书》写道，如果是前一年的根需要浸泡一夜，当年挖采的根要浸泡两夜，第二天充分滤水后煎煮，反复清洗直到完全除去黄色色素的记载。

另外，在《延喜式》中也有茜根处理必须用“白米”的记录。先将白米煮烂成糊状，再放入反复清洗过的日本茜根，让渗出的黄色色素将淀粉染黄，使根只剩下红色色素。取出根后洗净糊粉，加入稀释过的醋酸水进行煎煮，可以提取出红色色素。使用经过这番工序提取的色液，如果以柃木的灰汁为媒染剂反复染色丝绸，可以染成自古存续下来的艳丽红色。

平安时代使用的色名里有表示高位官爵冠的“朱绂”（指官冕的朱缨），它就是用茜染后加刈安染成的（参照第 105—109 页）。

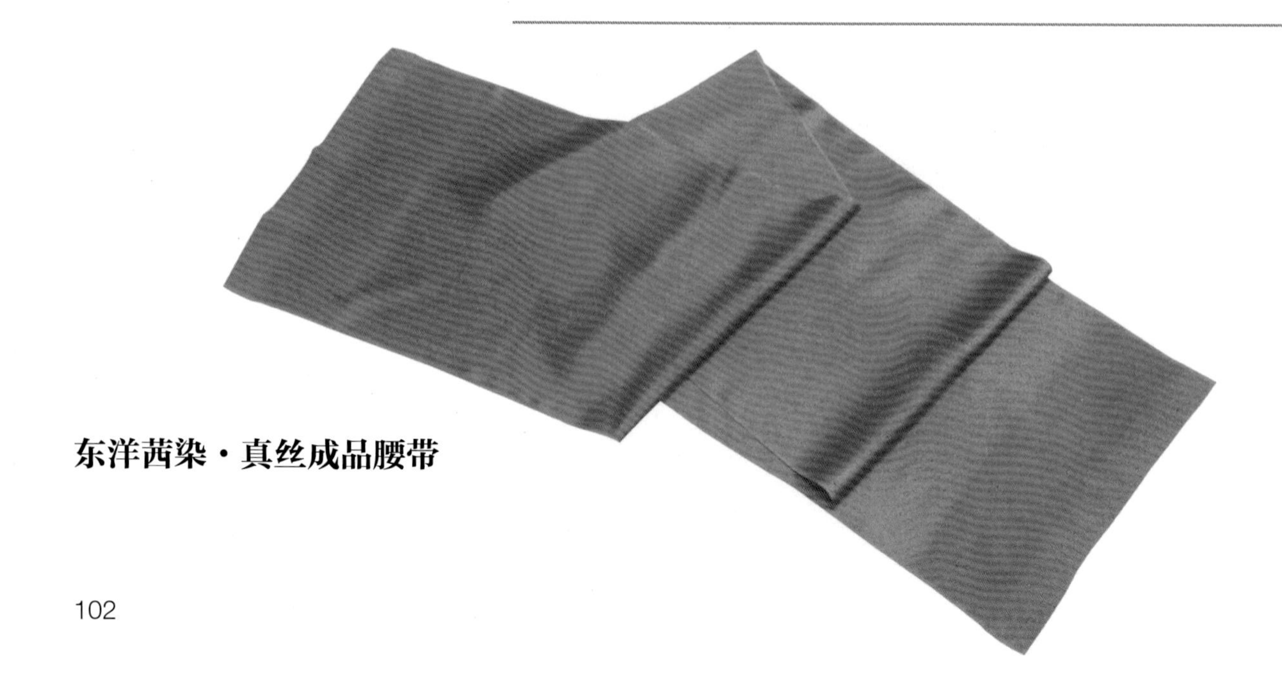

东洋茜染 · 真丝成品腰带

材料和用具

- 成品腰带 2 根　70 克
- 东洋茜根　140 克
- 明矾　9 克
- 13 升大号不锈钢圆盆　4 个
- 6.5 升中号不锈钢圆盆　1 个
- 15 升小号桶锅　1 个
- 滤筛
- 密筛
- 计量杯 等

染前准备

① **腰带的染前准备。**将腰带浸入 40℃—50℃的热水里。拨动腰带，使之整体均匀浸透。

色液提取

② **清洗东洋茜根。**把东洋茜根放在滤筛里，用水冲、手搓清洗，充分洗除茜根上的灰尘和土渣。

③ **第 1 次提取。**把 140 克东洋茜根放入 6 升水（冷热均可）中，大火煮沸，然后改为小火继续煎煮 20 分钟。

④ **过滤色液。**把煮过的东洋茜根用滤筛过滤，6 升水煮出约 6 升色液。

⑤ **第 2 次提取。**将滤筛里的东洋茜根再次加水，采用与第 1 次提取相同的方法煮沸、过滤，2 次煮出的色液合计约 12 升。

媒染

⑥ **配制媒染液。**将 9 克明矾放入 9 升开水里，充分搅拌溶化。请记住，如果是真丝面料，明矾的使用量是 1 升水中放 1 克明矾。明矾不易溶化，应先另取容器，用开水溶化后再用。

⑦ **在媒染液里浸染。**面料以不急速媒染为好。将面料做好染前准备后，不要用手拧，应轻轻提起，使之适当滴去水分，然后放入媒染液中浸染约 20 分钟，使腰带均匀媒染。加温明矾媒染液至 40℃—50℃之间。浸染时要始终在媒染液中拨动面料，并避免面料与媒染液间出现气泡。面料出现折痕或由于空气进入织物而产生气泡，都会使媒染不均匀而出现染斑，所以必须仔细地将面料从头至尾、反复拨动。

⑧ **清洗。**用水清洗掉面料上多余的媒染液。

染色

⑨ **制作染液。**将 3 升色液用密筛过滤，加入 6 升水（冷热均可），制成 9 升染液。剩余的色液留待后续添加使用。

⑩ **在染液里浸染。**采用与⑦相同的方法浸染约 20 分钟。东洋茜在高温下易染色，故将染液加温至 80℃—90℃。在高温染液里进行操作时，可在橡胶手套里加戴棉线手套，或戴两层橡胶手套。

⑪ **清洗。**用水清洗掉面料上多余的染液，染色后的清洗与媒染后的清洗要分别使用不同的容器。东洋茜染液温度高，从染液拿出腰带后如果直接放在凉水里清洗，容易使面料受损。故应用温水进行清洗，或展开面料使之冷却后再清洗。

以上⑦⑧⑩⑪的媒染→染色步骤操作 4 次。

↗ ⑦媒染 20 分钟 ↘
⑪清洗　　　　⑧清洗
↖ ⑩染色 20 分钟 ↙

★ 如果第 1 次就用高浓度染液染色，容易出现染斑。故分成 4 次操作，每次浓度逐渐加深。第 2、3、4 次染色时，应从上一次使用的染液里取出 3 升旧染液倒掉，加入 3 升新的色液。

★ 色液不可放置过夜。

★ 如需染更深的颜色，染色、清洗、干燥（参照第 20 页）以后，第 2 天再从步骤①开始，重复操作。

染后处理

⑫ **清洗。**完成第 4 次染色、清洗以后，再用清水清洗干净。

⑬ **晾干。**清洗后的面料不要用手拧，用晾衣夹夹住一边，吊起阴干。

⑭ **熨烫。**盖上垫布，用熨斗熨平。熨烫时注意温度。

②清洗东洋茜根

③煮沸

⑨用密筛过滤色液

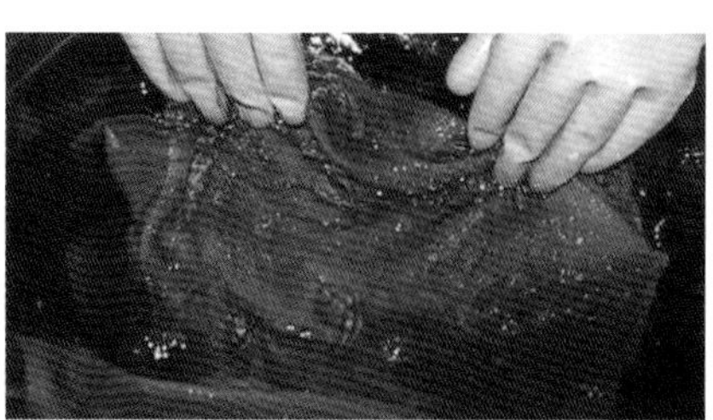

⑩在染液里浸染（第 4 次）

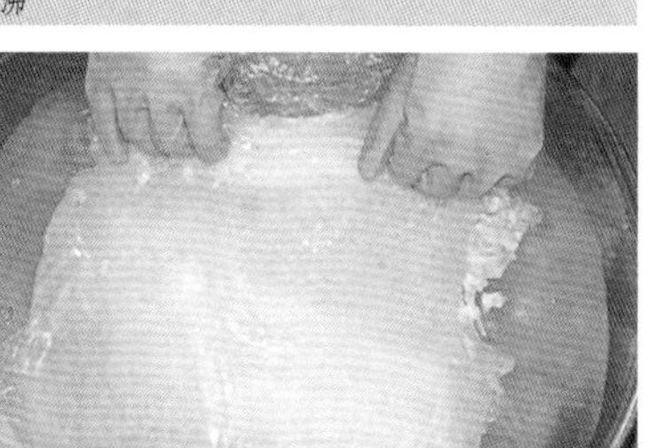

⑦在媒染液里浸染（第 1 次）

⑦在媒染液里浸染（第 4 次）

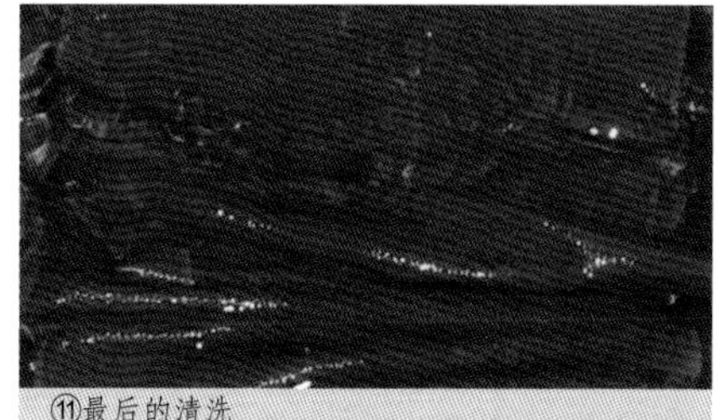

⑪最后的清洗

东洋茜染·真丝刺绣和服领口

◆ 完成品见第 105 页

材料和用具

- 真丝领口面料 2 条　50 克
- 东洋茜根　25 克
- 明矾　5 克
- 6.5 升中号不锈钢圆盆　4 个
- 2.5 升小号不锈钢圆盆　1 个
- 15 升小号桶锅　1 个
- 滤筛
- 密筛
- 计量杯 等

染前准备

① **领口面料的染前准备。**将面料浸入 40℃—50℃的热水里。拨动面料，使之整体均匀浸透。

色液提取

② **清洗东洋茜根。**把东洋茜根放在滤筛里，用水冲、手搓清洗，充分洗除茜根上的灰尘和土渣。

③ **第 1 次提取。**把 25 克东洋茜根放入 1 升水（冷热均可）中，大火煮沸，然后改为小火继续煎煮 20 分钟。

④ **过滤色液。**把煮过的东洋茜根用滤筛过滤，1 升水煮出约 1 升色液。

⑤ **第 2 次提取。**将滤筛里的东洋茜根再次加水，采用与第 1 次提取相同的方法煮沸、过滤，2 次煮出的色液合计约 2 升。

媒染

⑥ **配制媒染液。**将 5 克明矾放入 5 升开水里，充分搅拌溶化。请记住，如果是真丝面料，明矾的使用量是 1 升水中放 1 克明矾。明矾不易溶化，应先另取容器，用开水溶化后再用。

⑦ **在媒染液里浸染。**面料以不急速媒染为好。将面料做好染前准备后，不要用手拧，应轻轻提起，使之适当滴去水分，然后放入媒染液中浸染约 20 分钟，使面料均匀媒染。加温明矾媒染液至 40℃—50℃之间。浸染时要始终在媒染液中拨动面料，并避免面料与媒染液间出现气泡。面料出现折痕或由于空气进入织物而产生气泡，都会使媒染不均匀而出现染斑，所以必须仔细地将面料从头至尾、反复拨动。

⑧ **清洗。**用水清洗掉面料上多余的媒染液。

染色

⑨ **制作染液。**将300毫升色液用密筛过滤，加入 5 升水（冷热均可）制成染液。剩余的色液留待后续添加使用。

⑩ **在染液里浸染。**采用与⑦相同的方法浸染约 20 分钟。东洋茜在高温下易染色，故将染液加温至 80℃—90℃。在高温染液里进行操作时，可在橡胶手套里加戴棉线手套，或戴两层橡胶手套。

⑪ **清洗。**用水清洗掉面料上多余的染液，染色后的清洗与媒染后的清洗要分别使用不同的容器。东洋茜染液温度高，从染液拿出面料后如果直接放在凉水里清洗，容易使面料受损。故应用温水进行清洗，或展开面料使之冷却后再清洗。

以上⑦⑧⑩⑪的媒染→染色步骤操作 4 次。

↗ ⑦媒染 20 分钟 ↘
⑪清洗　　　　⑧清洗
↖ ⑩染色 20 分钟 ↙

★ 如果第 1 次就用高浓度染液染色，容易出现染斑。故分成 4 次操作，每次浓度逐渐加深。第 2、3 次染色时，应在上一次使用的染液里分别加入 300 毫升、500 毫升色液。

★ 色液不可放置过夜。

★ 如需染更深的颜色，染色、清洗、干燥（参照第 20 页）以后，第 2 天再从步骤①开始，重复操作。

染后处理

⑫ **清洗。**完成第 4 次染色、清洗以后，再用清水清洗干净。

⑬ **晾干。**清洗后的面料不要用手拧，用晾衣夹夹住一边，吊起阴干。

⑭ **熨烫。**盖上垫布，用熨斗熨平。熨烫时注意温度。

③把东洋茜根放进热水里

⑨用密筛过滤色液

⑩在染液里浸染（第1次）

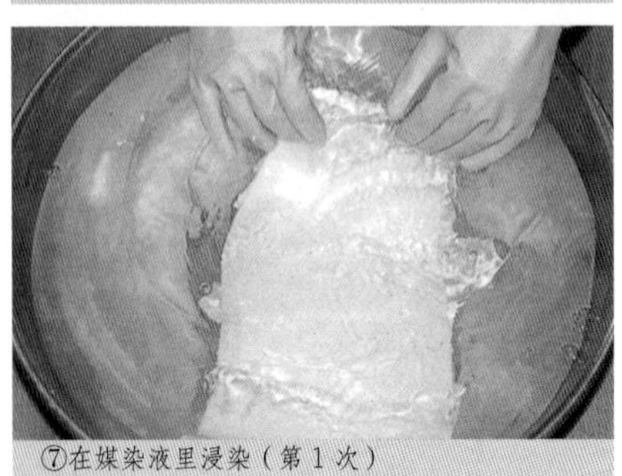

⑦在媒染液里浸染（第 1 次）

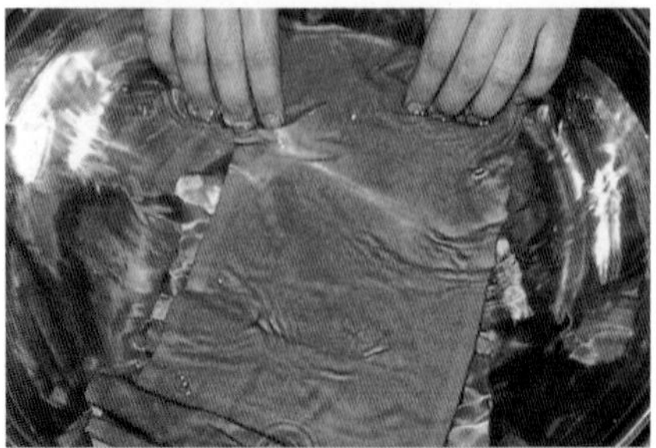

⑫最后的清洗

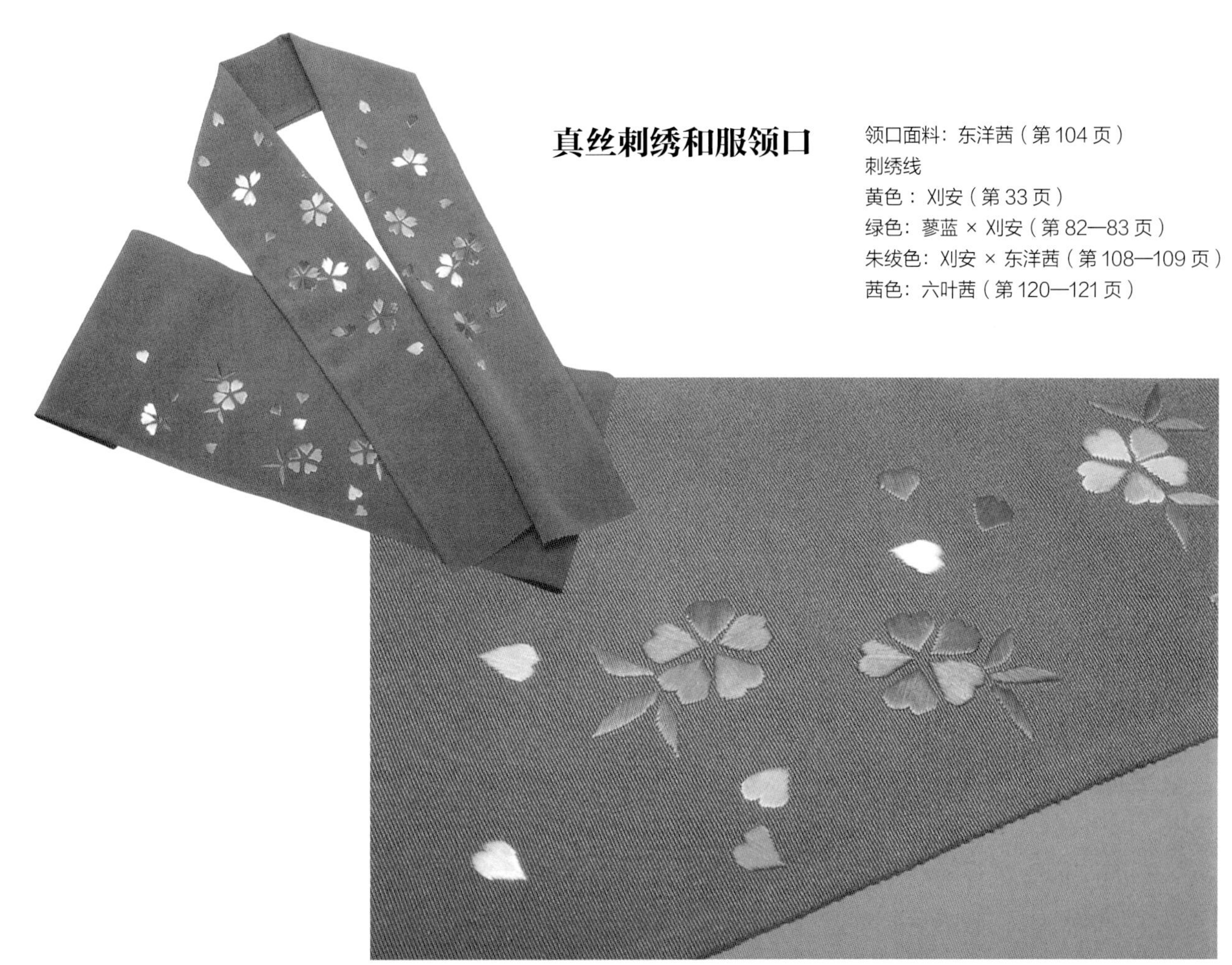

真丝刺绣和服领口

领口面料：东洋茜（第 104 页）
刺绣线
黄色：刈安（第 33 页）
绿色：蓼蓝 × 刈安（第 82—83 页）
朱绂色：刈安 × 东洋茜（第 108—109 页）
茜色：六叶茜（第 120—121 页）

真丝盐濑包裹布

刈安 × 东洋茜（第 106—107 页）

刈安 × 东洋茜（朱绂）染・真丝盐濑包裹布

◆ 完成品见第 105 页

材料和用具

- 盐濑 1 块（210×35 厘米） 100 克
- 刈安 200 克
- 东洋茜根 100 克
- 明矾 18 克
- 13 升大号不锈钢圆盆 4 个
- 6.5 升中号不锈钢圆盆 1 个
- 15 升小号桶锅 1 个
- 滤筛、密筛
- 计量杯 等

【刈安染】

染前准备

① **盐濑的染前准备。**将面料浸入 40℃—50℃的热水里。拨动面料，使之整体均匀浸透。

色液提取

② **第 1 次提取。**把 200 克刈安放入 5 升水（冷热均可）中，大火煮沸，然后改为小火继续煎煮 20 分钟。

③ **过滤色液。**把煮过的刈安用滤筛过滤，5 升水煮出约 5 升色液。

④ **第 2 次提取。**将滤筛里的刈安再次加水，采用与第 1 次提取相同的方法煮沸、过滤，2 次煮出的色液合计约 10 升。

染色

⑤ **制作染液。** 将 2 升色液用密筛过滤，加入 7 升水（冷热均可），制成 9 升染液。剩余的色液留待后续添加使用。

⑥ **在染液里浸染。**面料以不急速上色为好。将盐濑做好染前准备之后，不要用手拧，应轻轻提起，使之适当滴去水分，然后放入染液中浸染约 20 分钟，使面料均匀上色。应加热染液，使其温度慢慢上升。丝绸面料在高温下容易受损，故请注意，温度应控制在 50℃—60℃之间。盐濑面料如发生互相摩擦，容易受损，应十分注意。浸染时要始终在染液中拨动面料，并避免面料与染液间出现气泡。面料出现折痕或由于空气进入织物而产生气泡，都会使染色不均匀而出现染斑，所以必须仔细地将面料从头至尾、反复拨动。

⑦ **清洗。**用水清洗掉面料上多余的染液。

媒染

⑧ **配制媒染液。**将 9 克明矾放入 9 升开水里，充分搅拌溶化。请记住，如果是真丝丝线，明矾的使用量是 1 升水中放 1 克明矾。明矾不易溶化，应先另取容器，用开水溶化后再用。

⑨ **在媒染液里浸染。**采用与⑥相同的方法浸染 20 分钟。加温明矾媒染液，使其温度保持在 40℃—50℃之间。

⑩ **清洗。**从媒染液里取出面料，将面料上多余的媒染液用清水洗掉。但是，染色后的清洗与媒染后的清洗要使用不同的容器。

以上⑥⑦⑨⑩的染色→媒染步骤操作 3 次，第 4 次染色、清洗后结束操作。因为明矾在液体里有回弹性，如果最后一次染色后采用媒染工序，会给干燥后的染前准备带来障碍。

↗ ⑥染色 20 分钟 ↘

⑩清洗　　　　⑦清洗

↖ ⑨媒染 20 分钟 ↙

★ 如果第 1 次就用高浓度染液染色，容易出现染斑。故分成 4 次操作，每次浓度逐渐加深。第 2、3、4 次染色时，应从上一次使用的染液里取出 2 升旧染液倒掉，加入 2 升新的色液。

★ 色液不可放置过夜。

★ 如需染更深的颜色，染色、清洗、干燥（参照第 20 页）以后，第 2 天再从步骤①开始，重复操作。

②煮沸刈安

⑤用密筛过滤色液

⑤往色液里加热水

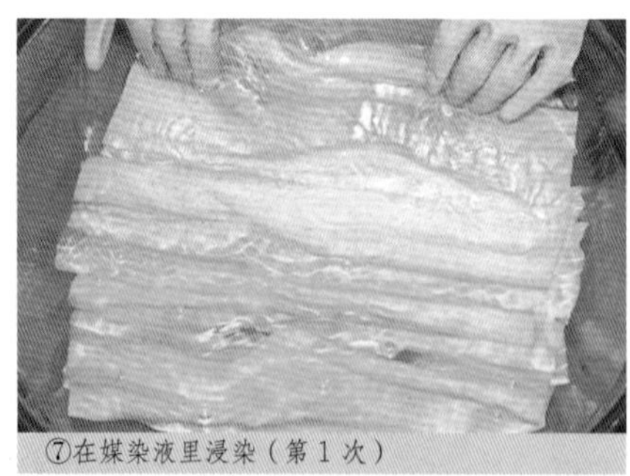

⑦在媒染液里浸染（第 1 次）

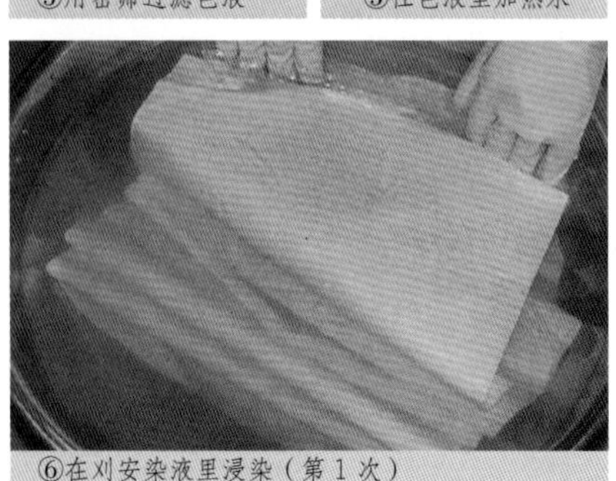

⑥在刈安染液里浸染（第 1 次）

⑩清洗（第 4 次）

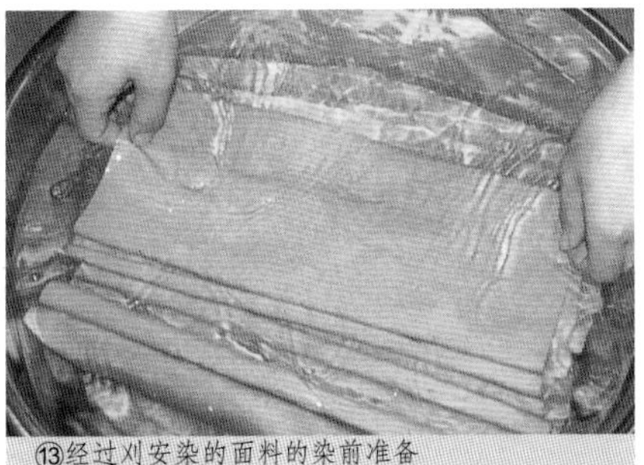
⑬经过刈安染的面料的染前准备

⑮把东洋茜根放进热水里

㉑用密筛过滤东洋茜色液

⑭清洗东洋茜根

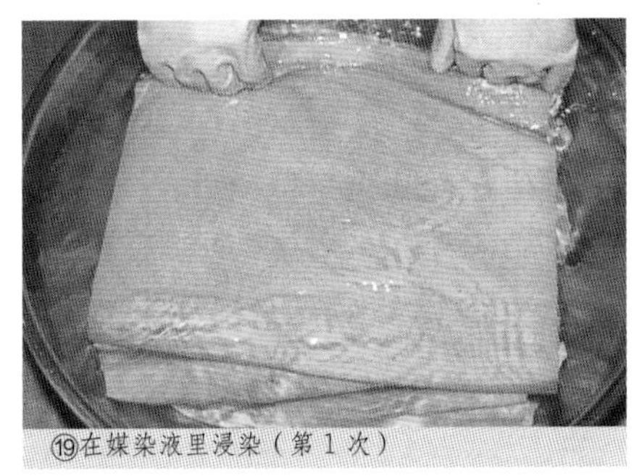
⑲在媒染液里浸染（第 1 次）

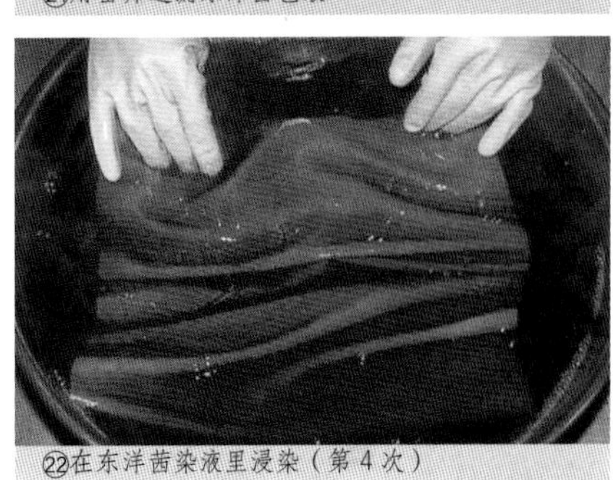
㉒在东洋茜染液里浸染（第 4 次）

干燥

⑪ **清洗。**完成第 4 次染色、清洗以后，再用清水清洗干净。

⑫ **干燥。**清洗后的面料不要用手拧，用晾衣夹夹住一边，吊起阴干。

【东洋茜染】

染前准备

⑬ **经过刈安染的盐濑的染前准备。**将经过刈安染后干燥后的面料浸入 40℃—50℃的热水里。拨动面料，使之整体均匀浸透。

色液提取

⑭ **清洗东洋茜根。**把东洋茜根放在滤筛里，用水冲、手搓清洗，充分洗除茜根上的灰尘和土渣。

⑮ **第 1 次提取。**把 100 克东洋茜根放入 5 升水（冷热均可）中，大火煮沸，然后改为小火继续煎煮 20 分钟。

⑯ **过滤色液。**把煮过的东洋茜根用滤筛过滤，5 升水煮出约 5 升色液。

⑰ **第 2 次提取。**将滤筛里的东洋茜根再次加水，采用与第 1 次提取相同的方法煮沸、过滤，2 次煮出的色液合计约 10 升。

媒染

⑱ **配制媒染液。**将 9 克明矾放入 9 升开水里，充分搅拌溶化。请记住，如果是真丝面料，明矾的使用量是 1 升水中放 1 克明矾。明矾不易溶化，应先另取容器，用开水溶化后再用。

⑲ **在媒染液里浸染。**采用与⑥相同的方法，把做好染前准备之后的面料浸染约 20 分钟，加温明矾媒染液至 40℃—50℃之间。

⑳ **清洗。**用水清洗掉面料上多余的媒染液。

染色

㉑ **制作染液。**将 1 升色液用密筛过滤，加入 8 升水（冷热均可），制成 9 升染液。剩余的色液留待后续添加使用。

㉒ **在染液里浸染。**采用与⑥相同的方法浸染约 20 分钟。东洋茜在高温下易染色，故将染液加温至 80℃—90℃。在高温染液里进行操作时，可在橡胶手套里加戴棉线手套，或戴两层橡胶手套。

㉓ **清洗。**用水清洗掉面料上多余的染液，染色后的清洗与媒染后的清洗要分别使用不同的容器。东洋茜染液温度高，从染液拿出面料后如果直接放在凉水里清洗，容易使面料受损。故应用温水进行清洗，或展开面料使之冷却后再清洗。

以上⑲⑳㉒㉓的媒染→染色步骤操作 4 次。

↗ ⑲媒染 20 分钟 ↘
㉓清洗 ⑳清洗
↖ ㉒染色 20 分钟 ↙

★ 如果第 1 次就用高浓度染液染色，容易出现染斑。故分成 4 次操作，每次浓度逐渐加深。第 2、3、4 次染色时，应在上一次使用的染液里分别加入 1 升、2 升、2 升色液。

★ 色液不可放置过夜。

★ 如需染更深的颜色，染色、清洗、干燥（参照第 20 页）以后，第 2 天再从步骤⑬开始，重复操作。

染后处理

㉔ **清洗。**完成第 4 次染色、清洗以后，再用清水清洗干净。

㉕ **晾干。**清洗后的面料不要用手拧，用晾衣夹夹住一边，吊起阴干。

㉖ **熨烫。**盖上垫布，用熨斗熨平。熨烫时注意温度。

刈安 × 东洋茜（朱绂）染・真丝刺绣线（用于和服领口刺绣）

◆ 完成品见第 105 页

材料和用具

- 真丝刺绣线 1 绞　10 克
- 刈安　20 克
- 东洋茜根　20 克
- 明矾　8 克
- 6.5 升中号不锈钢圆盆　4 个
- 15 升小号桶锅　1 个
- 滤筛、密筛
- 计量杯、直棒 等

【刈安染】

染前准备

① **真丝刺绣线的染前准备。**将丝线用直棒挑起，浸入 40℃—50℃的热水里。上下运动直棒，转动丝线挑起的位置，使之能整体均匀浸透。

色液提取

② **第 1 次提取。**把 20 克刈安放入 2 升水（冷热均可）中，大火煮沸，然后改为小火继续煎煮 20 分钟。

③ **过滤色液。**把煮过的刈安用滤筛过滤，2 升水煮出约 2 升色液。

④ **第 2 次提取。**将滤筛里的刈安再次加水，采用与第 1 次提取相同的方法煮沸、过滤，2 次煮出的色液合计约 4 升。

染色

⑤ **制作染液。**将 1 升的色液用密筛过滤，加入 3 升水（冷热均可），制成 4 升染液。剩余的色液留待后续添加使用。

⑥ **在染液里浸染。**丝线以不急速上色为好。将丝线做好染前准备之后，轻轻拧水，抖散丝线，放入染液中。不停拨动丝线，使其均匀染色，操作约 20 分钟。应加热染液，使其温度慢慢上升，染制真丝丝线的温度应在 50℃—60℃之间。和做染前准备一样，上下运动直棒，转动丝线挑起的位置。转动时要避免丝线出现拉伸、缠绕现象。从染液中提起后，轻轻拧一下水分。

⑦ **清洗。**把轻轻拧过的丝线抖开，将线上多余的染液用水清洗。

媒染

⑧ **配制媒染液。**将 4 克明矾放入 4 升开水里，充分搅拌溶化。请记住，如果是真丝丝线，明矾的使用量是 1 升水中放 1 克明矾。明矾不易溶化，应先另取容器，用开水溶化后再用。

⑨ **在媒染液里浸染。**把清洗后的丝线轻轻拧水、抖散开后放入媒染液里浸染，采用与⑥相同的方法浸染 20 分钟。加温明矾媒染液，使其温度保持在 40℃—50℃之间。

⑩ **清洗。**从媒染液里取出丝线，采用与⑦相同的方法进行清水。但是，染色后的清洗与媒染后的清洗要使用不同的容器。

以上⑥⑦⑨⑩的染色→媒染步骤操作 3 次，第 4 次染色、清洗后结束操作。因为明矾在液体里有回弹性，如果最后一次染色后采用媒染工序，会给干燥后丝线的染前准备带来障碍。

↗ ⑥染色 20 分钟 ↘
⑩清洗　　　　⑦清洗
↖ ⑨媒染 20 分钟 ↙

★ 如果第 1 次就用高浓度染液染色，容易出现染斑。故分成 4 次操作，每次浓度逐渐加深。第 2、3、4 次染色时，应从上一次使用的染液里取出 1 升旧染液倒掉，加入 1 升新的色液。

★ 色液不可放置过夜。

★ 如需染更深的颜色，染色、清洗、干燥（参照第 20 页）以后，第 2 天再从步骤①开始，重复操作。

干燥

⑪ **清洗。**完成第 4 次染色、清洗以后，再用清水清洗干净。

⑫ **干燥。**将清洗后的丝线轻轻拧水，挂在固定棒上，另一端用直棒穿起，用力拧挤，并不断变换丝线的位置反复拧挤。拧好后，在同样状态下用力拉棒抻直丝线，整理平直后，穿在晾衣竿上阴干。

【东洋茜染】

染前准备

⑬ **经过刈安染的丝线的染前准备。**采用与①相同的方法，将经过刈安染与干燥后

②煮沸刈安

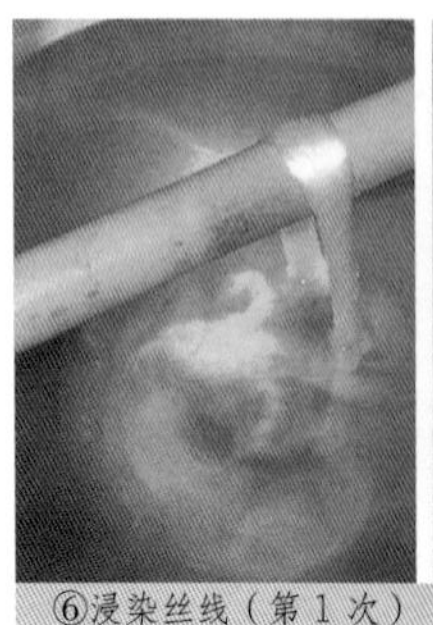

⑥浸染丝线（第 1 次）

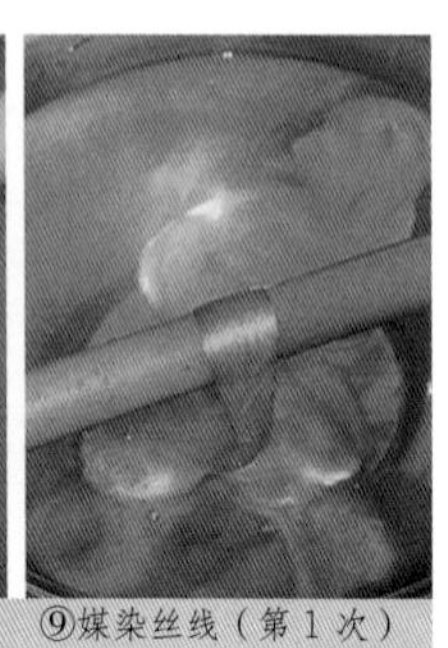

⑨媒染丝线（第 1 次）

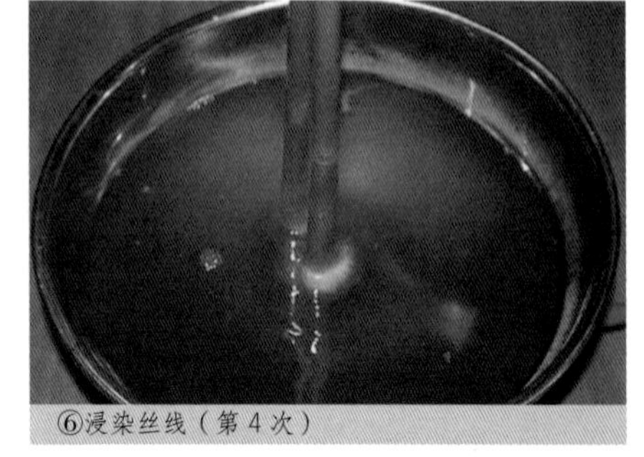

⑥浸染丝线（第 4 次）

⑭清洗东洋茜根

㉑用密筛过滤东洋茜色液

⑲在媒染液里浸染（第 4 次）

⑲在媒染液里浸染（第 1 次）

㉒在东洋茜染液里浸染（第 1 次）

㉒在东洋茜染液里浸染（第 4 次）

的丝线浸入 40℃—50℃的热水里。

色液提取

⑭ **清洗东洋茜根。**把东洋茜根放在滤筛里，用水冲、手搓清洗，充分洗除茜根上的灰尘和土渣。

⑮ **第 1 次提取。**把控去水分的 20 克东洋茜根放入 1 升水（冷热均可）中，大火煮沸，然后改为小火继续煎煮 20 分钟。

⑯ **过滤色液。**把煮过的东洋茜根用滤筛过滤，1 升水煮出约 1 升色液。

⑰ **第 2 次提取。**将滤筛里的东洋茜根再次加水，采用与第 1 次提取相同的方法煮沸、过滤，2 次煮出的色液合计约 2 升。

媒染

⑱ **配制媒染液。**将 4 克明矾放入 4 升开水里，充分搅拌溶化。请记住，如果是真丝面料，明矾的使用量是 1 升水中放 1 克明矾。明矾不易溶化，应先另取容器，用开水溶化后再用。

⑲ **在媒染液里浸染。**丝线以不急速上色为好。将丝线做好染前准备之后，轻轻拧水，抖散丝线，放入媒染液中，采用与⑥相同的方法浸染约 20 分钟，加温明矾媒染液至 40℃—50℃之间。从染液中提起丝线，轻轻拧水。

⑳ **清洗。**把轻轻拧过的丝线抖开，将线上多余的媒染液用水清洗。

染色

㉑ **制作染液。**将500毫升色液用密筛过滤，加入 3.5 升水（冷热均可），制成 4 升染液。剩余的色液留待后续添加使用。

㉒ **在染液里浸染。**把清洗后的丝线轻轻拧水、抖散开后放入染液里，采用与⑲相同的方法浸染约 20 分钟。东洋茜在高温下易染色，故将染液加温至 80℃—90℃。在高温染液里进行操作时，可在橡胶手套里加戴棉线手套，或戴两层橡胶手套。

㉓ **清洗。**从染液里取出丝线，轻轻拧水、抖散，用水清洗掉丝线上多余的染液，染色后的清洗与媒染后的清洗要分别使用不同的容器。东洋茜染液温度高，从染液拿出丝线后如果直接放在凉水里清洗，容易使丝线受损。故应用温水进行清洗，或将丝线抖散、整理，使之冷却后再清洗。

以上⑲⑳㉒㉓的媒染→染色步骤操作 4 次。

↗ ⑲媒染 20 分钟 ↘
㉓清洗　　　　　　⑳清洗
↖ ㉒染色 20 分钟 ↙

★ 如果第 1 次就用高浓度染液染色，容易出现染斑。故分成 4 次操作，每次浓度逐渐加深。第 2、3、4 次染色时，应在上一次使用的染液里分别取出 500 毫升染液倒掉，加入等量的新色液。

★ 色液不可放置过夜。

★ 如需染更深的颜色，染色、清洗、干燥（参照第 20 页）以后，第 2 天再从步骤⑬开始，重复操作。

染后处理

㉔ **清洗。**完成第 4 次染色、清洗以后，再用清水清洗干净。

㉕ **晾干。**将清洗后的丝线轻轻拧水，挂在固定棒上，另一端用直棒穿起，用力拧挤，并不断变换丝线的位置反复拧挤。拧好后，在同样状态下用力拉棒抻直丝线，整理平直后，穿在晾衣竿上阴干。

印度茜

与六叶茜（参照第118页）的性质基本相同，染色技法、色相也相似，通常称为印度茜。近年来自印度的茜草比较容易买到，它的根与皱褶较多的六叶茜相比，表面平滑，相隔5厘米有节，中央有小孔。无论染色性还是鲜艳的色彩都与六叶茜相似，更有古代印度印花棉布的染色技法可参考。

茜与其他红色染料一样，适合丝绸的染色，不太适合棉和麻等植物性纤维。为此，古代印度想出办法，用印度茜染染出被称为“印度印花棉布”的色彩艳丽的印花棉布。

为了使媒染剂与染料能很好地结合，棉布在染前先浸入水牛的牛奶和诃子的鞣酸液中，牛奶的蛋白质附着在棉纤维上，使纤维稍为接近动物性质。加上鞣酸具有固定金属盐的特征，先以诃子作预染，以取得较佳的媒染效果。然后，把要染红色的地方加明矾、要染黑色的地方加铁盐，再放入煮沸的印度茜染液中，会相应地发生反应并显现出红与黑的纹样，而没有加媒染剂的地方则留白。这种方法称为有机媒染。

在印度另外还有一种被称作CHAY的茜草科植物，主要在乌木海岸和斯里兰卡等地用作红染的染料。在日本也有一种叫八重山青木的植物，也曾是印度尼西亚、菲律宾、冲绳等地用于红染的染料。

印度茜染·印度棉印花桌旗和文具袋

◆ 文具袋完成品见第113页

★ 先用诃子进行预染，然后在布上把铁、明矾、铁和明矾的混合液，分别用印模进行印拓媒染，最后用印度茜进行染色，媒染出黑、红、紫三色纹样。在染色时加入淀粉，是为了更好地固定媒染剂。

材料和用具

- 棉布 1 块（120×230 厘米） 600 克
- 诃子果 600 克
- 印度茜根 600 克
- 苏方木 20 克
- 加工淀粉 400 克
- 烧明矾 70 克
- 铁浆水 100 毫升
- 6.5 升中号不锈钢圆盆 1 个
- 2.5 升小号不锈钢圆盆 4 个
- 30 升长方形容器 2 个
- 50 升特大号桶锅 1 个
- 15 升小号桶锅 1 个
- 三色印模
- 牛皮、无纺布、垫布
- 滤筛、密筛
- 毛刷
- 计量杯 等

【诃子预染】

染前准备

① **棉布的染前准备。**将棉布浸入 40℃—50℃的热水里。拨动棉布，使之整体均匀浸透。

色液提取

② **第 1 次提取。**把 600 克诃子果放入 5 升水（冷热均可）中，大火煮沸，然后改为小火继续煎煮 20 分钟。

③ **过滤色液。**把煮过的诃子果用滤筛过滤，5 升水煮出约 5 升色液。

④ **第 2 次提取。**将滤筛里的诃子果再次加水，采用与第 1 次提取相同的方法煮沸、过滤，2 次煮出的色液合计约 10 升。

染色

⑤ **制作染液。**将 10 升色液用密筛过滤，加入 20 升水（冷热均可）中，制成 30 升染液。

⑥ **在染液里浸染。**面料以不急速上色为好。将面料做好染前准备后，不要用手拧，应轻轻提起，使之适当滴去水分，然后放入染液中浸染约 20 分钟，使面料均匀上色。棉布在 70℃左右的染液中容易染色，应加热染液，使其温度慢慢上升。如无法直接加温时，要用别的容器对液体进行保温。浸染时要始终在染液中拨动面料，并避免面料与染液间出现气泡。面料出现折痕或由于空气进入织物而产生气泡，都会使染色不均匀而出现染斑，所以必须反复、充分浸染。

⑦ **清洗。**用水清洗掉面料上多余的染液。

干燥

⑧ **清洗。**染色清洗后，再用清水清洗干净。

⑨ **干燥。**清洗后的面料不要用手拧，用晾衣夹夹住一边，吊起阴干。

【印度茜染】

染前准备

⑩ **制作印模。**分别设计黑、红、紫三色图案，用牛皮雕刻后粘贴在木板上，制成三色印模。

⑪ **制糊。**加热 600 毫升水，倒入 400 克加工淀粉（水和加工淀粉的比例为 6:4）。充分搅拌使之溶化，直至关火、液体冷却为止。

⑫ **配制明矾溶液。**将 35 克烧明矾放入 500 毫升开水里，充分搅拌溶化。印糊需上色，印拓时图案才会明显，因此取 20 克苏方木加入烧明矾水中，加热煮沸后关火，放置 1—2 日，释出色素。

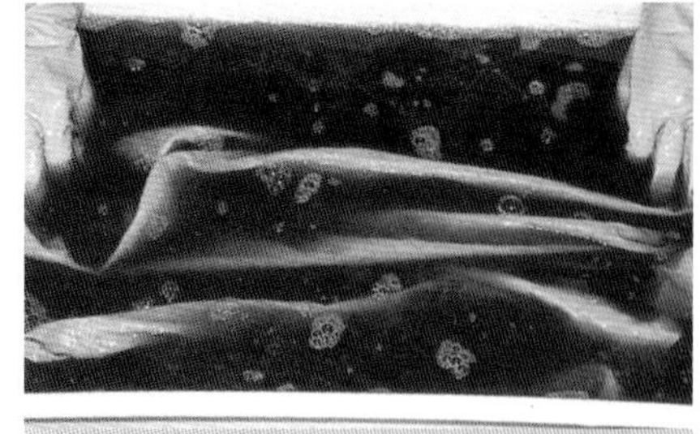

⑥在诃子染液里浸染

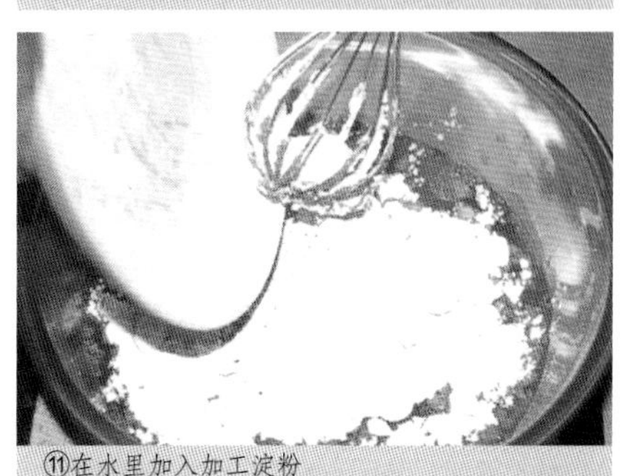

⑪在水里加入加工淀粉

②煮沸诃子果

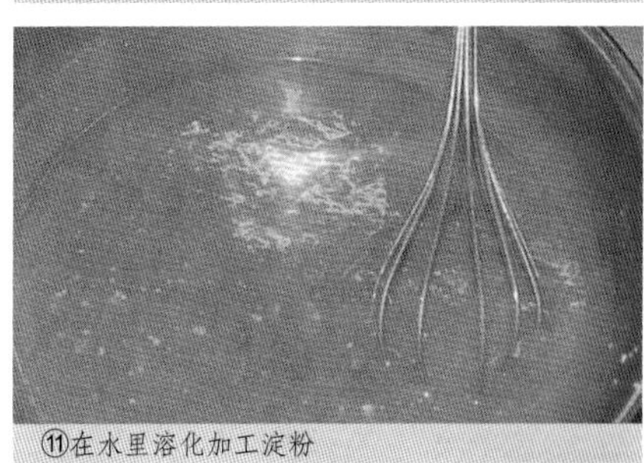

⑪在水里溶化加工淀粉

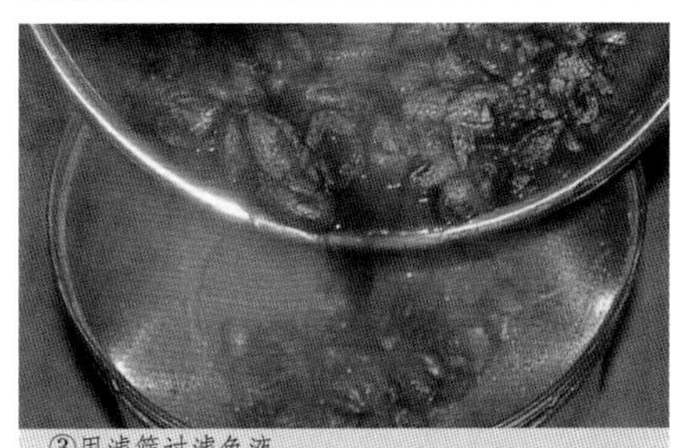

③用滤筛过滤色液

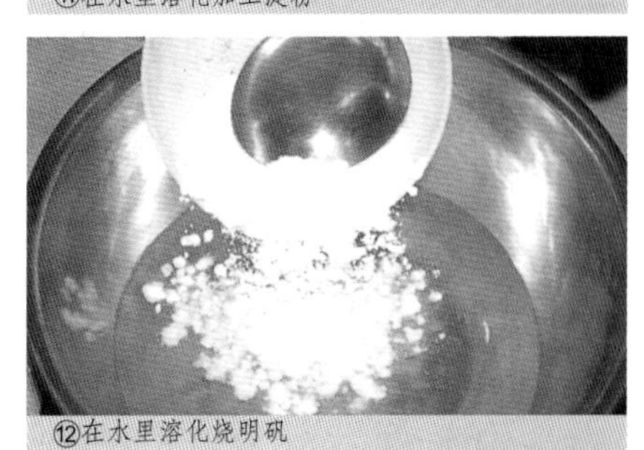

⑫在水里溶化烧明矾

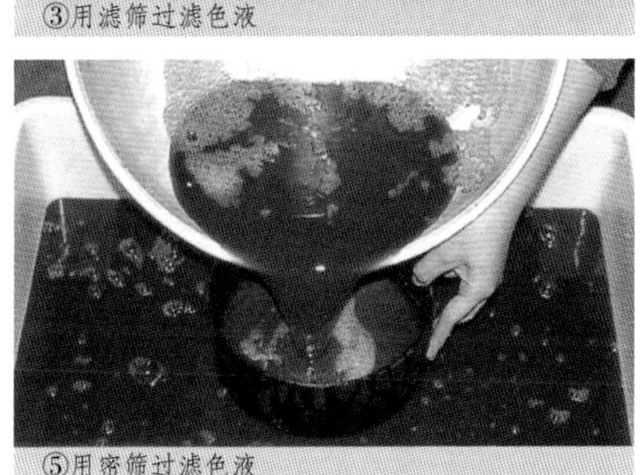

⑤用密筛过滤色液

⑫在烧明矾溶液里加入苏方木

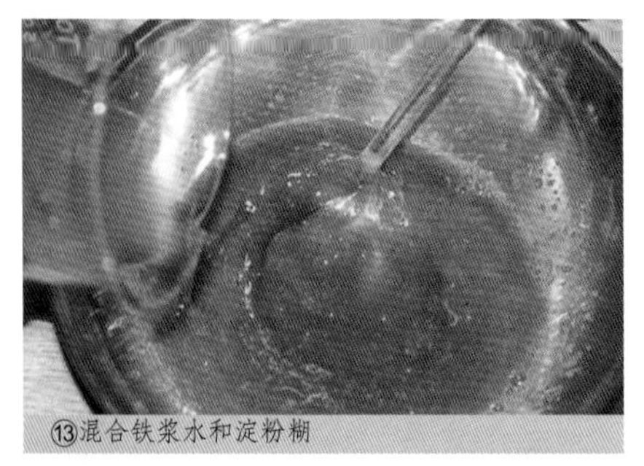
⑬混合铁浆水和淀粉糊

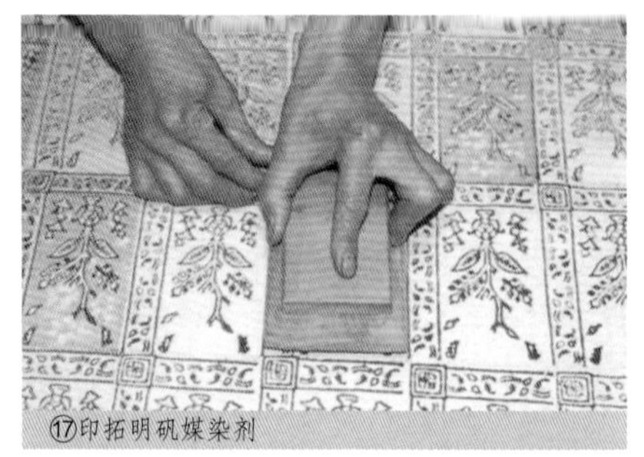
⑰印拓明矾媒染剂

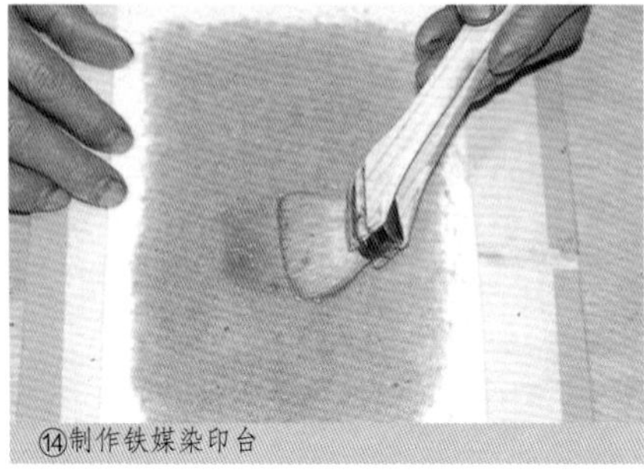
⑭制作铁媒染印台

⑬混合铁浆水、明矾溶液和淀粉糊

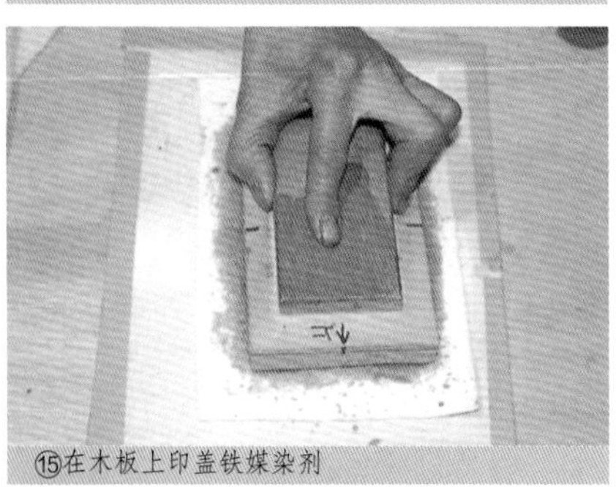
⑮在木板上印盖铁媒染剂

⑱印拓铁＋明矾媒染剂

⑮印拓铁媒染剂

⑳在水里加入印度茜根

⑬混合明矾溶液和淀粉糊

⑳煮沸

媒染

⑬ **配制媒染剂。**如果同一印拓图案中有不同套色，要等第 1 次印拓的媒染剂完全干燥后，才能重叠印拓下一道颜色，因此应在印拓图案前配制好相应的媒染剂。所有媒染剂，都是用⑪做成的糊和媒染液混合而成的。

Ⅰ **铁**：把 100 克的糊和用密筛过滤的 100 毫升铁浆水（比例为 1:1）混合搅拌。

Ⅱ **明矾**：100 克的糊和用密筛过滤的 200 毫升明矾溶液（比例为 1:2）混合搅拌。

Ⅲ **铁＋明矾**：取Ⅰ和Ⅱ配制的媒染剂各 100 毫升，混合搅拌。这道媒染剂的配制能染出所需的紫色。

⑭ **制作印台。**用毛刷把媒染剂刷在无纺布两面，使之充分渗透。将无纺布铺在不吸水分的木板上，制成印台。

⑮ **印拓铁媒染剂。**用熨斗将布熨平，再用粘条将布固定在板上。在需要染成黑色图案的部位，印拓铁媒染剂。

⑯ **干燥。**等待完成铁媒染剂印拓的布完全干透。

⑰ **印拓明矾媒染剂。**在需要染成红色图案的部位，印拓铁媒染剂。

⑱ **印拓铁＋明矾媒染剂。**在需要染成紫色图案的部位，印拓铁和明矾的混合媒染剂。

⑲ **晾干。**用晾衣夹夹住一边，吊起阴干。为了使媒染剂牢固，阴干时间至少需要一周。

色液提取

⑳ **印度茜色液的提取。**把 600 克印度茜根（打碎）放入 50 升水中，沸腾状态煮 30 分钟。

染色

㉑ **高温染液浸染。**把印拓过媒染剂的布放入煮沸的高温印度茜色液里。如果将布折叠，万一媒染剂剥落，会污染不需媒染的部分。为使面料之间不互相黏连，边用木棒搅拌，边在沸腾状态煮 10—15 分钟。

㉒ **清洗。**用水清洗掉面料上多余的染液，清洗 2 次。

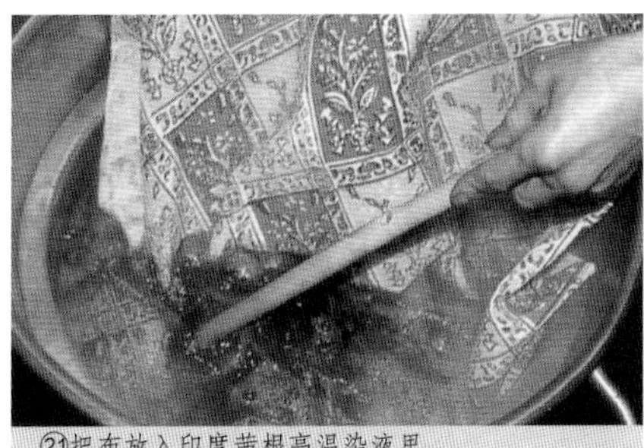

㉑把布放入印度茜根高温染液里

㉒清洗

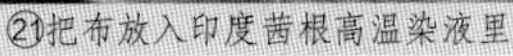

㉑把布浸泡在印度茜根高温染液里

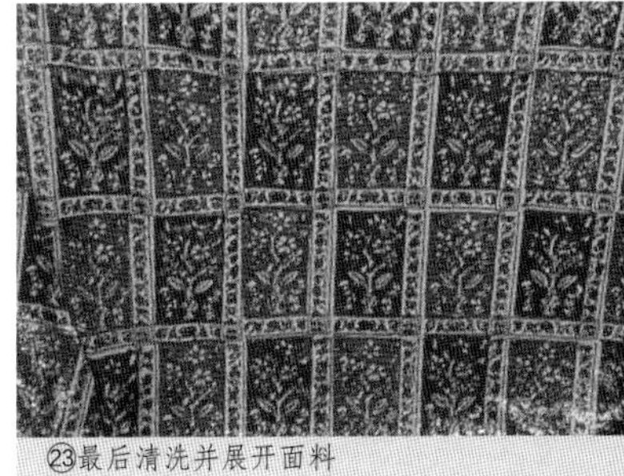

㉓最后清洗并展开面料

染后处理

㉓ **清洗。**用清水浸泡，反复清洗至完全干净。

㉔ **晾干。**清洗后的面料不要用手拧，用晾衣夹夹住一边，吊起阴干。

㉕ **熨烫。**盖上垫布，用熨斗熨平。熨烫时注意温度。

印度茜染・印度棉印花文具袋

◆ 染色工序和桌旗一样，但文具袋使用的是小号图案印模

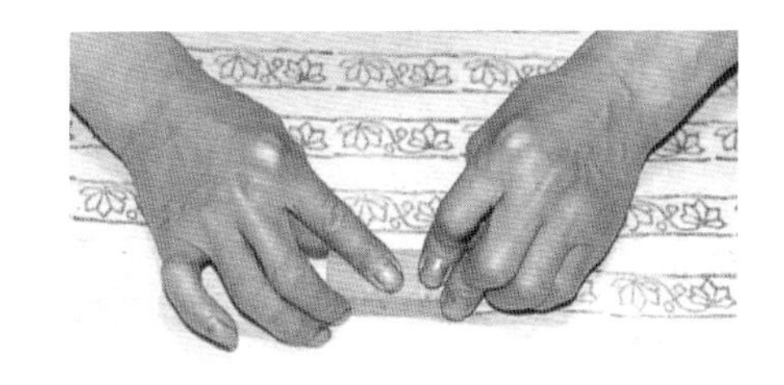

印拓铁媒染剂

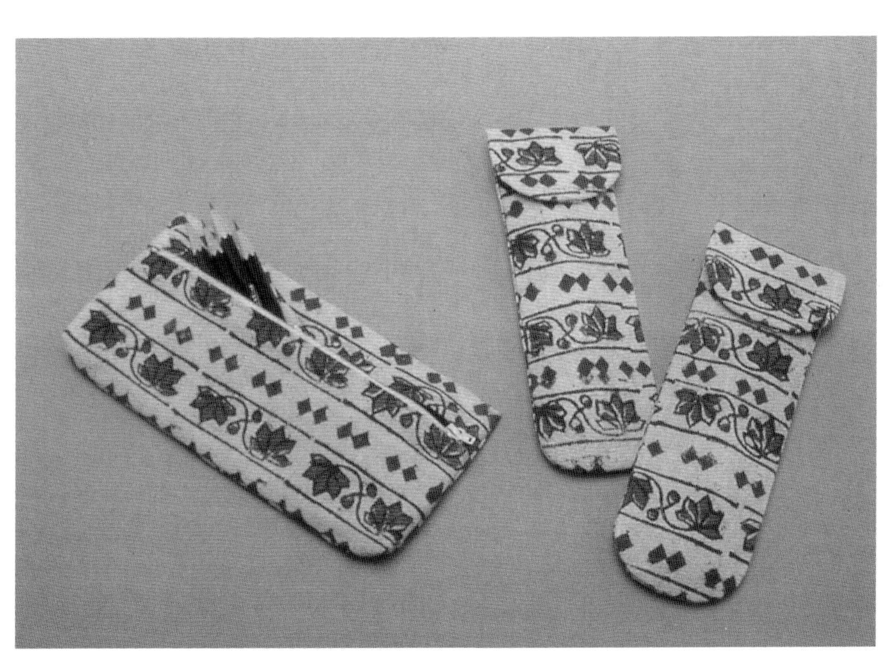

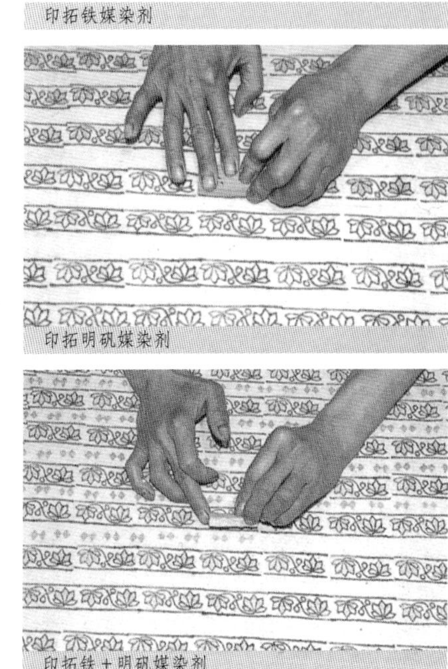

印拓明矾媒染剂

印拓铁＋明矾媒染剂

印度茜染·印度棉印花小包裹布

★ 用浓淡两种红（印度茜）、绿（蓝×诃子）、黄（诃子）三色组合成的彩色条纹。印度茜使用先媒染再染色的工艺，为使媒染剂更易固色，用诃子进行预染。

材料和用具

- 棉布 1 块（50×60 厘米） 60 克
- 诃子果 180 克（染 2 次的量）
- 蓝缸
- 印度茜根（打碎） 60 克
- 苏方木 20 克
- 加工淀粉 300 克
- 明矾 15 克
- 烧明矾 85 克
- 木蜡 200 克
- 蜂蜡 200 克
- 木灰或肥皂粉 适量
- 13 升中号不锈钢圆盆 4 个
- 2.5 升小号不锈钢圆盆 3 个
- 30 升长方形容器 4 个
- 15 升小号桶锅 1 个
- 滤筛、密筛
- 试验杯、计量杯、玻璃棒 等

【诃子预染】

染前准备

① **棉布的染前准备。**将棉布浸入 40℃—50℃的热水里。拨动棉布，使之整体均匀浸透。

色液提取

② **第 1 次提取。**把 60 克诃子果放入 1 升水（冷热均可）中，大火煮沸，然后改为小火继续煎煮 20 分钟。

③ **过滤色液。**把煮过的诃子果用滤筛过滤，1 升水煮出约 1 升色液。

④ **第 2 次提取。**将滤筛里的诃子果再次加水，采用与第 1 次提取相同的方法煮沸、过滤，2 次煮出的色液合计约 2 升。

染色

⑤ **制作染液。**将 2 升色液用密筛过滤，加入 4 升水（冷热均可）中，制成 6 升染液。

⑥ **在染液里浸染。**面料以不急速上色为好。将面料做好染前准备后，不要用手拧，应轻轻提起，使之适当滴去水分，然后放入染液中浸染约 20 分钟，使面料均匀上色。棉布在 70℃左右的染液中容易染色，应加热染液，使其温度慢慢上升。浸染时要始终在染液中拨动面料，并避免面料与染液间出现气泡。面料出现折痕或由于空气进入织物而产生气泡，都会使染色不均匀而出现染斑，所以必须反复、充分浸染。

⑦ **清洗。**用水清洗掉面料上多余的染液。

干燥

⑧ **清洗。**染色清洗后，再用清水清洗干净。

⑨ **干燥。**清洗后的面料不要用手拧，用晾衣夹夹住一边，吊起阴干。

【印度茜染】

染前准备

⑩ **制糊。**加热 700 毫升水，倒入 300 克

②把诃子果放进水里

③用滤筛过滤色液

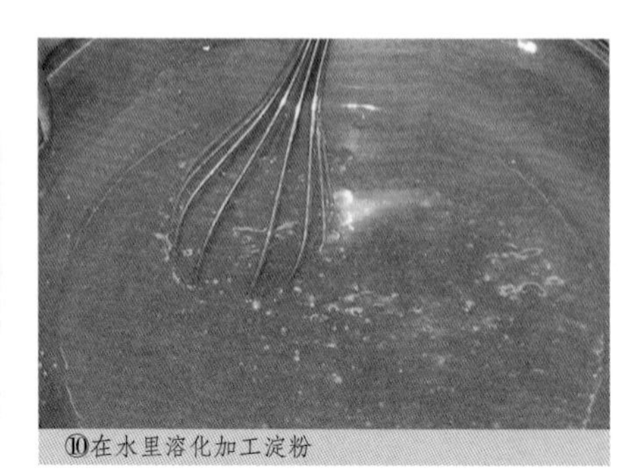

⑩在水里溶化加工淀粉

㉝配制媒染液

㉟在媒染液里浸染（第 3 次）

㊴过滤木灰灰汁，并将其加入热水里

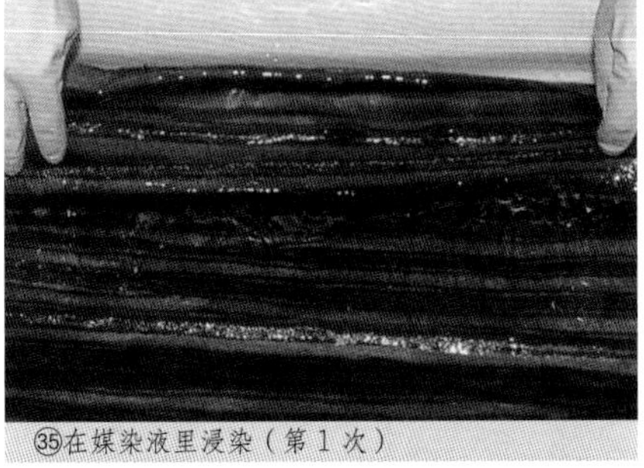

㉟在媒染液里浸染（第 1 次）

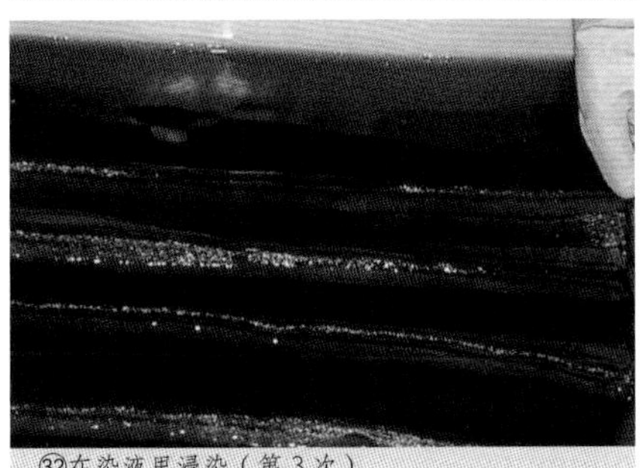

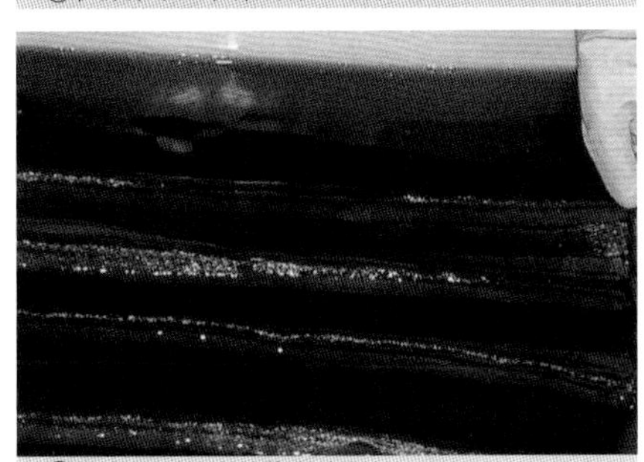

㉜在染液里浸染（第 3 次）

㊴脱腊

★ 如果第 1 次就用高浓度染液染色，容易出现染斑。第 2 次染色时，应在染液里再加入 4 升新的色液。

★ 色液不可放置过夜。

★ 如需染更深的颜色，染色、清洗、干燥（参照第 20 页）以后，第 2 天再从步骤㉗开始，重复操作。注意不要损伤到上蜡部分。

脱蜡

㊲ **清洗。**在完成第 3 次媒染与清洗之后，把面料放入清水中，直至完全洗净为止。

㊳ **干燥。**清洗后的面料不要用手拧，用晾衣夹夹住一边，吊起阴干。

㊴ **脱蜡。**在大桶锅里装入足量的热水，煮沸后加入木灰灰汁或肥皂粉，将 PH 值控制在 9—10 之间。把面料放入锅中，用直棒搅拌，水温保持在 70℃以上，使蜡融脱。更换热水，反复操作 2—3 次，直到蜡完全脱净。

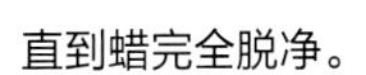

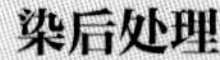

染后处理

㊵ **清洗。**将脱蜡以后的面料，用清水充分清洗。

㊶ **晾干。**清洗后的面料不要用手拧，用晾衣夹夹住一边，吊起阴干。

㊷ **熨烫。**盖上垫布，用熨斗熨平。熨烫时注意温度。

六叶茜

六叶茜是一种叶片为六片轮生、茎有细刺的多年生茜草植物。染料的色素部分在根部，成分为茜素。通常称其为西洋茜，是因为确实是在法国、荷兰、意大利等地生产后传播开来的，但传说原产地在印度和波斯，经中世纪远征的十字军带到欧洲，在牧场种植时迅速繁殖。从 17 世纪开始，印度印花棉布的染色技法传入欧洲，红染又成了当时必不可缺的一种染色，于是需求量也随着大大增加。

近代欧洲，随着各种印花技术的革新和化学染料以及丝网印的普及，传统的茜染料也就不再被采用了。

现在日本从印度进口六叶茜，与明矾（铝盐类）染出的茜色，被使用植物染染色的人们视为重宝。

使用这种染料要先进行媒染，将棉（染色法参见第 110—117 页）、丝绸先在明矾液里浸泡以后方可放入茜液中，染色时保持 80℃—90℃是关键。

六叶茜染・丝线（用于围巾编织）

◆ 完成品见第 40 页

★ 经线、纬线各用 1 绞染成深浅两色，和用槐染的线，编织成围巾。

经丝　　纬丝

材料和用具

- 21/21 丝线（经线）2 绞　60 克
- 21 中 /36 丝线（纬线）2 绞　100 克
- 六叶茜根　160 克
- 明矾　5 克
- 6.5 升中号不锈钢圆盆　4 个
- 15 升小号桶锅　1 个
- 滤筛、密筛
- 计量杯、直棒 等

②清洗六叶茜根

③煮沸

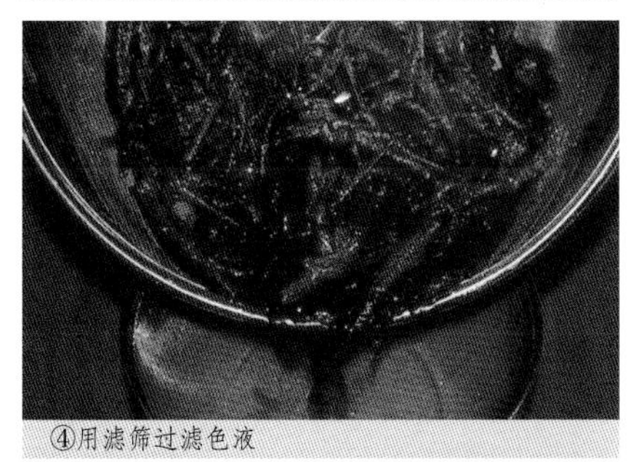
④用滤筛过滤色液

⑦在媒染液里浸染（第 1 次）

⑨用密筛过滤色液

染前准备

① **丝线的染前准备。**将丝线用直棒挑起，浸入 40℃—50℃的热水里。上下运动直棒，转动丝线挑起的位置，使之能整体均匀浸透。

色液提取

② **清洗六叶茜根。**把六叶茜根放在滤筛里，用水冲、手搓清洗，充分洗除茜根上的灰尘和土渣。

③ **第 1 次提取。**把 160 克六叶茜根放入 5 升水（冷热均可）中，大火煮沸，然后改为小火继续煎煮 20 分钟。

④ **过滤色液。**把煮过的六叶茜根用滤筛过滤，5 升水煮出约 5 升色液。

⑤ **第 2 次提取。**将滤筛里的六叶茜根再次加水，采用与第 1 次提取相同的方法煮沸、过滤，2 次煮出的色液合计约 10 升。

媒染

⑥ **配制媒染液。**将 5 克明矾放入 5 升开水里，充分搅拌溶化。请记住，如果是真丝面料，明矾的使用量是 1 升水中放 1 克明矾。明矾不易溶化，应先另取容器，用开水溶化后再用。

⑦ **在媒染液里浸染。**丝线以不急速上色为好。将丝线做好染前准备之后，轻轻拧水，抖散丝线，放入媒染液中。不停拨动丝线，使其均匀染色，约操作 20 分钟。应加热明矾媒染液，使其温度保持在 40℃—50℃之间。和做染前准备一样，上下运动直棒，转动丝线挑起的位置。转动时要避免丝线出现拉伸、缠绕现象。从染液中提起后，轻轻拧一下水分。

⑧ **清洗。**把轻轻拧过的丝线抖开，将线上多余的媒染液用水清洗。

染色

⑨ **制作染液。**将 2 升色液用密筛过滤，加入 7 升水（冷热均可），制成 9 升染液。剩余的色液留待后续添加使用。

⑩ **在染液里浸染。**把清洗后的丝线轻轻拧水、抖散开后放入染液里，采用与⑦相同的方法浸染约 20 分钟。六叶茜在高温下易染色，故将染液加温至 80℃—90℃。在高温染液里进行操作时，可在橡胶手套里加戴棉线手套，或戴两层橡胶手套。

⑪ **清洗。**从染液里取出丝线，轻轻拧水、抖散，用水清洗掉丝线上多余的染液，染色后的清洗与媒染后的清洗要分别使用不同的容器。六叶茜染液温度高，从染液拿出丝线后如果直接放在凉水里清洗，容易使丝线受损。故应用温水进行清洗，或将丝线抖散、整理，使之冷却后再清洗。

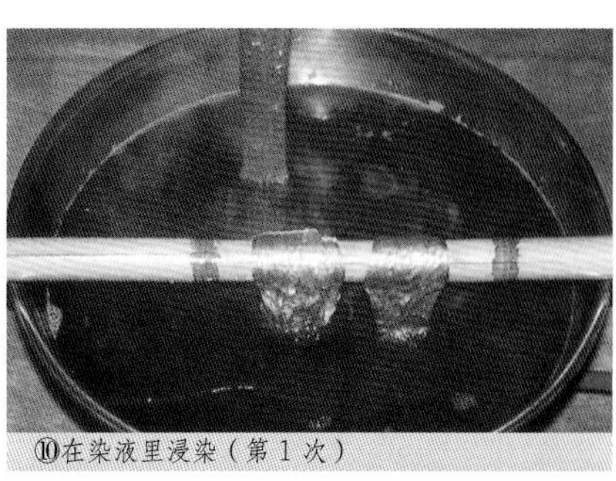
⑩在染液里浸染（第 1 次）

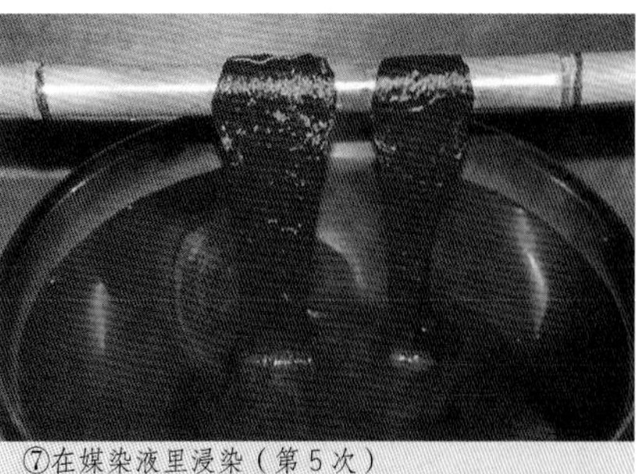
⑦在媒染液里浸染（第 5 次）

以上⑦⑧⑩⑪的媒染→染色步骤，浅色染操作 4 次，深色染操作 5 次。

↗ ⑦媒染 20 分钟 ↘
⑪清洗　　　　⑧清洗
↖ ⑩染色 20 分钟 ↙

★ 如果第 1 次就用高浓度染液染色，容易出现染斑。故分成 4 次操作，每次浓度逐渐加深。第 2、3、4 次染色时，应在上一次使用的染液里分别取出 2 升旧染液倒掉，再加入 3 升新色液。

★ 色液不可放置过夜。

★ 如需染更深的颜色，染色、清洗、干燥（参照第 20 页）以后，第 2 天再从步骤①开始，重复操作。

染后处理

㉔ **清洗。**淡色染在第 4 次、浓色染在第 5 次染色，并完成清洗以后，用清水再进行充分清洗。

㉕ **晾干。**将清洗后的丝线轻轻拧水，挂在固定棒上，另一端用直棒穿起，用力拧挤，并不断变换丝线的位置反复拧挤。拧好后，在同样状态下用力拉棒抻直丝线，整理平直后，穿在晾衣竿上阴干。

六叶茜染・真丝刺绣线（用于和服领口刺绣）

◆ 完成品见第 105 页

材料和用具

- 真丝刺绣线 1 绞　10 克
- 六叶茜根　10 克
- 明矾　4 克
- 6.5 升中号不锈钢圆盆　4 个
- 15 升小号桶锅　1 个
- 滤筛、密筛
- 计量杯、直棒 等

②清洗六叶茜根

③在水里加入六叶茜根

③煮沸

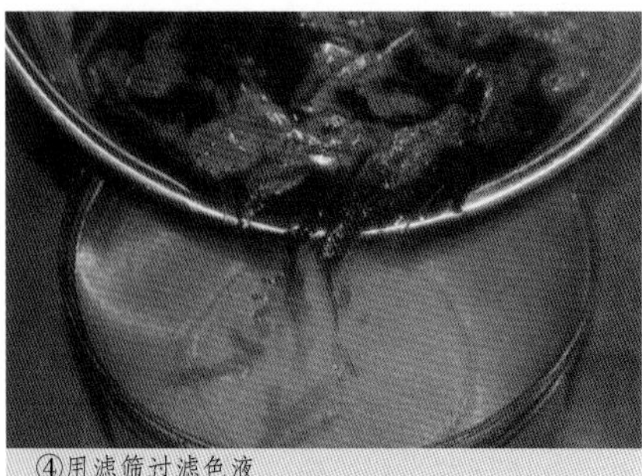

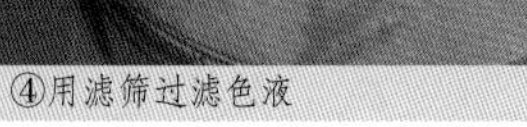

④用滤筛过滤色液

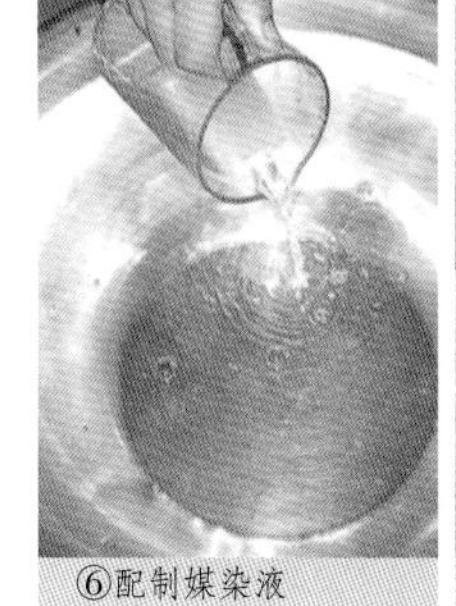

⑥配制媒染液

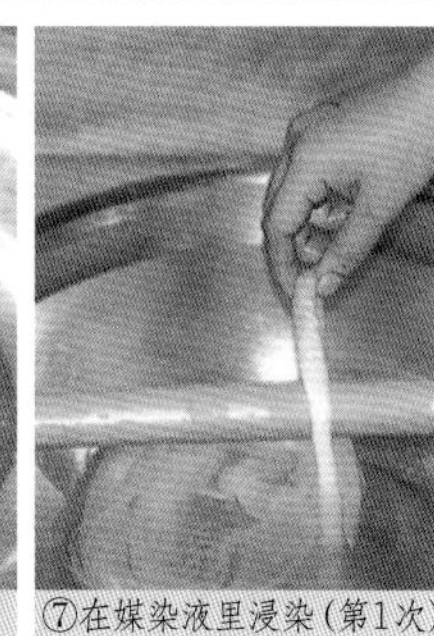

⑦在媒染液里浸染（第1次）

染前准备

① **丝线的染前准备。**将丝线用直棒挑起，浸入 40℃—50℃的热水里。上下运动直棒，转动丝线挑起的位置，使之能整体均匀浸透。

色液提取

② **清洗六叶茜根。**把六叶茜根放在滤筛里，用水冲、手搓清洗，充分洗除茜根上的灰尘和土渣。

③ **第 1 次提取。**把 10 克六叶茜根放入 2 升水（冷热均可）中，大火煮沸，然后改为小火继续煎煮 20 分钟。

④ **过滤色液。**把煮过的六叶茜根用滤筛过滤，2 升水煮出约 2 升色液。

⑤ **第 2 次提取。**将滤筛里的六叶茜根再次加水，采用与第 1 次提取相同的方法煮沸、过滤，2 次煮出的色液合计约 4 升。

媒染

⑥ **配制媒染液。**将 4 克明矾放入 4 升开水里，充分搅拌溶化。请记住，如果是真丝面料，明矾的使用量是 1 升水中放 1 克明矾。明矾不易溶化，应先另取容器，用开水溶化后再用。

⑦ **在媒染液里浸染。**丝线以不急速上色为好。将丝线做好染前准备之后，轻轻拧水，抖散丝线，放入媒染液中。不停拨动丝线，使其均匀染色，约操作 20 分钟。这时应加热明矾媒染液，使其温度保持在 40℃—50℃之间。和做染前准备一样，上下运动直棒，转动丝线挑起的位置。转动时要避免丝线出现拉伸、缠绕现象。从染液中提起后，轻轻拧一下水分。

⑧ **清洗。**把轻轻拧过的丝线抖开，将线上多余的媒染液用水清洗。

⑨用密筛过滤色液

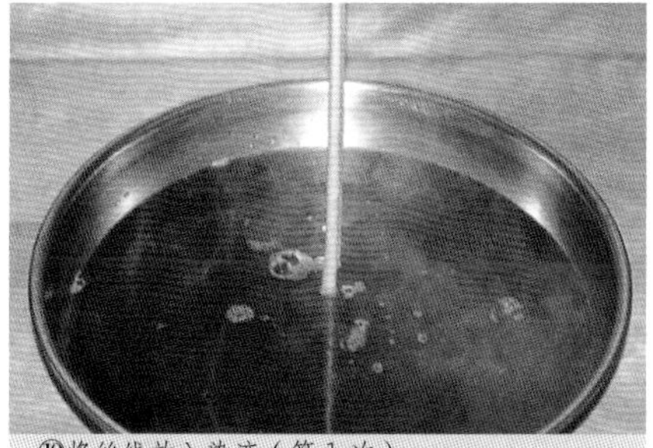
⑩将丝线放入染液（第 1 次）

⑦在媒染液里浸染（第 4 次）

⑩在染液里浸染（第 4 次）

染色

⑨ **制作染液。** 将 1 升色液用密筛过滤，加入 3 升水（冷热均可），制成 4 升染液。剩余的色液留待后续添加使用。

⑩ **在染液里浸染。** 把清洗后的丝线轻轻拧水、抖散开后放入染液里，采用与⑦相同的方法浸染约 20 分钟。六叶茜在高温下易染色，故将染液加温至 80℃—90℃。在高温染液里进行操作时，可在橡胶手套里加戴棉线手套，或戴两层橡胶手套。

⑪ **清洗。** 从染液里取出丝线，轻轻拧水、抖散，用水清洗掉丝线上多余的染液，充分清洗。染色后的清洗与媒染后的清洗要分别使用不同的容器。六叶茜染液温度高，从染液拿出丝线后如果直接放在凉水里清洗，容易使丝线受损。故应用温水进行清洗，或将丝线抖散、整理，使之冷却后再清洗。

以上⑦⑧⑩⑪的媒染→染色步骤操作 4 次。

↗ ⑦媒染 20 分钟 ↘

⑪清洗　　　　⑧清洗

↖ ⑩染色 20 分钟 ↙

★ 如果第 1 次就用高浓度染液染色，容易出现染斑。故分成 4 次操作，每次浓度逐渐加深。第 2、3、4 次染色时，应在上一次使用的染液里分别取出 1 升旧染液倒掉，再加入 1 升新色液。

★ 色液不可放置过夜。

★ 如需染更深的颜色，染色、清洗、干燥（参照第 20 页）以后，第 2 天再从步骤①开始，重复操作。

染后处理

㉔ **清洗。** 在完成染色与清洗以后，用清水再进行充分清洗。

㉕ **晾干。** 将清洗后的丝线轻轻拧水，挂在固定棒上，另一端用直棒穿起，用力拧挤，并不断变换丝线的位置反复拧挤。拧好后，在同样状态下用力拉棒抻直丝线，整理平直后，穿在晾衣竿上阴干。

苏方木

原产于印度、马来西亚半岛、印度尼西亚等热带地方的豆科小型乔木，树高为5米，枝干有刺，开黄色花。苏方木材质坚硬，可用作木材，其芯材含有色素可提取出来用作红色染料。

苏方木色素是需要借助媒染剂媒染的多色性染料，用明矾和山茶灰等铝盐类来媒染可得到红色，用铁盐类媒染可得到紫色。

苏方木作为染料自古以来备受推崇，《正仓院文书》是以苏芳纸记录，苏芳纸就是用苏方木染色做成的和纸。正仓院里收藏的工艺品“黑柿苏芳染金银如意箱”等，依然保持着当初的鲜艳色彩。苏方木在奈良时代就已经传入日本，8世纪中叶，唐朝僧人鉴真和尚东渡日本时写下了《唐大和上东征传》，书中记述了和尚渡海途中被海盗虏获到先岛群岛，看到岛上堆积着大量的苏方木材，于是很有兴趣地询问当时由南方运苏方木往中国和日本的详情。

《延喜式》中有“深苏芳绫一匹，苏芳大一斤，醋八合，灰三斗，薪一百廿斤。……”的记载，可见染色时必须使用醋，让染缸稍稍呈酸性，这样染出的红色更鲜艳。同时也指出苏方木是容易褪色的染料。江户时代苏方木染的棉布非常流行，据文献记载的染色技法，要先用五倍子等鞣质类的染料染色，然后再染苏方木。这不仅适合染棉布，也适合丝绸等动物纤维，虽然色彩会有点发黑但可增加牢度。

苏方木染·薄丝围巾

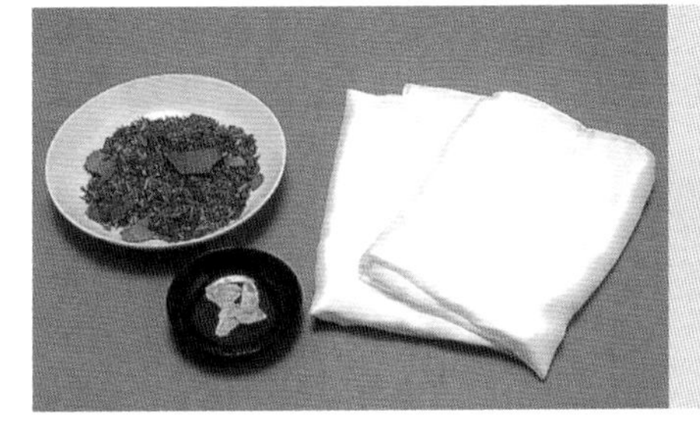

材料和用具

- 杨柳薄丝围巾 2 条（90×80 厘米） 50 克
- 苏方木 50 克
- 明矾 9 克
- 13 升大号不锈钢圆盆 4 个
- 6.5 升中号不锈钢圆盆 1 个
- 15 升小号桶锅 1 个
- 滤筛
- 密筛
- 计量杯 等

染前准备

① **围巾的染前准备。**将围巾浸入 40℃—50℃的热水里。拨动围巾，使之整体均匀浸透。

色液提取

② **第 1 次提取。**把 50 克苏方木放入 5 升水（冷热均可）中，大火煮沸，然后改为小火继续煎煮 20 分钟。

③ **过滤色液。**把煮过的苏方木用滤筛过滤，5 升水煮出约 5 升色液。

④ **第 2 次提取。**将滤筛里的苏方木再次加水，采用与第 1 次提取相同的方法煮沸、过滤，2 次煮出的色液合计约 10 升。

媒染

⑤ **配制媒染液。**将 9 克明矾放入 9 升开水里，充分搅拌溶化。请记住，如果是真丝面料，明矾的使用量是 1 升水中放 1 克明矾。明矾不易溶化，应先另取容器，用开水溶化后再用。

⑥ **在媒染液里浸染。**面料以不急速上色为好。将围巾做好染前准备之后，不要用手拧，应轻轻提起，使之适当滴去水分，然后放入媒染液中浸染约 20 分钟，使面料均匀上色。加热明矾媒染液，使其温度保持在 40℃—50℃之间。浸染时要始终在媒染液中拨动面料，并避免面料与媒染液间出现气泡。面料出现折痕或由于空气进入织物而产生气泡，都会使媒染不均匀而出现染斑，所以必须仔细地将面料从头至尾、反复拨动。

⑦ **清洗。**用水清洗掉面料上多余的媒染液。

染色

⑧ **制作染液。**将 2 升色液用密筛过滤，加入 7 升水（冷热均可），制成 9 升染液。剩余的色液留待后续添加使用。

⑨ **在染液里浸染。**采用与⑥相同的方法浸染约 20 分钟。应加热染液，使其温度慢慢上升。丝绸面料在高温下容易受损，故请注意，温度应控制在 50℃—60℃之间。

⑩ **清洗。**用水清洗掉面料上多余的染液，染色后的清洗与媒染后的清洗要分别使用不同的容器。

以上⑥⑦⑨⑩的媒染→染色步骤操作 4 次。

↗ ⑥媒染 20 分钟 ↘
⑩清洗　　　　　　⑦清洗
↖ ⑨染色 20 分钟 ↙

★ 如果第 1 次就用高浓度染液染色，容易出现染斑。故分成 4 次操作，每次浓度逐渐加深。第 2、3、4 次染色时，应在上一次使用的染液里分别取出 2.5 升旧染液倒掉，再加入 2.5 升新色液。

★ 色液不可放置过夜。

★ 如需染更深的颜色，染色、清洗、干燥（参照第 20 页）以后，第 2 天再从步骤①开始，重复操作。

染后处理

㉔ **清洗。**完成第 4 次染色、清洗以后，再用清水清洗干净。

㉕ **晾干。**清洗后的面料不要用手拧，用晾衣夹夹住一边，吊起阴干。

㉖ **熨烫。**盖上垫布，用熨斗熨平。熨烫时注意温度。

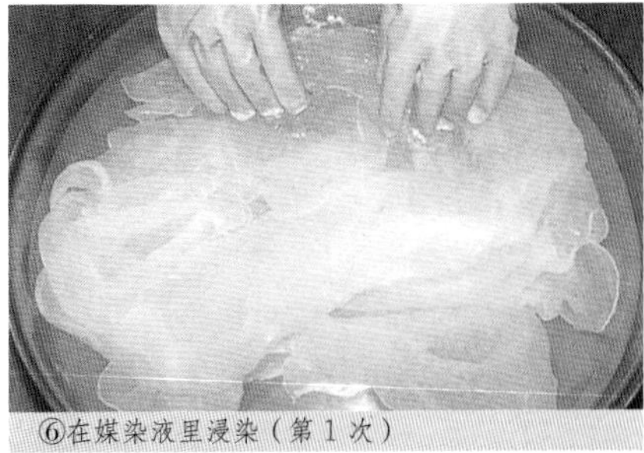
⑥在媒染液里浸染（第 1 次）

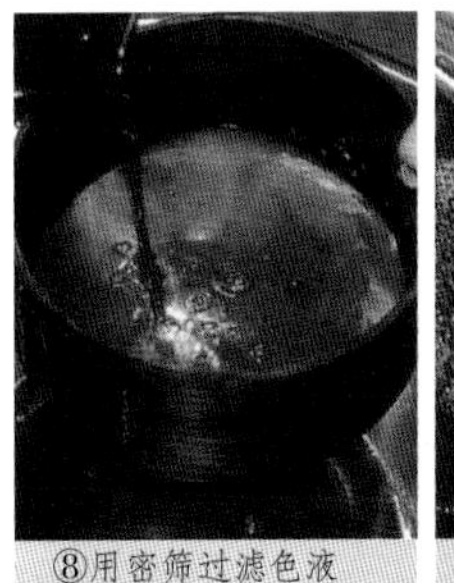
⑧用密筛过滤色液

⑧往色液里加水

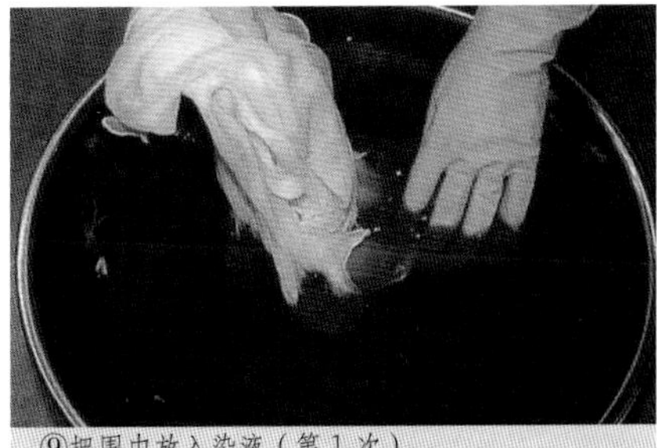
⑨把围巾放入染液（第 1 次）

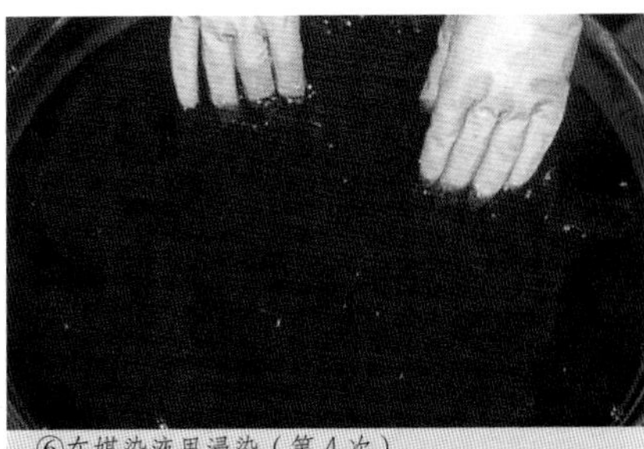
⑥在媒染液里浸染（第 4 次）

②煮沸

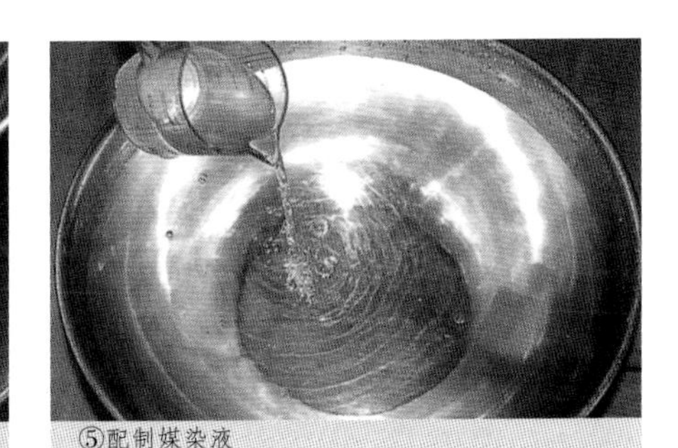
③用滤筛过滤色液

⑤配制媒染液

⑨把围巾放入染液（第 4 次）

苏方木染・绵绸信盒

材料和用具

- 绵绸 1 卷（200×36 厘米） 100 克
- 苏方木 50 克
- 铁浆水 400 毫升
- 13 升大号不锈钢圆盆 4 个
- 6.5 升中号不锈钢圆盆 4 个
- 15 升小号桶锅 1 个
- 滤筛
- 密筛
- 计量杯
- 玻璃棒 等

染前准备

① **绵绸的染前准备。**将面料浸入 40℃—50℃的热水里。拨动面料，使之整体均匀浸透。绵绸面料不容易浸透，染前准备时间应少长一些。

色液提取

② **第 1 次提取。**把 50 克苏方木放入 2 升水（冷热均可）中，大火煮沸，然后改为小火继续煎煮 20 分钟。

③ **过滤色液。**把煮过的苏方木用滤筛过滤，2 升水煮出约 2 升色液。

④ **第 2 次提取。**将滤筛里的苏方木再次加水，采用与第 1 次提取相同的方法煮沸、过滤，2 次煮出的色液合计约 4 升。

媒染

⑤ **配制媒染液。**将 100 毫升铁浆水倒入 9 升冷水中，充分搅拌溶化。

⑥ **在媒染液里浸染。**面料以不急速上色为好。将面料做好染前准备之后，不要用手拧，应轻轻提起，使之适当滴去水分，然后放入媒染液中浸染约 20 分钟，使面料均匀上色。铁浆水的温度应在 15℃—20℃之间。浸染时要始终在媒染液中拨动面料，并避免面料与媒染液间出现气泡。面料出现折痕或由于空气进入织物而产生气泡，都会使媒染不均匀而出现染斑，所以必须仔细地将面料从头至尾、反复拨动。

②在水中放入苏方木

⑦ **清洗。**用水清洗掉面料上多余的媒染液。

染色

⑧ **制作染液。** 将 1 升色液用密筛过滤，加入 8 升水（冷热均可），制成 9 升染液。剩余的色液留待后续添加使用。

⑨ **在染液里浸染。**采用与⑥相同的方法浸染约 20 分钟。应加热染液，使其温度

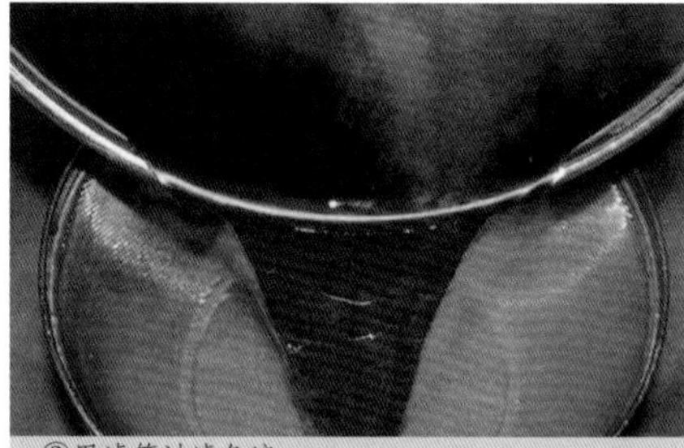

③用滤筛过滤色液

⑤配制媒染液

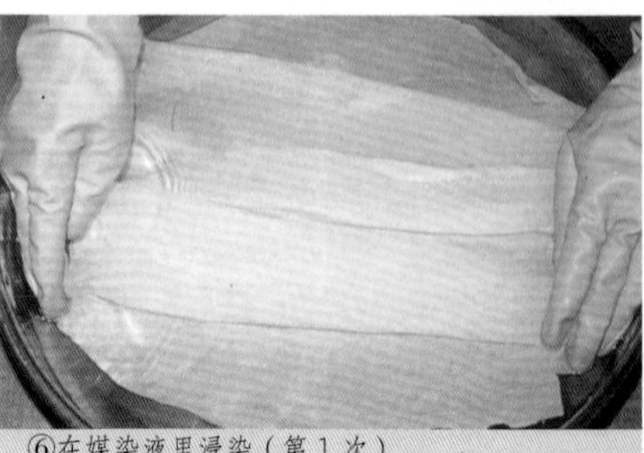

⑥在媒染液里浸染（第 1 次）

慢慢上升。丝绸面料在高温下容易受损，故请注意，温度应控制在 50℃—60℃之间。

⑩ **清洗**。用水清洗掉面料上多余的染液，染色后的清洗与媒染后的清洗要分别使用不同的容器。

以上⑥⑦⑨⑩的媒染→染色步骤操作 4 次。

↗ ⑥媒染 20 分钟 ↘
⑩清洗　　　　　　⑦清洗
↖ ⑨染色 20 分钟 ↙

★ 如果第 1 次就用高浓度染液染色，容易出现染斑。故分成 4 次操作，每次浓度逐渐加深。第 2、3、4 次染色时，应在上一次使用的染液里分别取出 1 升旧染液倒掉，再加入 1 升新色液。
★ 铁浆水在第 2、3、4 次媒染时，每次应分别加入 100 毫升新液。
★ 色液不可放置过夜。
★ 如需染更深的颜色，染色、清洗、干燥（参照第 20 页）以后，第 2 天再从步骤①开始，重复操作。

染后处理

⑪ **清洗**。完成第 4 次染色、清洗以后，再用清水清洗干净。
⑫ **晾干**。清洗后的面料不要用手拧，用晾衣夹夹住一边，吊起阴干。
⑬ **熨烫**。盖上垫布，用熨斗熨平。熨烫时注意温度。

⑧用密筛过滤色液

⑧往色液里加水

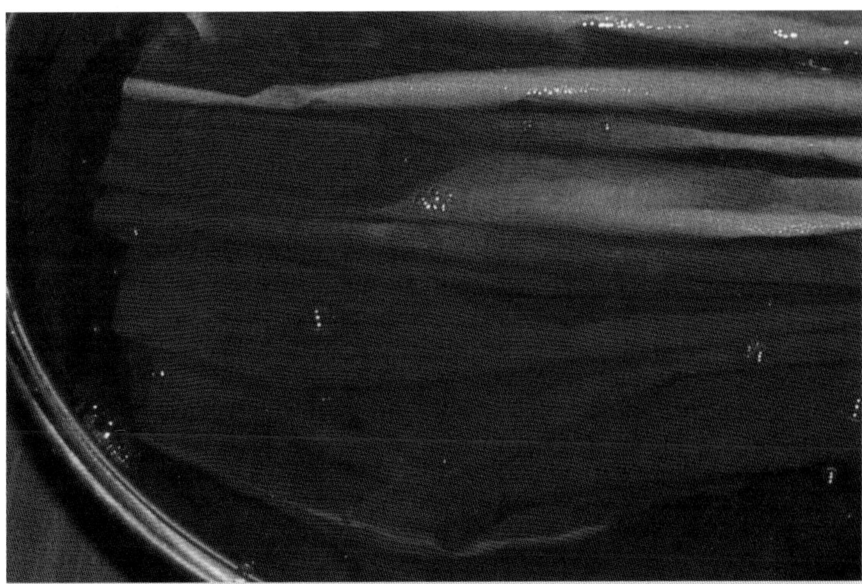
⑨在染液里浸染（第 1 次）

⑥在媒染液里浸染（第 4 次）

胭脂虫

色彩鲜艳的胭脂红是从雌性胭脂虫身上（属蚧总科胭蚧）提取而来的。胭脂虫主要生活在墨西哥和秘鲁等中美洲沙漠中，寄生于食用仙人掌上。收集产卵前的雌虫，经热水或蒸汽蒸后，再干燥制成染料。含胭脂红酸的暗红色粉末，是日本画绘画用颜料，也是制造红墨水以及番茄酱、鱼糕等的着色剂。另外也是化妆品的原料，同时还是细菌和生物组织染色用的染料。胭蚧属染料除了胭脂虫以外还有绛蚧属虫、紫胶虫等（参照第 133 页）。

原产地虽然不能完全确定，但是自古以来中南美的染织品就已经在使用了，从印加帝国以及更早的出土织物中，人们发现了用胭脂虫染色的线。胭脂虫作为染料是在哥伦布到达美洲大陆后，于 1518 年在属于西班牙的墨西哥发现后带回欧洲的，后来被应用于军服和法国戈布兰挂毯、地毯的染色。伴随荷兰贸易开始，传入日本的猩红色毛织物，用胭脂虫红加黄色染料染制后，成了军队武将们穿着在最外层的无袖长坎肩用面料。

进入 18 世纪以后，随着墨西哥独立运动的高涨，西班牙人担心作为经济来源的胭脂虫的稳定收入受到影响，便将胭脂虫移植到加那利群岛上。由于那里的气候很适合繁殖，生产出来的优质染料压倒了墨西哥的产品，导致墨西哥的胭脂虫濒临绝灭。现在墨西哥基本上已经不饲养胭脂虫了，在秘鲁北部虽然还有少量生产，但知道或懂得古老染色技法的人非常少。

日本在江户时代、明治时代也曾尝试过饲养胭脂虫，都没能成功，直到现在也完全依赖进口。

胭脂虫染 · 马海毛毛衣

材料和用具

- 马海毛　500 克
- 胭脂虫　50 克
- 明矾　25 克（毛线的 4%—5%）
- 羊毛洗涤剂或中性洗涤剂　25 克（1 克 / 升）
- 13 升大号不锈钢圆盆　1 个
- 6.5 升中号不锈钢圆盆　1 个
- 30 升大号桶锅　1 个
- 30 升长方形容器　1 个
- 滤筛、密筛
- 计量杯、直棒、手钩棒 等

清洗羊毛

① **羊毛清洗。**毛线在出售前虽然已经清洗过，但在染色前还需用羊毛洗涤剂（中性洗涤剂）进行清洗。在 25 升 40℃—50℃的热水里倒入 25 克羊毛洗涤剂，充分溶化。固体状的羊毛洗涤剂不易溶化，可另取容器，先溶化后再用。把毛线穿在直棒上，用手钩棒不断移动毛线的位置，清洗 10—15 分钟，最后用直棒和手钩棒进行拧挤。

② **清洗。**将拧挤后的毛线挂在棒上，放入水中，两手握紧直棒的两端，快速前后摆动。换 3 次水进行清洗后，充分拧挤。

媒染

③ **配制媒染液。**将 25 克明矾放入 40℃—50℃的 25 升热水里，充分搅拌溶化。明矾不易溶化，应先另取容器，用开水溶化后再用。

④ **在媒染液里浸染。**把清洗好的毛线放入媒染液里，加温至 90℃—100℃。接近沸点时转为小火以保持温度，煮 20 分钟。为使毛线整体均匀媒染，用手钩棒进行操作。20 分钟后关火，用直棒把毛线全部放进媒染液里，放置一晚。

⑤ **清洗。**从媒染液里取出毛线，采用与②相同的方式，换 3 次水，将线上多余的媒染液用水清洗。

色液提取

⑥ **第 1 次提取。**把 50 克胭脂虫放入 4 升水（冷热均可）中，大火煮沸，然后改为小火继续煎煮 20 分钟。

⑦ **过滤色液。**把煮过的胭脂虫用滤筛过滤，4 升水煮出约 4 升色液。

⑧ **第 2、3 次提取。**将滤筛里的胭脂虫再次加水，采用与第 1 次提取相同的方法煮沸、过滤，3 次煮出的色液合计约 12 升。

染色

⑨ **制作染液。** 将 12 升色液用密筛过滤，加入 13 升水（冷热均可），制成 25 升染液。

⑩ **在染液里浸染。**把清洗后的毛线放入染液里，采用与④相同的方法，加温至

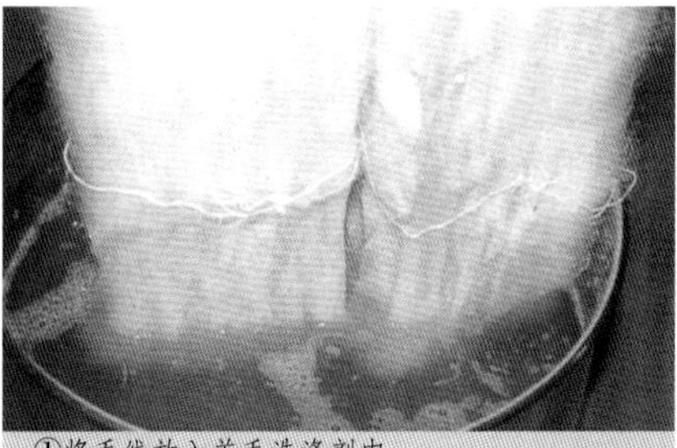
①将毛线放入羊毛洗涤剂中

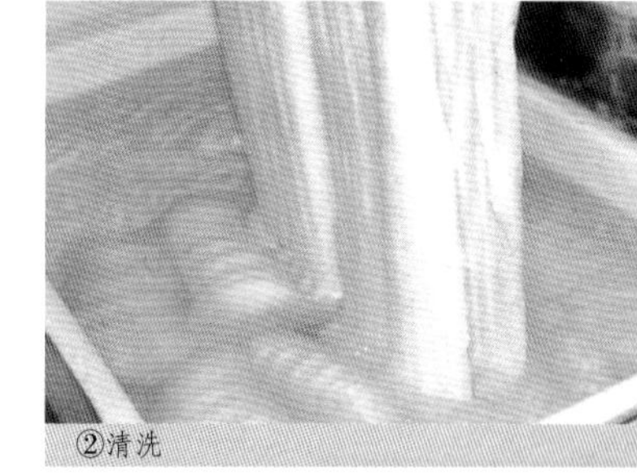
②清洗

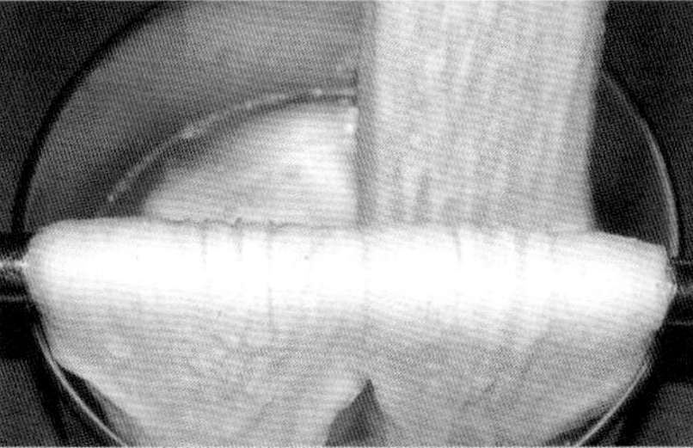
①用羊毛洗涤剂清洗毛线

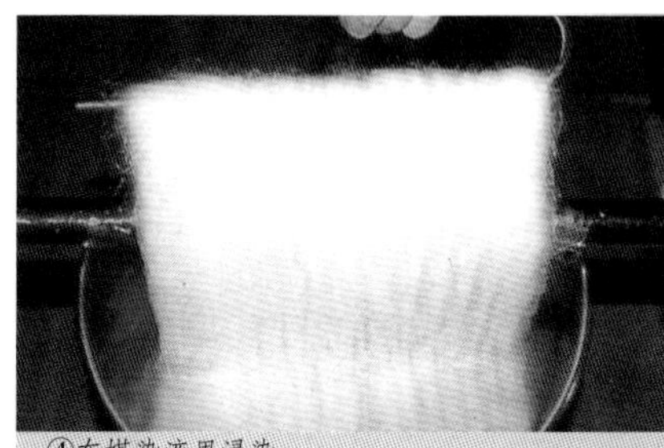
④在媒染液里浸染

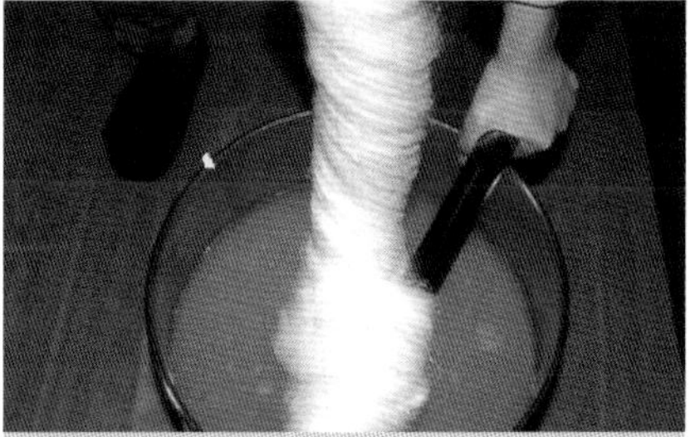
①拧挤清洗好的毛线

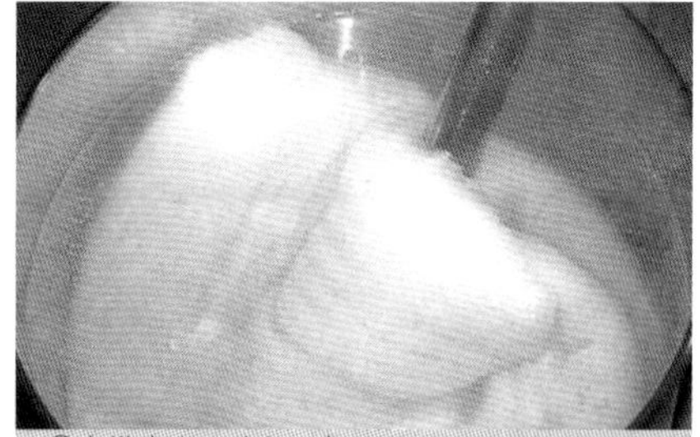
④在媒染液里浸泡一晚

⑥煮沸

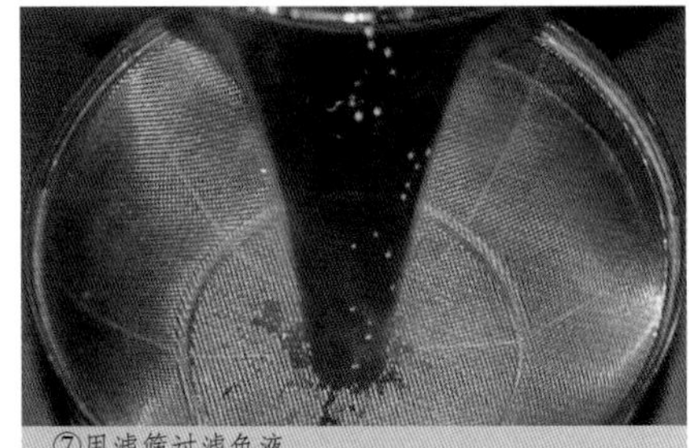
⑦用滤筛过滤色液

⑨用密筛过滤色液

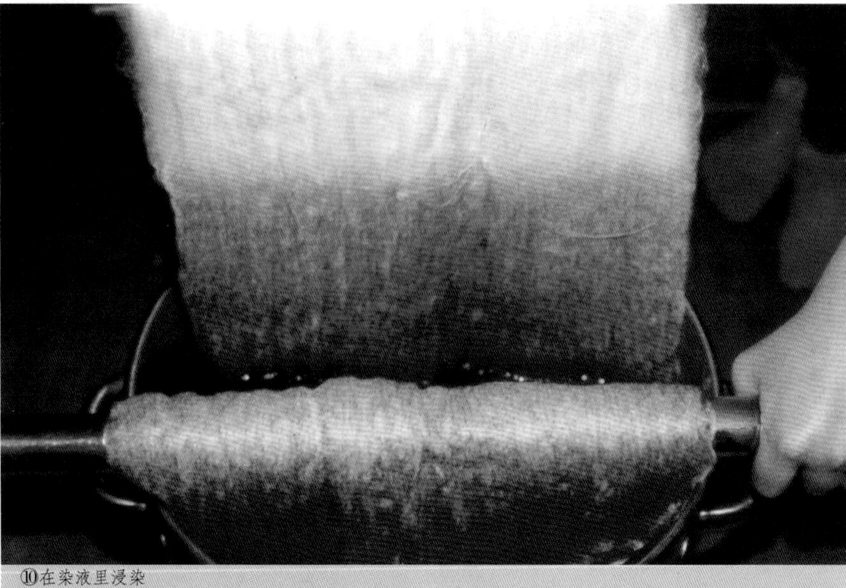
⑩在染液里浸染

⑨往色液里加水

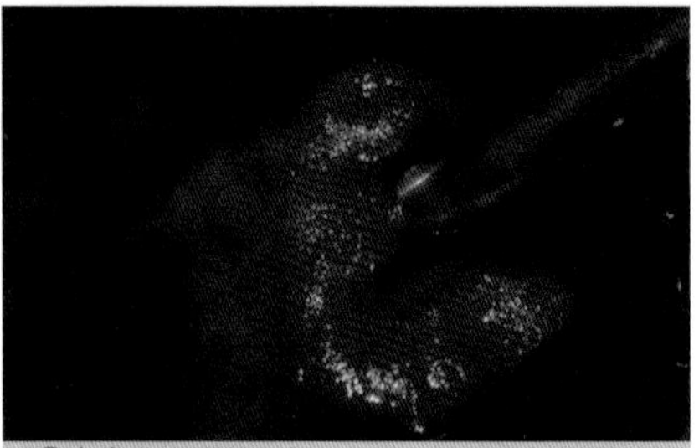
⑩在染液里浸泡一晚

⑩从染液里提起毛线后进行拧挤

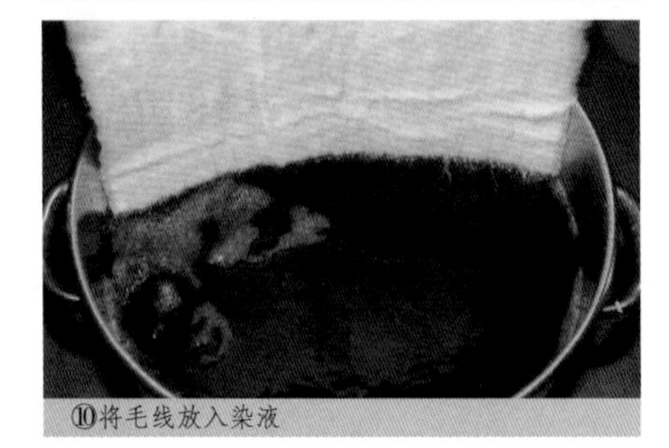
⑩将毛线放入染液

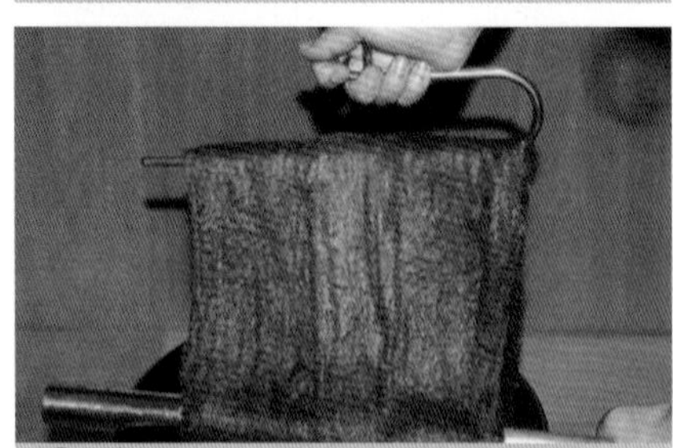
⑩从染液里提起毛线

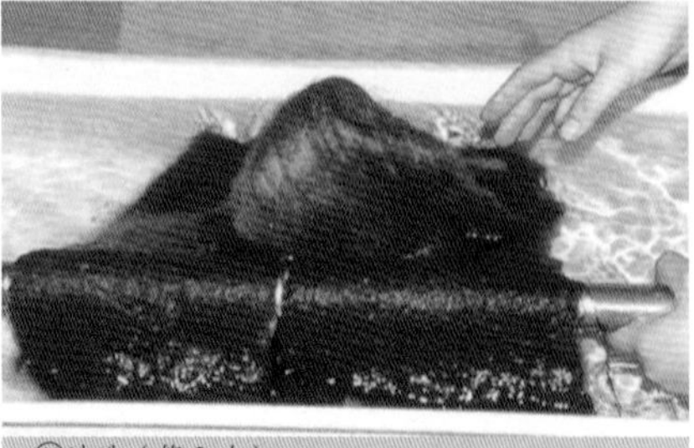
⑪清洗（第3次）

90℃—100℃，接近沸点时转为小火以保持温度，煮20分钟。20分钟后关火，浸泡一晚。

⑪ **清洗**。采用与②相同的方式，换3次水，将线上多余的染液用水清洗。

★ 如需染更深的颜色，染色、清洗、干燥（参照第20页）以后，第2天再从步骤③开始，重复操作。

染后处理

⑫ **晾干**。将清洗后的毛线，用直棒和手钩棒充分拧挤，整理平直后，穿在晾衣竿上阴干。如果不用力拧挤毛线很难晾干，也可利用洗衣机轻轻脱水10秒钟。

胭脂虫色膏的制作方法

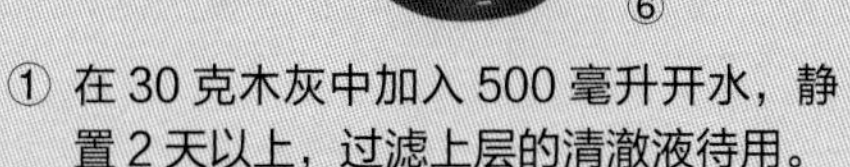

材料和用具

- 胭脂虫　10 克
- 明矾　5 克
- 2.5 升小号不锈钢圆盆　3 个
- 木灰　30 克
- 2 升烧杯　1 个
- 100 毫升烧杯　1 个
- 滤筛　■ 咖啡过滤器　■ 过滤纸
- 橡胶刮片　■ 小瓷盘（盛装色膏用）等

① 在 30 克木灰中加入 500 毫升开水，静置 2 天以上，过滤上层的清澈液待用。

② 将 10 克胭脂虫放入 500 毫升水中用大火煮沸，然后改为小火继续煎煮 20 分钟，用滤筛过滤。将滤筛里的胭脂虫再次加水，采用与第 1 次相同的方法煮沸、过滤。2 次煮出的色液用密筛过滤，放置待用。

③ 将 5 克明矾放入 250 毫升开水中，充分搅拌溶化。

④ 因明矾溶液属于酸性，在溶液中加入碱性灰汁使之呈中性（PH=7）。中和后的明矾溶液呈白色混浊状。

⑤ 在中和后的明矾液④里加入色液，搅拌后放置一晚。

⑥ 放置一晚后，沉淀物和上层清澈液分层，倒掉清澈液后加水，再放置一晚使其沉淀。这一步骤操作两三次，以去除色膏里的杂质。

⑦ 最后一次倒掉清澈液，用装有过滤纸的咖啡过滤器，对沉淀部分进行过滤。

⑧ 用橡胶刮片把过滤纸里滤出的色膏刮出，装在小瓷盘里。密封后放入冰箱，可保存半年左右。

苏方木色膏的制作方法

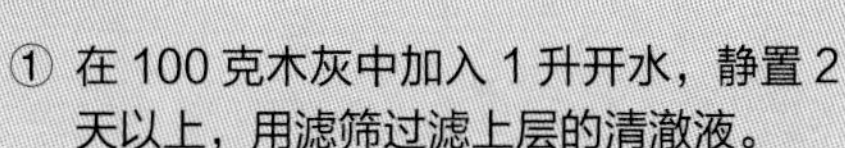

材料和用具

- 苏方　20 克
- 明矾　2.5 克
- 2.5 升小号不锈钢圆盆　3 个
- 木灰　100 克（100 克 / 升的浓度）
- 2 升烧杯　1 个
- 100 毫升烧杯　1 个
- 滤筛　■ 咖啡过滤器　■ 过滤纸
- 橡胶刮片　■ 小瓷盘（盛装色膏用）等

① 在 100 克木灰中加入 1 升开水，静置 2 天以上，用滤筛过滤上层的清澈液。

② 将 20 克苏方木放入 500 毫升水中用大火煮沸，然后改为小火继续煎煮 20 分钟，用滤筛过滤。将滤筛里的苏方木再次加水，采用与第 1 次相同的方法煮沸、过滤。2 次煮出的色液用密筛过滤。

③ 将 2.5 克明矾放入 50 毫升开水中溶化，将明矾液倒入苏方木色液中，充分搅拌混合。

④ 因明矾溶液属于酸性，为使其中和，在溶液中加入 600 毫升的碱性灰汁，充分搅拌后放置一晚。

⑤ 放置一晚后，沉淀物和上层清澈液分层，倒掉清澈液后加水，再放置一晚使其沉淀。这一步骤操作两三次，以去除色膏里的杂质。

⑥ 最后一次倒掉清澈液，用装有过滤纸的咖啡过滤器，对沉淀部分进行过滤。

⑦ 用橡胶刮片把过滤纸里滤出的色膏刮出，装在小瓷盘里。密封后放入冰箱，可保存半年左右。

友禅染·真丝绉绸靠垫

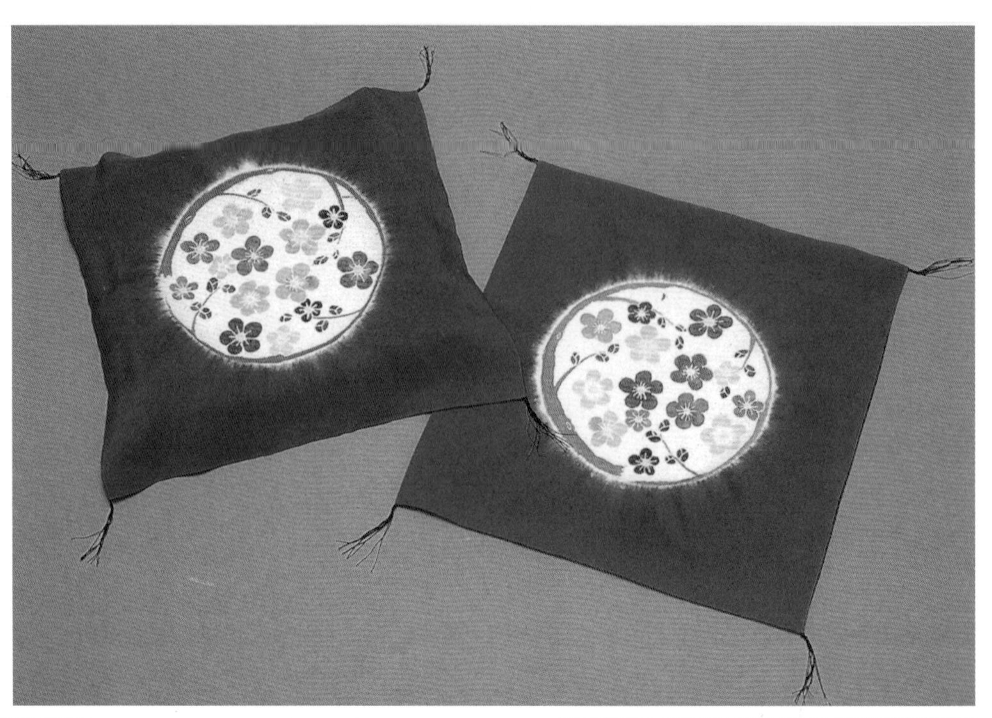

材料和用具

- 一越绉绸 3 块（45×38 厘米） 90 克
- 蓝缸
- 中粗线 ■ 塑料袋
- 糊（或使用染料店出售的型染用糊）
  - 糯米粉 120 克、小纹糠 180 克（糯米粉和小纹糠的比例为 2∶3）
  - 盐 10 克
- 棉布
- 蒸锅
- 研磨盆
- 小勺
- 胡粉、红、雌黄、墨 适量
- 糊筒、大口径筒锥、尖筒锥（极细）
- 竹绷
- 胭脂虫色膏
- 豆粉 3 克
- 明矾 4 克
- 毛刷
- 牛奶杯、搅奶棒
- 胶粒 10 克
- 毛笔
- 海藻 2 克
- 排刷 等

★ 把需要进行友禅染的部分扎住防染，再进行蓝染，最后在留白处上糊描绘。

【蓝染】

扎系准备

① **扎系面料。**所设计的图案是居中的圆形，因此先用水消笔画出圆，并用棉线缝紧。把要留白的部分垫入芯料，均匀地缝线、抽线、收褶，然后套上塑料袋，再用棉线缠紧防染。如果没有扎紧，染液会浸入防染部分导致图案染色失败，因此也可以使用双层套塑料袋和双股缠线。

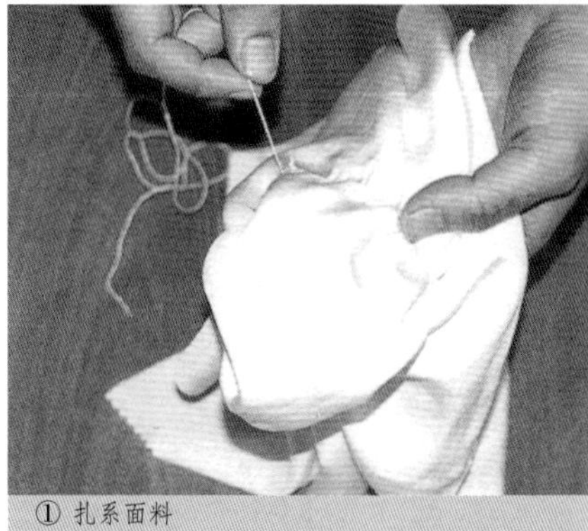

① 扎系面料

染前准备

② **染前准备。**将扎好的面料浸入 40℃—50℃的热水里。因扎系而使面料产生的褶皱部分，热水不容易渗透，可用手轻轻抻开搓揉，使之充分浸湿。绉绸浸水后纤维中会浮出杂物，中途应换水。

④放入蓝液浸染（第 1 次）

染色

③ **准备蓝缸。**制蓝方法参照第 58—59 页。蓝液制成后，在染色前不要搅动蓝缸，让沉淀物处于蓝缸底部。为使沉淀物不上浮，可在蓝缸里放置一个滤筛或滤网。

④ **在蓝缸里浸染。**面料以不急速上色为好。将面料做好染前准备后，不要用手拧，应轻轻提起，使之适当滴去水分，然后放入蓝缸中浸染约 5 分钟，使面料均匀上色。浸染时要始终在染液中拨动面料，并避免面料与染液间出现气泡。面料出现折痕或由于空气进入织物而产生气泡，都会使染色不均匀而出现染斑，应十分注意。

氧化

⑤ **在水中氧化。**蓝液接触氧气后产生氧化现象，从而使色素着色。从蓝缸中提起织物，一边让附着在织物上的多余染液顺势流去，一边在水中拨动织物，使之接触水中氧分子进行氧化，直到织物由绿色转为蓝色。

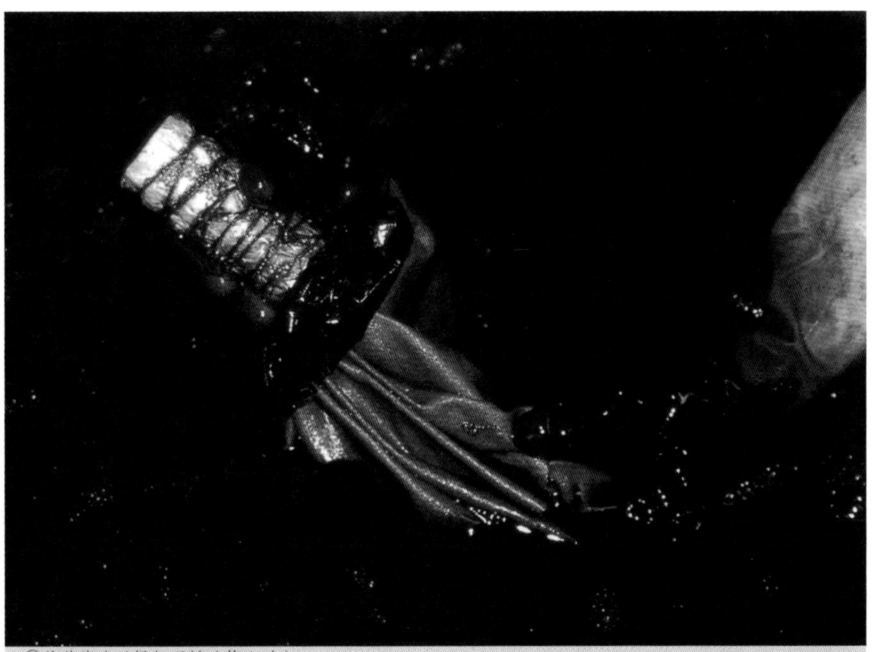

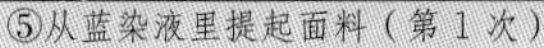

⑤从蓝染液里提起面料（第 1 次）

⑤在水中氧化（第 1 次）

⑥清洗（第 1 次）

清洗

⑥ **清洗。**从水中提起氧化好的织物，另取容器清洗。

以上④⑤⑥的染色→氧化→清洗步骤操作 2 次。

④在蓝缸里浸染 5 分钟

↑　　　　↓

⑥清洗　←　⑤在水中氧化

染后处理

⑦ **清洗。**完成 2 次氧化后，拆除扎线、塑料袋和芯料，进行清洗并阴干。干燥后拆除缝线。

⑧ **清除灰汁。**把拆线后的织物放入清水里浸泡 30—60 分钟，清除残余的染料和灰汁，再次清洗至完全干净为止。

⑨ **晾干。**清洗后的面料不要用手拧，用晾衣夹夹住一边，吊起阴干。

【友禅染】

防染糊制作

参照第 68 页

⑩ **揉面。**将糯米粉和小纹糠倒入研磨盆中充分混合，分次加入 300 毫升水并充分揉匀。为了在蒸的时候能使热汽充分渗进、蒸透，分次取出适量面团，做成多个小面圈。

⑪ **蒸面。**在蒸锅里垫上棉布，把⑩制成的面圈排放在垫布上，用布包住，蒸 1—1.5 小时。

⑫ **加盐。**将蒸好的面圈再次放在面盆里，趁热加水揉捏，揉到适当硬度。为避免防染糊干燥后产生龟裂，加入 10 克盐并充分揉匀。

上糊

⑬ **画图案。**设计好图案，用青花笔（或水消笔）在面料上画出底稿。

⑭ **上糊。**为了能流畅挤出防染糊，先把糊筒浸水打湿，待糊筒变软后擦去多余水分、剪去尖端，插上大口径筒锥，套上尖锥。为使后续操作能顺利进行，从布的反面用竹绷撑开面料，竹绷的交叉处用绳子固定。把防染糊装进糊筒，上端口用皮筋扎住，一点一点慢慢挤，直至能流畅地绘出线条。从反面轻轻喷雾使布湿润，然后用排刷进行轻轻刮刷，使糊固定。

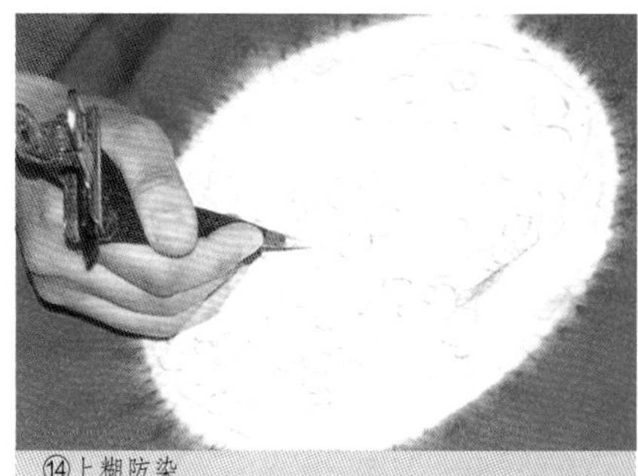

⑭上糊防染

⑮ **干燥。**保持竹绷的抻开状态，使糊完全干透。

涂刷豆汁

⑯ **调制豆汁。**把 3 克豆粉放入 100 毫升（浓度为 3%）30℃—40℃的热水里，浸泡 2 小时，泡涨后用棉纱布过滤拧挤出豆汁。

⑰ **在布的两面涂豆汁。**用排刷蘸取少量豆汁，均匀地刷在竹绷上的布的正反两面。描画时豆汁能用于防染，也可使用赤菜代替豆汁。

⑱ **干燥。**让布抻在竹绷上充分干燥。长时间放置豆汁会变成黄色，故干燥后应迅速进行描绘。

填色

⑲ **融化胶粒。**把 10 克胶粒放入 100 毫升开水里融化。在融化胶粒用的容器外面再套一个更大的容器，盛水加温并充分搅拌，使胶粒隔水加温融化。

⑳ **融化海藻。**把 2 克海藻放入 100 毫升开水里溶化。

㉑ **混合颜料与色膏。**把各色颜料、胭脂虫色膏分别与等量的胶混合在一起。为了在填色时能更好地防染，可在混合液中加入海藻溶液；如要填描浅色，可在颜料与色膏的胶液中加入适量胡粉与胶液，并添加适量的海藻溶液或水进行稀释。描绘填色时，不同颜料与色膏的渗透力不同，添加海藻溶液时要进行调试。[白色]将胡粉倒入牛奶杯，把颗粒物研细，加入与胡粉等量的胶液与海藻溶液，并用手指调搅混合。

[朱红]把等量的朱红、胶液和海藻溶液混合在一起，用手指调搅混合。

[黄色]在雌黄里加入少量水进行研磨，再加入等量的胶液与海藻溶液，用手指调搅混合。

[胭脂虫色膏]色膏的制作方法参见第129页。把等量的色膏、胶液和海藻溶液混合在一起，用手指调搅混合。

[墨色]加入少量的水进行研磨，再加入海藻溶液，用手指调搅混合。

★ 用胶液调和而成的颜料，在过冷的温度下容易干硬、难以描绘，可用电热器进行加热保温。

㉒ **填色。**调制好所需颜色后，让竹绷抻着面料，在防染纹样轮廓的内侧，用笔和排刷填色。晕染色彩时，用长毛排刷填浓色、短毛排刷填浅色，中间部分将深浅两色混合，便可画出色阶变化。填色时，颜色如果凸凹不平地积留在面料表面，容易产生染斑，所以要定时边用电热器干燥、边用手指在面料反面轻轻刮擦，使颜色均匀渗透，避免染斑产生。

㉓ **晾干。**把面料抻在竹绷上，充分晾干。

固色

㉔ **涂刷明矾溶液。**把4克明矾放入100毫升开水里溶化，用笔把明矾溶液涂在填色部位，防止脱色。

㉕ **晾干。**把面料抻在竹绷上，充分晾干。

脱糊

㉖ **脱糊。**把面料浸泡在水里，直至防染糊自然脱落。如果强行采取脱糊措施，会使所填之色也随之脱落，所以应该慢慢浸泡脱糊。

染后处理

㉗ **清洗。**再次用清水清洗面料。

㉘ **晾干。**清洗后的面料不要用手拧，用晾衣夹夹住一边，吊起阴干。

㉙ **熨烫。**盖上垫布，用熨斗熨平。熨烫时注意温度。

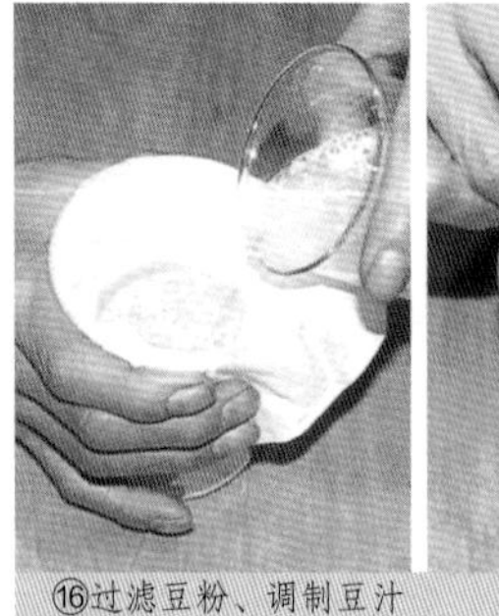

⑯过滤豆粉、调制豆汁

⑰涂豆汁

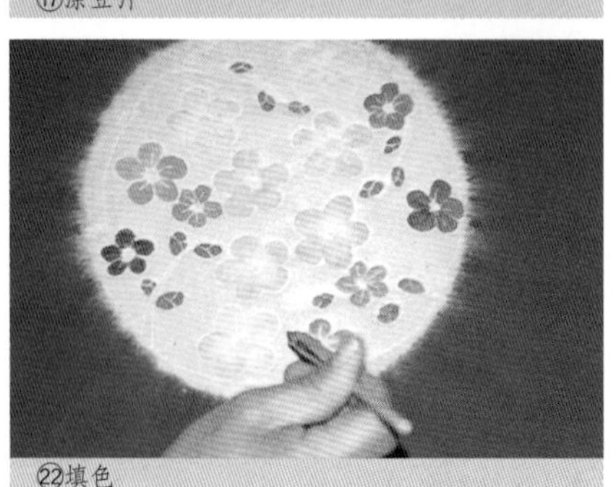

㉒填色

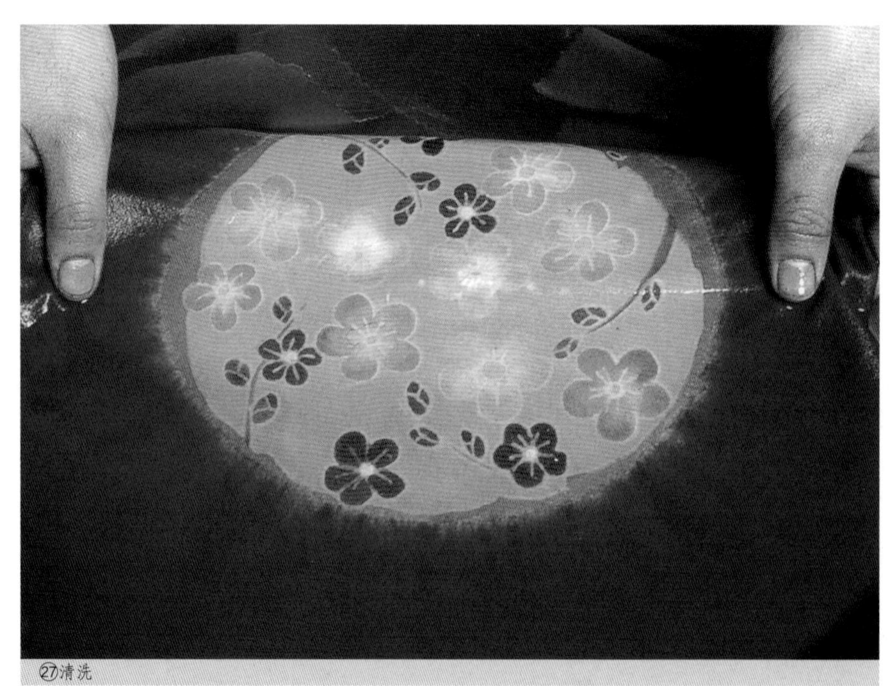

㉗清洗

胭脂绵

经常听人说起的“胭脂”色，一般是指稍微偏暗的深红色，它是把虫的分泌物收集后制成的一种神奇的染料。

在印度东部恒河流域生长的印度枣树枝上，寄生着一种叫紫胶（Lac）的虫。Lac 一词在古代印度语里是“10 万”的意思，也就是形容小枝上聚集着无数小虫，这种小虫从树枝上吸取营养，分泌出胶状分泌物——紫胶。将紫胶中一种叫做虫漆的树脂与紫胶染料进行分离精制，便可获得胭脂之色。

奈良时代紫胶传入日本，被称作“紫铆”，现在正仓院还收藏着拥有无数小虫的紫胶。

从紫胶中提取染料非常费时费力，从印度开始的精制工艺与制作方法先是传入了中国，苏州的匠人能精制出很优质的产品。但其制作技术严格保密，即使在今天也难以知晓。

紫胶有胭脂之名，是因为其颜色与中国古代燕国的特产红花颜料（燕脂）相似，或者部分混和使用后而被（中国）定名。为了运输方便，先把精制的色素浸入真丝绵片中，干燥后制成胭脂绵（胭脂饼），然后输入日本。正仓院文书和《延喜式》中都有“燕脂（烟子）若干张”等记述，江户时代它还被呼为“花没药”。由于用于友禅染、和更纱染色的需求量很大，每年经长崎出岛从中国输入的胭脂绵高达数万张。据说在印度印花棉布和友禅的影响下诞生的冲绳红型染所用的红色，使用的也是胭脂绵。

另外，同为胶蚧科的绛蚧属虫，生长在红栎小枝上的雌虫也能分泌红色色素，5—6 月时收集体长 6—7 毫米的雌虫制成染料。在世界最古老的染料中就有绛蚧属虫的记录，公元前 11 世纪左右，由原产地伊朗南部连同树木一起被移植到地中海沿岸。欧洲在中世纪从新大陆输入胭脂虫后，一直非常盛行红色染料，在日本也被称作“猩红果”“紫虫”。

胭脂绵

胭脂虫染·麻布红型桌旗

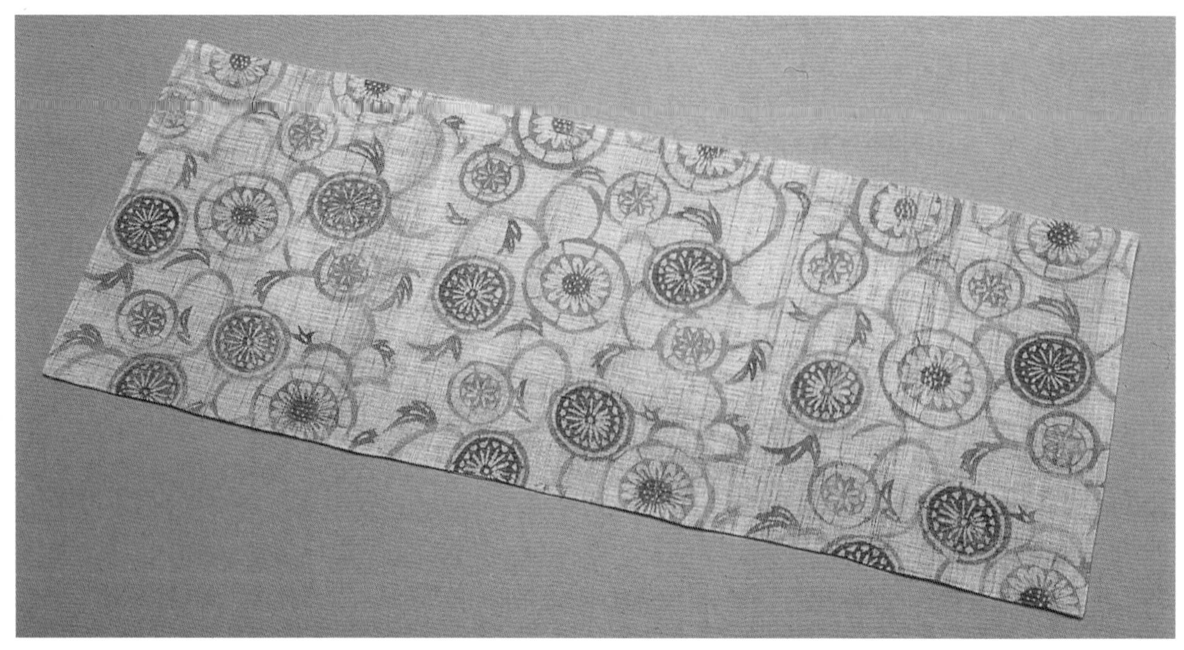

★ 红型：用一张型纸分开染色，冲绳地区的多彩纹样染色工艺。

材料和用具

- 麻布 1 块（110×32 厘米） 50 克
- 糊（或使用染料店出售的型染用糊）
  - 糯米粉 120 克、小纹糠 180 克（糯米粉和小纹糠的比例为 2∶3）
  - 盐 10 克
- 蒸锅 ▪ 涩纸 ▪ 毛排刷
- 棉布 ▪ 刻纸刀 ▪ 豆粉 75 克
- 研磨盆 ▪ 橡胶刮片 ▪ 赤菜 1 克
- 勺子 ▪ 竹绷 ▪ 棉纱布
- 2.5 升小号不锈钢圆盆 2 个
- 朱红、群青、胭脂绵（胭脂虫色膏） 适量
- 涩木原色液（固体） 3 克
- 小瓷盘
- 揉磨毛排刷
- 明矾 5 克
- 30 升长方型容器 1 个 等

型纸准备

① **制作型纸。**根据设计稿，在涩纸上描绘出图案并用刻刀进行雕刻。为了增加强度，可将雕刻好的型纸进行裱纱（参照第 69 页），可使用市售的裱纱框，也可直接使用染料店出售的已经雕好纹样并裱完纱的型纸。

防染糊准备 参照第 68 页

② **揉面。**将糯米粉和小纹糠倒入面盆中充分混合，分次加入 300 毫升水并充分揉匀。为了在蒸的时候能使热汽充分渗进、蒸透，分次取出适量面团，做成多个小面圈。

③ **蒸面。**在蒸锅里垫上棉布，把②制成的面圈排放在垫布上，用布包住，蒸 1—1.5 小时。

④ **加盐。**将蒸好的面圈再次放在面盆里，趁热加水揉捏，揉到适当硬度。为避免防染糊干燥后产生龟裂，加入 10 克盐并充分揉匀。

⑤ **给糊上色。**为了在填色时能区分出防染区域，在糊里加入少量苏方木色膏（做法参照第 129 页），使糊呈现出颜色。

刮浆上糊

⑥ **上糊。**为了让型纸和面料紧密相贴，先将型纸浸入水里打湿，取出后用报纸吸去多余水分。熨烫面料，平整地放在板上，用胶带固定或将其裱在板上（参照第 69 页）。把型纸铺放在布上，用橡胶刮片取适量的防染糊，在型纸上按一定方向均匀涂刮。揭开型纸，确认刮糊是否均匀。

⑦ **晾干。**用晾衣夹夹住布的一端，使糊完全干透。

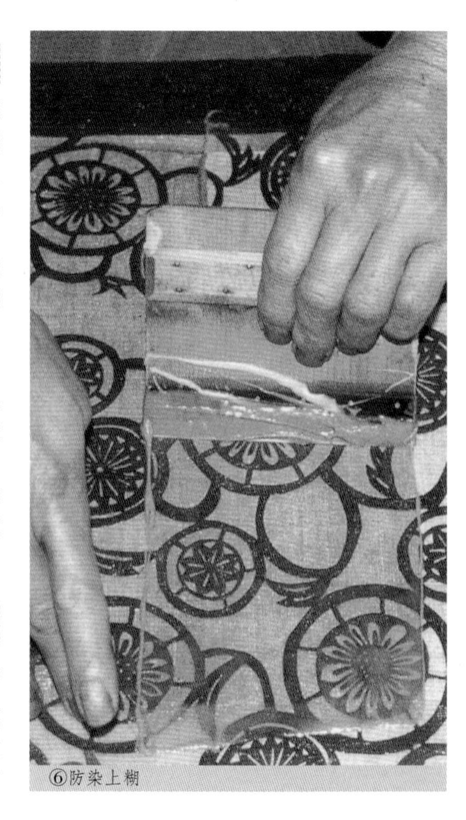

⑥防染上糊

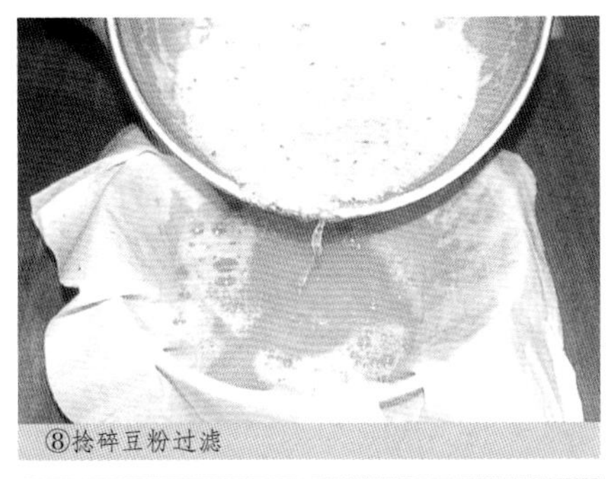
⑧捻碎豆粉过滤

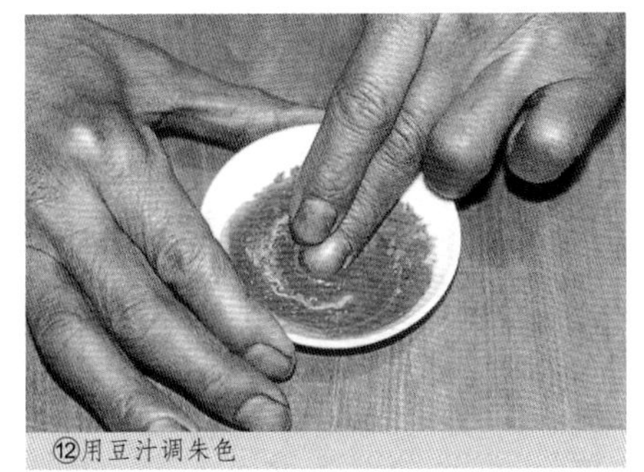
⑫用豆汁调朱色

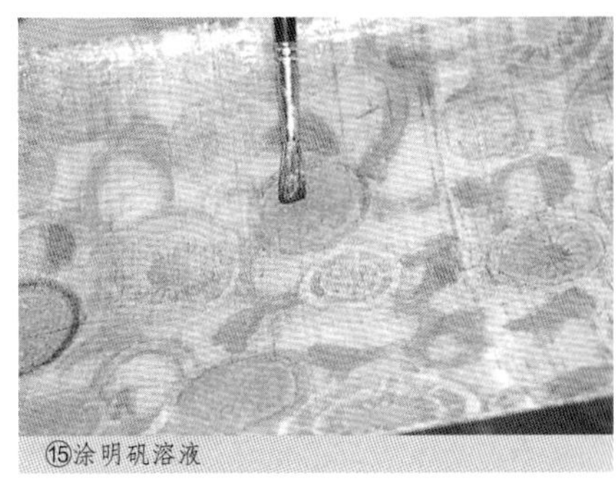
⑮涂明矾溶液

⑧挤出豆汁

⑫准备颜料

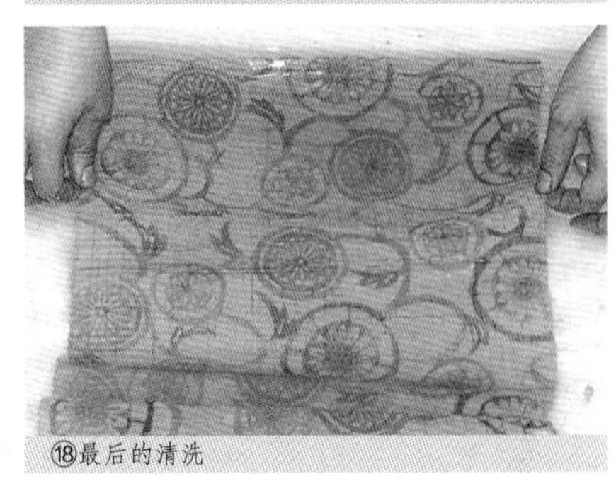
⑱最后的清洗

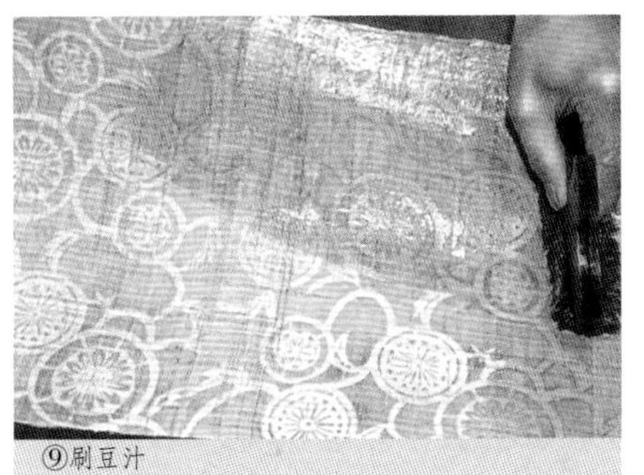
⑨刷豆汁

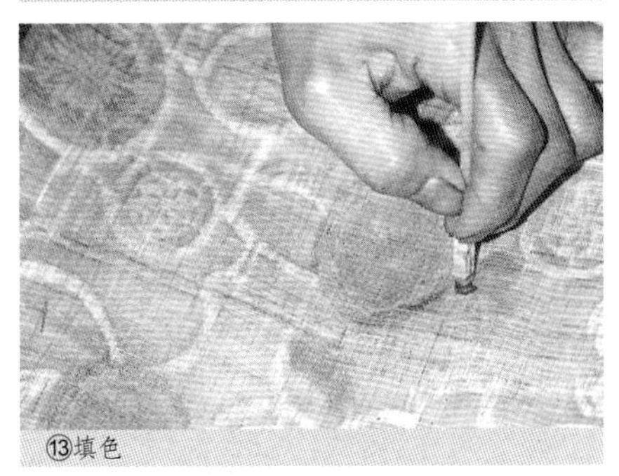
⑬填色

涂刷豆汁

⑧ **调制豆汁。**把 50 克豆粉放入 1 升（浓度为 5%）30℃—40℃的热水里，浸泡 2 小时，泡涨后用棉纱布过滤拧挤出豆汁。

⑨ **在布的两面刷豆汁。**为使后续操作能顺利进行，从布的反面用竹绷撑开面料，竹绷的交叉处用绳子固定。用排刷蘸取少量豆汁，均匀地刷在竹绷上的布的正反两面。豆汁富含蛋白质，既能在染色时很好地定色，也可在描画时用于防染。

⑩ **干燥。**让布抻在竹绷上充分干燥。

填色

⑪ **调制豆汁。**把 25 克豆粉和 1 克赤菜放入 250 毫升（浓度为 10%）30℃—40℃的热水里，浸泡 2 小时，泡涨后用棉纱布过滤拧挤出豆汁。

⑫ **准备颜料。**

[朱红] 以 1 份朱红、10 份豆汁的比例配置，用手指调搅混合。

[群青] 群青和豆汁以相同比例调搅混合。

[红色] 把少量胭脂绵用手指捻细、加入少量的水。胭脂棉不容易买到，可用胭脂虫色膏替代，制作方法参见第 129 页，使用方法参见第 132 页。

[黄色] 将 3 克涩木原液在 100 毫升开水里溶化。

⑬ **填色。**让竹绷抻着面料，在没有防染的区域用笔和排刷填色。如果只是轻轻涂色，染料只能染到布的表面，所以应稍微用力，使染料渗透进去。但如果让太多染料长时间渗透，会使周边防染糊失去作用，务必注意。

⑭ **干燥。**让布抻在竹绷上充分干燥。

固色

⑮ **涂刷明矾溶液。**把 5 克明矾放入 100 毫升开水里溶化，作为涩木原液的媒染剂并避免其他颜料脱色，用笔把明矾溶液涂在填色部位。

⑯ **晾干。**把面料抻在竹绷上，充分晾干。

脱糊

⑰ **脱糊。**把面料浸泡在水里，直至防染糊自然脱落。如果强行采取脱糊措施，会使所填之色也随之脱落，所以应该慢慢浸泡脱糊。

染后处理

⑱ **清洗。**再次用清水清洗面料。

⑲ **晾干。**清洗后的面料不要用手拧，用晾衣夹夹住一边，吊起阴干。

⑳ **熨烫。**喷洒足够的水雾，盖上垫布，用适当的温度熨烫整理。

紫草根

紫草属于紫草科多年生草本植物，6月会盛开白色可爱的小花。只要一看就会觉得花中含有紫色色素。紫草的根被称作紫草根，呈现发黑的紫色，紫草生长处四周的泥土甚至都会被染成紫色。作为染料又同时具有药物疗效的植物很多，紫草根自古以来就被用作治疗肠胃病、皮肤病的药。在正仓院的供奉药材中能找到有关紫草根的文字。

使用紫草做染色颜料的地区主要为中国、朝鲜半岛和日本。野生的紫草远远无法满足染料和药材的供求需要，于是有了人工栽培。6世纪中叶，在中国出版的综合性农学著作《齐民要术》里，介绍了紫草的栽培方法。估计于5、6世纪其染色方法已经传入日本，7世纪初，推古天皇时期确立的冠位十二阶制度，指定了浓紫为最高级别地位的颜色。《万叶集》中有“椿灰点紫色，椿市街八十，相遇知是谁”（卷12）的诗句，诗中提及染紫色需用山茶灰媒染，用山茶树灰比用明矾媒染的紫色更鲜丽。紫色的颜色品位被王朝高贵人士所宠爱，《枕草子》中也有“无论是花是丝还是纸，不论什么都不能比紫色更完美……六位藏人（官职）的宿直装束和服颇为上品，那全仰仗了紫色”的赞美记载。另外，紫色是诸色彩中高贵的颜色，如果只说“深色”或“浅色”那就是单指紫色。在枕词中还有以名声高、浓重、秀气代表紫色，“紫云（祥云）”“紫庭（御庭）”“紫宫（中宫、皇后）”等吉庆用词，是对身份高贵人士的尊称。还有，佛教的经典也是在蓝或黄蘖染色的和纸上用墨或金银泥书写的，在天平时代以紫色染纸金泥书写经文的《紫纸金泥经》，被誉为最华贵的经典。

紫草根（**深紫**）**染**
·真丝盐濑包裹布

江户时代之后，日本东北地区的南部逐渐成为紫草种植的著名产地，现在只剩下极少地方还在生产和进行染色工艺。

紫色染色后，如果将染液放置一段时间，色素会分解成鼠灰色。《延喜式》内藏寮中有“以剩紫液染丝绸四尺”，同样缝殿寮杂用开销中有“减紫”（灰紫）的记述，指紫草剩液可用于染布，本书第140页也介绍了这种染色法。

材料和用具

- 盐濑 1 块（200 × 35 厘米） 100 克
- 紫草根 100 克（染 2 次的量）
- 山茶灰 40 克
- 13 升大号不锈钢圆盆 4 个
- 滤筛
- 密筛
- 计量杯
- 玻璃棒
- 木槌
- 麻布袋
- 绳子 等

【第 1 次染色】

染料准备

① **提取山茶灰汁。**在 40 克山茶灰汁里倒入 2 升开水，放置 2 天以上进行沉淀，过滤上层的清澄液。

染前准备

② **盐濑的染前准备。**将面料浸入 40℃—50℃的热水里。拨动面料，使之整体均匀浸透。

色液提取

③ **准备提取。**把 200 克紫草根用水清洗，洗净土渣、杂质、灰尘后，用 50℃左右的热水浸泡 10 分钟（泡软便于捣碎）。

④ **第 1 次提取。**把浸泡后的 200 克紫草用木槌捣碎。将捶烂后的紫草装进麻布袋并扎住袋口，放入 3 升 40℃—50℃的热水里充分揉挤使之出色，色液用滤筛过滤。

⑤ **第 2、3 次提取。**把第 1 次提取完色液的紫草再次捶捣，放入 3 升水中进行揉挤，重复 2 次。3 次提取的色液合计约 7 升。

染色

⑥ **制作染液。** 将 7 升色液用密筛过滤，加入 2 升水，制成 9 升染液。

⑦ **在染液里浸染。**面料以不急速上色为好。将面料做好染前准备之后，不要用手拧，应轻轻提起，使之适当滴去水分，然后放入染液中浸染约 1 小时，使面料均匀上色。这时应用小火加热染液，使其温度慢慢上升，40℃左右后关火，然后保持在 40℃以下浸染。超过 40℃后，紫草的色素会被分解。盐濑面料如发生互相摩擦，容易受损，应十分注意。浸染时要始终在染液中拨动面料，并避免面料与染液间出现气泡。面料出现折痕或由于空气进入织物而产生气泡，都会使染色不均匀而出现染斑，所以必须反复充分浸染。

⑧ **清洗。**用水清洗掉面料上多余的染液。

媒染

⑨ **配制媒染液。**将 200 毫升山茶灰汁倒入

①在山茶灰里加入开水

④把紫草根装入麻布袋

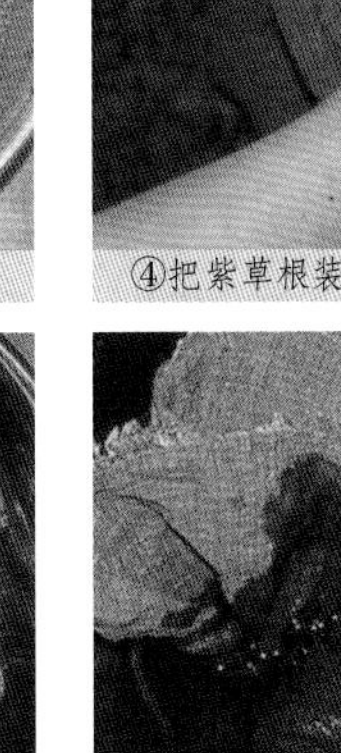

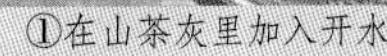

③用水清洗紫草根

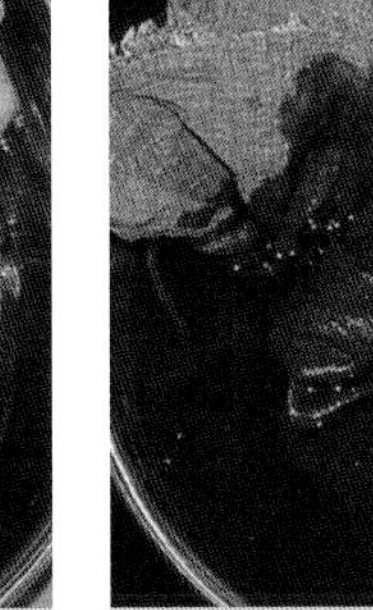

④在热水中揉挤色素

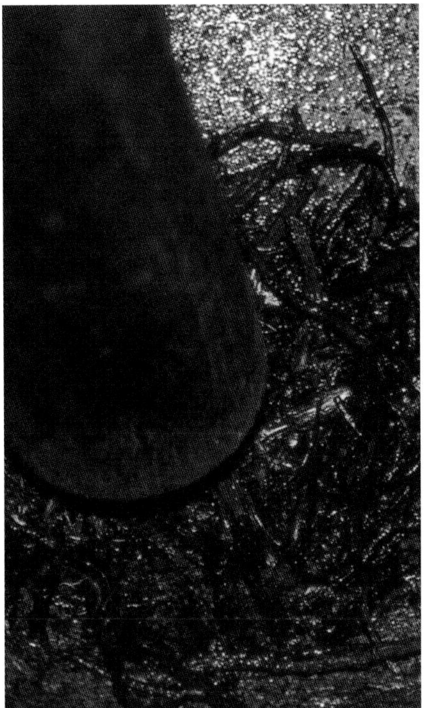

④将紫草根捣碎

④用滤筛和密筛过滤色液

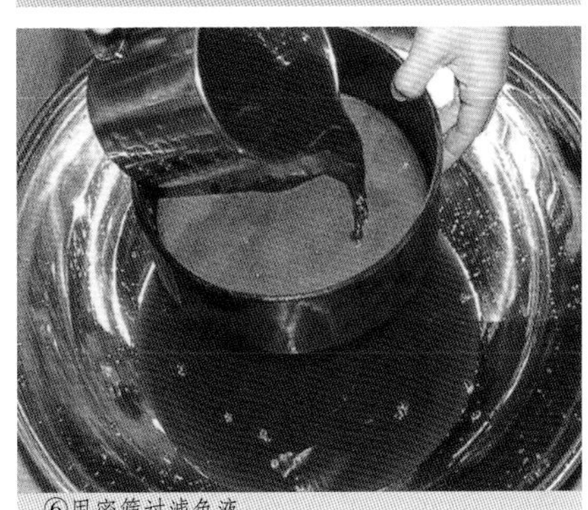

⑥用密筛过滤色液

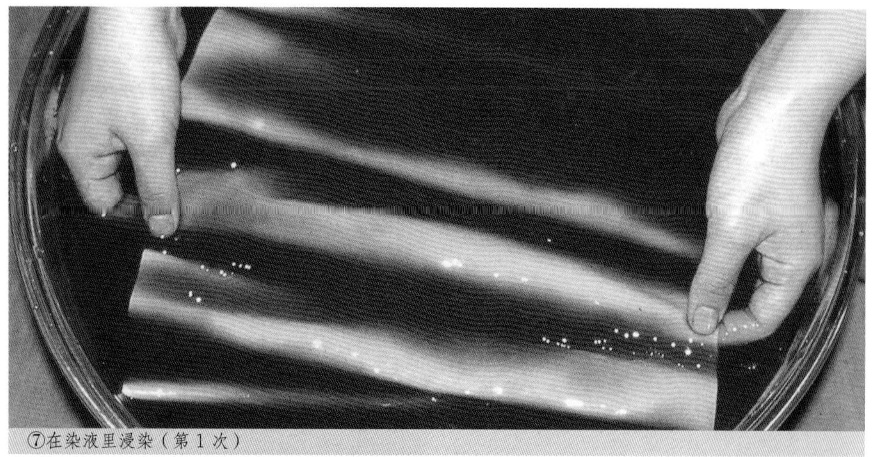
⑦在染液里浸染（第 1 次）

⑩在媒染液里浸染（第 1 次）

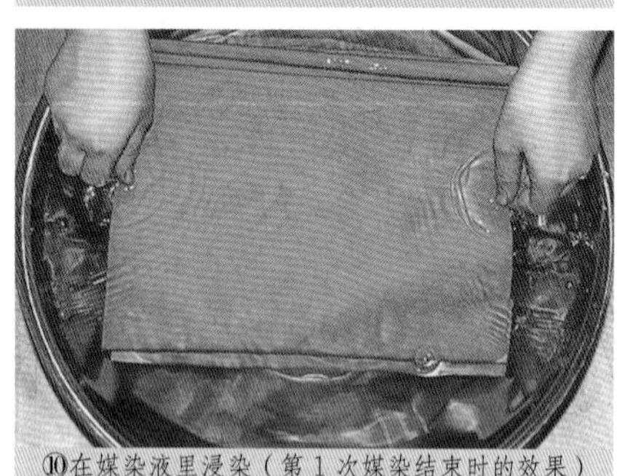
⑩在媒染液里浸染（第 1 次媒染结束时的效果）

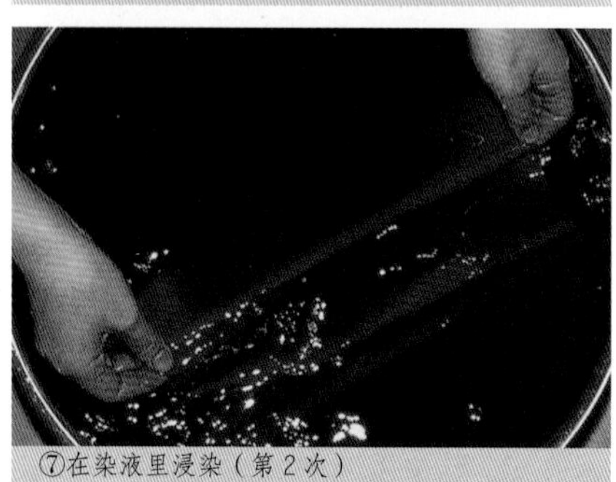
⑦在染液里浸染（第 2 次）

9 升开水里，充分搅拌溶化。

⑩ **在媒染液里浸染。**采用与⑦相同的方法浸染 20 分钟。加温媒染液，使其温度保持在 40℃左右，关火后放入染布进行媒染。

⑪ **清洗。**从媒染液里提起面料，将面料上多余的媒染液用清水洗掉。但是，染色后的清洗与媒染后的清洗要使用不同的容器。

以上⑦⑧⑩⑪的染色→媒染步骤操作 2 次，第 3 次则使用染色→清洗步骤。灰汁和明矾一样，在液体里有回弹性，如果最后一次染色后采用媒染工序，会给干燥后的染前准备带来障碍。

↗ ⑦染色 1 小时 ↘
⑪清洗 ⑧清洗
↖ ⑩媒染 20 分钟 ↙

★ 第 2 次媒染时加入 200 毫升新的灰汁液。

干燥

⑫ **清洗。**完成第 3 次染色与清洗后，再用清水进行充分清洗。

⑬ **干燥。**清洗后的面料不要用手拧，用晾衣夹夹住一边，吊起阴干。

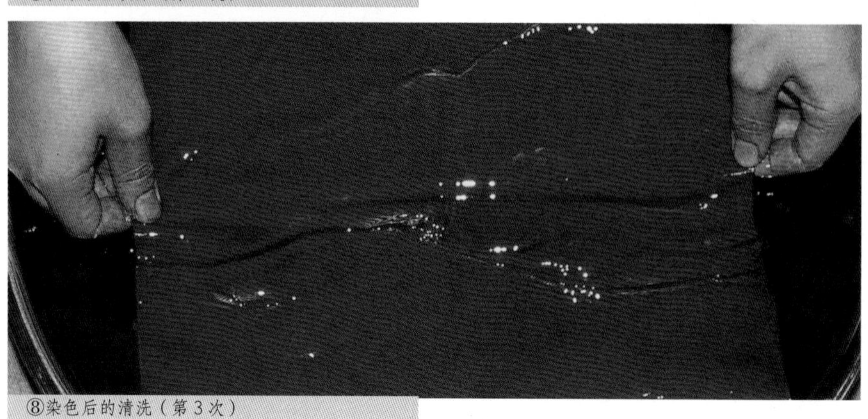
⑧染色后的清洗（第 3 次）

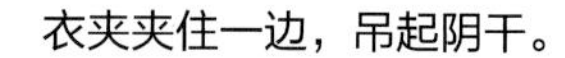

【第 2 次染色】

⑭ 从染前准备到媒染的步骤与第 1 次染色相同，染色→媒染步骤操作 3 次。

★ 如需染更深的颜色，染色、清洗、干燥（参照第 20 页）以后，第 2 天再从步骤①开始，重复操作。

染后处理

⑮ **清洗。**从第 1 次染色开始计算，完成第 5 次媒染清洗以后，用清水再充分清洗。

⑯ **晾干。**清洗后的面料不要用手拧，用晾衣夹夹住一边，吊起阴干。

⑰ **熨烫。**盖上垫布，用熨斗熨平。熨烫时注意温度。

⑭第 2 次制作染液

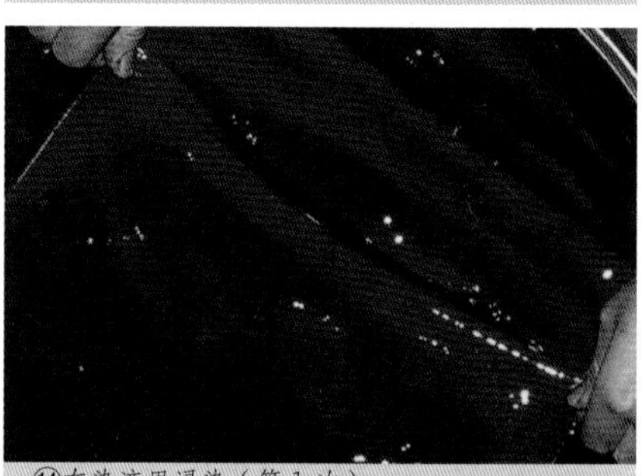
⑭在染液里浸染（第 1 次）

⑭在染液里浸染（第 3 次）

深紫与灰紫的染色工序

深紫 · 第 1 次染色 → 干燥 → 深紫 · 第 2 次染色 → 干燥

深紫的残液
灰紫 · 第 1 次染色 → 干燥 → 深紫的残液
灰紫 · 第 2 次染色 → 干燥

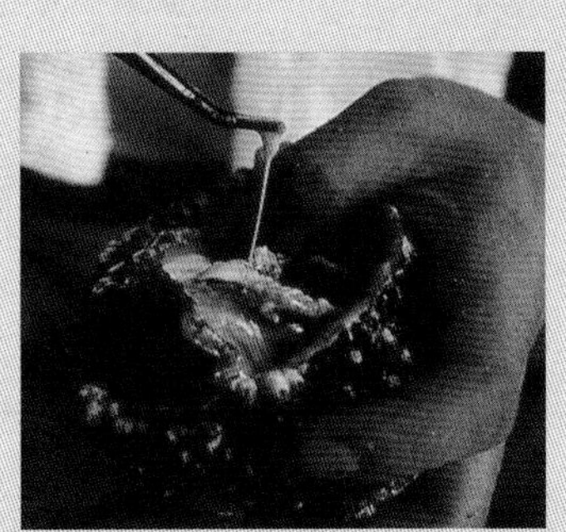

摘取紫腺

骨螺紫

无论在东西方紫色都被尊为高贵的颜色，在古代埃及被称为帝王紫，那时使用的紫色染料与中国和日本不同，是从骨螺中提取的动物性染料。

骨螺科的骨螺内脏里有一种紫腺，在螺内时为乳白色，一旦取出遇到日光便会呈现出偏红的紫色。公元前 1600 年左右，在地中海沿岸采用紫腺染色的技术较为发达，染出的紫色虽然很美，但是，2000 个骨螺只能获取 1 克的紫色色素，因此相当珍贵，被称为帝王紫，只有帝王和贵族才可以享用。传说克利奥帕特拉与安东尼乘坐的船，其紫色的船帆就是用骨螺紫染色而成。15 世纪中叶，其染色技法在北半球随着东罗马帝国的灭亡而失传。

但是，在南美出土的公元前 2 世纪的遗物中，意外地发现了用骨螺紫染色的纺织品。如今墨西哥的印第安后裔们仍然传承着这种传统，用骨螺紫染线并纺织成斗篷和裙子。

古埃及的科普特织物

织有墨西哥瓦哈卡州纹章的披肩

紫草根（灰紫）染·真丝绉绸化妆品袋和包袱布

材料和用具

- 鬼绉绸 1 卷（160×45 厘米）　100 克
- 其他材料和用具参见“紫草染（深紫）”（136 页）

★染过深紫的染液与媒染液，夏天在染色当天、冬天放置 2—3 天后可以再次使用，能染出比灰色更漂亮的灰紫色。

【第 1 次染色】

染前准备

① **绉绸的染前准备。**将鬼绉绸浸入 40℃—50℃的热水里。拨动面料，使之整体均匀浸透。绉绸面料表面凸凹起伏，为使热水浸透面料，可抻拉面料的纬线。绉绸浸水后纤维中会浮出杂物，中途应换一次热水。

染色

② **在染液里浸染。**把染完深紫色的紫草染液重新加温到 40℃—50℃。面料以不急速上色为好。将面料做好染前准备之后，不要用手拧，应轻轻提起，使之适当滴去水分，然后放入染液中浸染约 30 分钟，使面料均匀上色。和做染前准备一样，沿纬线方向抻拉面料进行浸染，使染料能到达面料的低凹部分，达到均匀的染色效果。浸染时要始终在染液中拨动面料，并避免面料与染液间出现气泡。面料出现折痕或由于空气进入织物而产生气泡，都会使染色不均匀而出现染斑，所以必须反复充分浸染。

③ **清洗。**用水清洗掉面料上多余的染液。

媒染

④ **配制媒染液。**在用染深紫时制成的山茶灰汁媒染液里，倒入 200 毫升新灰汁，并加温到 40℃左右。经过媒染后，如果媒染液表面有杂质浮出，要用密筛充分过滤。

⑤ **在媒染液里浸染。**采用与④相同的方法浸染 20 分钟。

⑥ **清洗。**把面料上附着的多余灰汁轻轻清洗干净。

以上②③⑤⑥的染色→媒染步骤操作 1 次，第 2 次则在染色之后直接清洗。灰汁和明矾一样，在液体里有回弹性，如果最后一次染色后采用媒染工序，会给干燥后的染前准备带来障碍。

↗ ②染色 30 分钟 ↘
⑥清洗　　　　③清洗
↖ ⑤媒染 20 分钟 ↙

干燥

⑦ **清洗。**完成第 2 次染色与清洗后，再用清水进行充分清洗。

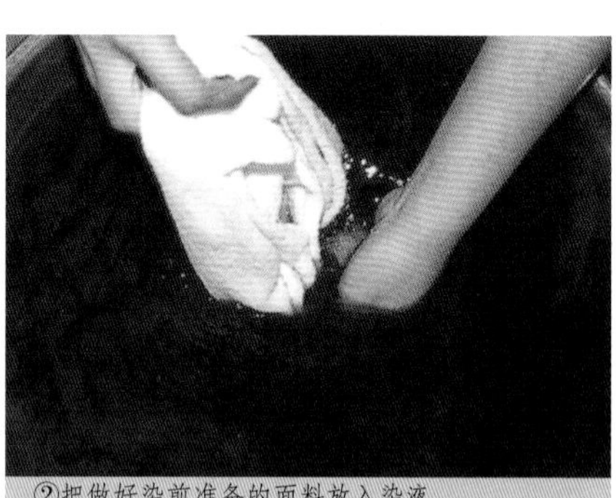

②把做好染前准备的面料放入染液

②在染液里浸染（第 1 次）

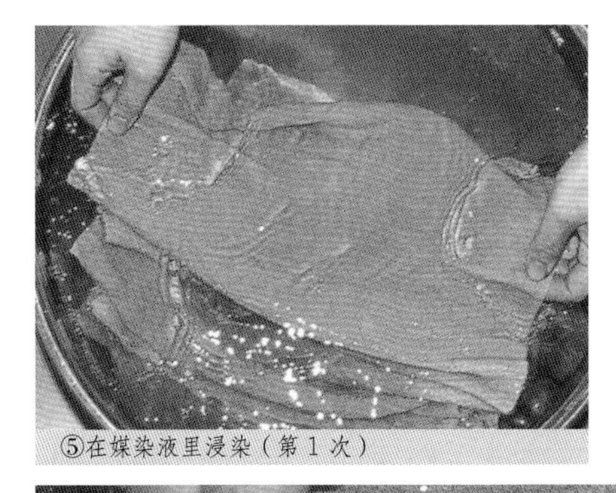

⑤在媒染液里浸染（第 1 次）

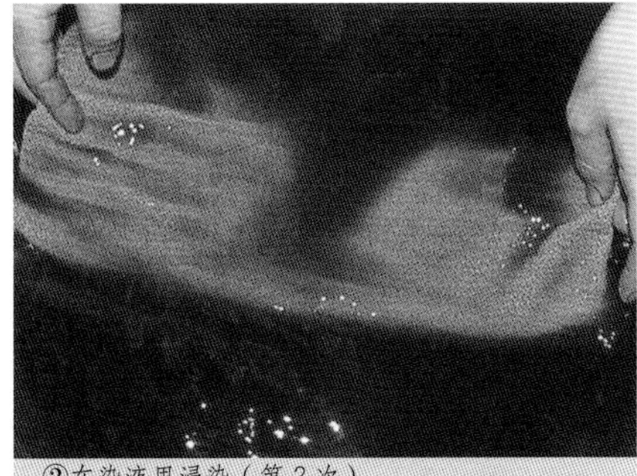

②在染液里浸染（第 2 次）

⑨在媒染液里浸染（第 1 次）

③清洗（第 2 次染色以后）

⑨在染液里浸染（第 2 次）

⑧ **干燥。**清洗后的面料不要用手拧，用晾衣夹夹住一边，吊起阴干。

【第 2 次染色】

⑨ 从染前准备到媒染的步骤与第 1 次染色相同，染色→媒染步骤操作 2 次。

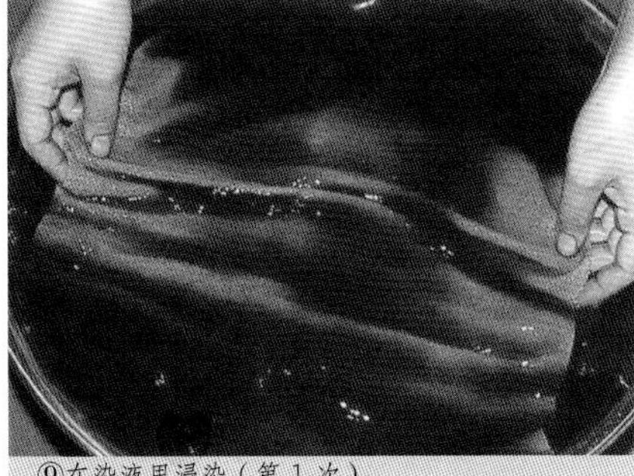

⑨在染液里浸染（第 1 次）

染后处理

⑩ **清洗。**从第 1 次染色开始计算，完成第 3 次媒染清洗以后，用清水再充分清洗。

⑪ **晾干。**清洗后的面料不要用手拧，用晾衣夹夹住一边，吊起阴干。

⑫ **熨烫。**盖上垫布，用熨斗熨平。熨烫时注意温度。

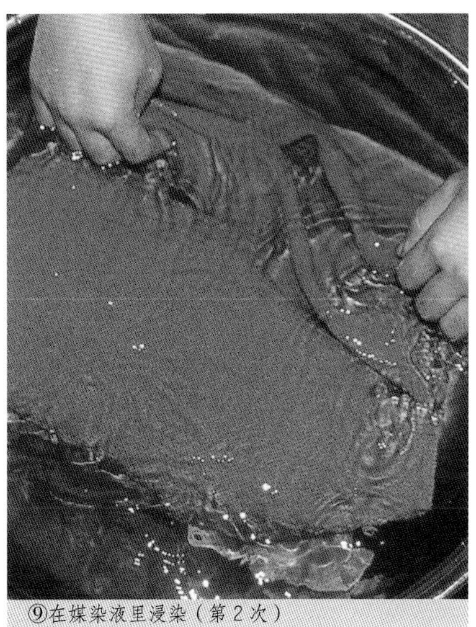

⑨在媒染液里浸染（第 2 次）

五倍子

五倍子主要分布在中国、朝鲜半岛和日本，是一种寄生于漆树科植物“盐肤木”的嫩叶上的角倍蚜雌虫，产卵受到刺激后生成一种囊状虫瘿。产卵部分会聚集鞣酸，自然变大而形成隆起状态。五倍子为五倍繁殖的意思，又被称作百虫仓，囊状虫瘿外部有一层泛黄的灰绒毛，里面或有虫或是空洞。产卵期为春天，采集却要等到秋分以后。采集时间过早，虫瘿太小并且鞣酸的含量也很少。反之如果太晚，即过了10月中旬以后，幼虫被孵化后食尽囊中所有展翅而飞，色素质量会大大降低。采集后经过晒干或蒸煮加工以后可得到五倍子。但是，用煮的方法会使鞣质含量减少。

江户时代有一种叫“槟榔树黑”的黑色，是蓝染或红染后加槟榔树与五倍子配合刷染，用铁盐媒染而染成。其中槟榔树的用量很少，以五倍子为主。

在日本濑户内海降雨量很少的沿岸地域盛产五倍子，不过因为中国产的质量更好，现在基本上依赖于进口产品。

五倍子染・真丝绉绸茶道具袋

◆ 铁媒染见第144—145页

材料和用具

- 一越绉绸 1 块（120×38 厘米） 50 克
- 五倍子 100 克
- 明矾 7 克
- 13 升大号不锈钢圆盆 4 个
- 6.5 升中号不锈钢圆盆 1 个
- 15 升小号桶锅 1 个
- 滤筛
- 密筛
- 计量杯 等

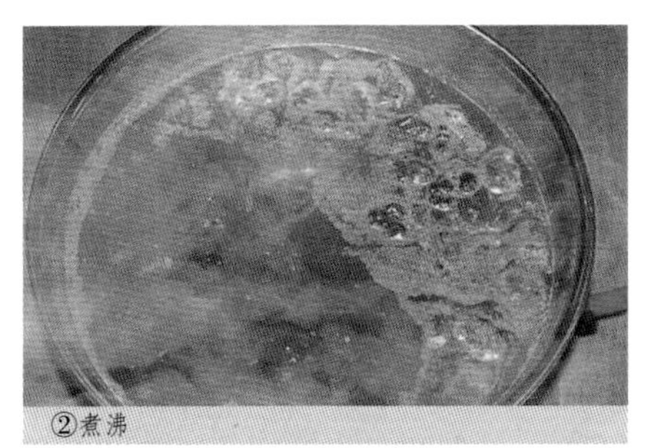

②煮沸

③用滤筛过滤色液

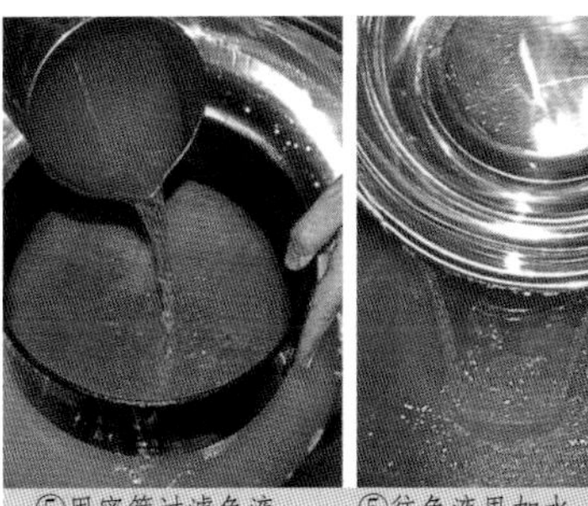

⑤用密筛过滤色液

⑤往色液里加水

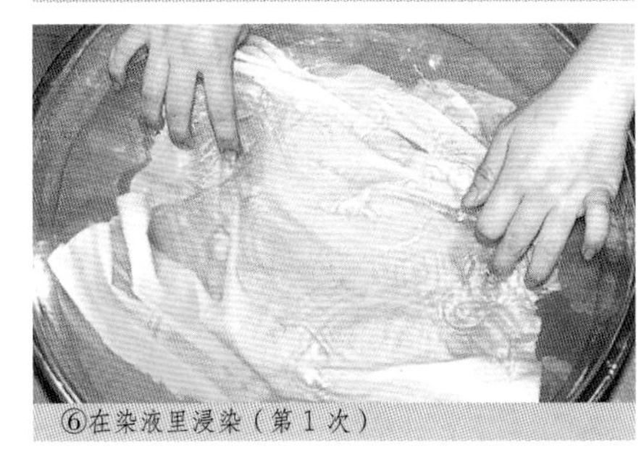

⑥在染液里浸染（第 1 次）

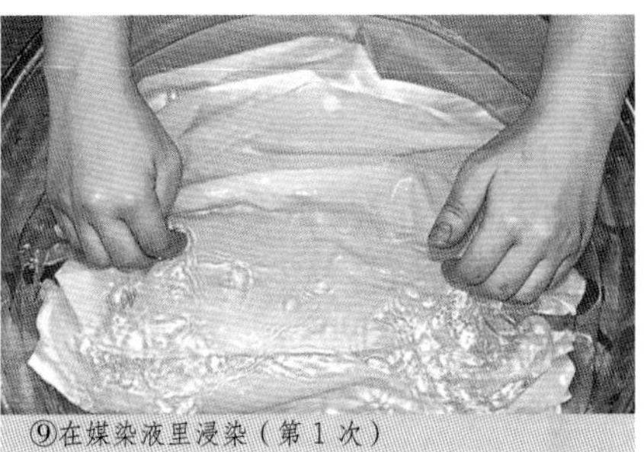

⑨在媒染液里浸染（第 1 次）

染前准备

① **绉绸的染前准备。**将绉绸浸入 40℃—50℃的热水里。拨动面料，使之整体均匀浸透。绉绸浸水后纤维中会浮出杂物，中途应换一次热水。

色液提取

② **第 1 次提取。**把 100 克五倍子放入 5 升水（冷热均可）中，大火煮沸，然后改为小火继续煎煮 20 分钟。

③ **过滤色液。**把煮过的五倍子用滤筛过滤，5 升水煮出约 5 升色液。

④ **第 2 次提取。**将滤筛里的五倍子再次加水，采用与第 1 次提取相同的方法煮沸、过滤，2 次煮出的色液合计约 10 升。

染色

⑤ **制作染液。**将 2 升色液用密筛过滤，加入 5 升水（冷热均可），制成 7 升染液。剩余的色液留待后续添加使用。

⑥ **在染液里浸染。**面料以不急速上色为好。将绉绸做好染前准备之后，不要用手拧，应轻轻提起，使之适当滴去水分，然后放入染液中浸染约 20 分钟，使面料均匀上色。应加热染液，使其温度慢慢上升。丝绸面料在高温下容易受损，故请注意，温度应控制在 50℃—60℃之间。浸染时要始终在染液中拨动面料，并避免面料与染液间出现气泡。面料出现折痕或由于空气进入织物而产生气泡，都会使染色不均匀而出现染斑，所以必须仔细地将面料从头至尾、反复拨动。

⑦ **清洗。**用水清洗掉面料上多余的染液。

媒染

⑧ **配制媒染液。**将 7 克明矾放入 7 升开水里，充分搅拌溶化。请记住，如果是真丝面料，明矾的使用量是 1 升水中放 1 克明矾。明矾不易溶化，应先另取容器，用开水溶化后再用。

⑨ **在媒染液里浸染。**采用与⑥相同的方法浸染 20 分钟。加温明矾媒染液，使其温度保持在 40℃—50℃之间。

⑩ **清洗。**从媒染液里提起面料，将面料上多余的媒染液用清水洗掉。但是，染色后的清洗与媒染后的清洗要使用不同的容器。

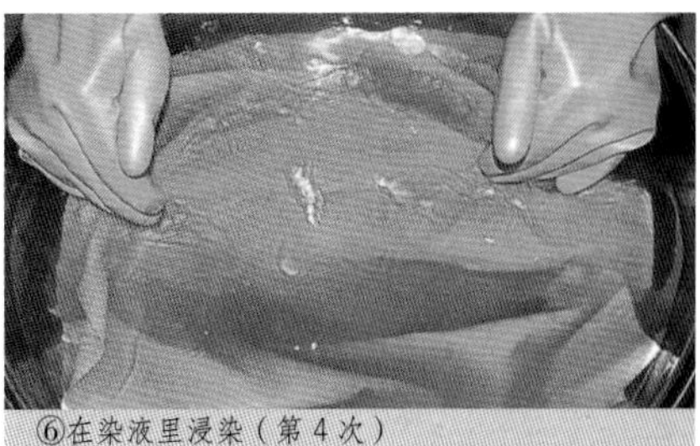

⑥在染液里浸染（第 4 次）

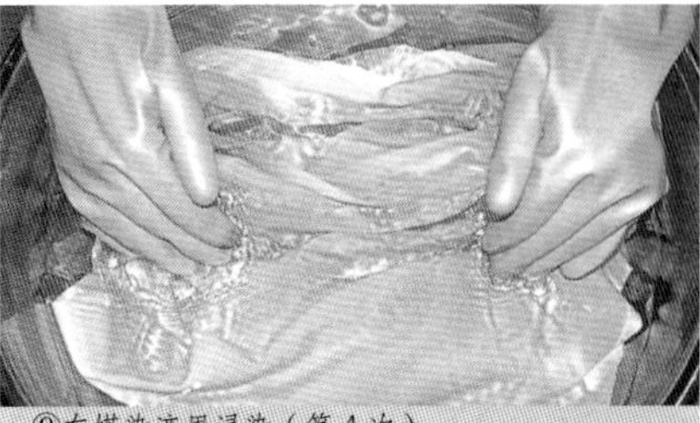

⑨在媒染液里浸染（第 4 次）

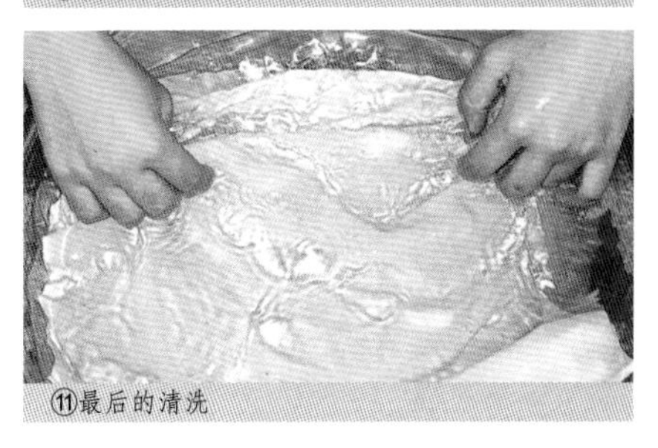

⑪最后的清洗

以上⑥⑦⑨⑩的染色→媒染步骤操作 4 次。

↗ ⑥染色 20 分钟 ↘
⑩清洗　　　　　　⑦清洗
↖ ⑨媒染 20 分钟 ↙

★ 如果第 1 次就用高浓度染液染色，容易出现染斑。故分成 4 次操作，每次浓度逐渐加深。第 2、3、4 次染色时，应从上一次使用的染液里取出 2 升旧染液倒掉，加入 2 升新的色液。

★ 色液不可放置过夜。

★ 如需染更深的颜色，染色、清洗、干燥（参照第 20 页）以后，第 2 天再从步骤①开始，重复操作。

染后处理

⑪ **清洗。**完成第 4 次媒染清洗以后，再用清水清洗干净。

⑫ **晾干。**清洗后的面料不要用手拧，用晾衣夹夹住一边，吊起阴干。

⑬ **熨烫。**盖上垫布，用熨斗熨平。熨烫时注意温度。

五倍子染·真丝绉绸茶道具袋

◆ 完成品见第 142 页

材料和用具

- 一越绉绸 1 块（120×38 厘米） 50 克
- 五倍子 50 克
- 铁浆水 400 毫升
- 13 升大号不锈钢圆盆 4 个
- 6.5 升中号不锈钢圆盆 1 个
- 15 升小号桶锅 1 个
- 滤筛
- 密筛
- 计量杯 等

⑤往色液里加水

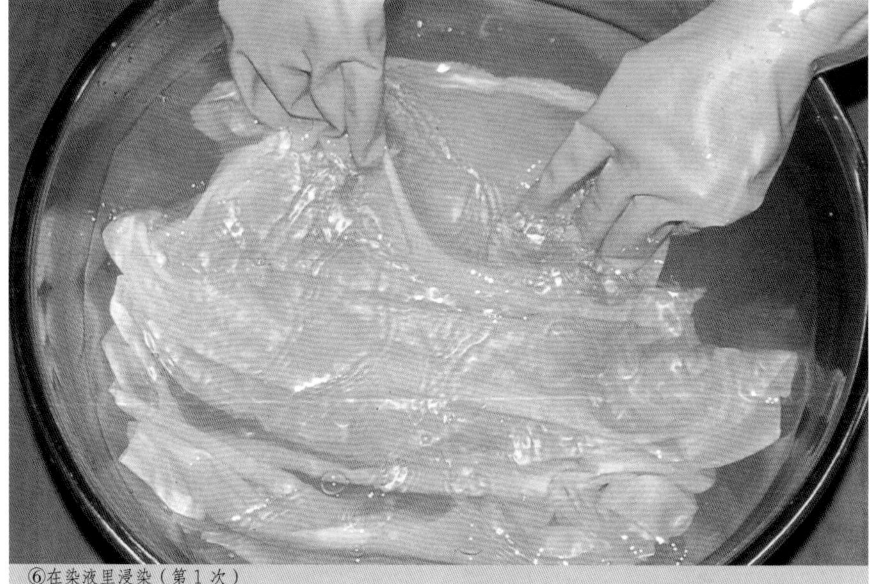
⑥在染液里浸染（第 1 次）

⑧配制媒染液

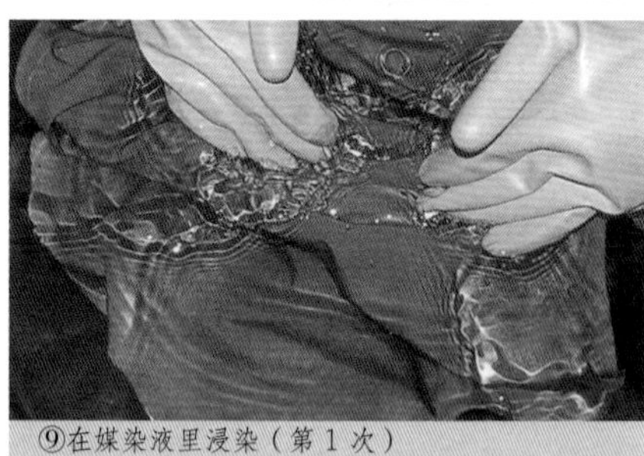
⑨在媒染液里浸染（第 1 次）

染前准备

① **绉绸的染前准备。** 将绉绸浸入 40℃—50℃的热水里。拨动面料，使之整体均匀浸透。绉绸浸水后纤维中会浮出杂物，中途应换一次热水。

色液提取

② **第 1 次提取。** 把 50 克五倍子放入 2.5 升水（冷热均可）中，大火煮沸，然后改为小火继续煎煮 20 分钟。

③ **过滤色液。** 把煮过的五倍子用滤筛过滤，2.5 升水煮出约 2.5 升色液。

④ **第 2 次提取。** 将滤筛里的五倍子再次加水，采用与第 1 次提取相同的方法煮沸、过滤，2 次煮出的色液合计约 5 升。

染色

⑤ **制作染液。** 将 2 升色液用密筛过滤，加入 5 升水（冷热均可），制成 7 升染液。剩余的色液留待后续添加使用。

⑥ **在染液里浸染。** 面料以不急速上色为好。将绉绸做好染前准备之后，不要用手拧，应轻轻提起，使之适当滴去水分，然后放入染液中浸染约 20 分钟，使面料均匀上色。应加热染液，使其温度慢慢上升。丝绸面料在高温下容易受损，故请注意，温度应控制在 50℃—60℃之间。浸染时要始终在染液中拨动面料，并避免面料与染液间出现气泡。面料出现折痕或由于空气进入织物而产生气泡，都会使染色不均匀而出现染斑，所以必须仔细地将面料从头至尾、反复拨动。

⑦ **清洗。** 用水清洗掉面料上多余的染液。

媒染

⑧ **配制媒染液。** 将 100 毫升铁浆水倒入 7 升冷水中，充分搅拌溶化。

⑨ **在媒染液里浸染。** 采用与⑥相同的方法浸染 20 分钟。铁浆水的温度应在 15℃—20℃之间。

⑩ **清洗。** 从媒染液里提起面料，将面料上多余的媒染液用清水洗掉。但是，染色后的清洗与媒染后的清洗要使用不同的容器。

以上⑥⑦⑨⑩的染色→媒染步骤操作 4 次。

⑥染色 20 分钟 ↘ ⑦清洗 ↙ ⑨媒染 20 分钟 ↖ ⑩清洗 ↗

★ 如果第 1 次就用高浓度染液染色，容易出现染斑。故分成 4 次操作，每次浓度逐渐加深。第 2、3、4 次染色时，应从上一次使用的染液里取出 1 升旧染液倒掉，加入 1 升新的色液。

★ 在第 2、3、4 次媒染时，每次要添加 100 毫升铁浆水。

★ 色液不可放置过夜。
★ 如需染更深的颜色，染色、清洗、干燥（参照第 20 页）以后，第 2 天再从步骤①开始，重复操作。

染后处理

⑪ **清洗。**完成第 4 次媒染清洗以后，再用清水清洗干净。
⑫ **晾干。**清洗后的面料不要用手拧，用晾衣夹夹住一边，吊起阴干。
⑬ **熨烫。**盖上垫布，用熨斗熨平。熨烫时注意温度。

⑥在染液里浸染（第 4 次）

⑨在媒染液里浸染（第 4 次）

染黑齿

五倍子不仅是染料还可入药，也被叫作付子铁浆（五倍子 + 铁浆水），可用来染黑齿。一般用牙签沾上五倍子粉末涂在牙齿上，与牙齿的鞣酸钙产生反应后生成碳酸钙。然后再用粥加铁钉煮成乳酸铁涂上去，经化学反应变化成鞣酸钙铁之后把牙齿染黑。染黑齿是平安时代作为元服礼的象征，在上流女性之间开始流传的一种习俗，年轻的贵族公子们也进行效仿，不久便影响到平家帐下的武士们。黑色代表永恒不变，延伸为君臣之间互为忠诚之意。因为有忠诚的含义，所以染黑齿的习俗不分性别，在男女之间都流行过。

在《源氏物语》中的末摘花里可以读到，紫姬的“古风作派的祖母依然守旧，未曾染黑的牙齿，眉毛化妆是拔净后涂黑的，相貌美丽又清秀”的记叙；《平家物语》中也有“平敦盛染黑齿的淡妆”等描述，染黑齿在文学作品中经常出现。在近代，男人染黑齿只是贵族们的习俗，女性染黑也仅限于已婚妇女。明治时代，这一习俗虽然被明文禁止了，但有些地区却一直延续到大正时代。

染黑齿所用的器具

桤木果

日本桤木、辽东桤木、大叶桤木、松桤木、夜叉五倍子、姬夜叉五倍子等桤木均为桦木科落叶的乔木，果实是松塔状小球果，日文通称为矢车。

现在日本桤木是专用名称，过去则把前面提到树木都统称为桤木属。它的古老名字叫榛，从榛之木形成日文发音。桤木果中含有 40%—47% 的鞣质，能染出黑褐色，过去用于染黑齿（参见第 145 页）。还有的染坊匠人在蓝染上加染铁盐媒染，染成带黑的绀蓝色。也可以加入树皮提取染液，染成偏红的褐色，桤木树皮和梅枝一样都是制作梅屋涩（参见第 153 页）的染料。

古代《万叶集》中有“途经住吉的远里小野，榛木刷染衣裳的景色多么令人怀念”等诗歌，从中可以看到，当时远里小野盛行用桤木果或树皮刷染的染色工艺。《延喜式》缝殿寮的镇魂斋服部中有“神祇伯（官名）与弹琵琶共十三人，榛木刷染的帛袍十三件”的记述。

现在被称作日本桤木的树木多生于山野湿原，也有种植于水田畔的。这种雌雄同株的树，早春时叶子发芽前开放暗紫褐色的花，秋天结出小球果。树木材质细密、柔软，容易加工，是很好的建筑和手工艺品用材。

夜叉五倍子树在荒地的适应生长力极强，所以成为防止山体滑坡、砂防的首选种植树木。缘于生长在山上的意思，夜叉五倍子也被称作峰榛。3—4 月份左右，树叶的顶端发芽开花，树的高度略低于日本桤木，约 5—7 米左右，球果较大，呈 2 厘米左右的椭圆状。其含有的鞣质与五倍子相同，故得名夜叉五倍子。又因为果实表面粗糙，也或许因为能染黑色，所以也被称为夜叉附子。

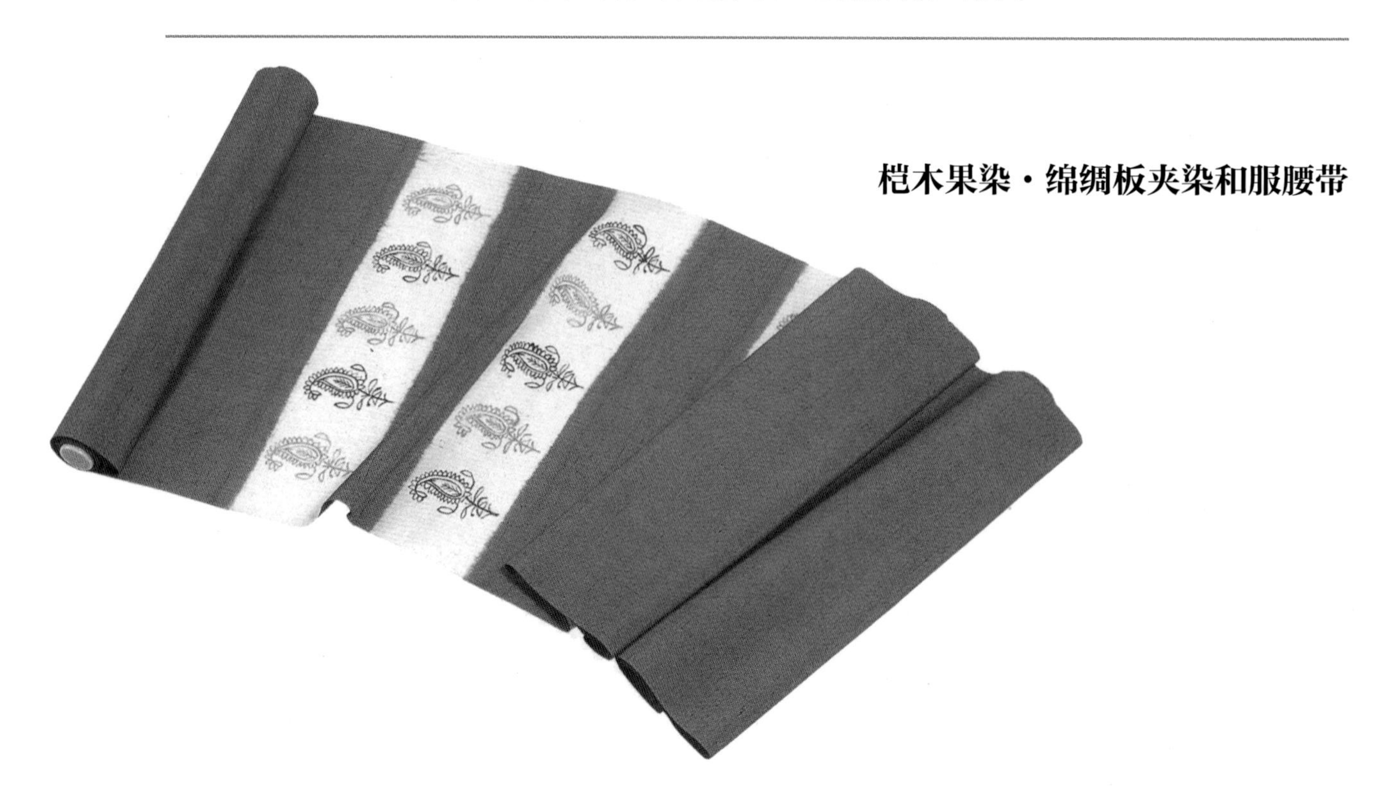

桤木果染·绵绸板夹染和服腰带

材料和用具

- 绵绸 1 块（480×36 厘米） 200 克
- 桤木果 400 克
- 铁浆水 750 毫升
- 6.5 升中号不锈钢圆盆 1 个
- 15 升小号桶锅 1 个
- 90 升容器 4 个
- 木板（8×40 厘米） 6 块
- 木板（5×40 厘米） 6 块
- 木棒（4×4×50 厘米） 12 根
- 胶粒 10 克
- 蓝蜡、白金泥 适量
- 滤筛、密筛
- 绳子、瓦楞纸、毛笔、计量杯等

★板夹的白色防染部分用颜料做填色。

板夹准备

① **夹布。**留白部分用木板夹住，再用木棒把木板压紧，木棒两端用绳子扎牢固定。如果需要夹住的长度很长（幅宽 36 厘米），在绑紧木棒的两端后，中间会出现空隙，可剪一块纸板箱的瓦楞纸垫在木板和木棒之间。另外，梆系在木棒两端的绳子不能出现松动。也可先将面料做好染前准备，晾至半干状态后进行折叠与板夹，这样更易操作。

染前准备

② **板夹染的染前准备。**将面料浸入 40℃—50℃的热水里。绵绸面料的表面呈凹凸状，不易吃水，染前准备的时间应更长一些。

色液提取

③ **第 1 次提取。**把 400 克桤木果放入 5 升水（冷热均可）中，大火煮沸，然后改为小火继续煎煮 20 分钟。

④ **过滤色液。**把煮过的桤木果用滤筛过滤，5 升水煮出约 5 升色液。

⑤ **第 2 次提取。**将滤筛里的桤木果再次加水，采用与第 1 次提取相同的方法煮沸、过滤，2 次煮出的色液合计约 10 升。

染色

⑥ **制作染液。** 将 2.5 升色液用密筛过滤，加入 90 升水（冷热均可），制成染液。剩余的色液留待后续添加使用。

⑦ **在染液里浸染。**面料以不急速上色为好。将绵绸做好染前准备之后，不要用手拧，应轻轻提起，使之适当滴去水分，然后放入染液中浸染约 15 分钟。应加热染液，使其温度慢慢上升。绵绸面料在高温下容易受损，故请注意，温度应控制在 50℃—60℃之间。板夹在染液里的操作时间不能过长，以短时间内浓染为佳。如果时间过长，染液会由板夹空隙渗入防染部分。面料的折叠部分不容易染透，应将面料抻开轻揉。如果空气进入织物而产生气泡，会因气泡部分难以染色而出现染斑，需注意避免。

⑧ **清洗。**用水清洗掉面料上多余的染液。

媒染

⑨ **配制媒染液。**将 500 毫升铁浆水倒入 90 升冷水中，充分搅拌溶化。

①用板夹布

①绑紧木棒两端

⑦在染液里浸染（第 1 次）

③煮沸

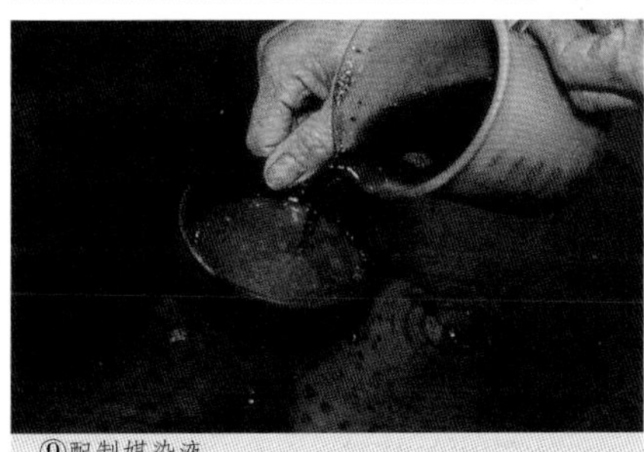
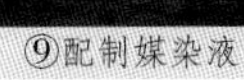
⑨配制媒染液

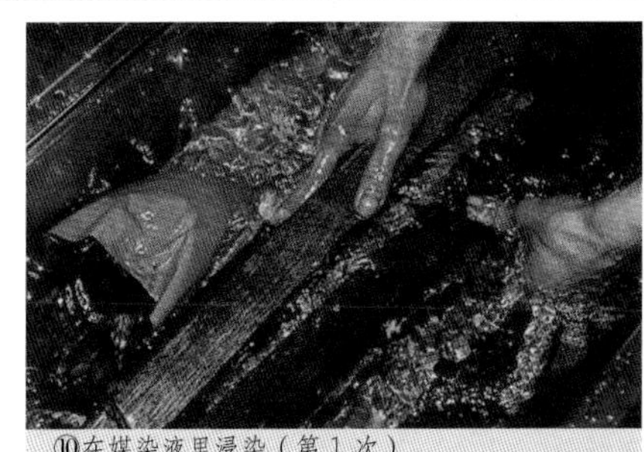
⑩在媒染液里浸染（第 1 次）

⑦在染液里浸染（第3次）

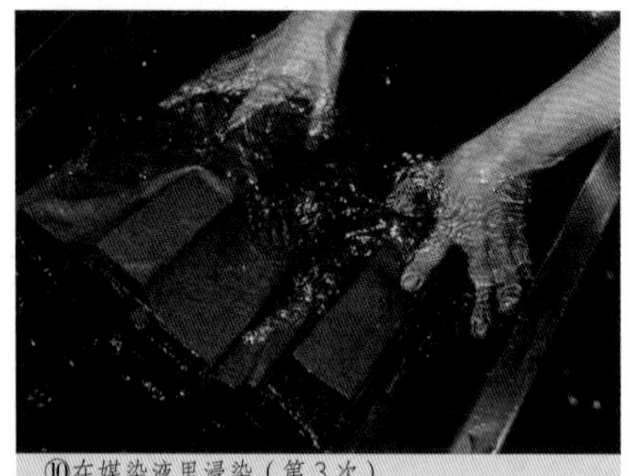
⑩在媒染液里浸染（第3次）

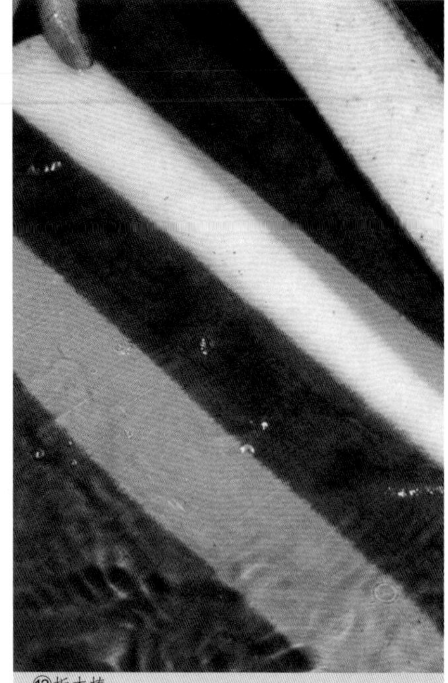
⑫拆木棒

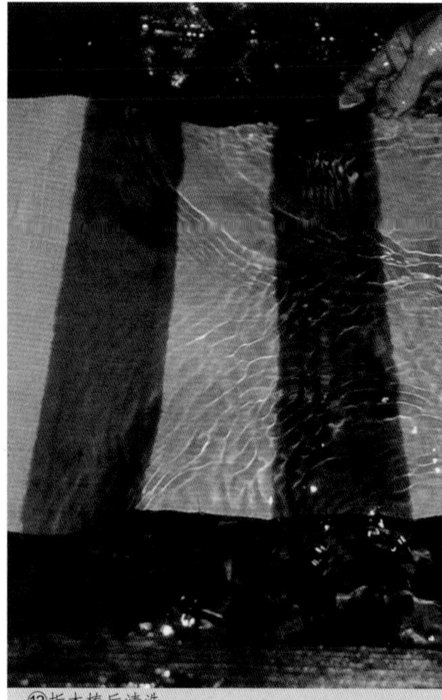
⑫拆木棒后清洗

⑩ **在媒染液里浸染。**采用与⑥相同的方法浸染15分钟。铁浆水的温度应在15℃—20℃之间。

⑪ **清洗。**从媒染液里提起面料，将面料上多余的媒染液用清水洗掉。但是，染色后的清洗与媒染后的清洗要使用不同的容器。

以上⑦⑧⑩⑪的染色→媒染步骤操作3次。

↗ ⑦染色15分钟 ↘
⑪清洗　　　　⑧清洗
↖ ⑩媒染15分钟 ↙

★ 如果第1次就用高浓度染液染色，容易出现染斑。故分成3次操作，每次浓度逐渐加深。第2—3次染色时，应从上一次使用的染液里取出2.5升旧染液倒掉，加入2.5升新的色液。

★ 在第3次媒染时，添加250毫升铁浆水。

★ 色液不可放置过夜。

★ 如需染更深的颜色，染色、清洗、干燥（参照第20页）以后，第2天再从步骤②开始，重复操作。

染后处理

⑫ **清洗。**完成第3次媒染清洗以后，拆除夹板，用清水再仔细清洗一次。

⑬ **晾干。**清洗后的染布不要用手拧，轻轻滴去水分后，挂在晾衣竿上阴干。

⑭ **熨烫。**盖上垫布，用熨斗熨平。熨烫时注意温度。

⑰填色

填色

⑮ **融化胶粒。**把10克胶粒放入100毫升开水里融化。在融化胶粒用的容器外面再套一个更大的容器，盛水加温并充分搅拌，使胶粒隔水加温融化。

⑯ **混合颜料。**取适量的蓝蜡与白金泥放入小瓷盘中，加入基本等量的胶，用手指调搅混合。

⑰ **描绘纹样。**先用熨斗将纹样绘制区域熨烫平整，然后在板夹防染部分，用毛笔蘸取⑯做成的颜料进行描绘。

★ 用胶液调和而成的颜料，在过冷的温度下容易干硬、难以描绘，可用电热器进行加热保温。

染后处理

⑱ **晾干。**挂在晾衣竿上阴干。

⑲ **熨烫。**盖上垫布，用熨斗熨平。熨烫时注意温度。

夹染法

在面料上染制花纹，采用的是“防染”手法，即区分染色部分和非染色部分的方法，主要有扎染、蜡染和夹染三种。正仓院中珍藏着的众多彩宝藏品已经告诉了我们，染彩技法（绞缬、蜡缬、夹缬）始于中国隋唐时代，我们称之为“天平三缬”。扎染和蜡染技法延传至今，只有多色夹染，因为其染色技法复杂，平安时代以后就逐渐消失了，取而代之的是简便的型染。

夹染是用两块刻有相同纹样的木板把染布夹住，再浸泡在染液中染出纹样。染单色还比较容易，染多色就很难了，对技术的要求非常高。因此，正仓院的藏品中几乎没有多色夹染，只有单色染的“红夹染”，这一工艺在京都一直持续到明治时期。由于红染的特性，在型染和筒描时使用糊进行防染很难达到效果，因此一直使用夹染的方式。用这种技法染色的织物，主要用于宫廷女官们的外衣、黑色小纹染套装等。

另外，之前在岛根县出云市一家老宅翻建时，人们从仓库中发现了大量夹染用的雕板，据家史记载，老宅原为江户时代后期开始的染坊，这些发现成为研究当时型染盛行时期依然保留着板夹蓝染的重要佐证。

真丝麻叶纹外衣

虎纹雕板和所染棉布

红板夹染的雕板

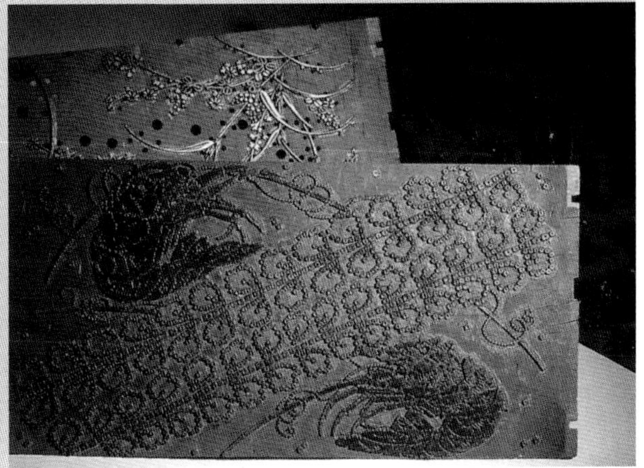

桤木果染·和式印花棉布手提小包

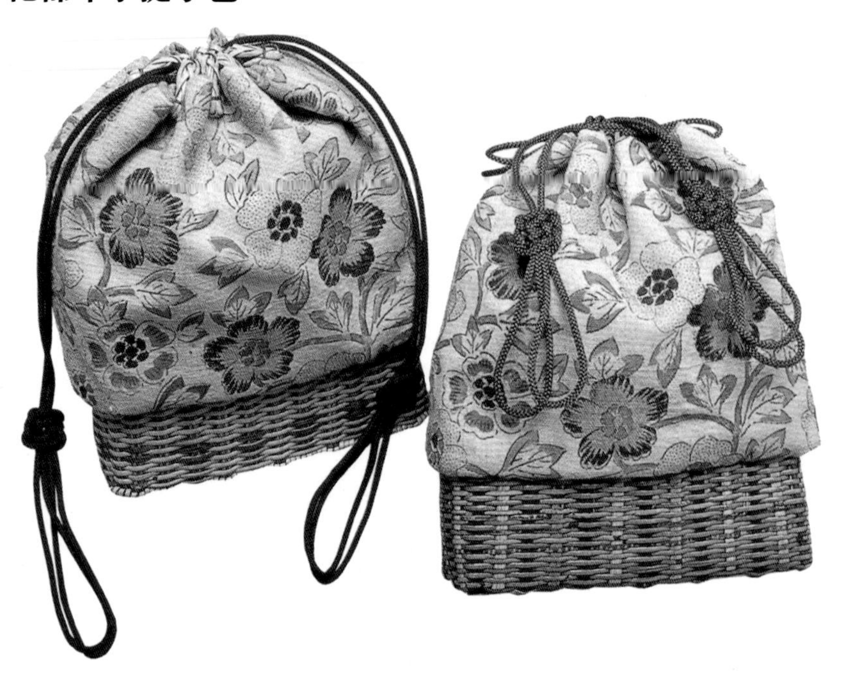

材料和用具

- 棉布 1 块（90×120 厘米） 200 克
- 桤木果 50 克
- 明矾 18 克
- 13 升大号不锈钢圆盆 4 个
- 15 升小号桶锅 1 个
- 涩纸、裁纸刀
- 胶粒 10 克
- 墨、群青（矿物颜料） 适量
- 小瓷盘 4 个
- 滤筛、密筛
- 杨梅色膏、苏方木色膏 10 克
- 计量杯
- 揉刷毛刷
- 玻璃棒 等

【用桤木果染底色】

染前准备

① **棉布的染前准备。**将棉布浸入 40℃—50℃的热水里。拨动面料，使之整体均匀浸透。

色液提取

② **第 1 次提取。**把 50 克桤木果放入 2.5 升水（冷热均可）中，大火煮沸，然后改为小火继续煎煮 20 分钟。

③ **过滤色液。**把煮过的桤木果用滤筛过滤，2.5 升水煮出约 2.5 升色液。

④ **第 2 次提取。**将滤筛里的桤木果再次加水，采用与第 1 次提取相同的方法煮沸、过滤，2 次煮出的色液合计约 5 升。

染色

⑤ **制作染液。**将 4 升色液用密筛过滤，加入 5 升水（冷热均可），制成 9 升染液。剩余的色液留待后续添加使用。

⑥ **在染液里浸染。**面料以不急速上色为好。将面料做好染前准备之后，不要用手拧，应轻轻提起，使之适当滴去水分，然后放入染液中浸染约 20 分钟，使面料均匀上色。棉布在 70℃高温下容易染色，应加热染液，使其温度慢慢上升。浸染时要始终在染液中拨动面料，并避免面料与染液间出现气泡。面料出现折痕或由于空气进入织物而产生气泡，都会使染色不均匀而出现染斑，所以必须仔细地将面料反复拨动。

⑦ **清洗。**用水清洗掉面料上多余的染液。

媒染

⑧ **配制媒染液。**将 18 克明矾放入 9 升开

③漏筛过滤

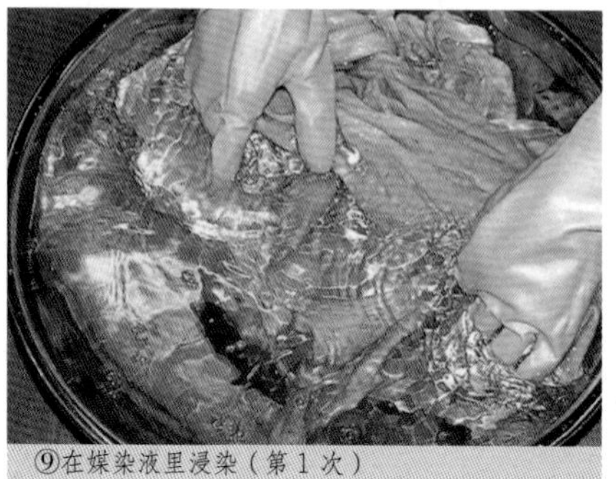

⑨在媒染液里浸染（第 1 次）

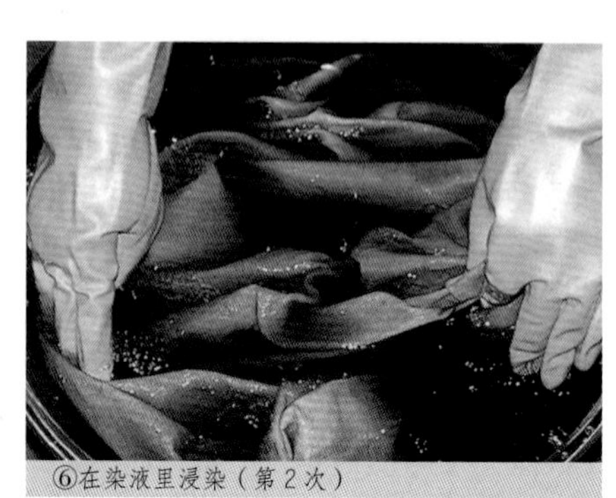

⑥在染液里浸染（第 2 次）

水里，充分搅拌溶化。请记住，如果是棉布，明矾的使用量是 1 升水中放 2 克明矾。明矾不易溶化，应先另取容器，用开水溶化后再用。

⑨ **在媒染液里浸染。**采用与⑥相同的方法浸染 20 分钟。加温明矾媒染液，使其温度保持在 40℃—50℃之间。

⑩ **清洗。**从媒染液里提起面料，将面料上多余的媒染液用清水洗掉。染色后的清洗与媒染后的清洗要使用不同的容器。

以上⑥⑦⑨⑩的染色→媒染步骤操作 1 次，第 2 次在完成染色、清洗后结束操作。因为明矾在液体里有回弹性，媒染工序会给干燥后的印花带来障碍，颜料会较难上色。

↗ ⑥染色 20 分钟 ↘
⑩清洗　　　　⑦清洗
↖ ⑨媒染 20 分钟 ↙

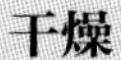

干燥

⑪ **清洗。**完成第 2 次染色清洗后，再次用清水清洗干净。

⑫ **干燥。**清洗后的面料不要用手拧，用晾衣夹夹住一边，吊起阴干。

【和式印花棉布】

型纸准备

⑬ **制作型纸。**设计出墨、群青、黄（杨梅色膏）、红（苏方木色膏）4 种色彩组合的图案，在涩纸上描绘出图案并用刻刀进行雕刻。将裱纱布裱在型纸下面以加强型纸强度（参照第 69 页），也可直接使用市售的二合一型纸（染料店出售的型纸大多已雕好纹样并裱完纱，可直接使用）。

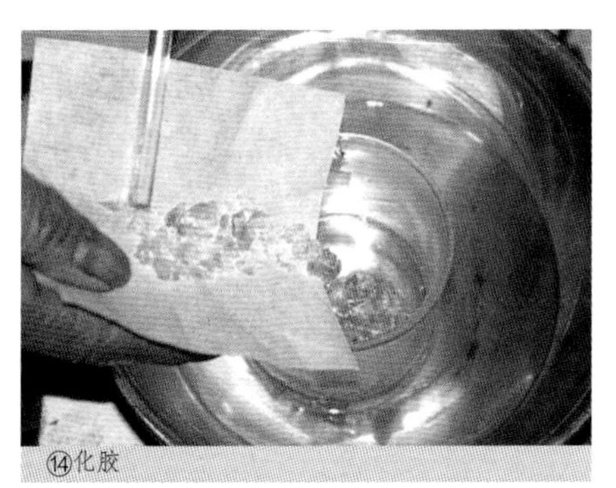
⑭化胶

⑰填墨色

⑰填群青色

⑰完成墨色和群青色的填色

⑰填杨梅色

⑰填苏方木色

⑰完成 4 种颜色的填色

混合颜料

⑭ **融化胶粒。**把 10 克胶粒放入 100 毫升开水里，再套上盛开水的大圆盆，加温并充分搅拌，使胶粒隔水加温融化。

⑮ **混合颜料。**取适量的群青、杨梅色膏（做法参照第 51 页）、苏方木色膏（做法参照第 129 页），分别加入等量的胶液，放入小瓷盘中，用手指充分调搅混合，再用水稀释到适当的浓度。把墨用少量的水化开。

填色

⑯ **浸湿型纸。**为了让型纸和面料紧密相贴，先将型纸浸湿并擦去多余水分。熨烫面料，将它平整地放在板上，并用胶带把面料贴在木板上，或直接把面料裱在板上固定（参照第 69 页）。

⑰ **填色。**按墨、群青、黄、红的顺序使用型纸进行颜色。把型纸放在布上，用毛刷蘸取少量颜色在型纸上像画圆一样进行整体涂刷。在型纸重叠处作上记号，防止纹样错位。

★ 用胶液调和而成的颜料，在过冷的温度下容易干硬、难以描绘，可用电热器进行加热保温。

染后处理

⑱ **晾干。**把填好颜色的棉布充分晾干。

⑲ **熨烫。**盖上垫布，用熨斗熨平。熨烫时注意温度。

诃子

诃子生长在印度北部至缅甸的森林中，日文名为呵梨勒，是使君子科植物。果实大小如枣，果皮坚硬，富含鞣质，成熟时其含量可达 48%—52%，未熟时含量也有 42%—50%。因鞣质含量很高，自古以来被用于鞣制皮革并用做药材。

在日本正仓院的外来药材中，就有名为呵黎勒的药材，《新修本草》中有“呵黎勒・味苦・温・无毒・主冷气・心腹胀满・下食・生交・爱州”的记载。作为中草药，它是健胃剂、收敛剂、止泻止腹痛剂的代表药物，另外，在《岭南异物志》中有“广州法性寺的佛殿前有呵黎勒 40—50 棵，广州每年进贡之物都是采自此树”的记述。呵黎勒也称诃黎勒，诃子是梵语（Haritaki）的音译。

在诃子的原产地印度，它常被用来染制印度印花棉布的底色，其鞣质成分有助于印度茜染色。

诃子花也可以作为染料，与其果皮相比，含有更多黄色素，是印度印花棉布常用的黄色染料。

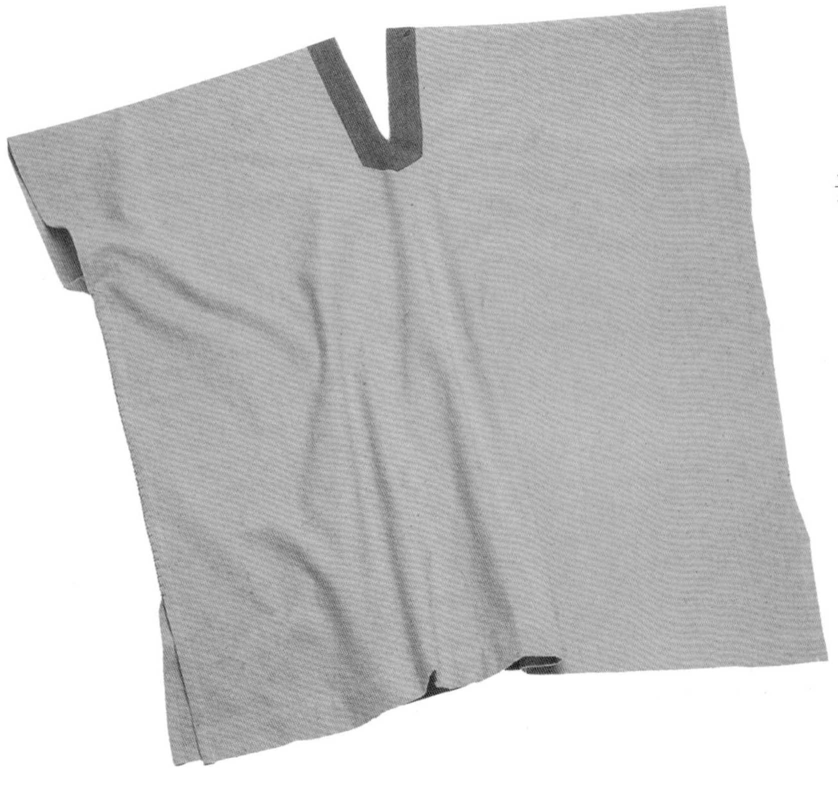

诃子染・棉布套头衣

材料和用具

- 棉布 1 块（260×120 厘米） 550 克
- 诃子果 550 克
- 明矾 40 克
- 30 升长方形浅盘 4 个
- 6.5 升中号不锈钢圆盆 1 个
- 15 升小号桶锅 1 个
- 滤筛
- 密筛
- 计量杯等

染前准备

① **棉布的染前准备。**将面料浸入 40℃—50℃的热水里。拨动棉布，使之整体均匀浸透。

色液提取

② **第 1 次提取。**把 550 克诃子果放入 5 升水（冷热均可）中，大火煮沸，然后改为小火继续煎煮 20 分钟。

③ **过滤色液。**把煮过的诃子果用滤筛过滤，5 升水煮出约 5 升色液。

④ **第 2 次提取。**将滤筛里的诃子果再次加水，采用与第 1 次提取相同的方法煮沸、过滤，2 次煮出的色液合计约 10 升。

染色

⑤ **制作染液。**将 2 升色液用密筛过滤，加入 18 升水（冷热均可）中，制成 20 升染液。剩余的色液留待后续添加使用。

⑥ **在染液里浸染。**面料以不急速上色为好。将面料做好染前准备后，不要用手拧，应轻轻提起，使之适当滴去水分，然后放入染液中浸染约 20 分钟，使面料均匀上色。棉布在 70℃左右的染液中容易染色，应加热染液，使其温度慢慢上升。容器如果不能直接用火加热，应将其装在另外的容器里加以保温。浸染时要始终在染液中拨动面料，并避免面料与染液间出现气泡。面料出现折痕或由于空气进入织物而产生气泡，都会使染色不均匀而出现染斑，所以必须仔细地将面料从头至尾、反复拨动。

⑦ **清洗。**用水清洗掉面料上多余的染液。

媒染

⑧ **配制媒染液。**将 20 克明矾放入 20 升的开水里，充分搅拌溶化。请记住，如果是棉布面料，明矾的使用量是 1 升水中放 2 克明矾。明矾不易溶化，应先另取容器，用开水溶化后再用。余下的 20 克明矾留待后续添加使用。

⑨ **在媒染液里浸染。**采用与⑥相同的方法浸染 20 分钟。加温明矾媒染液，使其温度保持在 40℃—50℃之间。

⑩ **清洗。**从媒染液里提起面料，将面料上多余的媒染液用清水洗掉。但是，染色后的清洗与媒染后的清洗要使用不同的容器。

以上⑥⑦⑨⑩的染色→媒染步骤操作 4 次。

↗ ⑥染色 20 分钟 ↘
⑩清洗　　⑦清洗
↖ ⑨媒染 20 分钟 ↙

★ 如果第 1 次就用高浓度染液染色，容易出现染斑。故分成 4 次操作，每次浓度逐渐加深。第 2、3、4 次染色时，应从上一次使用的染液里取出 2.5 升旧染液倒掉，加入 2.5 升新的色液。

★ 剩余的 20 克明矾用开水溶化，到第 4 次媒染时，全部添加进去。

★ 色液不可放置过夜。

★ 如需染更深的颜色，染色、清洗、干燥（参照第 20 页）以后，第 2 天再从步骤①开始，重复操作。

染后处理

⑪ **清洗。**完成第 4 次媒染清洗以后，再用清水清洗干净。

⑫ **晾干。**清洗后的面料不要用手拧，用晾衣夹夹住一边，吊起阴干。

⑬ **熨烫。**盖上垫布，用熨斗熨平。熨烫时注意温度。

②将诃子放入热水里

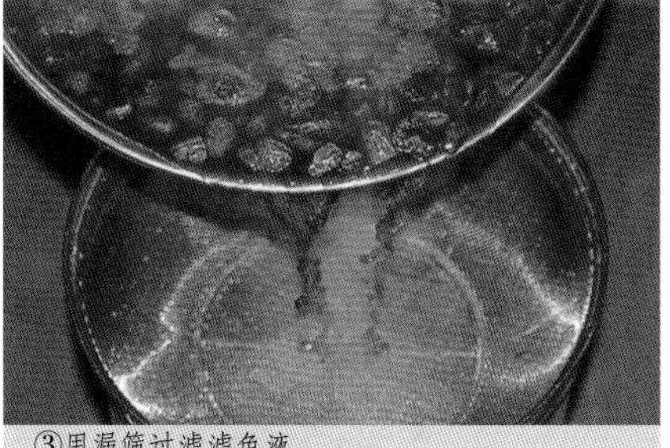
③用漏筛过滤滤色液

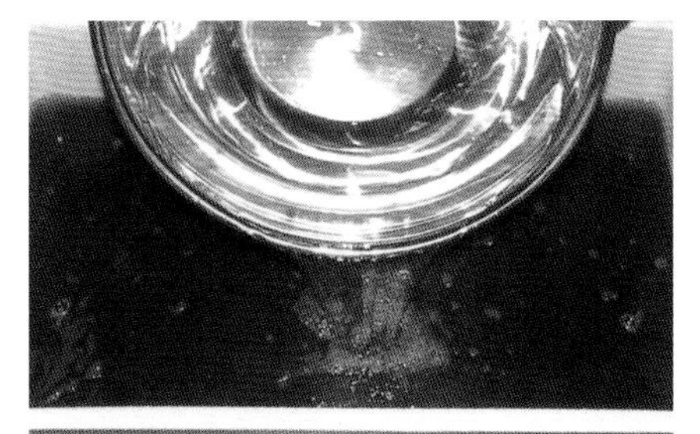
⑤往色液里加水

⑥在染液里浸染（第 4 次）

⑤用密筛过滤色液

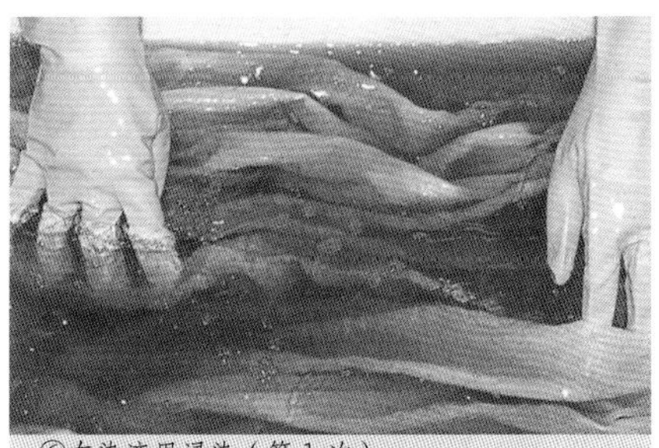
⑥在染液里浸染（第 1 次）

⑨在媒染液里浸染（第 4 次）

梅

梅属于蔷薇科落叶小乔木。原产地为中国的四川省、湖北省，是中国最古老的果树。在三国时代，据说曹操领兵伐吴时正值七月，天气炎热口渴难熬，曹操指着前方大声说："前面不远就有果子成熟的大梅林！"饥渴的士兵顿时口中流出唾液，止住了口渴，这就是著名的"望梅止渴"的典故。

梅子在奈良时代传入日本时，不是作为果树，而是为了欣赏梅花（最初只有一种白色的梅花树）的品质和色香。在《万叶集》中能见到很多咏梅的诗歌，宫廷和贵族府邸会专门举办赏梅宴，在那个时代，赏花一般指的就是赏梅花。镰仓时代以后开始有了梅果的相关记载，到了江户时代，梅子的种植已十分发达，品种多达数十种。

平安时代，凡以"梅"记载的面料都是表示五色重叠的叠色，梅作为染料来使用则是在室町时代以后。其色素为邻苯二酚的鞣酸类物质，用树皮和细小的树枝煎煮液可以染出褐红色。室町时代中期的《蜷川亲元日记》中首次出现了梅染一词，在江户时代初期，珍贵的风俗史料俳论书《毛吹草》中有"山城的梅染、加贺的黑梅染"的记载。此外，中期的故实丛书《贞丈杂记》中有"分为梅染、红梅、黑梅三种，用梅谷涩（染料名）染时得梅染色，加染几次得红梅色，反复染色可得偏黑的黑梅色。加贺梅染是指加贺地区出产的梅染丝绸，梅染是指以梅谷涩染料染色，呈偏黄的红色"的相关记载。红梅色是用钙或明矾钙媒染，黑梅色是用铁媒染。"梅屋涩"是用梅树树芯与桤木树皮一起煎煮的染液，它的染色效果，有点像涂过涩柿液的酒袋的感觉。

用稻草熏蒸未成熟的青梅，可制成干燥的乌梅（参照第 155 页）。乌梅也叫熏梅，昭和初期的国语辞典《大言海》中记载，最初梅子是作为药材由中国进口的。

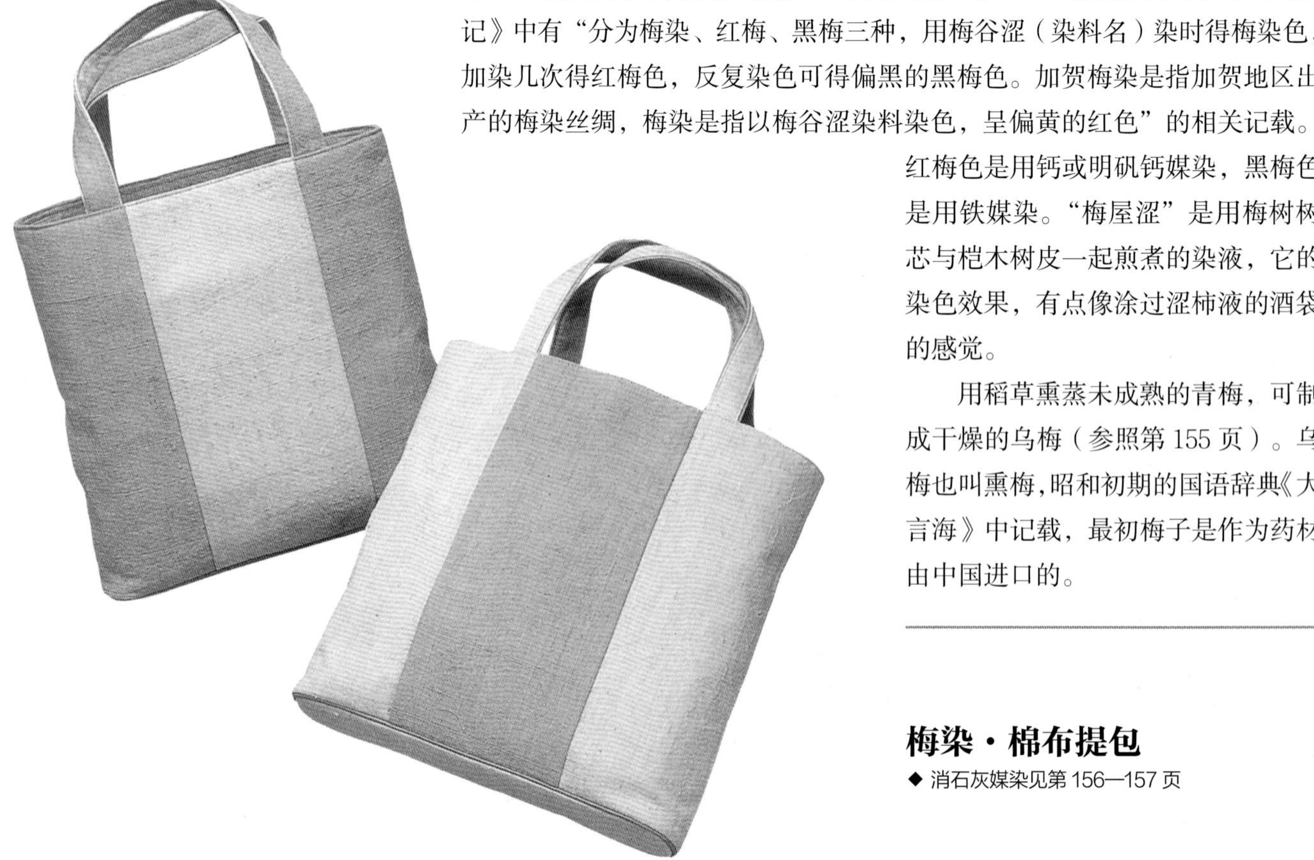

梅染・棉布提包

◆ 消石灰媒染见第 156—157 页

材料和用具

- 棉布 1 块（60×120 厘米）　180 克
- 梅树　360 克
- 铁浆水　200 毫升
- 13 升大号不锈钢圆盆　4 个
- 6.5 升中号不锈钢圆盆　1 个
- 15 升小号桶锅　1 个
- 滤筛
- 密筛
- 计量杯等

染前准备

① **棉布的染前准备。**将面料浸入 40℃—50℃的热水里。拨动棉布，使之整体均匀浸透。

色液提取

② **第 1 次提取。**把 360 克梅树放入 5 升水（冷热均可）中，大火煮沸，然后改为小火继续煎煮 20 分钟。

③ **过滤色液。**把煮过的梅树用滤筛过滤，5 升水煮出约 5 升色液。

④ **第 2 次提取。**将滤筛里的梅树再次加水，采用与第 1 次提取相同的方法煮沸、过滤，2 次煮出的色液合计约 10 升。

染色

⑤ **制作染液。**将 2 升色液用密筛过滤，加入 7 升水（冷热均可）中，制成 9 升染液。剩余的色液留待后续添加使用。

⑥ **在染液里浸染。**面料以不急速上色为好。将面料做好染前准备后，不要用手拧，应轻轻提起，使之适当滴去水分，然后放入染液中浸染约 20 分钟，使面料均匀上色。棉布在 70℃左右的染液中容易染色，应加热染液，使其温度慢慢上升。浸染时要始终在染液中拨动面料，并避免面料与染液间出现气泡。面料出现折痕或由于空气进入织物而产生气泡，都会使染色不均匀而出现染斑，所以必须仔细地将面料从头至尾、反复拨动。

⑦ **清洗。**用水清洗掉面料上多余的染液。

媒染

⑧ **配制媒染液。**将 50 毫升铁浆水倒入 9 升冷水中，充分搅拌溶化。

⑨ **在媒染液里浸染。**采用与⑥相同的方法浸染 20 分钟。铁浆水的温度应在 15℃—20℃之间。

⑩ **清洗。**从媒染液里提起面料，将面料上多余的媒染液用清水洗掉。但是，染色后的清洗与媒染后的清洗要使用不同的容器。

以上⑥⑦⑨⑩的染色→媒染步骤操作 4 次。

↗ ⑥染色 20 分钟 ↘
⑩清洗　　　　　　⑦清洗
↖ ⑨媒染 20 分钟 ↙

★ 如果第 1 次就用高浓度染液染色，容易出现染斑。故分成 4 次操作，每次浓度逐渐加深。第 2、3、4 次染色时，应从上一次使用的染液里取出 2 升旧染液倒掉，加入 2 升新的色液。

★ 在第 2、3、4 次媒染时，分别添加 50 毫升铁浆水。

★ 色液不可放置过夜。

★ 如需染更深的颜色，染色、清洗、干燥（参照第 20 页）以后，第 2 天再从步骤②开始，重复操作。

染后处理

⑪ **清洗。**完成第 4 次媒染清洗以后，再用清水清洗干净。

⑫ **晾干。**清洗后的染布不要用手拧，用晾衣夹夹住一边，吊起阴干。

⑬ **熨烫。**盖上垫布，用熨斗熨平。熨烫时注意温度。

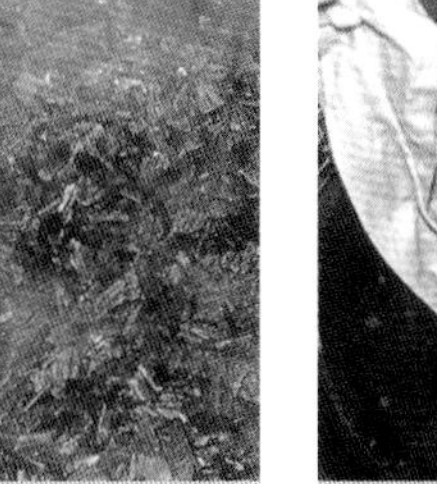

②把梅树放入热水里煮沸

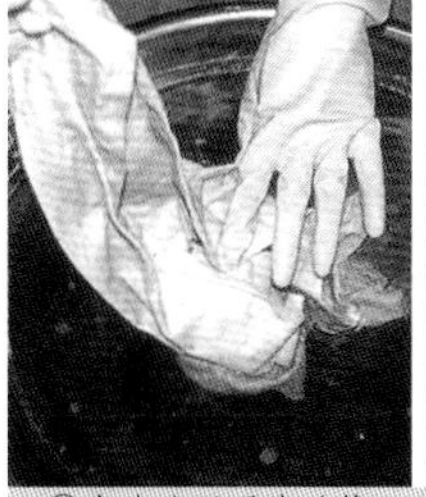
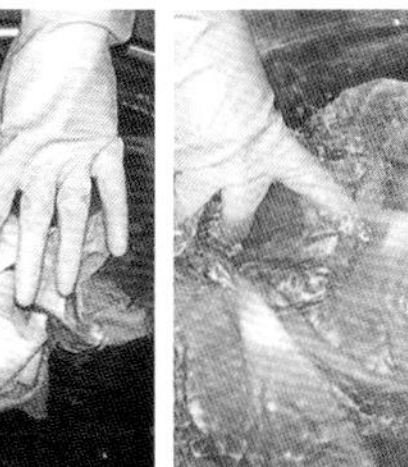

⑥在染液里浸染（第 1 次）

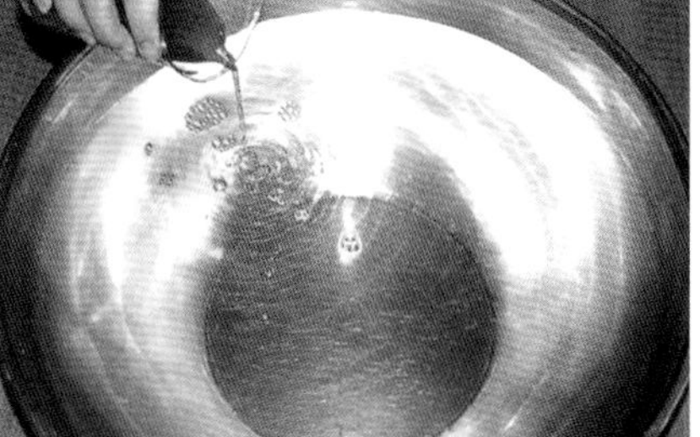

③用漏筛过滤色液　⑤用密筛过滤色液

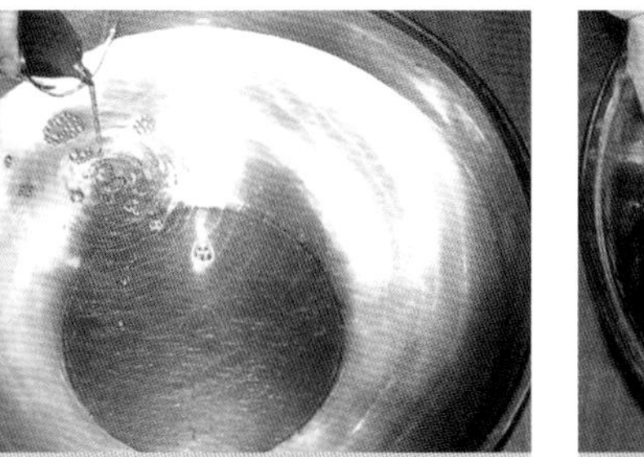

⑧配制媒染液

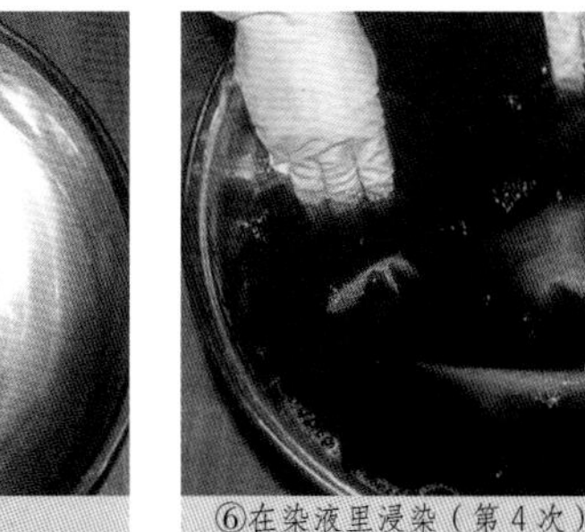

⑥在染液里浸染（第 4 次）

⑤往色液里加水

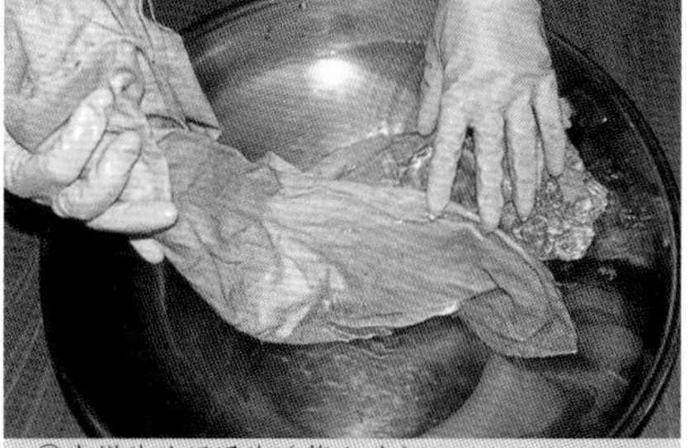

⑨在媒染液里浸染（第 1 次）

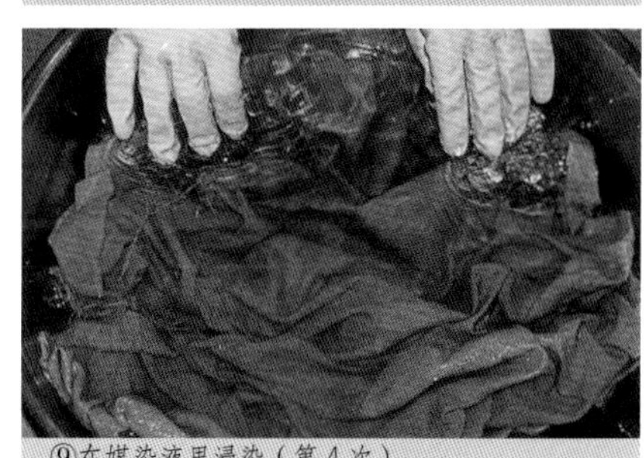

⑨在媒染液里浸染（第 4 次）

梅染·棉布提包

材料和用具

- 棉布 1 块（60×120 厘米） 180 克
- 梅树 360 克
- 消石灰 9 克
- 13 升大号不锈钢圆盆 4 个
- 6.5 升中号不锈钢圆盆 1 个
- 15 升小号桶锅 1 个
- 滤筛、密筛
- 玻璃棒
- 计量杯等

染前准备

① **棉布的染前准备。**将面料浸入 40℃—50℃的热水里。拨动棉布，使之整体均匀浸透。

色液提取

② **第 1 次提取。**把 360 克梅树放入 5 升水（冷热均可）中，大火煮沸，然后改为小火继续煎煮 20 分钟。

③ **过滤色液。**把煮过的梅树用滤筛过滤，5 升水煮出约 5 升色液。

④ **第 2 次提取。**将滤筛里的梅树再次加水，采用与第 1 次提取相同的方法煮沸、过滤，2 次煮出的色液合计约 10 升。

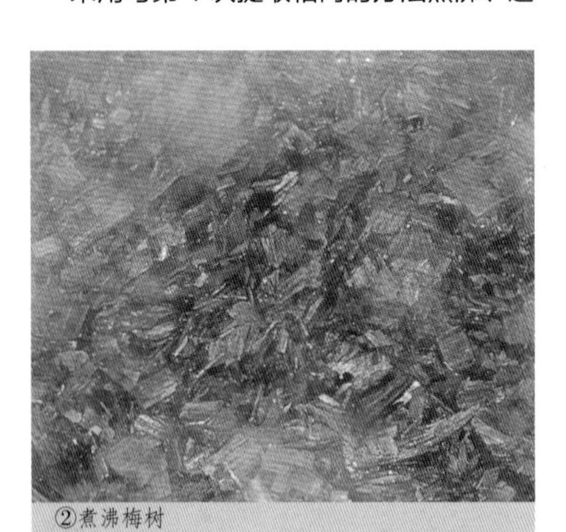

②煮沸梅树

染色

⑤ **制作染液。**将 2 升色液用密筛过滤，加入 7 升水（冷热均可）中，制成 9 升染液。剩余的色液留待后续添加使用。

⑥ **在染液里浸染。**面料以不急速上色为好。将面料做好染前准备后，不要用手拧，应轻轻提起，使之适当滴去水分，然后放入染液中浸染约 20 分钟，使面料均匀上色。棉布在 70℃左右的染液中容易染色，应加热染液，使其温度慢慢上升。浸染时要始终在染液中拨动面料，并避免面料与染液间出现气泡。面料出现折痕或由于空气进入织物而产生气泡，都会使染色不均匀而出现染斑，所以必须仔细地将面料从头至尾、反复拨动。

⑦ **清洗。**用水清洗掉面料上多余的染液。

媒染

⑧ **配制媒染液。**将 9 克消石灰放入 9 升水里，充分搅拌溶化。在染棉布时，消石灰与水的比例是 1 升水兑 1 克消石灰，把媒染液制成白色混浊液体。

⑨ **在媒染液里浸染。**采用与⑥相同的方法浸染 20 分钟。维持消石灰液的水温，不用加热。

⑩ **清洗。**从媒染液里提起面料，将面料上多余的媒染液用清水洗掉。但是，染色后的清洗与媒染后的清洗要使用不同的容器。

氧化

⑪ **晾布。**以消石灰为媒染剂时，将染物接触空气会促进其媒染。把面料用两根衣竿晾晒约 10 分钟。

以上⑥⑦⑨⑩⑪的染色→媒染→氧化步骤操作 4 次。

↗ ⑥染色 20 分钟 → ⑦清洗

⑪氧化 10 分钟 ↓

↖ ⑩清洗 ← ⑨媒染 20 分钟

★ 如果第 1 次就用高浓度染液染色，容易出现染斑。故分成 4 次操作，每次浓度逐渐加深。第 2、3、4 次染色时，应从上一次使用的染液里取出 2 升旧染液倒掉，加入 2 升新的色液。

★ 色液不可放置过夜。

★ 如需染更深的颜色，染色、清洗、干燥（参照第 20 页）以后，第 2 天再从步骤②开始，重复操作。

⑤用密筛过滤色液

⑤往色液里加水

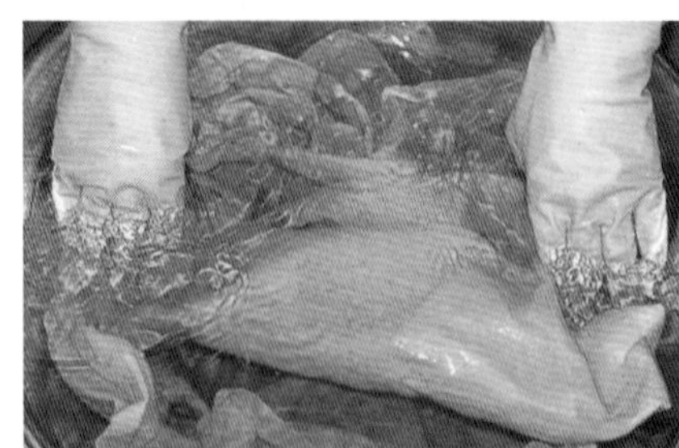

⑥在染液里浸染（第 1 次）

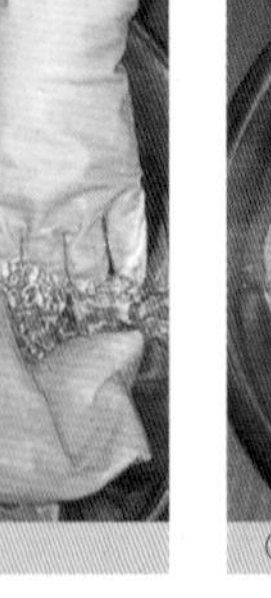

⑨在媒染液里浸染（第 1 次）

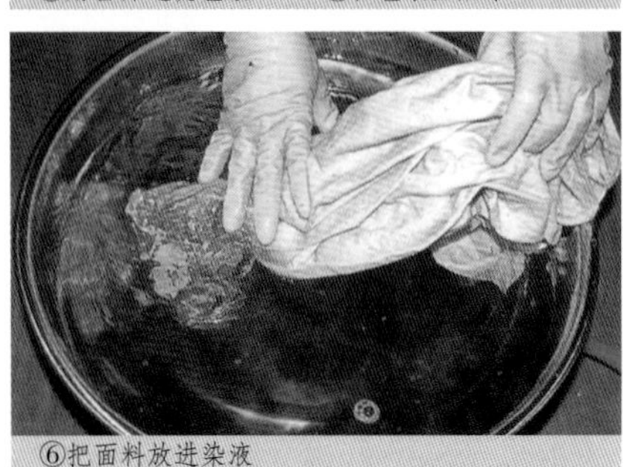

⑥把面料放进染液

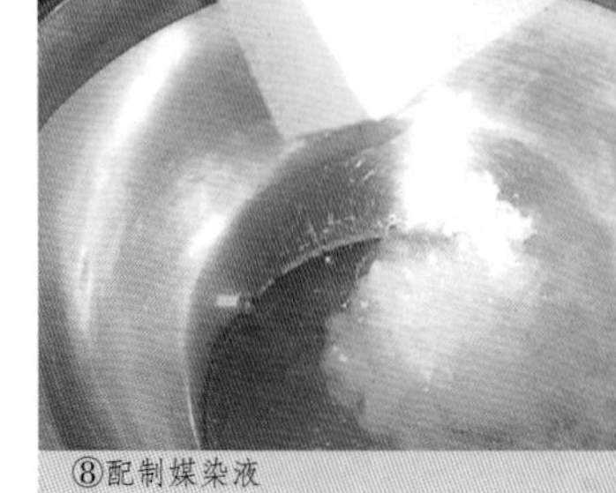

⑧配制媒染液

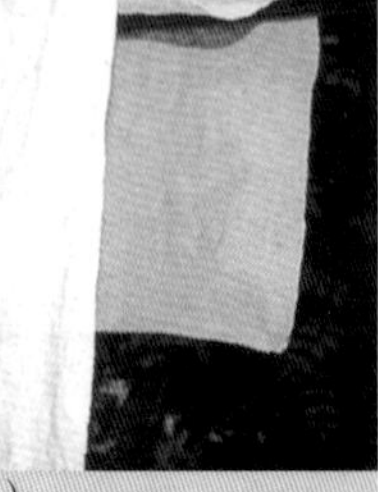

⑪在空气里氧化（第 1 次）

染后处理

⑫ **清洗。**完成第4次媒染清洗以后，再用清水清洗干净。
⑬ **晾干。**清洗后的面料不要用手拧，用晾衣夹夹住一边，吊起阴干。
⑭ **熨烫。**盖上垫布，用熨斗熨平。熨烫时注意温度。

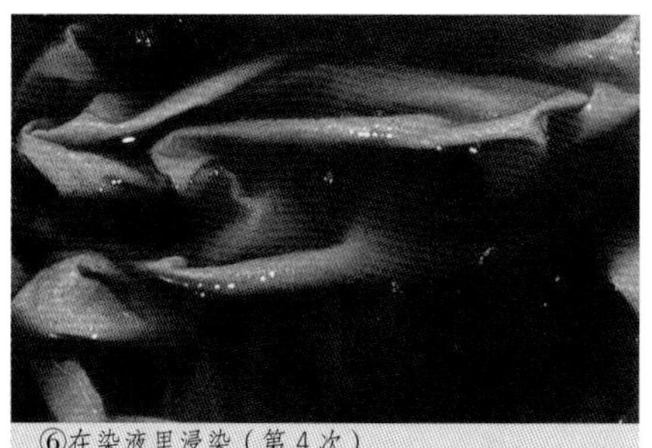
⑥在染液里浸染（第4次）

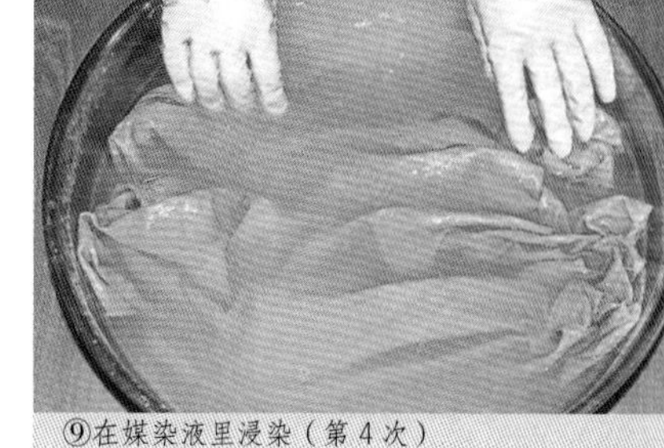
⑨在媒染液里浸染（第4次）

乌梅

在日本传统红花染色技法中，乌梅被用作媒染剂，其柠檬酸成分让红色显得非常鲜艳。6世纪时，在中国《齐民要术》一书里有“红花”一项，提及媒染时常使用石榴和乳酸。石榴的种植技术是从波斯沿着丝绸之路向东依次传播开来的，与红花的染色技术传播路径相同。根据日本《延喜式》的记载，染红花一直是用醋作为媒染剂，不知从什么时候开始，改成了乌梅。

奈良县北部的月濑村自古就因产梅而被人们所熟悉。现在，这个传统的传承人中西喜祥（国家指定文化财保存技术保持者）是唯一的后继者。每年7月，先收集由枝头落地的成熟梅子，在梅子上面均匀地裹上煤灰，摊在栅条板上，再盖上湿草席，经一晚熏蒸后放在太阳下晒干就制成了。

乌梅和剥去青皮晒干后的青梅果肉一起，除了用作驱逐蛔虫、解热、止咳药外，含有的有机酸成分也可用于红花染（参照第86页）、胭脂染的媒染剂，以及金银精致制品的清洗剂。

裹上煤灰的梅子

熏蒸（并在太阳下晒干）

儿茶

儿茶在日本也叫作阿仙药树，是原产于印度的豆科乔木，一般栽培在热带地区。叶型是由许多细小叶片组成的羽状复叶，开黄色小花。

将儿茶枝干加水煎煮、浓缩干燥后制成的煎膏，自古以来都是有特效的肠胃药。在缅甸和泰国等地用作药材的儿茶，传入日本的时间，据记载是奈良时代，由鉴真和尚东渡时带来。

儿茶成分以鞣质为主，其中儿茶素含量为30%—35%、鞣酸含量为24%，其他成分还有槲皮素和表儿茶酚，除肠胃药以外，还用于仁丹等清凉剂和鞣制皮革。

儿茶原料有两种类型。一种是作为药材的粉末状“儿茶粉”，另一种是作为染料用于渔网和暖帘染色的有光泽的“儿茶膏”，也用于手工艺品和家具的染色。

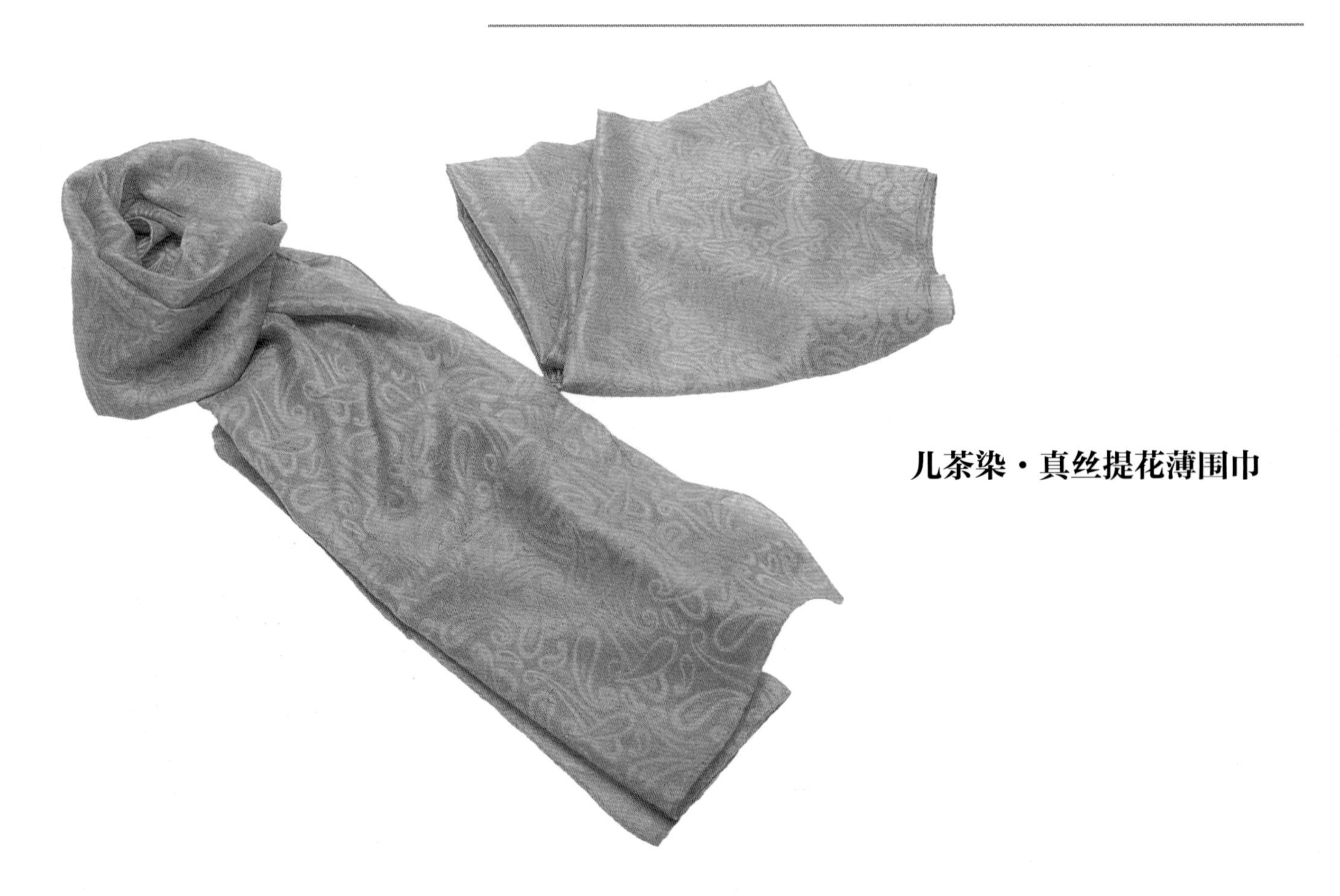

儿茶染·真丝提花薄围巾

材料和用具

- 真丝薄围巾 1 块（175×50 厘米） 60 克
- 儿茶色膏（固体） 30 克
- 明矾 9 克
- 13 升大号不锈钢圆盆 4 个
- 2.5 升小号不锈钢圆盆 1 个
- 密筛
- 玻璃棒
- 计量杯等

染前准备

① **丝巾的染前准备。**将丝巾浸入 40℃—50℃的热水里。拨动丝巾，使之整体均匀浸透。

染色

② **制作原液。**把 30 克儿茶色膏（固体）放入 300 毫升开水中，要注意避免产生焦糊，中火加热，用玻璃棒充分搅拌使之慢慢溶化。

③ **制作染液。**将 100 毫升原液用密筛边过滤边加入水（冷热均可）中充分搅拌，制成 9 升染液。剩余的色液留待后续添加使用。

④ **在染液里浸染。**面料以不急速上色为好，将面料做好染前准备之后，不要用手拧，应轻轻提起，使之适当滴去水分，然后放入染液中浸染约 20 分钟，使面料均匀上色。应加热染液，使其温度慢慢上升。真丝面料在高温下容易受损，故请注意，温度应控制在 50℃—60℃之间。浸染时要始终在染液中拨动面料，并避免面料与染液间出现气泡。面料出现折痕或由于空气进入面料而产生气泡，都会使染色不均匀而出现染斑，所以必须仔细地将面料反复拨动。

⑤ **清洗。**用水清洗掉面料上多余的染液。

媒染

⑥ **配制媒染液。**将 9 克明矾放入 9 升开水里，充分搅拌溶化。请记住，如果是真丝，明矾的使用量是 1 升水中放 1 克明矾。明矾不易溶化，应先另取容器，用开水溶化后再用。

⑦ **在媒染液里浸染。**采用与④相同的方法浸染 20 分钟。加温明矾媒染液，使其温度保持在 40℃—50℃之间。

⑧ **清洗。**从媒染液里提起面料，将面料上多余的媒染液用清水洗掉。但是，染色后的清洗与媒染后的清洗要使用不同的容器。

以上④⑤⑦⑧的染色→媒染步骤操作 4 次。

④染色 20 分钟 ↘ ⑤清洗 ↙ ⑦媒染 20 分钟 ↖ ⑧清洗 ↗

★ 如果第 1 次就用高浓度染液染色，容易出现染斑。故分成 4 次操作，每次浓度逐渐加深。第 2、3、4 次染色时，应再加入 100 毫升新的原液。

★ 提取的原液不可放置过夜。

★ 如需染更深的颜色，染色、清洗、干燥（参照第 20 页）以后，第 2 天再从步骤①开始，重复操作。

染后处理

⑨ **清洗。**完成第 4 次媒染清洗以后，再用清水清洗干净。

⑩ **晾干。**清洗后的面料不要用手拧，用晾衣夹夹住一边，吊起阴干。

⑪ **熨烫。**盖上垫布，用熨斗熨平。熨烫时注意温度。

②慢慢溶化原液

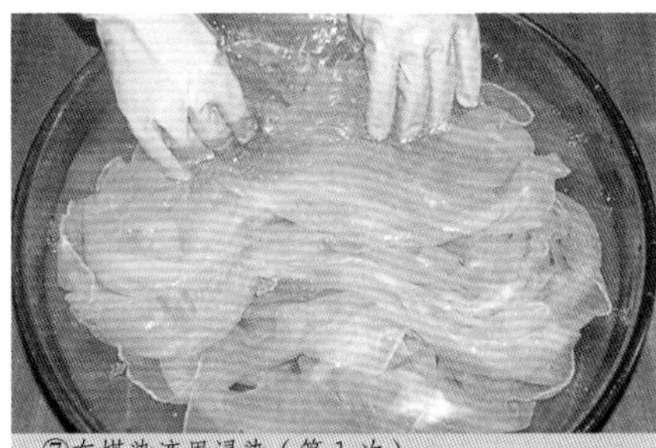

⑦在媒染液里浸染（第 1 次）

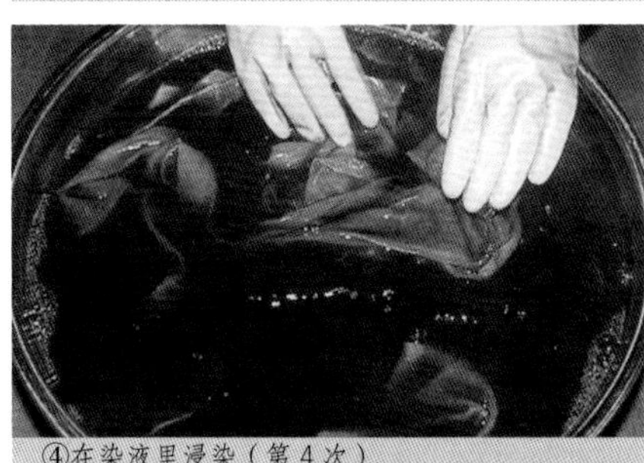

④在染液里浸染（第 4 次）

③用密筛过滤原液

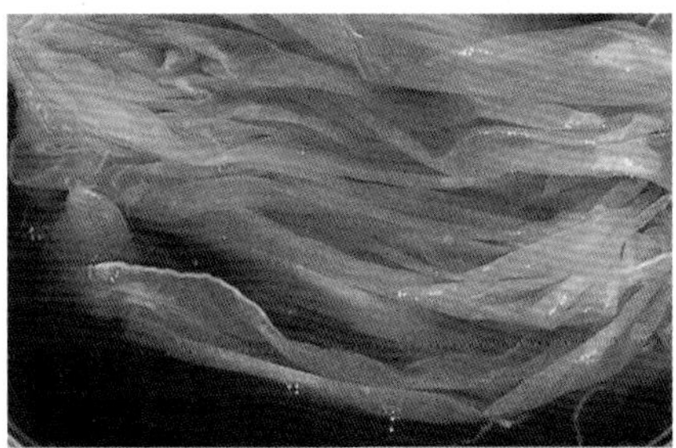

④在染液里浸染（第 1 次）

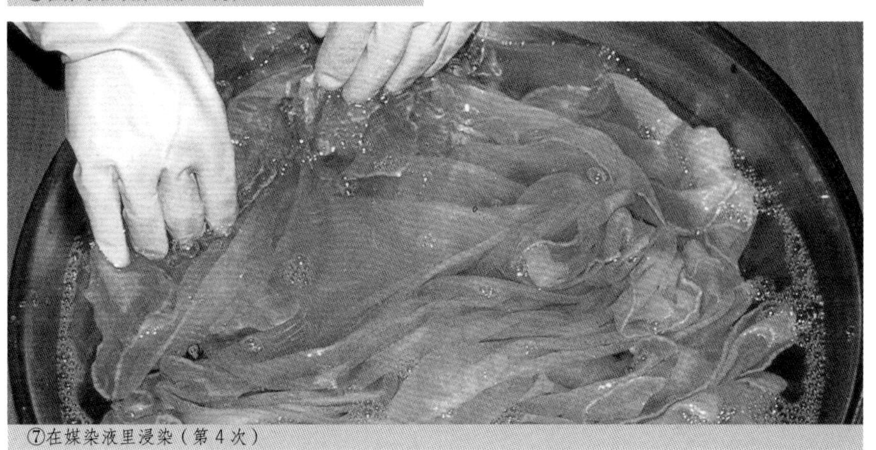

⑦在媒染液里浸染（第 4 次）

儿茶染·棉布坐垫

◆ 完成品见第 174 页

材料和用具

- 棉布 1 块（60×120 厘米） 180 克
- 儿茶色膏（固体） 36 克
- 铁浆水 100 毫升
- 明矾 18 克
- 消石灰 9 克
- 13 升大号不锈钢圆盆 8 个
- 2.5 升小号不锈钢圆盆 1 个
- 玻璃棒
- 密筛
- 计量杯 等

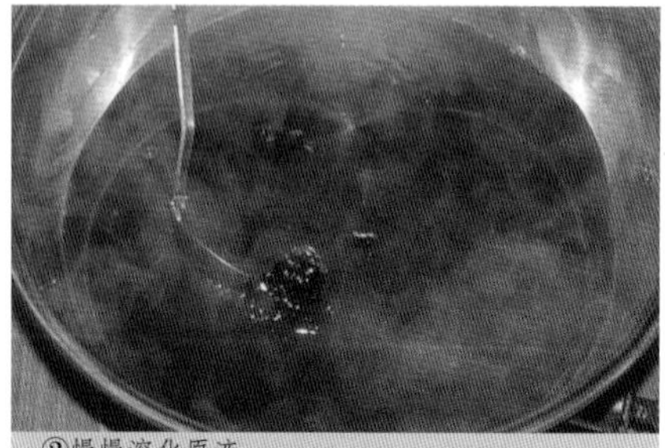

②慢慢溶化原液

③用密筛过滤原液

染前准备

① **棉布的染前准备。**将棉布浸入 40℃—50℃的热水里。拨动棉布，使之整体均匀浸透。

色液提取

② **制作原液。**把 36 克儿茶色膏（固体）放入 300 毫升开水中，要注意避免产生焦糊，中火加热，用玻璃棒充分搅拌使之慢慢溶化。

染色

③ **制作染液。**将 150 毫升原液用密筛边过滤边加入 9 升水（冷热均可）中充分搅拌，制成 9 升染液。剩余的色液留待后续添加使用。

④ **在染液里浸染。**面料以不急速上色为好，将面料做好染前准备之后，不要用手拧，应轻轻提起，使之适当滴去水分，然后放入染液中浸染约 20 分钟，使面料均匀上色。棉布在 70℃左右的染液中容易染色，应加热染液，使其温度慢慢上升。浸染时要始终在染液中拨动面料，并避免面料与染液间出现气泡。面料出现折痕或由于空气进入面料而产生气泡，都会使染色不均匀而出现染斑，所以必须仔细地将面料反复拨动。

⑤ **清洗。**用水清洗掉面料上多余的染液。

媒染

⑥ **配制媒染液。**本次媒染使用 3 种媒染剂。用铁浆水染黑色，用明矾染黄色，用消

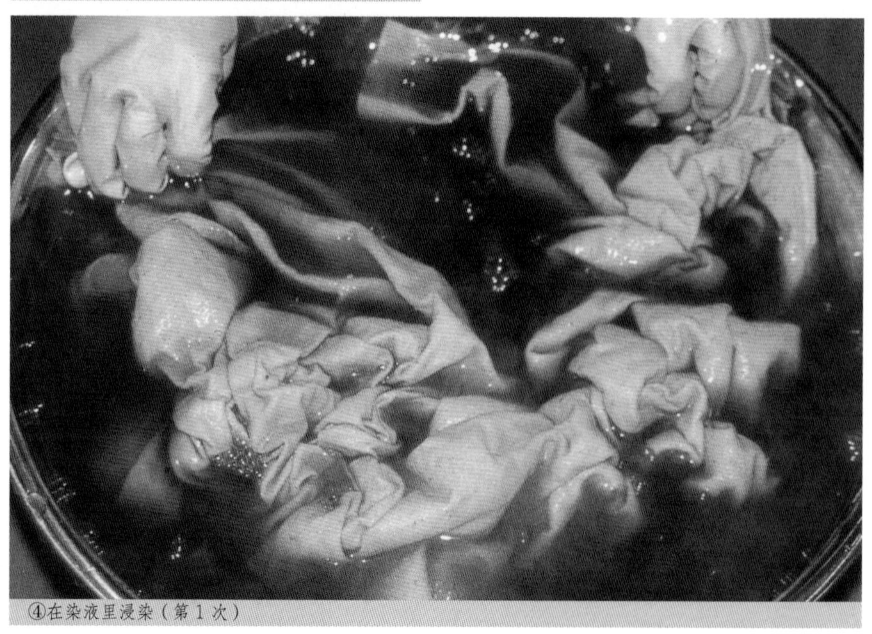

④在染液里浸染（第 1 次）

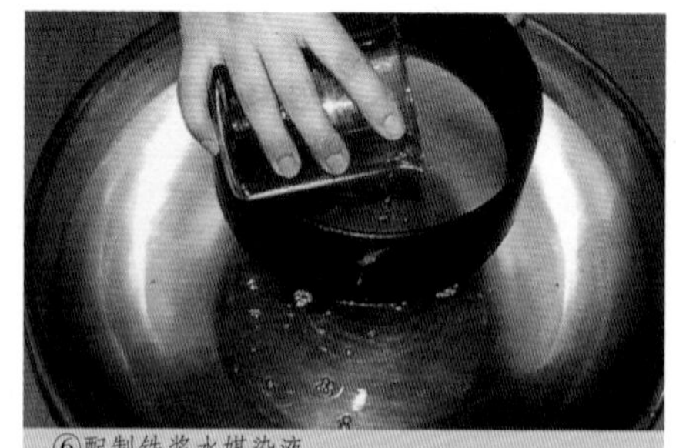

⑥配制铁浆水媒染液

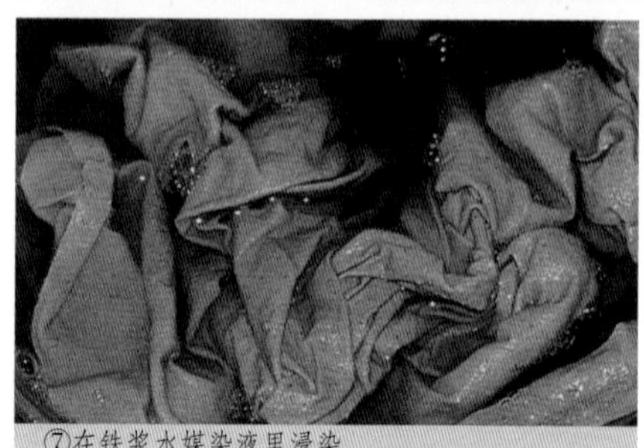

⑦在铁浆水媒染液里浸染

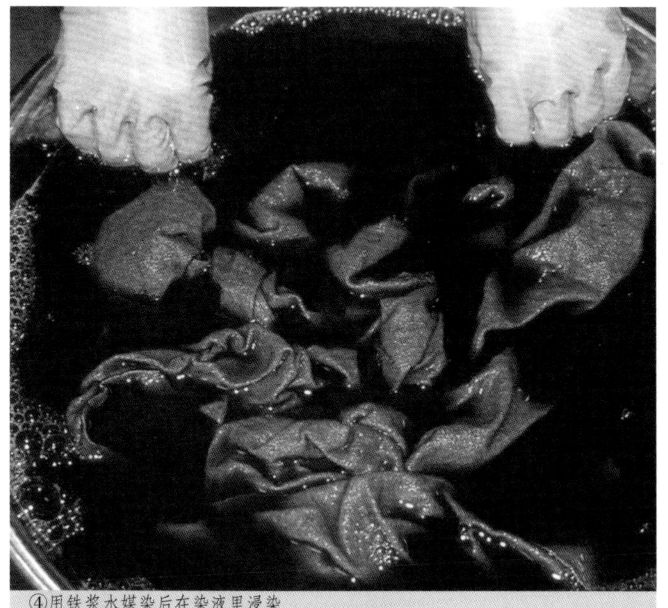
④用铁浆水媒染后在染液里浸染

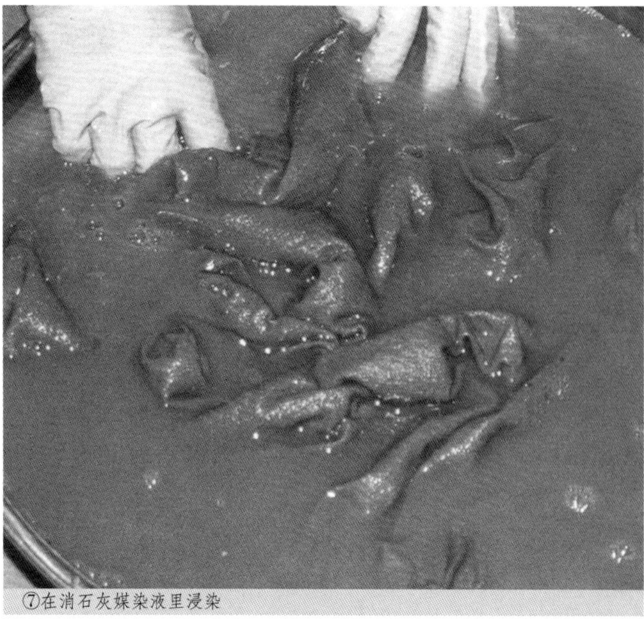
⑦在消石灰媒染液里浸染

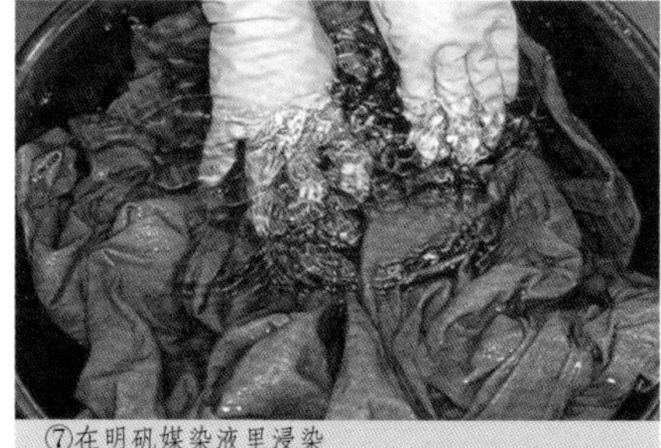
⑦在明矾媒染液里浸染

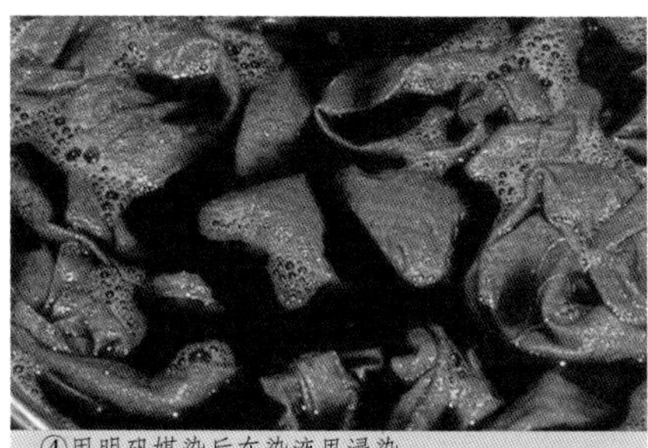
④用明矾媒染后在染液里浸染

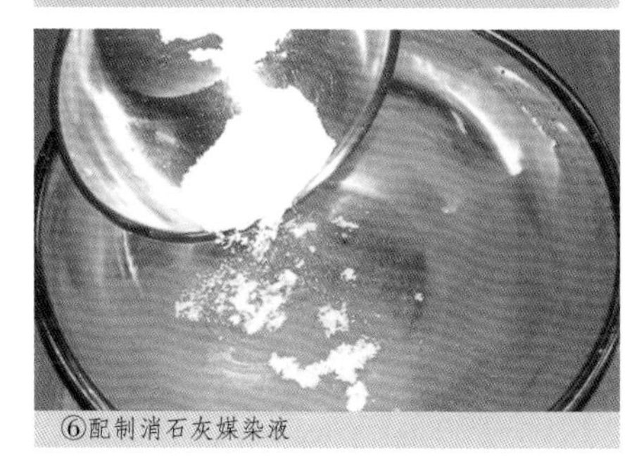
⑥配制消石灰媒染液

石灰染红色。3 种媒染剂可以提前制作准备好，也可以在媒染前直接制作。

Ⅰ **铁浆水：**将 100 毫升铁浆水倒入 9 升冷水中，充分搅拌溶化。

Ⅱ **明矾：**将 18 克明矾放入 9 升开水里，充分搅拌溶化。请记住，如果是棉布，明矾的使用量是 1 升水中放 2 克明矾。明矾不易溶化，应先另取容器，用开水溶化后再用。

Ⅲ **消石灰：**将 9 克消石灰放入 9 升水里，充分搅拌溶化。在染棉布时，消石灰与水的比例是 1 升水兑 1 克消石灰，把媒染液制成白色混浊液体。

⑦ **在媒染液里浸染。**采用与④相同的方法浸染 20 分钟。明矾液的温度应在 40℃—50℃之间。铁浆水的温度应在 15℃—20℃之间。用消石灰的温度维持水温，不用加温。

⑧ **清洗。**从媒染液里提起面料，将面料上多余的媒染液用清水洗掉。但是，染色后的清洗与媒染后的清洗要使用不同的容器。

以上④⑤⑦⑧的染色→媒染步骤按下列顺序进行：

④染色→⑤清洗→⑦媒染 1：铁浆水→⑧清洗→④染色→⑤清洗→⑦媒染 2：明矾 →⑧清洗 →④染色→⑤清洗→⑦媒染 3：消石灰→⑧清洗 → 氧化

★ 清洗时，不同媒染剂需使用不同的容器。

★ 以消石灰为媒染剂时，将染物接触空气会促进其媒染。清洗后的面料不要用手拧，用两根衣竿架起面料，尽可能扩大接触空气的面积，晾晒约 30 分钟。

★ 提取的原液不可放置过夜。

★ 如需染更深的颜色，染色、清洗、干燥（参照第 20 页）以后，第 2 天再从步骤①开始，重复操作。

染后处理

⑨ **清洗。**完成消石灰媒染并经氧化以后，用清水再仔细清洗一次。

⑩ **晾干。**清洗后的面料不要用手拧，用晾衣夹夹住一边，吊起阴干。

⑪ **熨烫。**盖上垫布，用熨斗熨平。熨烫时注意温度。

糯杜鹃

杜鹃为常绿灌木，生长在日本本州中南部的温暖丘陵地带，作为庭院花木被普遍栽培与观赏，作为园艺花木，品种很多。春天时开粉红、淡紫的喇叭状花朵。由于其叶、花梗、萼片上的腺毛有黏性，故被称为糯杜鹃、黏杜鹃。

用煎煮细枝的液体来染茶色的线，可以用来织丹波布（参照第 163 页），非常有名。丹波布是将棉线与丝线混纺的柔软织物，有着独特的手感。与本书第 72—73 页所示的深浅蓝色棉线，一起编织成了颇具丹波布色调和纹样风格的桌旗。

糯杜鹃染・棉线手织桌旗

◆ 蓼蓝染线见第 72—73 页

纬线

经线

材料和用具

- 40/2 机纺线（经线）2 绞　60 克
- 手纺线（纬线）2 绞　180 克
- 糯杜鹃　720 克
- 明矾　20 克
- 消石灰　25 克（5 克/升）
- 6.5 升中号不锈钢圆盆　6 个
- 15 升小号桶锅　1 个
- 滤筛、密筛
- 计量杯、直棒 等

★ 经线、纬线分别染成深浅 2 种颜色。

媒染准备

① **提取消石灰澄清液。**将 25 克消石灰放入 5 升水里，搅拌溶化后放置半日至一日，用密筛过滤上层的澄清液体。

染前准备

② **棉线的染前准备。**将棉线用直棒挑起，浸入 40℃—50℃的热水里。上下运动直棒，转动棉线挑起的位置，使之能整体均匀浸透。

①在水里溶化消石灰

③把糯杜鹃放进水里

③煮沸

⑥用密筛过滤色液

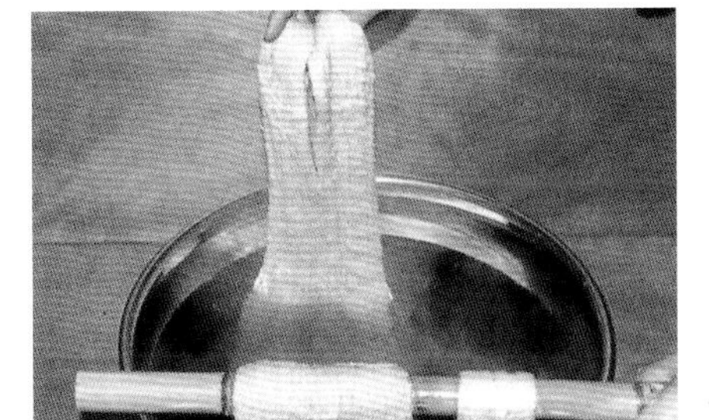

⑦在染液里浸染（第 1 次）

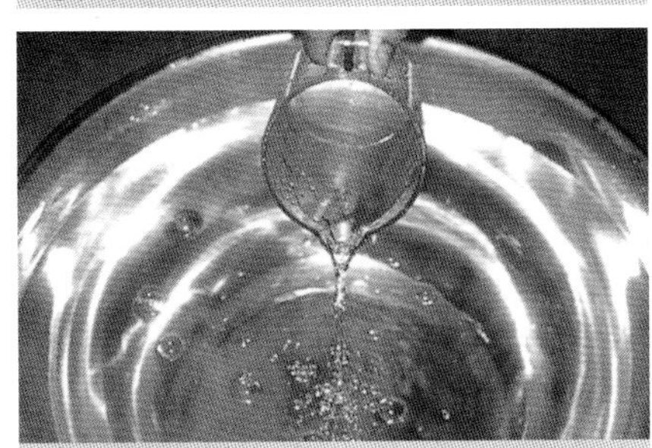

⑨配制明矾媒染液

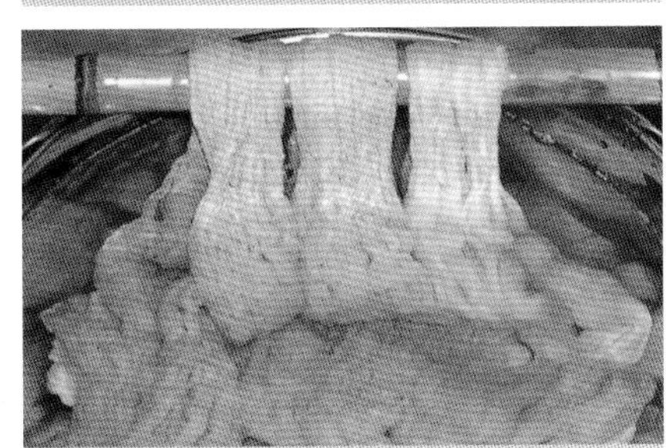

⑩ 在明矾媒染液里浸染（第 1 次）

色液提取

③ **第 1 次提取。**从 720 克糯杜鹃中取出 480 克，放入 5 升水（冷热均可）中，大火煮沸，然后改为小火继续煎煮 20 分钟。

④ **过滤色液。**把煮过的糯杜鹃用滤筛过滤，5 升水煮出约 5 升色液。

⑤ **第 2 次提取。**将滤筛里的糯杜鹃再次加水，采用与第 1 次提取相同的方法煮沸、过滤，2 次煮出的色液合计约 10 升。

染色

⑥ **制作染液。**将 5 升的色液用密筛过滤，用色液直接作为染液。

⑦ **在染液里浸染。**棉线以不急速上色为好，将棉线做好染前准备之后，轻轻拧水，抖散棉线放入染液中，使其均匀染色，操作 30 分钟。棉线在 70℃左右的染液中容易染色，应加热染液，使其温度慢慢上升。和做染前准备一样，上下运动直棒，转动棉线挑起的位置。转动时要避免棉线出现拉伸、缠绕现象。从染液中提起后，轻轻拧一下水分。

⑧ **清洗。**把轻轻拧过的棉线抖开，将线上多余的染液用水清洗。

明矾媒染

⑨ **配制媒染液。**将 10 克明矾放入 5 升开水里，充分搅拌溶化。请记住，如果是棉线，明矾的使用量是 1 升水中放 2 克明矾。明矾不易溶化，应先另取容器，用开水溶化后再用。

⑩ **在媒染液里浸染。**把清洗后的棉线轻轻拧水、抖散开后放入媒染液里浸染，采用与⑦相同的方法浸染 30 分钟。加温明矾媒染液，使其温度保持在 40℃—50℃之间。

⑪ **清洗。**从媒染液里取出棉线轻轻拧挤，将棉线上多余的媒染液用清水洗掉。但是，染色后的清洗与媒染后的清洗要使用不同的容器。

染色

⑫ **在染液里浸染。**采用与⑦相同的方法浸染 30 分钟。

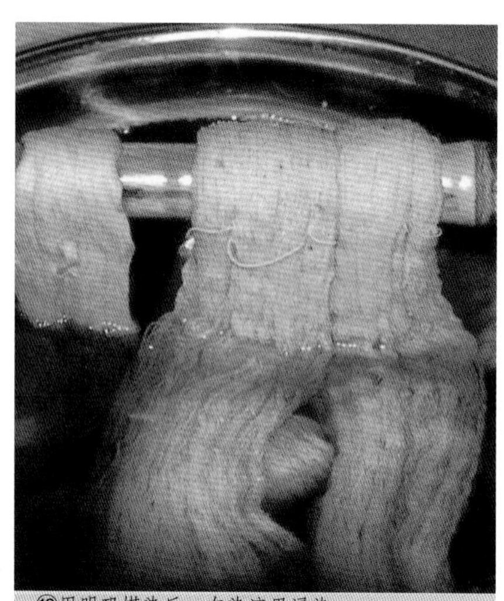
⑫用明矾媒染后，在染液里浸染

⑭在消石灰媒染液里浸染（第 1 次）

⑯在空气中氧化

⑬ **清洗。**采用与⑧相同的方法进行清洗。

消石灰媒染

⑭ **在媒染液里浸染。**把①提取好的消石灰澄清液作为媒染液，采用与⑦相同的方法浸染 30 分钟。

⑮ **清洗。**从媒染液里取出棉线轻轻拧挤、清洗，染色后的清洗与媒染后的清洗，也要使用不同的容器。

氧化

⑯ **晾布。**以消石灰为媒染剂时，将染物接触空气会促进其媒染。把面料用两根衣竿晾晒约 10 分钟。

干燥

⑰ **清洗。**再次清洗晾晒后的棉线并用力拧挤，充分拉伸整理。

⑱ **干燥。**将线绞穿在晾衣竿上阴干。

以上⑦⑧、⑩－⑱的染色→媒染→干燥步骤操作 2 次。

↗ ⑦染色 30 分钟→⑧清洗→⑩明矾媒染 30 分钟

⑱干燥 ↑ ⑰清洗 ↑ ⑯氧化 10 分钟 ↑

↓ ⑪清洗 ↓ ⑫染色 30 分钟 ↓

⑮清洗←⑭消石灰媒染 30 分钟←⑬清洗

★ 第 2 次染色时，将染色⑦余下的 5 升色液作为新的染液，明矾媒染仍然用⑩的媒染液，⑭消石灰媒染液要重新制作。按①的工序提取上层清澄液后，在沉淀的消石灰里再次加水搅拌，放置一天后，再次提取清澄液。

★ 对于水溶性较强的染料，将其色液放置到第 2 天效果更好，但使用前一定要确认色液有没有变成混浊状。

★ 染浅色时，重复操作 2 次。

★ 染浓色时，再需重复操作 2 次，每次先按③—⑤的方法，把 240 克糯杜鹃放入 2.5 升水中提取 2 次色液，明矾媒染液、消石灰媒染液也需重新制作。

★ 如需染更深的颜色，染色、清洗、干燥（参照第 20 页）以后，第 2 天再从步骤②开始，重复操作。

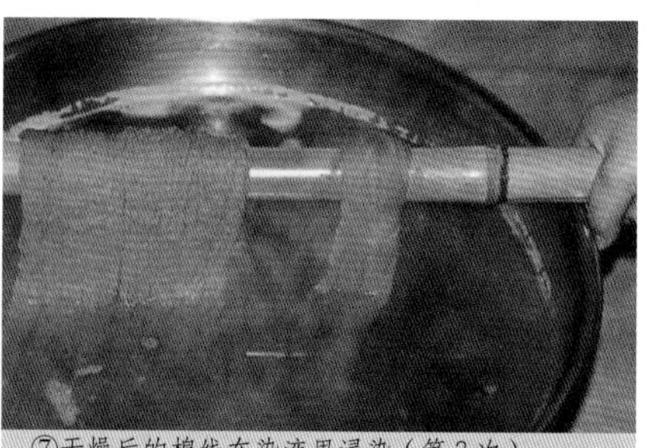
⑦干燥后的棉线在染液里浸染（第 2 次）

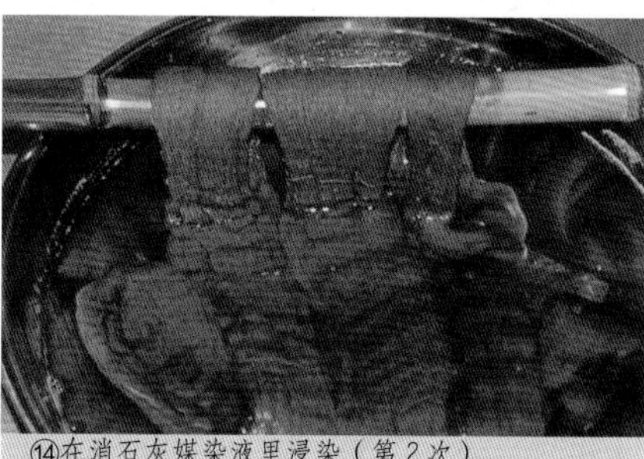
⑭在消石灰媒染液里浸染（第 2 次）

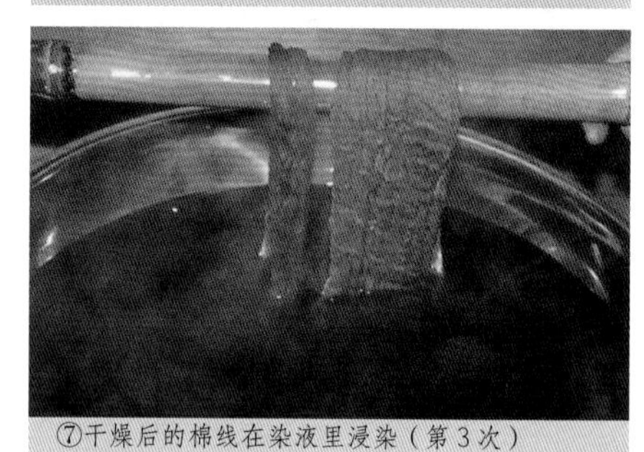
⑦干燥后的棉线在染液里浸染（第 3 次）

染后处理

⑪ **清洗。**完成最后一次媒染清洗以后，再用清水清洗干净。

⑫ **晾干。**将清洗后的棉线轻轻拧水，挂在固定棒上，另一端用直棒穿起，用力拧挤，并不断变换棉线的位置反复拧挤。拧好后，在同样状态下用力拉棒抻直棉线，整理平直后，穿在晾衣竿上阴干。

棉线手织桌旗 茶色：糯杜鹃（见第 162—163 页）
蓝色：蓼蓝（见第 72—73 页）

丹波布

丹波布是江户时代后期，在丹波国（古国名）佐治地区纺织的格子布。粗捻的棉线和用废茧之丝混织而成的布，最早被称为佐治棉布。明治时期时停止生产，第二次世界大战后，经民艺运动倡导者柳宗悦的发掘、推崇而得以复活。自以“丹波布”命名以来，以茶、蓝、黄、白为基调风格的柔和织物愈加受到瞩目。在京阪神地区，主要用它缝制高级寝具和棉袍等。其中茶色系列的颜色除了用糯杜鹃之外，还可用桤木和莽草，黄色则是用刈安染制。

栗子

山上忆良在《万叶集》里有“食瓜时不由想念起孩子，食栗时又更增加牵挂，何处来的这些思绪，萦绕在眼前而无法入眠”的疼爱孩子的著名诗句，可见栗子以及柿子自古以来都是百姓喜欢的果树。栗子树分布于日本全国和朝鲜半岛南部，属山毛榉科类的落叶高乔木，其野生种类与栽培种类加起来有500种之多。无论是哪个品种，果实都是在9月至10月左右时成熟，能制成甘栗、捣栗、栗金团、羊羹等各式美食。在《延喜式》的贡品目录里，可以看到丹波、但马、播磨、美作等产地的名字。

栗子果皮里含有鞣质，不知从何时起开始作为染料使用，主要用于民间染色。一般习惯上的栗色是指成熟后的果皮颜色，即偏红的暗茶色，江户时代称之为栗皮茶，实际上却并不是用栗皮染出来的颜色。

在17世纪的中国，明朝末期的科技著作《天工开物》中就有“栗壳可染黑色”的记载；日本《经济要录》（1827）一书中有“外国染黑色时必用栗壳、莲子壳来染的趣事，在本国却未用此物”的记述。

不仅是果皮，栗子的枝干部分也含有鞣质成分，因不容易腐烂，被用来做铁路的枕木、船橹、房屋地基等的用材。

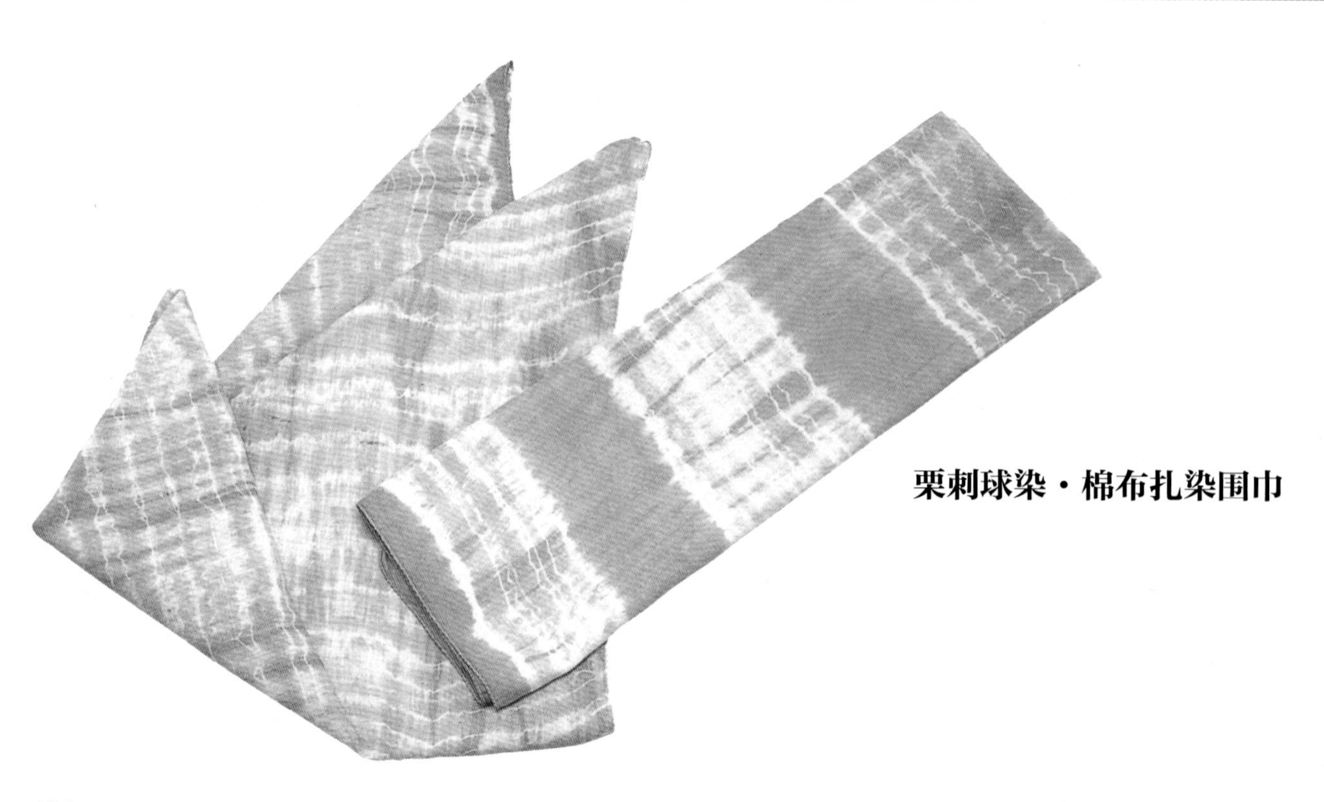

栗刺球染・棉布扎染围巾

材料和用具

- 棉布围巾 3 块（100×105 厘米） 150 克
- 栗刺球 150 克
- 铁浆水 110 毫升
- 13 升大号不锈钢圆盆 4 个
- 15 升小号桶锅 1 个
- 滤筛、密筛
- 计量杯、玻璃棒
- 绳子、风筝线 等

★ 将底色整体染成淡色后，用风筝线扎染深色，最后染出深浅纹样。

【染底色】

染前准备

① **围巾的染前准备。**将围巾浸入 40℃—50℃的热水里。拨动围巾，使之整体均匀浸透。

色液提取

② **第 1 次提取。**把 150 克栗刺球放入 5 升水（冷热均可）中，大火煮沸，然后改为小火继续煎煮 20 分钟。

③ **过滤色液。**把煮过的栗刺球用滤筛过滤，5 升水煮出约 5 升色液。

④ **第 2 次提取。**将滤筛里的栗刺球再次加水，采用与第 1 次提取相同的方法煮沸、过滤，2 次煮出的色液合计约 10 升。

染色

⑤ **制作染液。**将 2 升色液用密筛过滤，加入 7 升水（冷热均可）中，制成 9 升染液。剩余的色液留待后续添加使用。

⑥ **在染液里浸染。**面料以不急速上色为好。将面料做好染前准备后，不要用手拧，应轻轻提起，使之适当滴去水分，然后放入染液中浸染约 20 分钟，使面料均匀上色。棉布在 70℃左右的染液中容易染色，应加热染液，使其温度慢慢上升。浸染时要始终在染液中拨动面料，并避免面料与染液间出现气泡。面料出现折痕或由于空气进入织物而产生气泡，都会使染色不均匀而出现染斑，所以必须仔细地将面料从头至尾、反复拨动。

⑦ **清洗。**用水清洗掉面料上多余的染液。

媒染

⑧ **配制媒染液。**将 30 毫升铁浆水倒入 9 升冷水中，充分搅拌溶化。

⑨ **在媒染液里浸染。**采用与⑥相同的方法浸染 20 分钟。铁浆水的温度应在 15℃—20℃之间。

⑩ **清洗。**从媒染液里提起面料，将面料上多余的媒染液用清水洗掉。但是，染色后的清洗与媒染后的清洗要使用不同的容器。

以上⑥⑦⑨⑩的染色→媒染步骤操作 2 次。

↗ ⑥染色 20 分钟 ↘
⑩清洗 ⑦清洗
↖ ⑨媒染 20 分钟 ↙

★ 在第 2 次媒染时，添加 30 毫升铁浆水。

底色染后处理

⑪ **清洗。**完成第 2 次媒染清洗以后，再用清水清洗干净。之后要将围巾用线扎系成所需纹样，为了在扎系时更容易操作，拧去多余水分，让围巾呈半干状态。

【扎染】

扎系

⑫ **扎系围巾。**为了使图案染得均匀，边做褶纹边折叠面料，用粗绳为垫芯卷进围巾里，最后用风筝线紧紧扎系结实。注意，如果没有扎紧，染液会浸入防染部分，导致图案染色失败。在同样部位也可扎系 2 次，进行加固。

染前准备

⑬ **扎系完成后的染前准备。**将扎好的围巾浸入 40℃—50℃的热水里。因扎系而产生的重叠部分，热水不容易渗透，可用手轻轻抻开并搓揉，使之充分浸湿。

染色

⑭ **制作染液。**从染底色使用的染液里取出 3 升旧染液倒掉，加入 3 升新的色液。

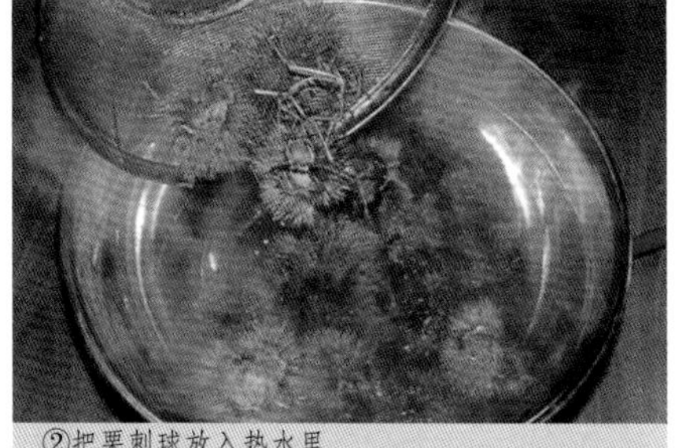

②把栗刺球放入热水里

⑤用密筛过滤色液

⑧配制媒染液

③用滤筛过滤色液

⑤在色液里加入热水

⑨在媒染液里浸染（第 1 次）

⑮在染液里浸染（扎系后的第 1 次）

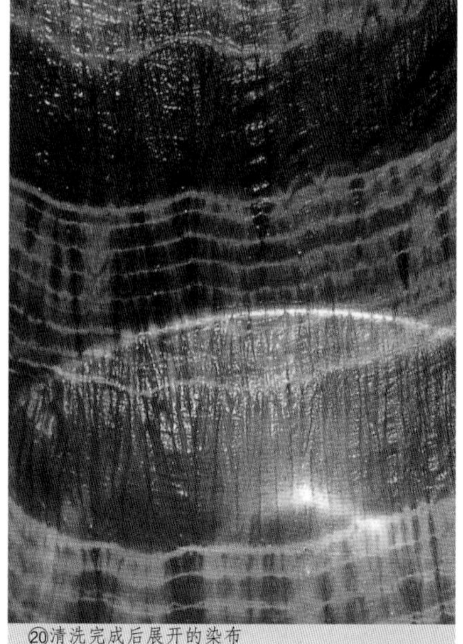
⑳清洗完成后展开的染布

⑱在媒染液里浸染（扎系后的第 1 次）

⑱在媒染液里浸染（扎系后的第 2 次）

水溶性较强的染料，大部分可以放置到第 2 天，但使用前一定要确认色液有没有变混浊。

⑮ **在染液里浸染。**面料以不急速上色为好。将面料做好染前准备后，不要用手拧，应轻轻提起，使之适当滴去水分，然后放入染液中浸染约 15 分钟，使面料均匀上色。棉布在 70℃左右的染液中容易染色，应加热染液，使其温度慢慢上升。注意，扎染时围巾不宜长时间在染液里进行浸染，否则染液会由扎系线与棉布之间的空隙处渗入防染部分。因扎系而使围巾产生的重叠部分不容易染透，应将围巾抻开搓揉。

⑯ **清洗。**用水清洗掉面料上多余的染液。

媒染

⑰ **配制媒染液。**在媒染底色的媒染液里加入 50 毫升新的铁浆水。

⑱ **在媒染液里浸染。**采用与⑥相同的方法浸染 15 分钟。铁浆水的温度应在 15℃—20℃之间。

⑲ **清洗。**从媒染液里提起面料，将面料上多余的媒染液用清水洗掉。但是，染色后的清洗与媒染后的清洗要使用不同的容器。

以上⑮⑯⑱⑲的染色→媒染步骤操作 2 次。

↗ ⑮染色 15 分钟 ↘
⑲清洗　　　　　⑯清洗
↖ ⑱媒染 15 分钟 ↙

★ 如果第 1 次就用高浓度染液染色，容易出现染斑。第 2 次染色时，应从上一次使用的染液里取出 3 升旧染液倒掉，加入 3 升新的色液。

★ 如需染更深的颜色，染色、清洗、干燥（参照第 20 页）以后，第 2 天再从染前准备、色液准备等工序开始，重复操作。

染后处理

⑳ **清洗。**完成第 2 次媒染清洗以后，再用清水清洗干净。等围巾晾干后，拆开扎线，取出粗绳垫芯，再用清水充分清洗。

㉑ **晾干。**清洗后的染布不要用手拧，用晾衣夹夹住一边，吊起阴干。

㉒ **熨烫。**盖上垫布，用熨斗熨平。熨烫时注意温度。

将涩柿装袋后送往工厂

从袋中取出涩柿进行清洗

9月初京都府相乐郡木津町的涩柿

涩柿染

京都府南部南山城地区的著名宇治茶叶产地，自古以来就在茶田周围种植大量的柿子树，用来制作木材涂料、衣料、造酒用的涩柿液（参照第169页），生产传统十分悠久。因时代的变化，需求量虽然逐渐减少，但为了配合市场需求，以木津町的三桝嘉七商店为首的涩柿商家，反而不断进行新的尝试，至今仍然在坚持生产。

用以提取涩柿汁的涩柿

将涩柿榨汁后储藏近2年，经发酵、熟化后成为柿涩液

涩柿

作为秋天的果实，人们对柿子颇为熟悉，自古以来在中国中北部和朝鲜半岛等地就有广泛栽培。柿子主要分为甜柿和涩柿两大类，其品种却有800种以上。据说日本的柿子是在奈良时代由中国传入的，平安时代中期的百科全书《倭名类聚抄》中有“红果实，发音为市，日文名贺岐”的记载。后来在室町时代的《庭训往来》中介绍了不少柿子品种，都以甜柿和涩柿来区分。柿中含有鞣质，其涩味的口感是因为果肉中的鞣质细胞破裂而溢出来的缘故。

涩柿汁是摘取青色的柿子，把压榨出来的液体发酵并储存2年所制成的。液体3个月后由乳白色变为透明的麦芽糖色，并散发出一种独特的臭味。一直以来，京都与奈良交界处的南山城地区就盛产涩柿汁。

作为染料的涩柿汁，自古就用于渔网、海苔养殖网的染色，因为它具有防水防腐的性能，可以将其涂在和纸上，用作古董美术品保管箱的包装纸，将其揉软后还能制成和式外套和雨披等。另外，它也是制作型染用型纸的重要染料。取2至3张薄的美浓和纸，经纬交错地重叠在一起，用毛刷蘸取涩柿汁涂抹并使之黏合，干燥后经烟熏制成涩纸，然后在涩纸上雕刻纹样制成型纸。以涩柿汁黏合而成的型纸和用其他材料制作的型纸相比，亲水性好、伸缩性强，涂刷含水分较多的糊或用水清洗时不容易走形，可以反复使用。这种型纸的使用方法可以追溯到室町时代，可见涩柿汁的制作比涩纸还要早。

现在我们已经进入机械化时代了，但是涩柿汁在日本清酒制造工序中也仍是必不可缺之物。在传统酿造方法中，是用两面涂有涩柿汁的棉布袋过滤浊酒的，涩柿会将其中的蛋白质浊液沉淀，以完成透明清酒的制作。

涩柿果染·棉布茶道小包

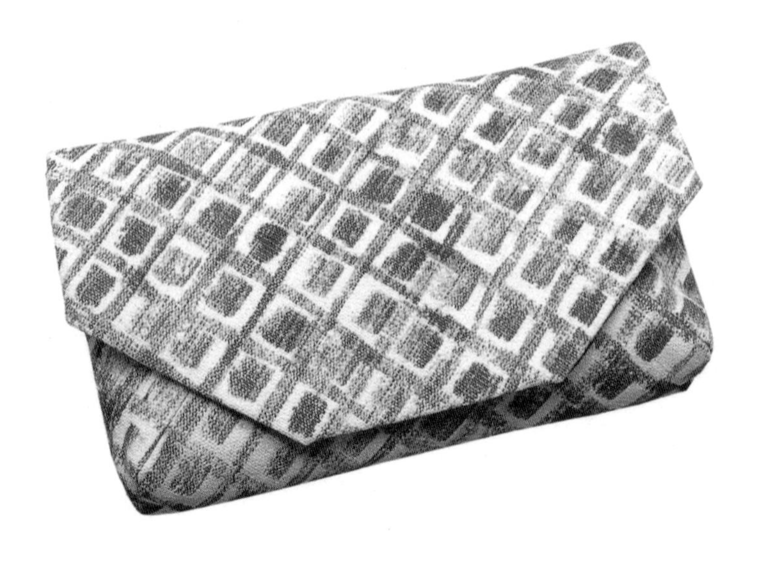

材料和用具

- 棉布 1 块（40 × 40 厘米）
- 涩柿果
- 研磨器
- 棉纱布
- 毛笔
- 消石灰　5 克
- 6.5 升中号不锈钢圆盆　2 个

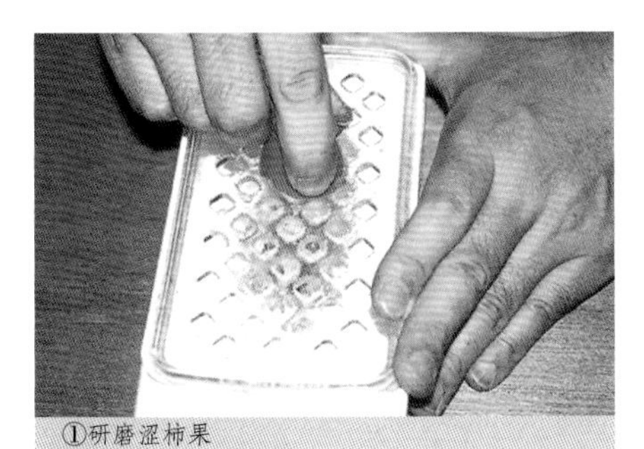

①研磨涩柿果

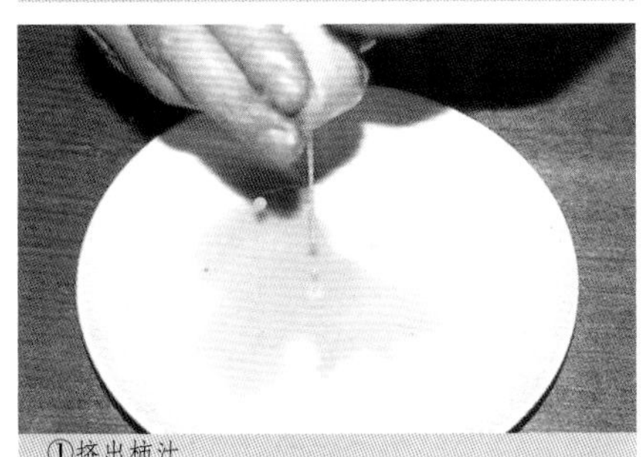

①用纱布包好

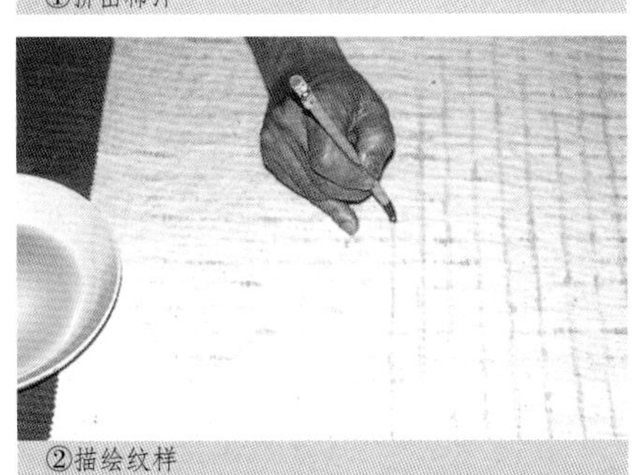

①挤出柿汁

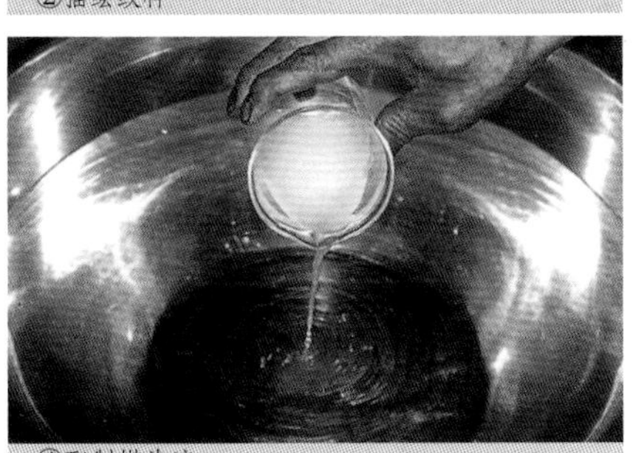

②描绘纹样

④配制媒染液

染色

① **制作染液**。把涩柿果用研磨器搓磨后，用棉纱布包好并拧挤出汁。

② **描绘纹样**。先把棉布熨烫平整，铺在画板上，用透明胶固定。用毛笔蘸取柿汁，在棉布上描绘纹样。

③ **晾干**。把描绘完成后的棉布晾晒一周左右使其充分干燥，涩柿汁完全渗透附着。

媒染

④ **配制媒染液**。将 5 克消石灰放入 5 升水里，充分搅拌溶化。在染棉布时，消石灰与水的比例是 1 升水兑 1 克消石灰，把媒染液制成白色混浊液体。

⑤ **在媒染液里浸染**。把充分干燥后的棉布放进④里，让棉布整体均匀浸透，在媒染液里浸染 10 分钟。

⑥ **清洗**。用水清洗掉面料上多余的媒染液。

氧化

⑦ **晾布**。以消石灰为媒染剂时，将染物接触空气会促进其媒染。把面料用衣竿晾晒约 10 分钟。

染后处理

⑧ **清洗**。再次用清水清洗干净。

⑨ **晾干**。清洗后的染布不要用手拧，用晾衣夹夹住一边，吊起阴干。

⑩ **熨烫**。盖上垫布，用熨斗熨平。熨烫时注意温度。

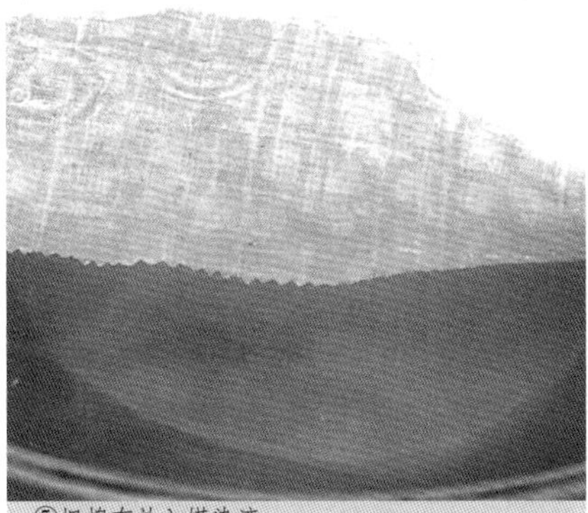

⑤把棉布放入媒染液

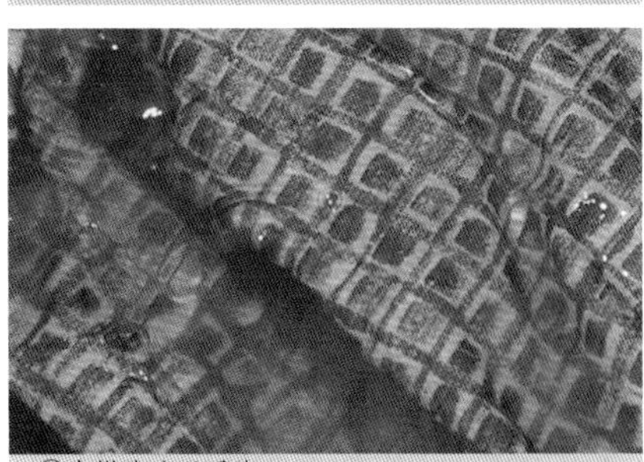

⑤在媒染液里浸染

⑧清洗

涩柿汁染・棉布型染坐垫套

◆ 完成品见第 174 页

材料和用具

- 棉布 1 块（90×120 厘米） 200 克
- 桤木果 50 克
- 明矾 18 克
- 13 升大号不锈钢圆盆 4 个
- 2.5 升小号不锈钢圆盆 1 个
- 15 升小号桶锅 1 个
- 海藻酸钠苏打 50 克
- 涩柿汁 500 毫升
- 涩纸（以上 3 种材料购自染料商店）
- 计量杯
- 搅拌器
- 裁纸刀、刮片 等

【用桤木果染底色】

染前准备

① **棉布的染前准备。**将棉布浸入 40℃—50℃的热水里。拨动棉布，使之整体均匀浸透。

色液提取

② **第 1 次提取。**把 50 克桤木果放入 2.5 升水（冷热均可）中，大火煮沸，然后改为小火继续煎煮 20 分钟。

③ **过滤色液。**把煮过的桤木果用滤筛过滤，2.5 升水煮出约 2.5 升色液。

④ **第 2 次提取。**将滤筛里的桤木果再次加水，采用与第 1 次提取相同的方法煮沸、过滤，2 次煮出的色液合计约 5 升。

染色

⑤ **制作染液。**将 4 升色液用密筛过滤，加入 5 升水（冷热均可）中，制成 9 升染液。

⑥ **在染液里浸染。**面料以不急速上色为好。将面料做好染前准备后，不要用手拧，应轻轻提起，使之适当滴去水分，然后放入染液中浸染约 20 分钟，使面料均匀上色。棉布在 70℃左右的染液中容易染色，应加热染液，使其温度慢慢上升。浸染时要始终在染液中拨动面料，并避免面料与染液间出现气泡。面料出现折痕或由于空气进入织物而产生气泡，都会使染色不均匀而出现染斑，所以必须仔细地将面料反复拨动、充分浸染。

⑦ **清洗。**用水清洗掉面料上多余的染液。

媒染

⑧ **配制媒染液。**将 18 克明矾放入 9 升的开水里，充分搅拌溶化。请记住，如果是棉布面料，明矾的使用量是 1 升水中放 2 克明矾。明矾不易溶化，应先另取容器，用开水溶化后再用。

⑨ **在媒染液里浸染。**采用与⑥相同的方法浸染 20 分钟。加温明矾媒染液，使其温度保持在 40℃—50℃之间。

⑩ **清洗。**从媒染液里提起面料，将面料上多余的媒染液用清水洗掉。但是，染色后的清洗与媒染后的清洗要使用不同的容器。

以上⑥⑦⑨⑩的染色→媒染步骤操作 1 次，第 2 次在完成染色、清洗后结束操

②煮沸

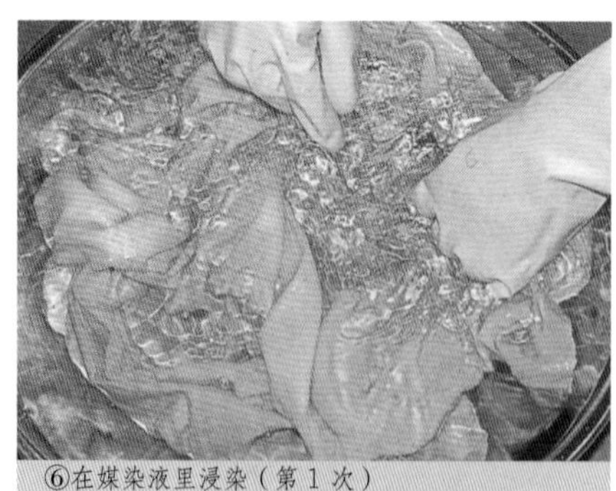

⑥在媒染液里浸染（第 1 次）

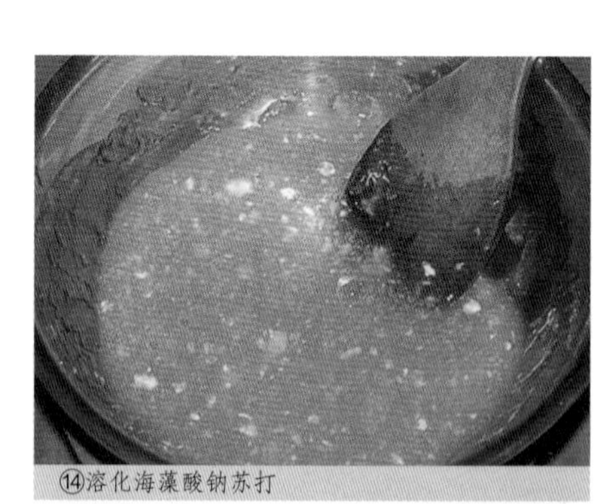

⑭溶化海藻酸钠苏打

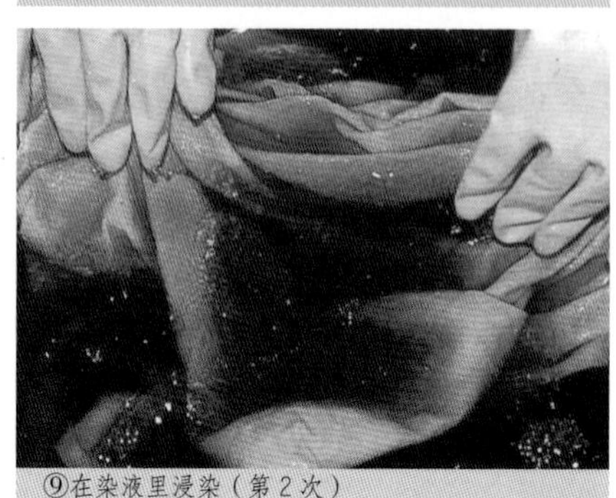

⑨在染液里浸染（第 2 次）

⑭加入涩柿汁

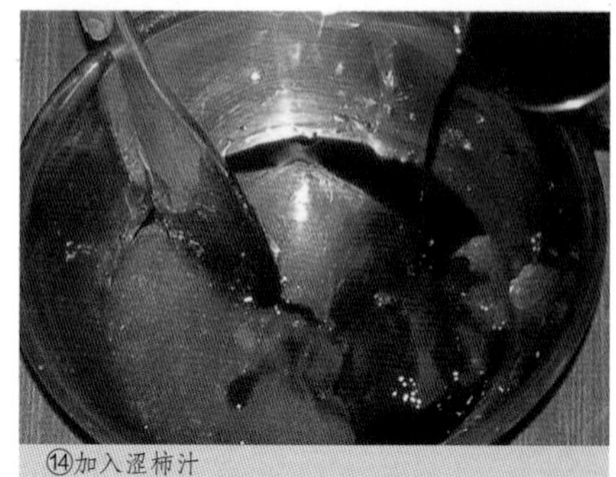

③用滤筛过滤色液

涩柿汁染·刷染和纸圆扇

◆ 完成品见第 174 页

作。因为明矾在液体里有回弹性，如果第 2 次染色后采用媒染工序，会影响涩柿液渗透面料。

↗ ⑥染色 20 分钟 ↘

⑩清洗　　⑦清洗

↖ ⑨媒染 20 分钟 ↙

★ 色液不可放置过夜。

★ 如需染更深的颜色，染色、清洗、干燥（参照第 20 页）以后，第 2 天再从步骤①开始，重复操作。

染后处理

⑪ **清洗。**完成第 2 次染色、清洗以后，再用清水清洗干净。

⑫ **晾干。**清洗后的面料不要用手拧，用晾衣夹夹住一边，吊起阴干。

【涩柿汁型染】

型纸准备

⑬ **制作型纸。**根据设计稿，在涩纸上描绘出图案，并用裁纸刀进行雕刻，制成型纸。为了增加强度，可将雕刻好的型纸进行裱纱（参照第 69 页），也可直接使用染料店出售的已经雕刻好纹样并裱完纱的型纸。

制糊

⑭ **制作涩柿糊。**如果只是使用涩柿汁，液体会在布上渗开，为防止出现渗浸现象，将涩柿汁和糊混合在一起使用。首先，在 450 毫升开水里加入 50 克海藻酸纳苏打，边搅拌边加温使之溶化。液体里虽然会出现团块，关火放置一会儿后便会全部溶化，最后呈半透明的果冻状。这时慢慢加入 500 毫升涩柿汁并充分搅拌，直至变成深红色的果冻状。

刮浆上糊

⑮ **上糊。**为了让型纸和面料紧密相贴，将型纸浸入水里打湿，擦去多余水分。用熨斗把染过桤木果底色的面料熨烫好，放在板上，用胶带进行固定（参照第 69 页）。把型纸铺放在布上，用刮片取适量涩柿糊，在型纸上按一定方向均匀涂刮。操作过程中揭开型纸，确认已将防染糊均匀地涂刮在型纸上了。

⑯ **自然晾干。**把型染后的面料放在太阳下自然晒干，让涩柿汁自然渗透进面料。干燥 2—3 个月后，颜色会更加深浓，涩柿也能牢固渗透，但不经过 5—6 个月左右的时间，清洗时还是可能会掉色。

⑰ **熨烫。**盖上垫布，用熨斗熨平。熨烫时注意温度。

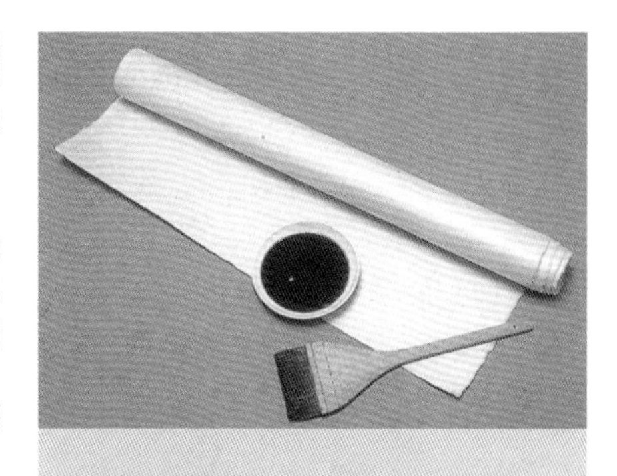

材料和用具

- 和纸 1 张（100×70 厘米）
- 涩柿汁（购自染料店）　适量
- 毛刷
- 瓷盘 等

刷染

① **刷染。**把和纸铺在不吸水的桌子或木板上，用毛刷蘸取少量涩柿汁 画线。

染后处理

② **晾干。**用夹子夹住和纸的一端，吊在无风处阴干。

③ **将和纸裱在板上。**把晾干后的和纸用极稀的赤菜海藻水溶液浸湿，注意不要产生折痕，仔细用毛刷裱在木板上干燥。

⑭充分混合

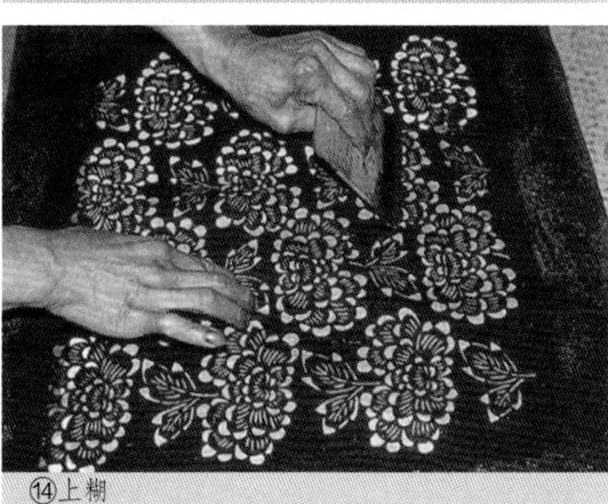
⑭上糊

⑮揭开型纸后的纹样

①用毛刷蘸取涩柿汁

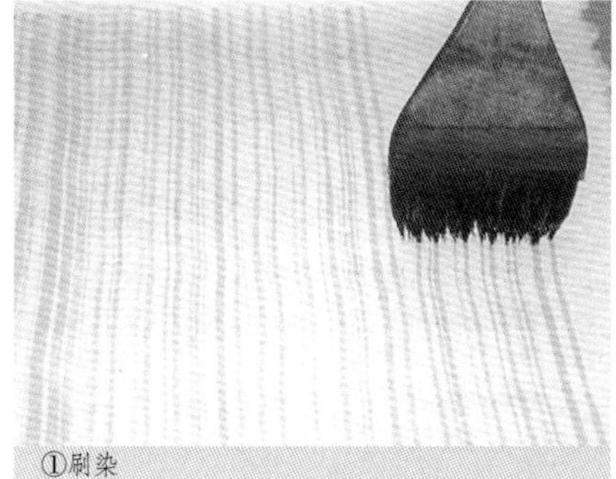
①刷染

棉布型染坐垫套 表布：涩柿汁（见第 172—173 页）
底布：儿茶（见第 160—161 页）

刷染和纸圆扇 涩柿汁（见第 173 页）

真丝盐濑小包裹布 栀子 × 红花（见第94—95页）

核桃

属于自然生长于山野的核桃科落叶乔木，树高达20米以上，雌雄同株。在日本，自然生长的只有核桃楸（日文名为鬼胡桃），但在信州和东北地区也广泛种植变种的品种。由9—15片的小叶组成羽状复叶，小叶呈卵圆形且边缘有细小锯齿，背面则长有密生的茸毛。5月长出新叶时，叶的旁边长出下垂的雄花穗，而雌花穗则挺立。果实呈3厘米直径的球型，表面覆盖着短而密的柔毛，里面是顶端尖硬而表面褶皱的硬果，破开硬壳，里面是可食用的果仁。树木材质细腻坚硬又不容易变形，所以常用于制作家具和一些器具，坚硬的外壳也可用来雕刻工艺品。

核桃树皮、果实和树叶均可用来染色，正仓院所用的染色纸中就有核桃色纸、核桃染纸、浅核桃色纸、中深核桃色纸、深核桃色纸等。在奈良时代就已经用核桃来染色了，在《枕草子》中有“看到厚厚的核桃色信纸，深感奇怪不由打开来看”的内容。在《源氏物语》明石的卷中也有“悠然神往之，在如此漂亮的核桃色高丽纸上，用心地写出”等文字，可见核桃染纸在当时是被广泛使用的。

以服饰为例，《延喜式》里有弹正台的“凡物部囚狱司（官名）横刀诸色，核桃染，带刀资人黄”的记述，10世纪中叶的著作《多武峰少将物语》中也有“中宫赠的核桃色男性装束和栀染的女性褂套穿”的记载。

核桃色，是稍微有点偏红的浅灰鼠色。虽然树皮、果实、叶都可用于染色，但必须是青绿新鲜时使用，才能很好地染色。染色时如用消石灰、铝媒染则能染得黄茶色，用铁媒染则能染得黑色。作为染料使用时，搁置后会快速氧化，所以采集后应该尽早使用。

顺带说明一下，公元前4世纪时，在地中海地区已有用这种方法进行染发的记载。

核桃果皮染·绢丝短袖夏衣

材料和用具

- 三眠蚕绢丝 1 块（150 × 112 厘米） 140 克
- 核桃果皮 140 克
- 明矾 30 克
- 6.5 升中号不锈钢圆盆 1 个
- 15 升小号桶锅 1 个
- 30 升长方型浅盆 4 个
- 滤筛、密筛
- 玻璃棒
- 计量杯 等

②煮沸

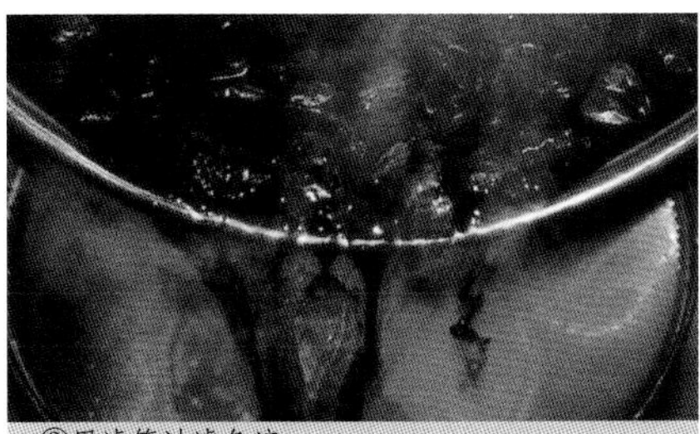

③用滤筛过滤色液

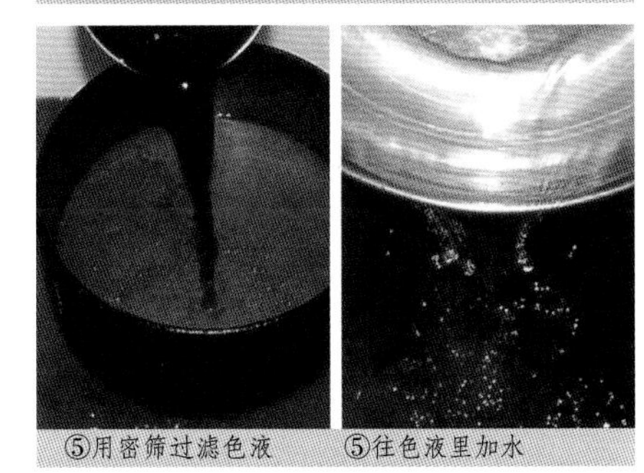

⑤用密筛过滤色液　⑤往色液里加水

⑥在染液里浸染（第 1 次）

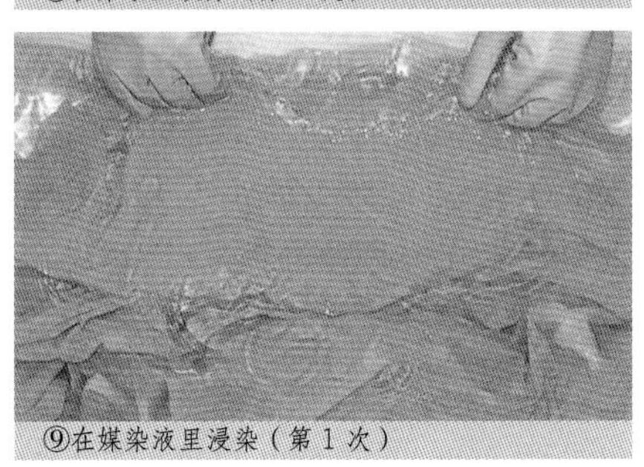

⑨在媒染液里浸染（第 1 次）

染前准备

① **绢丝的染前准备。**将绢丝浸入 40℃—50℃的热水里。拨动面料，使之整体均匀浸透。

色液提取

② **第 1 次提取。**把 140 克核桃果皮放入 6 升水（冷热均可）中，大火煮沸，然后改为小火继续煎煮 20 分钟。

③ **过滤色液。**把煮过的核桃果皮用滤筛过滤，6 升水煮出约 6 升色液。

④ **第 2 次提取。**将滤筛里的核桃果皮再次加水，采用与第 1 次提取相同的方法煮沸、过滤，2 次煮出的色液合计约 12 升。

染色

⑤ **制作染液。**将 3 升色液用密筛过滤，加入 27 升水（冷热均可），制成 30 升染液。剩余的色液留待后续添加使用。

⑥ **在染液里浸染。**面料以不急速上色为好。将绢丝做好染前准备之后，不要用手拧，应轻轻提起，使之适当滴去水分，然后放入染液中浸染约 20 分钟，使面料均匀上色。应加热染液，使其温度慢慢上升。丝绸面料在高温下容易受损，故请注意，温度应控制在 40℃—50℃之间。容器如果不能直接用火加热，应将其装在另外的容器里加以保温。浸染时要始终在染液中拨动面料，并避免面料与染液间出现气泡。面料出现折痕或由于空气进入织物而产生气泡，都会使染色不均匀而出现染斑，所以必须仔细地将面料反复拨动。

⑦ **清洗。**用水清洗掉面料上多余的染液。

媒染

⑧ **配制媒染液。**将 30 克明矾放入 30 升 40℃—50℃热水里，充分搅拌溶化。请记住，如果是真丝面料，明矾的使用量是 1 升水中放 1 克明矾。明矾不易溶化，应先另取容器，用开水溶化后再用。

⑨ **在媒染液里浸染。**采用与⑥相同的方法浸染 20 分钟。加温明矾媒染液，使其温度保持在 40℃—50℃之间。

⑩ **清洗。**从媒染液里提起面料，将面料上多余的媒染液用清水洗掉。但是，染色后的清洗与媒染后的清洗要使用不同的容器。

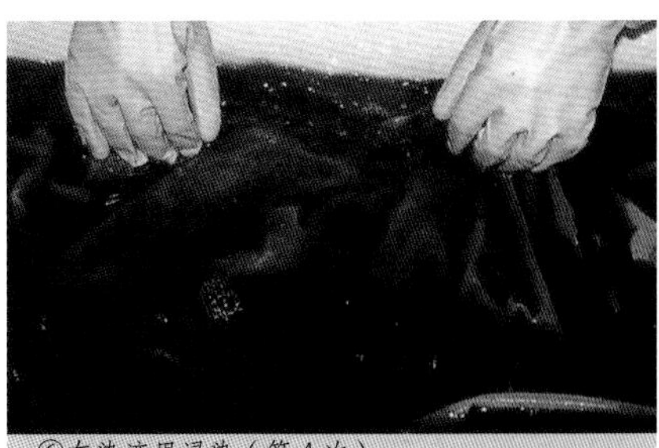

⑥在染液里浸染（第 4 次）

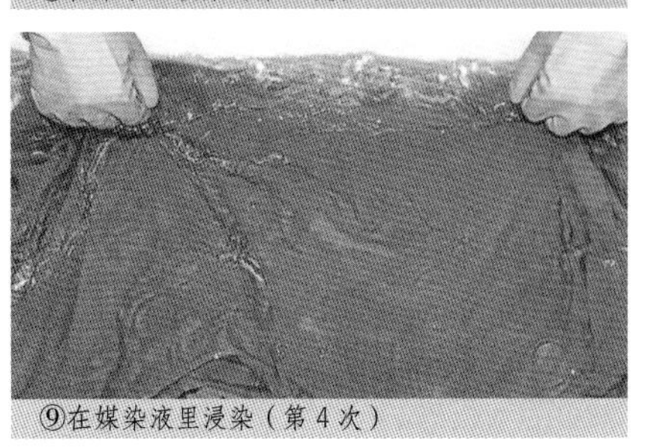

⑨在媒染液里浸染（第 4 次）

以上⑥⑦⑨⑩的染色→媒染步骤操作 4 次。

↗ ⑥染色 20 分钟 ↘

⑩清洗　　　　⑦清洗

↖ ⑨媒染 20 分钟 ↙

★ 如果第 1 次就用高浓度染液染色，容易出现染斑。故分成 4 次操作，每次浓度逐渐加深。第 2、3、4 次染色时，应从上一次使用的染液里取出 3 升旧染液倒掉，加入 3 升新的色液。

★ 色液不可放置过夜。

★ 如需染更深的颜色，染色、清洗、干燥（参照第 20 页）以后，第 2 天再从步骤①开始，重复操作。

染后处理

⑪ **清洗。**完成第 4 次媒染清洗以后，再用清水清洗干净。

⑫ **晾干。**清洗后的面料不要用手拧，用晾衣夹夹住一边，吊起阴干。

⑬ **熨烫。**盖上垫布，用熨斗熨平。熨烫时注意温度。

槟榔树

原产地不详，种植地以印度、马来西亚为中心，属常绿乔木。树干高达25米且笔直不分叉，像竹子一样有节。果实名为槟榔，呈6—8厘米长的椭圆型，成熟时为红黄色。把成熟的果实晒干后可作为染料。东南亚、印度和台湾地区的人们有嚼槟榔的嗜好：将这种果种涂上石灰，加入2—3种香料，用扶留叶包裹后，放入口中慢慢嚼咽。起初嚼咽时有些苦，过后能感觉出甘甜。由于槟榔子的色素与石灰起反应，吐出的唾液变得非常鲜红。马可·波罗在《东方见闻录》里记述了这种习俗。

《太平记》第9卷中有“穿着没有槟榔衬的宽袖御衣”的记述，可以推断出日本在南北朝时代已经用槟榔进行染色了。到了江户时代，因长崎的出岛贸易能进口大量的槟榔，为此也盛行着槟榔的各种染色方法。先将面料染成红色或蓝色的底色，再用五倍子的煎煮液刷染，经铁盐媒染染成的黑色，被分别称为槟榔树黑、红下槟榔树、蓝下槟榔树。作为黑色染料的代表，槟榔常用来染制黑色徽纹和纹样，以及染制渔网等。另外还可以用槟榔加杨梅皮的煎煮液来刷染丝绸，并反复用铁浆水进行媒染，以染制黑色。一提到槟榔就意味着是黑染，在《当世染物鉴》（1696）里有“槟榔染，底色染成花色。其上木结十亩四十。槟榔子煎煮四十次。其汁可染四遍。应兼加核桃。又其得染四遍。加核桃后应该更好。纹服、丝绸以及棉都同样”的记载，并且在江户时代后期写成的风俗资料集《守贞漫稿》里，也有“槟榔子棉”一称，指在江户时期用“黑皮革”来称呼槟榔染的黑棉布。

槟榔果染·真丝和服领口

材料和用具

- 真丝领口面料 2 块　140 克
- 槟榔果　100 克
- 明矾　5 克
- 6.5 升中号不锈钢圆盆　4 个
- 15 升小号桶锅　1 个
- 滤筛、密筛
- 计量杯　等

染前准备

① **真丝领口面料的染前准备。**将面料浸入 40℃—50℃的热水里。拨动面料，使之整体均匀浸透。

色液提取

② **第 1 次提取。**把 100 克细碎槟榔果放入 5 升水（冷热均可）中，大火煮沸，然后改为小火继续煎煮 20 分钟。

③ **过滤色液。**把煮过的槟榔果用滤筛过滤，5 升水煮出约 5 升色液。

④ **第 2 次提取。**将滤筛里的槟榔果再次加水，采用与第 1 次提取相同的方法煮沸、过滤，2 次煮出的色液合计约 10 升。

染色

⑤ **制作染液。**将 1 升色液用密筛过滤，加入 3 升水（冷热均可），制成 4 升染液。剩余的色液留待后续添加使用。

⑥ **在染液里浸染。**面料以不急速上色为好。将面料做好染前准备之后，不要用手拧，应轻轻提起，使之适当滴去水分，然后放入染液中浸染约 20 分钟，使面料均匀上色。应加热染液，使其温度慢慢上升。丝绸面料在高温下容易受损，注意温度应控制在 50℃—60℃之间。浸染时要始终在染液中拨动面料，并避免面料与染液间出现气泡。面料出现折痕或由于空气进入织物而产生气泡，都会使染色不均匀而出现染斑，所以必须仔细地将面料反复拨动。

⑦ **清洗。**用水清洗掉面料上多余的染液。

媒染

⑧ **配制媒染液。**将 5 克明矾放入 5 升 40℃—50℃热水里，充分搅拌溶化。请记住，如果是真丝面料，明矾的使用量是 1 升水中放 1 克明矾。明矾不易溶化，应先另取容器，用开水溶化后再用。

⑨ **在媒染液里浸染。**采用与⑥相同的方法浸染 20 分钟。加温明矾媒染液，使其温度保持在 40℃—50℃之间。

⑩ **清洗。**从媒染液里提起面料，将面料上多余的媒染液用清水洗掉。但是，染色后的清洗与媒染后的清洗要使用不同的容器。

以上⑥⑦⑨⑩的染色→媒染步骤操作 4 次。

↗ ⑥染色 20 分钟 ↘
⑩清洗　　　　　　⑦清洗
↖ ⑨媒染 20 分钟 ↙

★ 如果第 1 次就用高浓度染液染色，容易出现染斑。故分成 4 次操作，每次浓度逐渐加深。第 2、3、4 次染色时，应从上一次使用的染液里取出 2.5 升旧染液倒掉，加入 2.5 升新的色液。

★ 色液不可放置过夜。

★ 如需染更深的颜色，染色、清洗、干燥（参照第 20 页）以后，第 2 天再从步骤①开始，重复操作。

染后处理

⑪ **清洗。**完成第 4 次媒染清洗以后，再用清水清洗干净。

⑫ **晾干。**清洗后的面料不要用手拧，用晾衣夹夹住一边，吊起阴干。

⑬ **熨烫。**盖上垫布，用熨斗熨平。熨烫时注意温度。

⑥在染液里浸染（第 1 次）

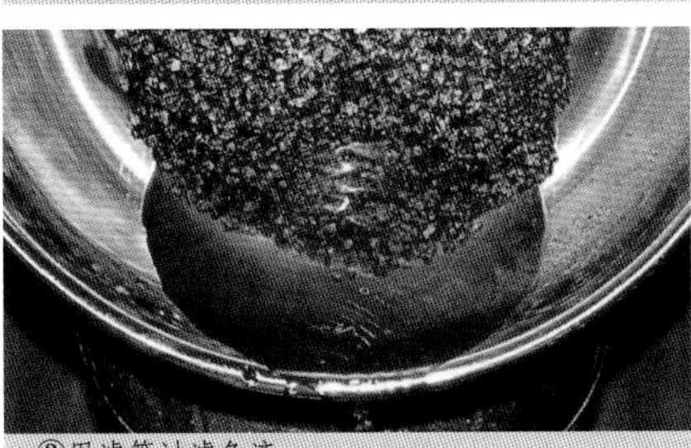
③用滤筛过滤色液

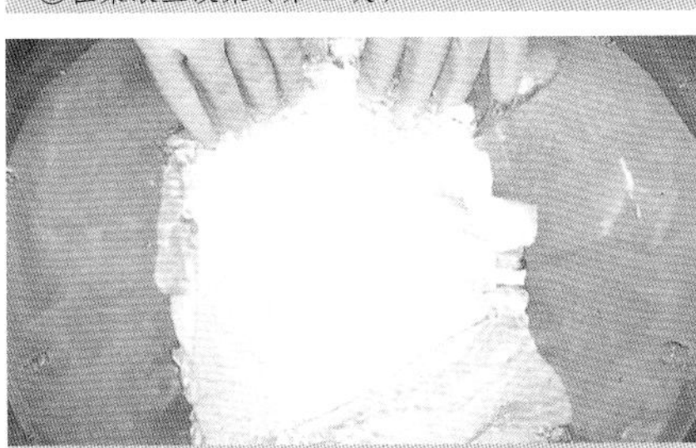
⑨在媒染液里浸染（第 1 次）

⑤用密筛过滤色液

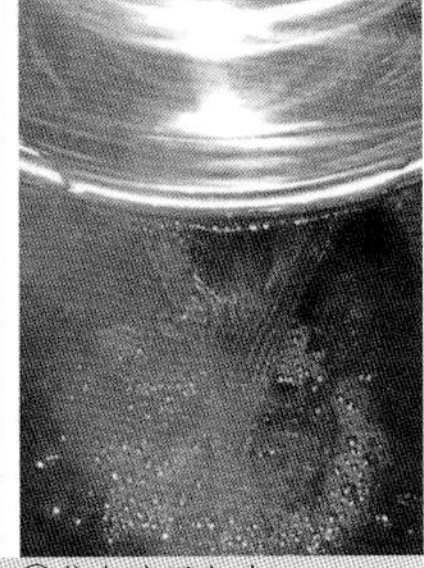
⑤往色液里加水

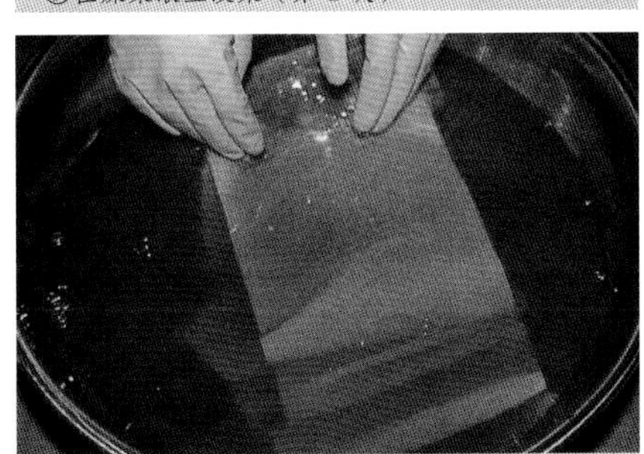
⑥在染液里浸染（第 4 次）

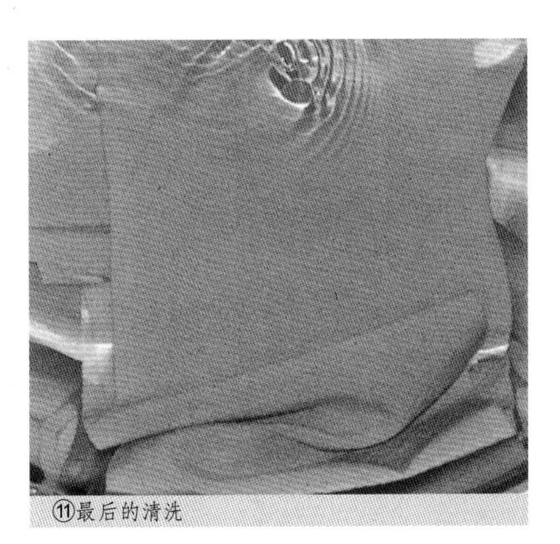
⑪最后的清洗

②把槟榔树果加入水里

番茶

茶树属于山茶科的常绿树，生长在多雨的温带地区。种植在日本和中国的中国绿茶品种有极强的抗寒能力，树高 4 米左右，小叶前端较圆。而适合制作红茶的阿萨姆品种的抗寒能力却比较弱，主要适合于印度等热带地区种植，树高超过 10 米，叶子大且叶前端较尖。

番茶是在摘取新叶制成煎茶后，用越冬后修剪的茶树茎叶，经充分蒸制后做成的褐色茶，即由剩下的旧茶叶制作而成。也可以用优质煎茶甄选后剩下的茶叶制成，番茶中的咖啡因含量没有优质煎茶多。

平安时代初期，喝茶的习俗由遣唐僧人带回，从而传入日本。当时的茶是固体的团茶，只有在举行仪式或特别活动时才饮用，不是日常能享用的。镰仓时代初期，荣西于1191年从南宋将抹茶的茶道以及茶树的苗木带回日本，其后在各地得到栽培，从此不仅作为药用，而且还成为人们喜爱的饮品。抹茶是将茶叶碾磨成粉末后饮用，而饮用煎茶茶叶，大约是在江户时代初期，由隐元禅师开始倡导的饮茶方式。

番茶染・麻布手绢

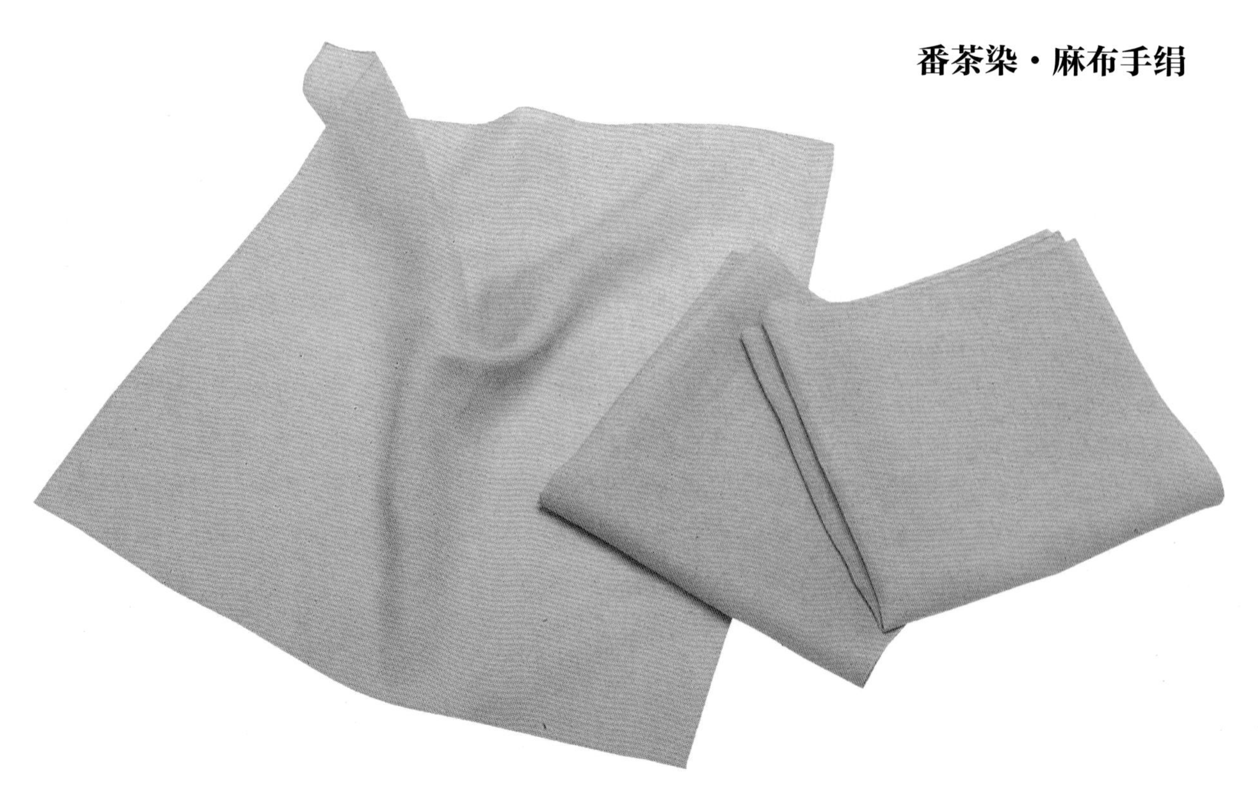

材料和用具

- 麻布手绢 3 块（45×45 厘米） 60 克
- 番茶叶 120 克（染 2 次的量）
- 明矾 18 克
- 13 升大号不锈钢圆盆 4 个
- 2.5 升小号不锈钢圆盆 1 个
- 15 升小号桶锅 1 个
- 滤筛、密筛
- 计量杯 等

【第 1 次染色】

染前准备

① **手绢的染前准备。**将手绢浸入 40℃—50℃的热水里。拨动面料，使之整体均匀浸透。

色液提取

② **第 1 次提取。**把 60 克番茶叶放入 2.5 升水（冷热均可）中，大火煮沸，然后改为小火继续煎煮 20 分钟。

③ **过滤色液。**把煮过的番茶叶用滤筛过滤，2.5 升水煮出约 2.5 升色液。

④ **第 2 次提取。**将滤筛里的番茶叶再次加水，采用与第 1 次提取相同的方法煮沸、过滤，2 次煮出的色液合计约 5 升。

染色

⑤ **制作染液。**将 1 升色液用密筛过滤，加入 8 升水（冷热均可），制成 9 升染液。剩余的色液留待后续添加使用。

⑥ **在染液里浸染。**面料以不急速上色为好。将手绢做好染前准备之后，不要用手拧，应轻轻提起，使之适当滴去水分，然后放入染液中浸染约 20 分钟，使面料均匀上色。麻布在 70℃高温下容易染色，应加热染液，使其温度慢慢上升。浸染时要始终在染液中拨动面料，并避免面料与染液间出现气泡。面料出现折痕或由于空气进入织物而产生气泡，都会使染色不均匀而出现染斑，所以必须仔细地将面料反复拨动。

⑦ **清洗。**用水清洗掉面料上多余的染液。

媒染

⑧ **配制媒染液。**将 18 克明矾放入 9 升开水里，充分搅拌溶化。请记住，如果是麻布，明矾的使用量是 1 升水中放 2 克明矾。明矾不易溶化，应先另取容器，用开水溶化后再用。

⑨ **在媒染液里浸染。**采用与⑥相同的方法浸染 20 分钟。加温明矾媒染液，使其温度保持在 40℃—50℃之间。

⑩ **清洗。**从媒染液里提起面料，将面料上多余的媒染液用清水洗掉。染色后的清洗与媒染后的清洗要使用不同的容器。

以上⑥⑦⑨⑩的染色→媒染步骤操作 3 次，第 4 次在完成染色、清洗后结束操作。因为明矾在液体里有回弹性，媒染工序会给干燥后的染前准备带来障碍。

↗ ⑥染色 20 分钟 ↘
⑩清洗 ⑦清洗
↖ ⑨媒染 20 分钟 ↙

★ 如果第 1 次就用高浓度染液染色，容易出现染斑。故分成 4 次操作，每次浓度逐渐加深。第 2、3、4 次染色时，应从上一次使用的染液里取出 1 升旧染液倒掉，加入 1 升新的色液。

干燥

⑪ **清洗。**完成第 4 次媒染清洗后，再次用清水清洗干净。

⑫ **干燥。**清洗后的面料不要用手拧，用晾衣夹夹住一边，吊起阴干。

【第 2 次染色】

⑬ 和第 1 次染色一样，从染前准备开始进行。染色→媒染工序操作 2 次。

★ 色液不可放置过夜。

★ 如需染更深的颜色，染色、清洗、干燥（参照第 20 页）以后，第 2 天再从步骤①开始，重复操作。

染后处理

⑭ **清洗。**从第 1 次染色开始计算，完成第 5 次媒染清洗以后，再用清水清洗干净。

⑮ **晾干。**清洗后的面料不要用手拧，用晾衣夹夹住一边，吊起阴干。

⑯ **熨烫。**把染布充分喷湿，盖上垫布，用熨斗熨平。

②把番茶叶倒入热水里

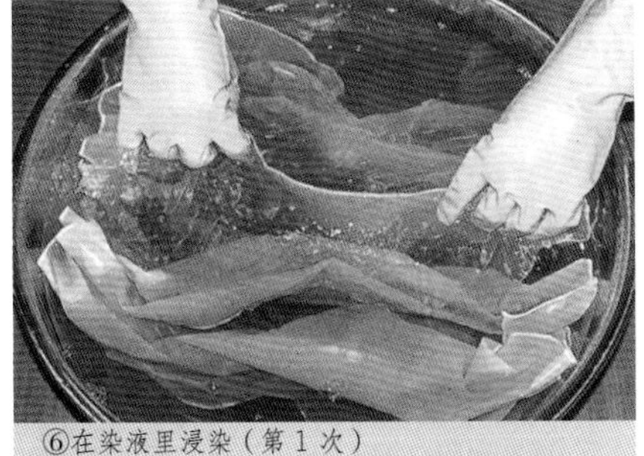
⑥在染液里浸染（第 1 次）

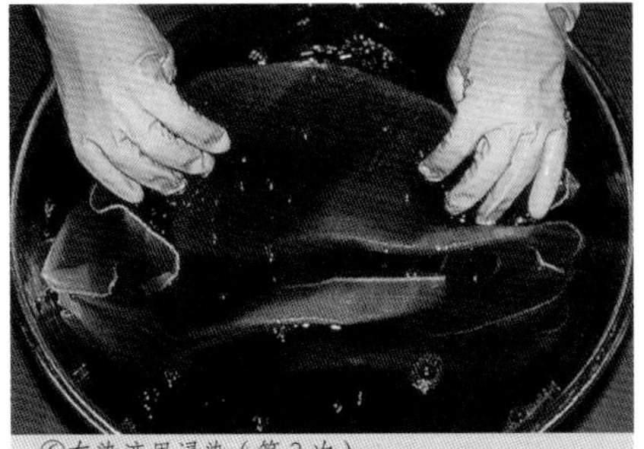
⑥在染液里浸染（第 3 次）

⑤用密筛过滤色液 ⑤往色液里加水

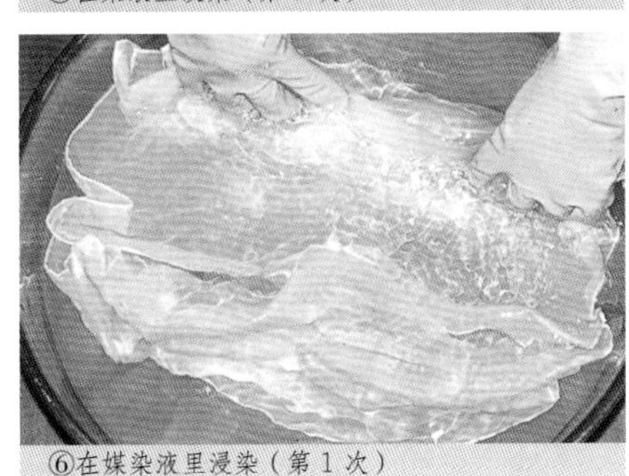
⑥在媒染液里浸染（第 1 次）

⑨在媒染液里浸染（第 3 次）

番茶染·麻布坐垫套

材料和用具

- 麻布坐垫 1 块（240×37 厘米） 90 克
- 番茶叶 180 克（染 2 次的量）
- 明矾 18 克
- 13 升大号不锈钢圆盆 4 个
- 6.5 升中号不锈钢圆盆 1 个
- 15 升小号桶锅 1 个
- 滤筛、密筛
- 计量杯、玻璃棒 等

②把番茶叶倒入热水里

⑥在色液里加水

⑤用密筛过滤色液

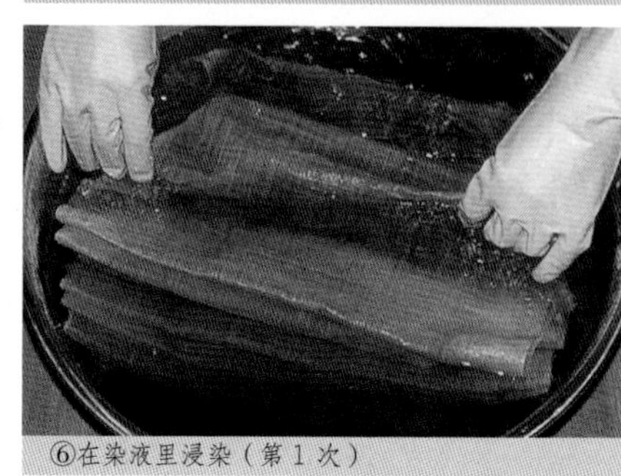

⑥在染液里浸染（第 1 次）

【第 1 次染色】

染前准备

① **麻布坐垫的染前准备。** 将麻布面料浸入 40℃—50℃的热水里。拨动面料，使之整体均匀浸透。

色液提取

② **第 1 次提取。** 把 90 克番茶叶放入 3.5 升水（冷热均可）中，大火煮沸，然后改为小火继续煎煮 20 分钟。

③ **过滤色液。** 把煮过的番茶叶用滤筛过滤，3.5 升水煮出约 3.5 升色液。

④ **第 2 次提取。** 将滤筛里的番茶叶再次加水，采用与第 1 次提取相同的方法煮沸、过滤，2 次煮出的色液合计约 7 升。

染色

⑤ **制作染液。** 将 2 升色液用密筛过滤，加

入 7 升水（冷热均可），制成 9 升染液。剩余的色液留待后续添加使用。

⑥ **在染液里浸染。**面料以不急速上色为好。将手绢做好染前准备之后，不要用手拧，应轻轻提起，使之适当滴去水分，然后放入染液中浸染约 20 分钟，使面料均匀上色。麻布在 70℃高温下容易染色，应加热染液，使其温度慢慢上升。浸染时要始终在染液中拨动面料，并避免面料与染液间出现气泡。面料出现折痕或由于空气进入织物而产生气泡，都会使染色不均匀而出现染斑，所以必须仔细地将面料反复拨动浸染。

⑦ **清洗。**用水清洗掉面料上多余的染液。

媒染

⑧ **配制媒染液。**将 18 克明矾放入 9 升开水里，充分搅拌溶化。请记住，如果是麻布，明矾的使用量是 1 升水中放 2 克明矾。明矾不易溶化，应先另取容器，用开水溶化后再用。

⑨ **在媒染液里浸染。**采用与⑥相同的方法浸染 20 分钟。加温明矾媒染液，使其温度保持在 40℃—50℃之间。

⑩ **清洗。**从媒染液里提起面料，将面料上多余的媒染液用清水洗掉。染色后的清洗与媒染后的清洗要使用不同的容器。

以上⑥⑦⑨⑩的染色→媒染步骤操作 3 次，第 4 次在完成染色、清洗后结束操作。因为明矾在液体里有回弹性，媒染工序会给干燥后的染前准备带来障碍。

↗ ⑥染色 20 分钟 ↘
⑩清洗 ⑦清洗
↖ ⑨媒染 20 分钟 ↙

★ 如果第 1 次就用高浓度染液染色，容易出现染斑。故分成 4 次操作，每次浓度逐渐加深。第 2 次染色时从染液里取出 2 升旧染液倒掉，第 3、4 次染色时从染液里取出 1 升旧染液倒掉，再加入等量的新色液。

干燥

⑪ **清洗。**完成第 4 次媒染清洗后，再次用清水清洗干净。

⑫ **干燥。**清洗后的面料不要用手拧，用晾衣夹夹住一边，吊起阴干。

⑧配制媒染液

⑨把布放进媒染液里

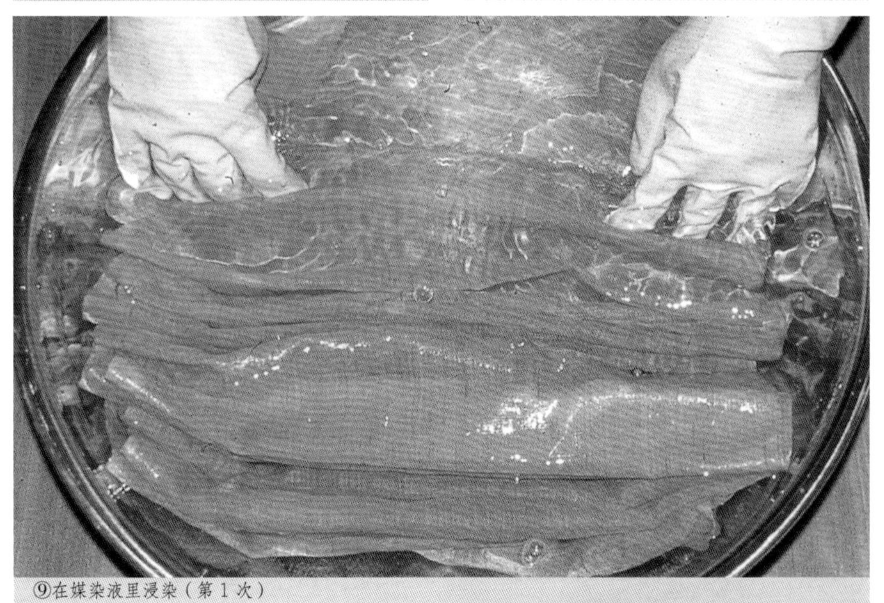
⑨在媒染液里浸染（第 1 次）

【第 2 次染色】

⑬ 和第 1 次染色一样，从染前准备开始进行。染色→媒染工序操作 2 次。

★ 色液不可放置过夜。

★ 如需染更深的颜色，染色、清洗、干燥（参照第 20 页）以后，第 2 天再从步骤①开始，重复操作。

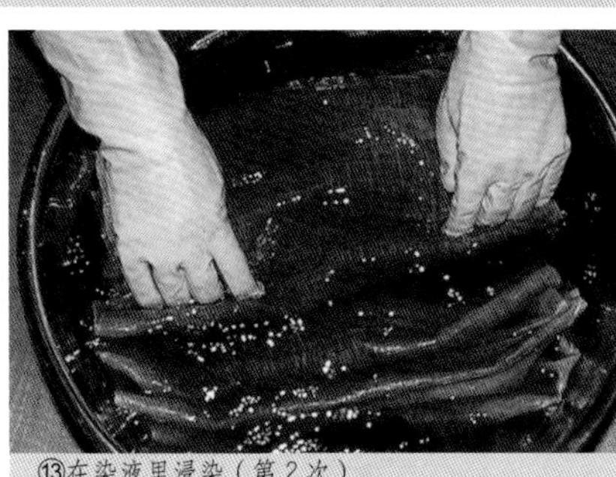
⑬在染液里浸染（第 2 次）

染后处理

⑭ **清洗。**从第 1 次染色开始计算，完成第 5 次媒染清洗以后，再用清水清洗干净。

⑮ **晾干。**清洗后的面料不要用手拧，用晾衣夹夹住一边，吊起阴干。

⑯ **熨烫。**把染布充分喷湿，盖上垫布，用熨斗熨平。

咖啡

咖啡树是原产于埃塞尔比亚的茜草科常绿矮乔木，绽放清香怡人的白色花朵。小果实呈椭圆形，颜色伴随着成熟由绿到红，最后变成紫色，果实内有两粒中间带浅沟的半圆形种子。把种子晒干后经过烘焙就制成了咖啡豆。咖啡树是热带植物，只要没有降霜的地区都可以栽培，现在巴西的咖啡豆产量占据世界产量一半以上。咖啡在 18 世纪传入日本，进入 19 世纪后才真正开始全面种植。

咖啡里含有咖啡因，对中枢神经有适量的刺激和兴奋作用，自古以来是伊斯兰教寺院用于驱逐睡魔的饮料。当时并非像现在这样烘焙咖啡豆，而是将干燥的豆直接碾碎后煎煮。

欧洲大陆开始饮用咖啡是在 15 世纪以后，17 世纪才开始传播到各地。

17 世纪末咖啡知识才刚刚传入日本，而作为饮料是什么时期输入的却不明确，传说是 1700 年荷兰人来长崎时带来了咖啡。但是被为数有限的少数人固定饮用，还是在进入明治时代以后。江户时代文化年间（1804—1818）的文人兼幕臣大田南亩在长崎任职时，饮用了荷兰人推荐的咖啡饮料后，在随笔《琼浦又缀》中写下了“被邀请到红毛船上喝‘咖啡’，一种用炒黑的豆磨成粉，加白糖搅拌的东西，那焦糊的味道实在难以忍受”的感受。

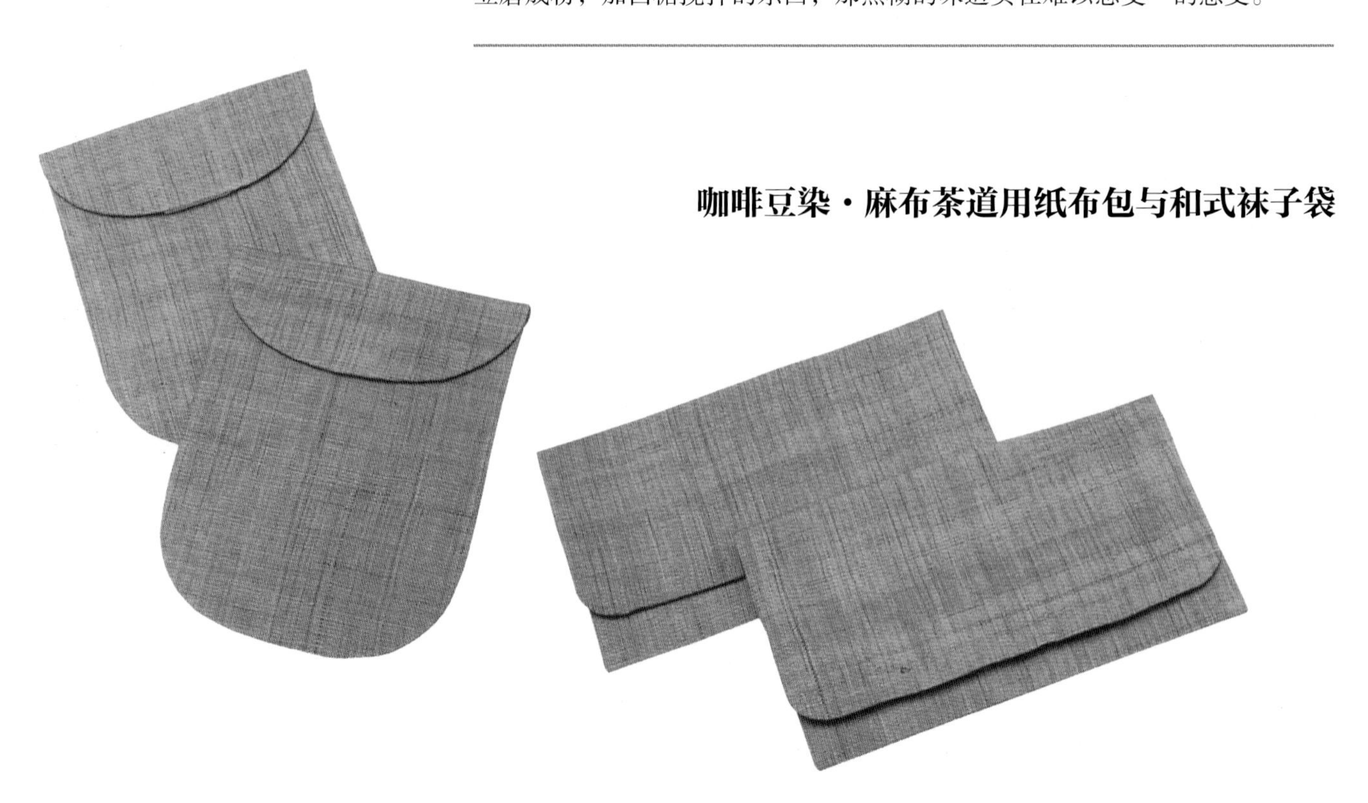

咖啡豆染・麻布茶道用纸布包与和式袜子袋

材料和用具

- 麻布 1 块（150×37 厘米）　100 克
- 咖啡粉　100 克（磨过的豆或泡过的咖啡末）
- 铁浆水　400 毫升
- 13 升大号不锈钢圆盆　4 个
- 2.5 升小号不锈钢圆盆　1 个
- 15 升小号桶锅　1 个
- 滤筛
- 密筛
- 计量杯、玻璃棒 等

染前准备

① **麻布的染前准备。**将面料浸入 40℃—50℃的热水里。拨动麻布，使之整体均匀浸透。

色液提取

② **第 1 次提取。**把 100 克咖啡粉放入 2.5 升水（冷热均可）中，大火煮沸，然后改为小火继续煎煮 20 分钟。

③ **过滤色液。**把煮过的咖啡粉用滤筛过滤，2.5 升水煮出约 2.5 升色液。

④ **第 2 次提取。**将滤筛里的咖啡粉再次加水，采用与第 1 次提取相同的方法煮沸、过滤，2 次煮出的色液合计约 5 升。

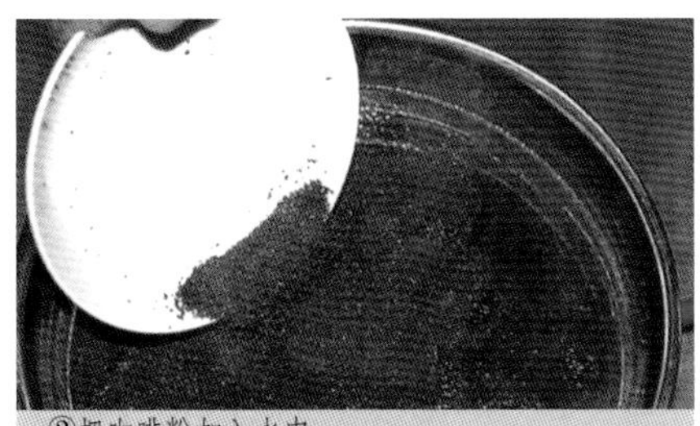
②把咖啡粉加入水中

⑤用密筛过滤色液

⑤往色液里加水

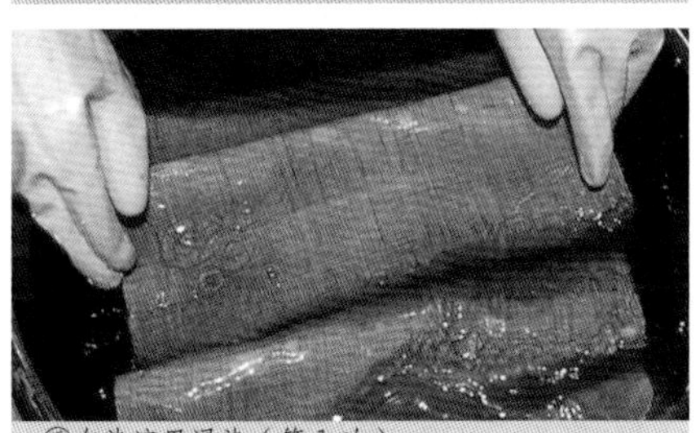
⑥在染液里浸染（第 1 次）

染色

⑤ **制作染液。**将 1 升色液用密筛过滤，加入 8 升水（冷热均可）中，制成 9 升染液。剩余的色液留待后续添加使用。

⑥ **在染液里浸染。**面料以不急速上色为好。将面料做好染前准备后，不要用手拧，应轻轻提起，使之适当滴去水分，然后放入染液中浸染约 20 分钟，使面料均匀上色。麻布在 70℃左右的染液中容易染色，应加热染液，使其温度慢慢上升。浸染时要始终在染液中拨动面料，并避免面料与染液间出现气泡。面料出现折痕或由于空气进入织物而产生气泡，都会使染色不均匀而出现染斑，所以必须仔细地将面料反复拨动浸染。

⑦ **清洗。**用水清洗掉面料上多余的染液。

媒染

⑧ **配制媒染液。**将 100 毫升铁浆水倒入 9 升冷水中，充分搅拌溶化。

⑨ **在媒染液里浸染。**采用与⑥相同的方法浸染 20 分钟。铁浆水的温度应在 15℃—20℃之间。

⑩ **清洗。**从媒染液里提起面料，将面料上多余的媒染液用清水洗掉。但是，染色后的清洗与媒染后的清洗要使用不同的容器。

以上⑥⑦⑨⑩的染色→媒染步骤操作 4 次。

↗ ⑥染色 20 分钟 ↘
⑩清洗　　　　⑦清洗
↖ ⑨媒染 20 分钟 ↙

★ 如果第 1 次就用高浓度染液染色，容易出现染斑。故分成 4 次操作，每次浓度逐渐加深。第 2、3、4 次染色时，应从上一次使用的染液里取出 1 升旧染液倒掉，加入 1 升新的色液。

★ 在第 2、3、4 次媒染时，分别添加 100 毫升铁浆水。

★ 色液不可放置过夜。

★ 如需染更深的颜色，染色、清洗、干燥（参照第 20 页）以后，第 2 天再从步骤①开始，重复操作。

染后处理

⑪ **清洗。**完成第 4 次媒染清洗以后，再用清水清洗干净。

⑫ **晾干。**清洗后的染布不要用手拧，用晾衣夹夹住一边，吊起阴干。

⑬ **熨烫。**把染布充分喷湿，盖上垫布，用熨斗熨平。

⑧配制媒染液

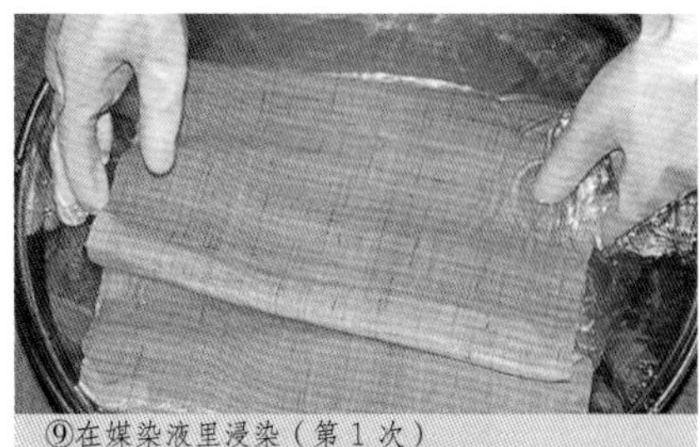
⑨在媒染液里浸染（第 1 次）

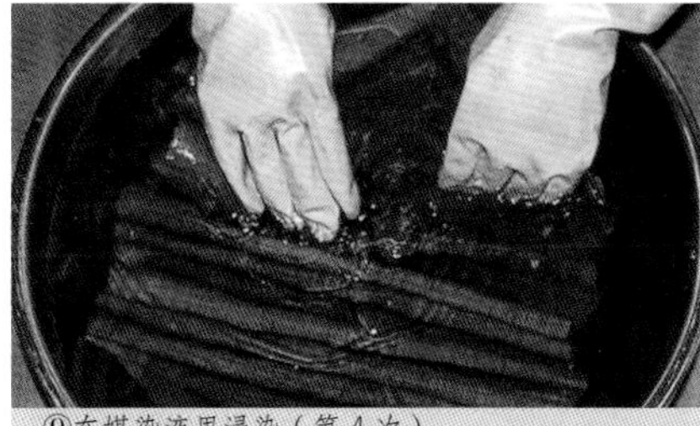
⑥在染液里浸染（第 4 次）

⑨在媒染液里浸染（第 4 次）

咖啡豆染·麻布茶道用纸布包与和式袜子袋

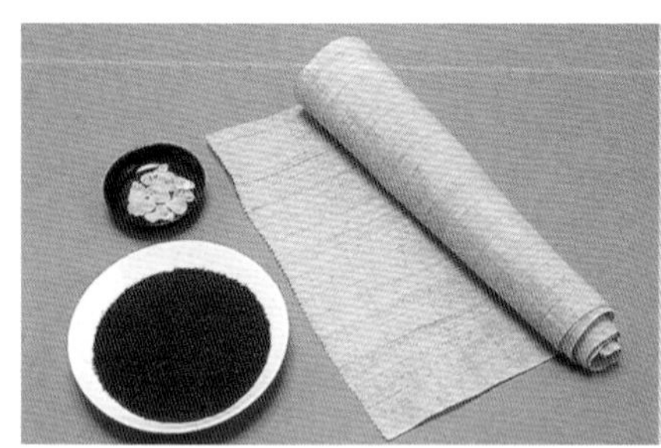

材料和用具

- 麻布 1 块（150×37 厘米）　100 克
- 咖啡粉　100 克（磨过的豆或泡过的咖啡末）
- 明矾　18 克
- 13 升大号不锈钢圆盆　4 个
- 2.5 升小号不锈钢圆盆　1 个
- 15 升小号桶锅　1 个
- 滤筛
- 密筛
- 计量杯、玻璃棒 等

②把咖啡粉倒入水里

③用漏筛过滤色液

②煮沸

⑤用密筛过滤色液

⑤往色液里加水

染前准备

① **麻布的染前准备。**将麻布面料浸入 40℃—50℃的热水里。拨动面料，使之整体均匀浸透。

色液提取

② **第 1 次提取。**把 100 克咖啡粉放入 2.5 升水（冷热均可）中，大火煮沸，然后改为小火继续煎煮 20 分钟。

③ **过滤色液。**把煮过的咖啡粉用滤筛过滤，2.5 升水煮出约 2.5 升色液。

④ **第 2 次提取。**将滤筛里的咖啡粉再次加水，采用与第 1 次提取相同的方法煮沸、过滤，2 次煮出的色液合计约 5 升。

染色

⑤ **制作染液。**将 1 升色液用密筛过滤，加入 8 升水（冷热均可），制成 9 升染液。剩余的色液留待后续添加使用。

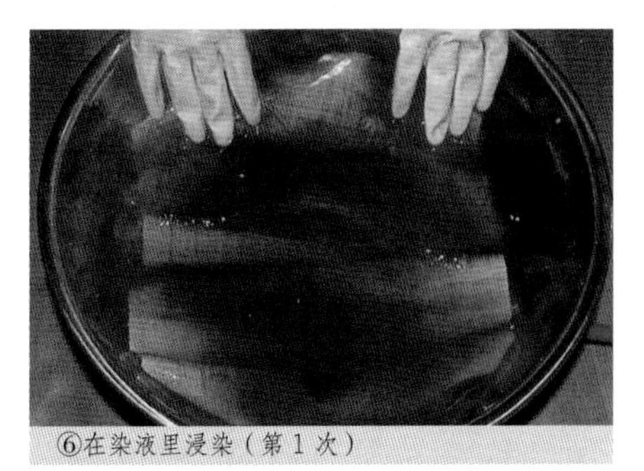
⑥在染液里浸染（第 1 次）

⑧配制媒染液

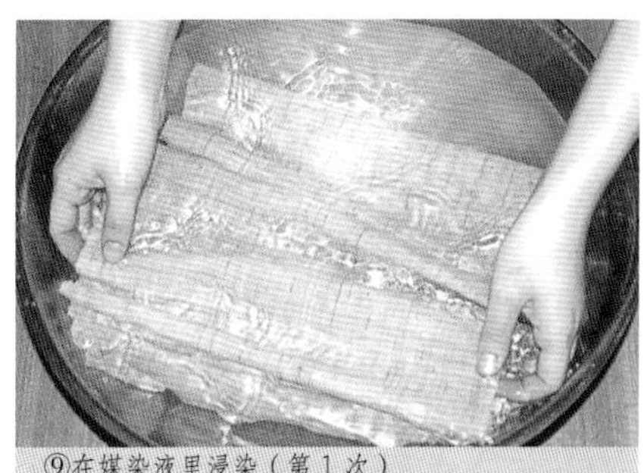
⑨在媒染液里浸染（第 1 次）

⑥在染液里浸染（第 4 次）

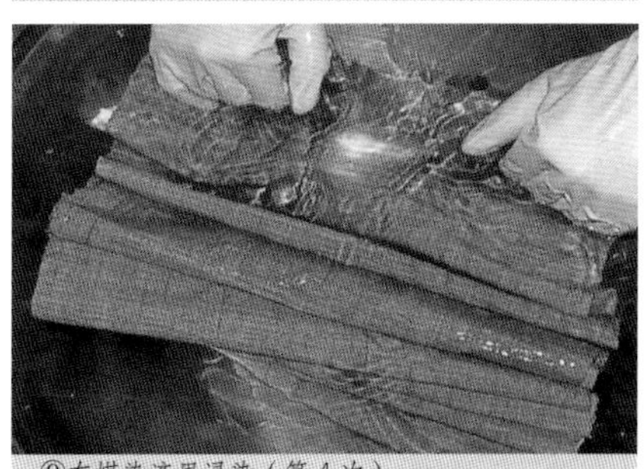
⑨在媒染液里浸染（第 4 次）

⑥ **在染液里浸染。**面料以不急速上色为好。将面料做好染前准备之后，不要用手拧，应轻轻提起，使之适当滴去水分，然后放入染液中浸染约 20 分钟，使面料均匀上色。麻布在 70℃高温下容易染色，应加热染液，使其温度慢慢上升。浸染时要始终在染液中拨动面料，并避免面料与染液间出现气泡。面料出现折痕或由于空气进入织物而产生气泡，都会使染色不均匀而出现染斑，所以必须仔细地将面料反复拨动浸染。

⑦ **清洗。**用水清洗掉面料上多余的染液。

媒染

⑧ **配制媒染液。**将 18 克明矾放入 9 升开水里，充分搅拌溶化。请记住，如果是麻布，明矾的使用量是 1 升水中放 2 克明矾。明矾不易溶化，应先另取容器，用开水溶化后再用。

⑨ **在媒染液里浸染。**采用与⑥相同的方法浸染 20 分钟。加温明矾媒染液，使其温度保持在 40℃—50℃之间。

⑩ **清洗。**从媒染液里提起面料，将面料上多余的媒染液用清水洗掉。染色后的清洗与媒染后的清洗要使用不同的容器。

以上⑥⑦⑨⑩的染色→媒染步骤操作 3 次，第 4 次在完成染色、清洗后结束操作。因为明矾在液体里有回弹性，媒染工序会给干燥后的染前准备带来障碍。

↗ ⑥染色 20 分钟 ↘
⑩清洗　　⑦清洗
↖ ⑨媒染 20 分钟 ↙

★ 如果第 1 次就用高浓度染液染色，容易出现染斑。故分成 4 次操作，每次浓度逐渐加深。第 2、3、4 次染色时从染液里取出 1 升旧染液倒掉，加入 1 升新色液。

★ 色液不可放置过夜。

★ 如需染更深的颜色，染色、清洗、干燥（参照第 20 页）以后，第 2 天再从步骤①开始，重复操作。

染后处理

⑪ **清洗。**完成第 4 次媒染清洗以后，再用清水清洗干净。

⑫ **晾干。**清洗后的染布不要用手拧，用晾衣夹夹住一边，吊起阴干。

⑬ **熨烫。**把染布充分喷湿，盖上垫布，用熨斗熨平。

⑪最后的清洗

红茶

和绿茶一样，红茶也是山茶科茶树的叶子（参照第 178 页）。与不发酵的绿茶制作不同，摘取的茶叶不需立刻加热处理，只是蒸发其部分水分，再经揉捻渗出水分，与鞣质酸发酵而成，是发酵茶的代表物。目前红茶的主要产地为印度、斯里兰卡、肯尼亚、中国等。一般凉爽且海拔较高的地区，红茶气味香浓；高温且日照强烈的地区，红茶味道极佳。根据自然环境不同，红茶的特征也各不相同，其中最有名的红茶要数印度的大吉岭茶、尼尔吉利茶、斯里兰卡的乌沃茶和中国的祁门红茶了。

茶传入欧洲的起因，据说是 16 世纪后期，通过日本茶道文化，基督教的传教士开始了对东洋文化的关注。世界红茶消费量最大的英国，当初通过东印度公司将中国福建生产的茶输入本国，其中绿茶所占的比例较多，到了 18 世纪中期，红茶的比例上升至进口总量的三分之二。

18—19 世纪，红茶在世界史中发生了一系列重大事件，1775 年美国的独立战争，引发了英政府强加给北美殖民地的《茶税法》事端，为了解决巨大的贸易逆差，英国开始向中国清政府强销鸦片，成为鸦片战争的导火索。

1823 年，英国人在印度内地发现了阿萨姆邦野生茶树。此后，印度的茶场规模逐年扩大，中国茶在世界茶市场上的销量也就逐渐减少了。

江户时代末期，红茶进入日本。

红茶染·真丝薄丝巾

◆ 铁媒染见第 4—5 页

材料和用具

- 真丝薄围巾 2 条（110×150 厘米） 80 克
- 红茶 80 克（泡过的红茶叶或袋泡茶也可）
- 明矾 9 克
- 13 升大号不锈钢圆盆 4 个
- 2.5 升小号不锈钢圆盆 1 个
- 15 升小号桶锅 1 个
- 密筛
- 计量杯 等

染前准备

① **丝巾的染前准备。**将丝巾浸入 40℃—50℃的热水里。拨动丝巾，使之整体均匀浸透。

色液提取

② **第 1 次提取。**把 80 克红茶放入 2.5 升水（冷热均可）中，大火煮沸，然后改为小火继续煎煮 20 分钟。

③ **过滤色液。**把煮过的红茶用滤筛过滤，2.5 升水煮出约 2.5 升色液。

④ **第 2 次提取。**将滤筛里的红茶再次加水，采用与第 1 次提取相同的方法煮沸、过滤，2 次煮出的色液合计约 5 升。

染色

⑤ **制作染液。**将 2 升色液用密筛过滤，加入 7 升水（冷热均可）中，制成 9 升染液。剩余的色液留待后续添加使用。

⑥ **在染液里浸染。**面料以不急速上色为好。将面料做好染前准备后，不要用手拧，应轻轻提起，使之适当滴去水分，然后放入染液中浸染约 20 分钟，使腰带均匀上色。应加热染液，使其温度慢慢上升。丝绸面料在高温下容易受损，注意温度应控制在 50℃—60℃之间。浸染时要始终在染液中拨动面料，并避免面料与染液间出现气泡。面料出现折痕或由于空气进入织物而产生气泡，都会使染色不均匀而出现染斑，所以必须仔细地将面料从头至尾、反复拨动。

⑦ **清洗。**用水清洗掉腰带上多余的染液。

媒染

⑧ **配制媒染液。**将 9 克明矾放入 9 升的开水里，充分搅拌溶化。请记住，如果是真丝面料，明矾的使用量是 1 升水中放 1 克明矾。明矾不易溶化，应先另取容器，用开水溶化后再用。

⑨ **在媒染液里浸染。**采用与⑥相同的方法浸染 20 分钟。加温明矾媒染液，使其温度保持在 40℃—50℃之间。

⑩ **清洗。**从媒染液里提起面料，将面料上多余的媒染液用清水洗掉。但是，染色后的清洗与媒染后的清洗要使用不同的容器。

以上⑥⑦⑨⑩的染色→媒染步骤操作 4 次。

↗ ⑥染色 20 分钟 ↘
⑩清洗　　　　⑦清洗
↖ ⑨媒染 20 分钟 ↙

★ 如果第 1 次就用高浓度染液染色，容易出现染斑。故分成 4 次操作，每次浓度逐渐加深。第 2、3、4 次染色时，应从上一次使用的染液里取出 1 升旧染液倒掉，加入 1 升新的色液。

★ 色液不可放置过夜。

★ 如需染更深的颜色，染色、清洗、干燥（参照第 20 页）以后，第 2 天再从步骤①开始，重复操作。

染后处理

⑪ **清洗。**完成第 4 次媒染清洗以后，再用清水清洗干净。

⑫ **晾干。**清洗后的面料不要用手拧，用晾衣夹夹住一边，吊起阴干。

⑬ **熨烫。**盖上垫布，用熨斗熨平。熨烫时注意温度。

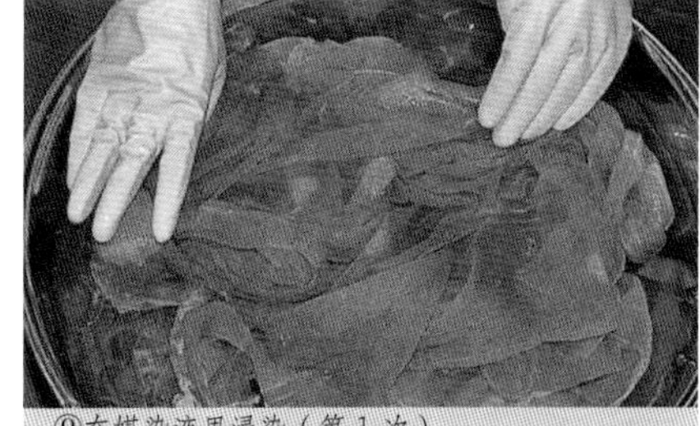
⑨在媒染液里浸染（第 1 次）

②煮沸

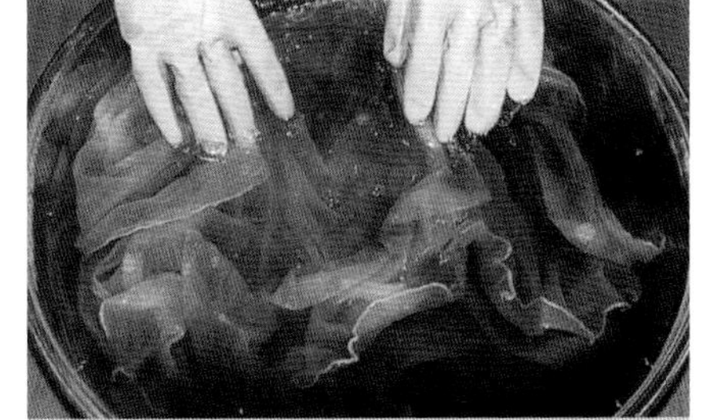
⑥在染液里浸染（第 1 次）

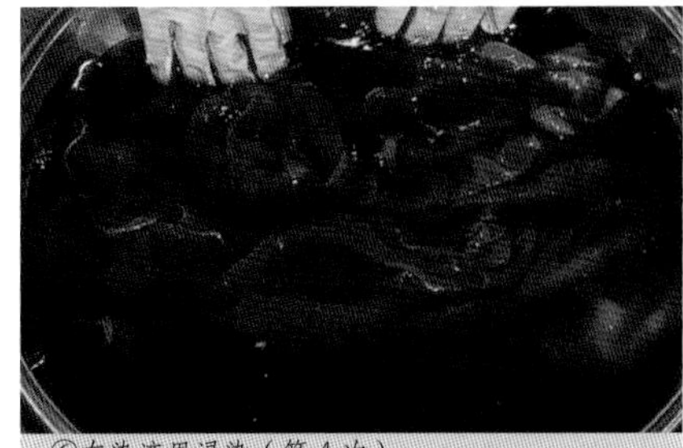
⑥在染液里浸染（第 4 次）

⑤用密筛过滤色液

⑧配制媒染液

⑨在媒染液里浸染（第 4 次）

橡子

橡子是生长在山野的麻栎、柯、青刚等山毛榉科落叶高乔木、常绿高乔木果实的总称，碗状的壳斗套住了果实的一半。

本书采用细长的橡子果和枝条来染色。古代文献中常见的“钝色”是一种被叫做深鼠的灰色，是用麻栎的果实和果蒂染成的。

麻栎的果实呈直径为 1.5—2 厘米的球形，古代的旧名“橡”在狭义上是指这个果。奈良时代开始作为染料，在《养老令》的衣服令中有“家人奴婢身着橡染黑衣”的记述，以铁媒染的橡染绀黑色衣服，好像是普通庶民的服饰。

到了平安时代，在《养老令》缝殿寮中可读到，黄橡加茜染制的偏红的茶色，成为贵族们的袍服和杂袍使用色。同样，在内藏寮中也有“捣橡五斛五斗七升”的记述，意思是将橡子捣碎后加热水使用。

另外，在当时还以橡染的“钝色”做丧服的颜色，谅闇期即天皇为父母着用的丧服颜色。《荣华物语》日阴鬘一项描述了宽弘 8 年（1011）冷泉院天皇驾崩时的情景，“世人皆在服丧期，朝臣们身着橡染袍服，黑压压的一片让人感受沉重”。

并且，在记述平安末期至镰仓初期的装束《饰抄》中有“四品以上的袍服为橡”，这里的橡不是指橡色，而是指用橡染的黑色，黑色衣服称为橡衣。

橡子染・棉布坐垫套

◆ 明矾媒染见第 197 页

材料和用具

- 棉布 1 块（60×120 厘米） 230 克
- 橡子 230 克
- 铁浆水 800 毫升
- 13 升大号不锈钢圆盆 4 个
- 6.5 升中号不锈钢圆盆 1 个
- 15 升小号桶锅 1 个
- 滤筛
- 密筛
- 计量杯 等

②把橡子倒入水里

③用漏筛过滤色液

⑤用密筛过滤色液

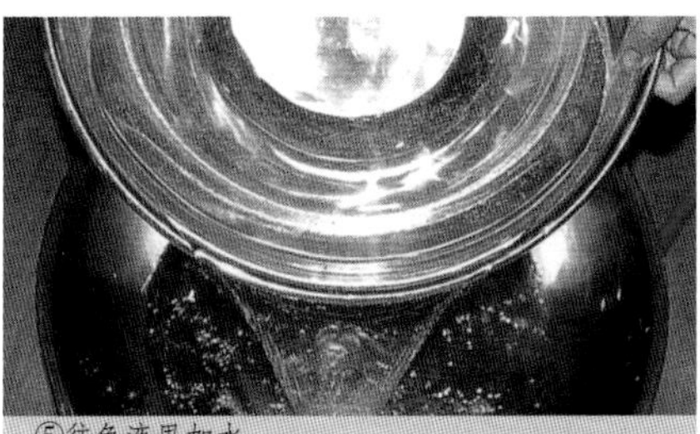
⑤往色液里加水

染前准备

① **棉布的染前准备。**将棉布浸入 40℃—50℃的热水里。拨动棉布，使之整体均匀浸透。

色液提取

② **第 1 次提取。**把 230 克橡子放入 5 升水（冷热均可）中，大火煮沸，然后改为小火继续煎煮 20 分钟。

③ **过滤色液。**把煮过的橡子用滤筛过滤，5 升水煮出约 5 升色液。

④ **第 2 次提取。**将滤筛里的橡子再次加水，采用与第 1 次提取相同的方法煮沸、过滤，2 次煮出的色液合计约 10 升。

染色

⑤ **制作染液。**将 2 升色液用密筛过滤，加入 7 升水（冷热均可）中，制成 9 升染液。剩余的色液留待后续添加使用。

⑥ **在染液里浸染。**面料以不急速上色为好。将面料做好染前准备后，不要用手拧，应轻轻提起，使之适当滴去水分，然后放入染液中浸染约 20 分钟，使面料均匀上色。棉布在 70℃左右的染液中容易染色，应加热染液，使其温度慢慢上升。浸染时要始终在染液中拨动面料，并避免面料与染液间出现气泡。面料出现折痕或由于空气进入织物而产生气泡，都会使染色不均匀而出现染斑，所以必须仔细地将面料反复拨动浸染。

⑦ **清洗。**用水清洗掉面料上多余的染液。

媒染

⑧ **配制媒染液。**将 200 毫升铁浆水倒入 9 升冷水中，充分搅拌溶化。

⑨ **在媒染液里浸染。**采用与⑥相同的方法浸染 20 分钟。铁浆水的温度应在 15℃—20℃之间。

⑩ **清洗。**从媒染液里提起面料，将面料上多余的媒染液用清水洗掉。但是，染色后的清洗与媒染后的清洗要使用不同的容器。

以上⑥⑦⑨⑩的染色→媒染步骤操作 4 次。

↗ ⑥染色 20 分钟 ↘

⑩清洗　　⑦清洗

↖ ⑨媒染 20 分钟 ↙

★ 如果第 1 次就用高浓度染液染色，容易出现染斑。故分成 4 次操作，每次浓度逐渐加深。第 2、3、4 次染色时，应从上一次使用的染液里取出 2 升旧染液倒掉，加入 2 升新的色液。

★ 在第 2、3、4 次媒染时，分别添加 200 毫升铁浆水。

★ 色液不可放置过夜。

★ 如需染更深的颜色，染色、清洗、干燥（参照第 20 页）以后，第 2 天再从步骤①开始，重复操作。

染后处理

⑪ **清洗。**完成第 4 次媒染清洗以后，再用清水清洗干净。

⑫ **晾干。**清洗后的染布不要用手拧，用晾衣夹夹住一边，吊起阴干。

⑬ **熨烫。**盖上垫布，用熨斗熨平。熨烫时注意温度。

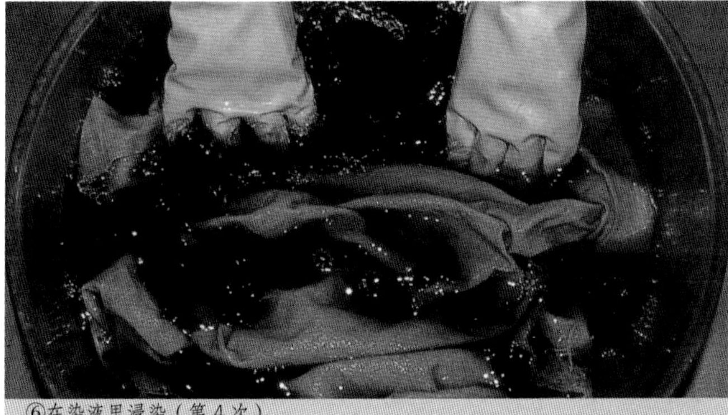
⑥在染液里浸染（第 4 次）

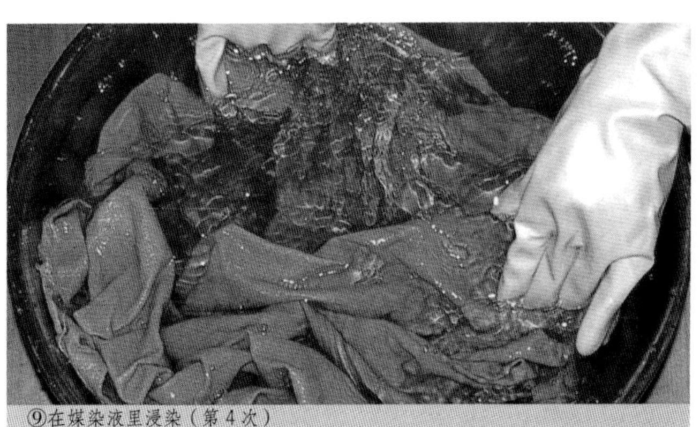
⑨在媒染液里浸染（第 4 次）

红豆杉

红豆杉是生长于北海道、本州中部以北、四国寒冷山地的常绿针叶红豆杉科植物，也写作“栎”，别名也称作“兰”，日本东北、北海道的阿伊努族语称其为“翁果”。树高有20米，雌雄异株，3—5月时开花，雌花为单朵，雄花成花穗状。深绿色条形叶沿枝干螺旋形生长，秋天结可食用的红色果实。

日文“一位”红豆杉一词源于这种木材在古时被用于制作最好的笏板，得笏板也就是得到一席地位，“位”即地位。自古以来，日本飞禅高山出产的红豆杉最为有名，《大和本草》有“飞禅国位山的红豆杉为制笏之材，叶形似榧树”的记述。现在飞禅高山仍然以制作杉木工艺品而闻名。

红豆杉是建筑、家具、雕刻、铅笔等的用材，因木材芯泛红，故也被称作山苏红。从木材芯提取染料经石灰媒染可染得强烈的红褐色。阿伊努民族服饰厚司织就是用其染线纺织而成的。

本书的案例，将以山茶灰汁为媒染剂来染制丝线，然后编成真丝绳带。

红豆杉染·真丝绳带

材料和用具

- 真丝丝线（编织绳带用）2 绞　50 克
- 红豆杉　100 克
- 山茶灰　20 克
- 2.5 升小号不锈钢圆盆　4 个
- 15 升小号桶锅　1 个
- 滤筛
- 密筛
- 计量杯、直棒 等

媒染准备

① **提取山茶灰汁。**在 20 克山茶灰汁里倒入 1 升开水，放置 2 天以上进行沉淀，取上层的清澄液，并用密筛过滤。

染前准备

② **丝线的染前准备。**将丝线用直棒挑起，浸入 40℃—50℃的热水里。上下运动直棒，转动丝线挑起的位置，使之能整体均匀浸透。

色液提取

③ **第 1 次提取。**把 100 克红豆杉放入 2 升水（冷热均可）中，大火煮沸，然后改为小火继续煎煮 20 分钟。

④ **过滤色液。**把煮过的红豆杉用滤筛过滤，2 升水煮出约 2 升色液。

⑤ **第 2 次提取。**将滤筛里的红豆杉再次加水，采用与第 1 次提取相同的方法煮沸、过滤，2 次煮出的色液合计约 4 升。

染色

⑥ **制作染液。** 将 500 毫升的色液用密筛过滤，加入 1 升水（冷热均可），制成 1.5 升染液。剩余的色液留待后续添加使用。

⑦ **在染液里浸染。**丝线以不急速上色为好。将丝线做好染前准备之后，轻轻拧水，抖散丝线，放入染液中。不停拨动丝线，使其均匀染色，操作 20 分钟。应加热染液，使其温度慢慢上升，染制真丝丝线的温度应在 50℃—60℃之间。和做染前准备一样，上下运动直棒，转动丝线挑起的位置。转动时要避免丝线出现拉伸、缠绕现象。从染液中提起后，轻轻拧一下水分。

⑧ **清洗。**把轻轻拧过的丝线抖开，将线上多余的染液用水清洗。

媒染

⑨ **配制媒染液。**将 100 毫升山茶灰汁倒入 2 升水里，充分搅拌溶化。

⑩ **在媒染液里浸染。**把清洗后的丝线轻轻拧水、抖散开后放入媒染液里浸染，采用与⑦相同的方法浸染 20 分钟。加温媒染液，使其温度保持在 40℃左右。

⑪ **清洗。**从媒染液里取出丝线，轻轻拧水，用清水清洗干净。但是，染色后的清洗与媒染后的清洗要使用不同的容器。

以上⑦⑧⑩⑪的染色→媒染步骤操作 4 次。

↗ ⑦染色 20 分钟 ↘
⑪清洗　　　　⑧清洗
↖ ⑩媒染 20 分钟 ↙

★ 如果第 1 次就用高浓度染液染色，容易出现染斑。故分成 4 次操作，每次浓度逐渐加深。第 2、3、4 次染色时，应分别加入 500 毫升新的色液。

★ 第 2、3、4 次媒染色时，分别加入 100 毫升山茶灰汁。

★ 色液不可放置过夜。

★ 如需染更深的颜色，染色、清洗、干燥（参照第 20 页）以后，第 2 天再从步骤①开始，重复操作。

染后处理

⑫ **清洗。**完成第 4 次媒染清洗以后，再用清水清洗干净。

⑬ **晾干。**将清洗后的丝线轻轻拧水，挂在固定棒上，另一端用直棒穿起，用力拧挤，并不断变换丝线的位置反复拧挤。拧好后，在同样状态下用力拉棒抻直丝线，整理平直后，穿在晾衣竿上阴干。

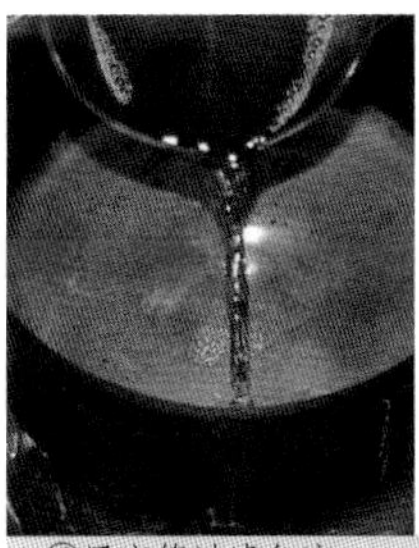
⑥用密筛过滤色液

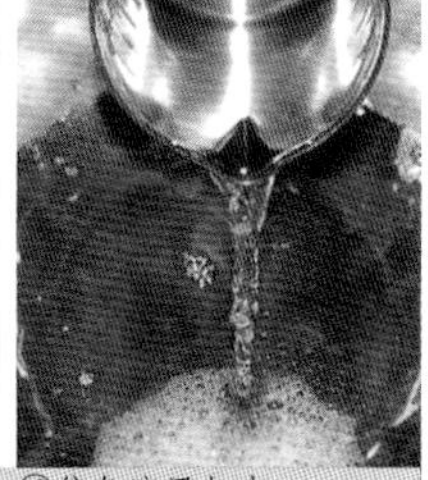
⑥往色液里加水

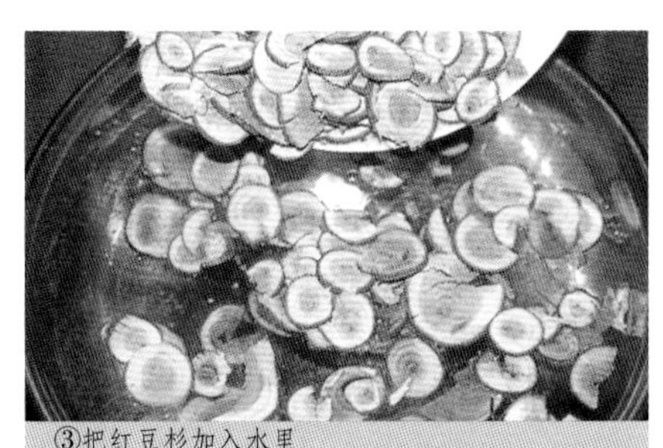
③把红豆杉加入水里

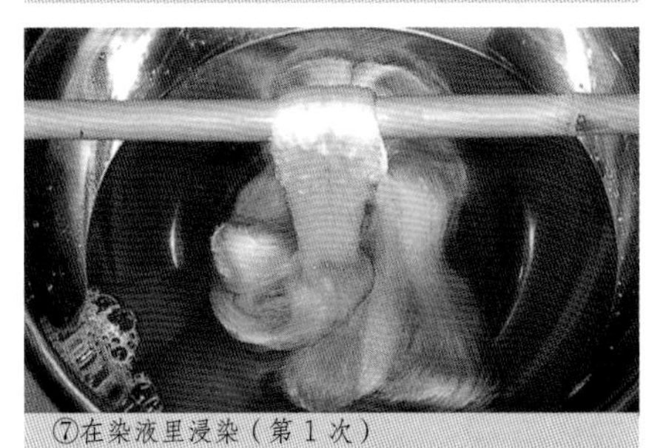
⑦在染液里浸染（第 1 次）

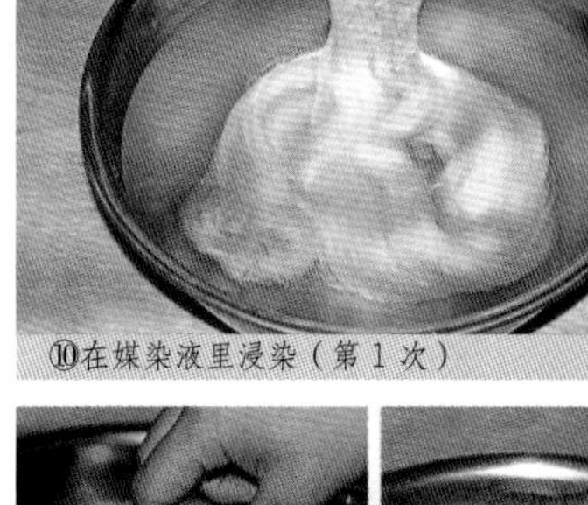
⑩在媒染液里浸染（第 1 次）

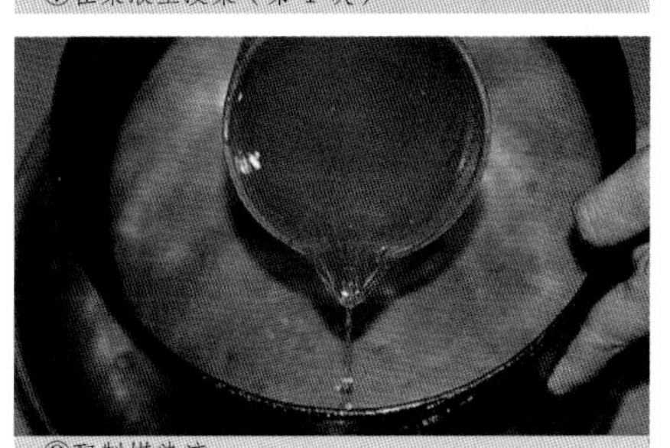
④用漏筛过滤色液

⑨配制媒染液

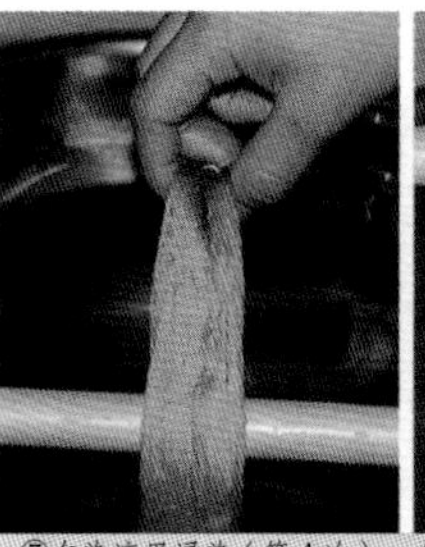
⑦在染液里浸染（第 4 次）

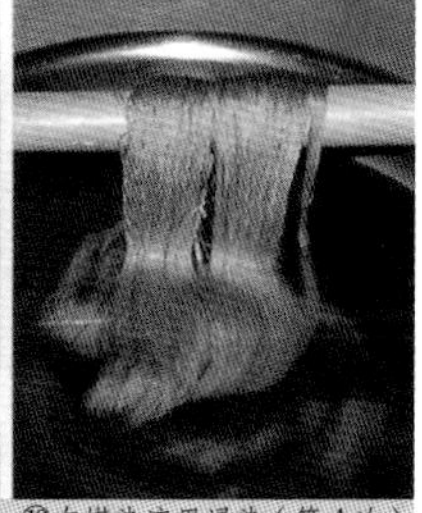
⑩在媒染液里浸染（第 4 次）

艾蒿

生长于日本本州至九州、冲绳，中国大陆和台湾地区的菊科多年草。茎高 50—100 厘米，长有很多旁枝。叶为分叉的羽状，叶子表面呈深绿色，背面长有浓密的灰白色绒毛，秋天开淡褐色穗状小花。叶子有一种特殊的香味，春天用新摘的嫩叶可以做成青团。作为 3 月 3 日节气的供品，艾蒿具有驱邪的作用，吃青团能延年益寿是从中国的思想寓意而来。

日本在文献中首次提到艾蒿的，是《万叶集》大伴家持的诗“……五月的杜鹃鸟鸣叫，菖蒲、艾蒿的发饰和酒宴”。奈良时代末期有头插菖蒲和艾蒿花环的习俗，书中记述了宴请完成任务后归国的友人，头戴菖蒲和艾蒿编织的花环。6 世纪中国一部记载荆楚岁时习俗的著作《荆楚岁时记》中也有“五月五日采艾以做人偶，悬于门口可驱毒气”的记载。这种风俗传入日本，从 5 月 5 日节气到庆祝行事的插艾蒿仪式，都有除灾去邪之意。

一方面相信这种避邪的灵验性，另一方面在《源式物语》的文献中还有“蓬生”篇，以及“蓬之庭”“蓬之门”“蓬之宿”等词句，这里的“蓬”用来表示荒凉的景色和简陋的家。同样，“蓬发”也是来形容蓬松和散乱。

艾蒿还被称作可燃草，收集叶子背面的绒毛，晾干后制成艾绒，是针灸治疗用的艾灸原料。

艾蒿的叶和茎，在开花时节可用来染色。

艾蒿染・全棉扎染 T 恤

材料和用具

- 全棉T恤3件　360克
- 艾蒿　1440克（染2次的量）
- 铁浆水　500毫升
- 13升大号不锈钢圆盆　4个
- 6.5升中号不锈钢圆盆　1个
- 15升小号桶锅　1个
- 直径2厘米的木片、绳子
- 棉线、风筝线
- 滤筛、密筛
- 塑料袋、计量杯 等

★ 先整体染完浅色后，再扎染深色。

【染底色】

扎系准备

① **缝制扎系纹样。**为了在后续⑭的工序中能抽紧缝线顺利扎染，先用棉线缝出纹样轮廓。

染前准备

② **T恤的染前准备。**将T恤浸入40℃—50℃的热水里。拨动T恤，使之整体均匀浸透。

色液提取

③ **第1次提取。**把720克艾蒿放入5升水（冷热均可）中，大火煮沸，然后改为小火继续煎煮20分钟。

④ **过滤色液。**把煮过的艾蒿用滤筛过滤，5升水煮出约5升色液。

⑤ **第2次提取。**将滤筛里的艾蒿再次加水，采用与第1次提取相同的方法煮沸、过滤，2次煮出的色液合计约10升。

染色

⑥ **制作染液。**将2升色液用密筛过滤，加入7升水（冷热均可）中，制成9升染液。剩余的色液留待后续添加使用。

⑦ **在染液里浸染。**T恤以不急速上色为好。将T恤做好染前准备后，不要用手拧，应轻轻提起，使之适当滴去水分，然后放入染液中浸染约20分钟，使T恤均匀上色。棉布在70℃左右的染液中容易染色，应加热染液，使其温度慢慢上升。浸染时要始终在染液中拨动T恤，并避免T恤与染液间出现气泡。T恤出现折痕或由于空气进入织物而产生气泡，都会使染色不均匀而出现染斑，所以必须仔细地将T恤反复拨动浸染。

⑧ **清洗。**用水清洗掉面料上多余的染液。

媒染

⑨ **配制媒染液。**将50毫升铁浆水倒入9升冷水中，充分搅拌溶化。

⑩ **在媒染液里浸染。**采用与⑦相同的方法浸染20分钟。铁浆水的温度应在15℃—20℃之间。

⑪ **清洗。**从媒染液里提起面料，将T恤上多余的媒染液用清水洗掉。但是，染色后的清洗与媒染后的清洗要使用不同的容器。

以上⑦⑧⑩⑪的染色→媒染步骤操作2次。

↗ ⑦染色20分钟 ↘

⑪清洗　　⑧清洗

↖ ⑩媒染20分钟 ↙

★ 如果第1次就用高浓度染液染色，容易出现染斑。故分成2次操作，第2次染色时，加入2升新的色液。

★ 在第2次媒染时，添加100毫升铁浆水。

干燥

⑫ **清洗。**完成第2次媒染清洗后，再次用清水清洗干净。

⑬ **干燥。**因干燥的面料容易扎系纹样，所以清洗后的T恤需要阴干。

③将艾蒿加入热水里

③煮沸

④用滤筛过滤色液

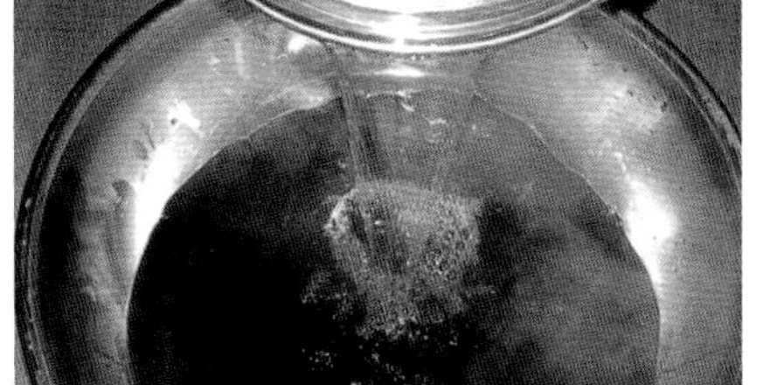

⑥往色液里加水

⑦在染液里浸染（第1次）

⑨配制媒染液

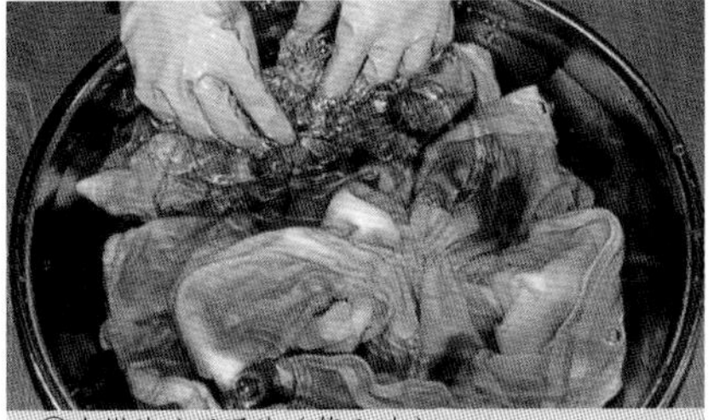

⑩在媒染液里浸染（第1次）

【第 1 次扎染上色】

扎系准备

⑭ **扎系。**把①缝好的线用力抽紧，将需要留出的浅色部分用塑料袋覆盖，并用风筝粗棉线扎紧。注意，如果没有扎紧，染液会浸入防染部分，导致图案染色失败。

染前准备

⑮ **扎系面料的染前准备。**将扎好的 T 恤浸入 40℃—50℃的热水里。因扎系而使面料产生的褶皱部分，热水不容易渗透，用手抻开搓揉，使之充分浸湿。避免因面料与染液间出现气泡而导致染斑。

染色

⑯ **制作染液。**从染底色用过的染液里取出 2 升旧染液倒掉，加入 2 升新的色液。水溶性较强的染料，大部分可以放置到第 2 天，但使用前一定要确认色液有没有变混浊。

⑰ **在染液里浸染。**将 T 恤做好染前准备后，轻轻提起，适当滴去水分，然后放入染液中浸染约 15 分钟。进行扎染时，不要长时间在染液里浸染，以短时间内浓染为佳。如果时间过长，染液会由扎系线与面料之间的空隙渗入防染部分。对于防染以外的部分，因扎系使面料产生重叠而不易染透，应将面料抻开，使染料能染透。

⑱ **清洗。**用水清洗掉 T 恤上多余的染液。

媒染

⑲ **配制媒染液。**在染底色用过的媒染液里加入 100 毫升新的铁浆水。

⑳ **在媒染液里浸染。**采用与⑰相同的方法浸染 15 分钟。

㉑ **清洗。**从媒染液里提起 T 恤，将 T 恤上多余的媒染液用清水洗掉。但是，染色后的清洗与媒染后的清洗要使用不同的容器。

以上⑰⑱⑳㉑的染色→媒染步骤操作 2 次。

⑰在染液里浸染（扎系后第 1 次）

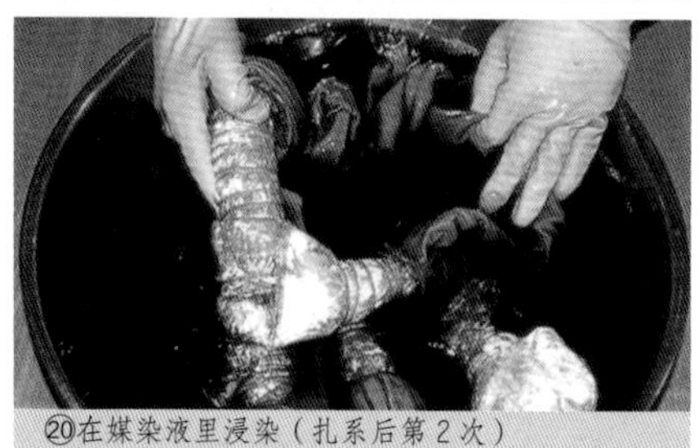

⑳在媒染液里浸染（扎系后第 2 次）

↗ ⑰染色 15 分钟 ↘
㉑清洗 ⑱清洗
↖ ⑳媒染 15 分钟 ↙

★ 如果第 1 次就用高浓度染液染色，容易出现染斑。第 2 次染色时，加入 2 升新的色液。

★ 在第 2 次媒染时，添加 100 毫升铁浆水。

干燥

㉒ **清洗。**完成第 2 次媒染清洗后，再次用清水清洗干净。

㉓ **干燥。**清洗后的面料不要拆线，仍套着塑料袋，进行阴干。

【第 2 次扎染上色】

㉔ 染前准备。以上⑰⑱⑳㉑的染色→媒染步骤操作 2 次。

★ 采用与③—⑥相同的方法，使用新的染料制作染液。第 2 次染色时，添加 2 升新色液。

★ 在每次进行媒染时，都要在干燥前使用过的媒染液中，分别加入 100 毫升新的铁浆水。

★ 如需染更深的颜色，染色、清洗、干燥（参照第 20 页）以后，第 2 天再从步骤②开始，重复操作。

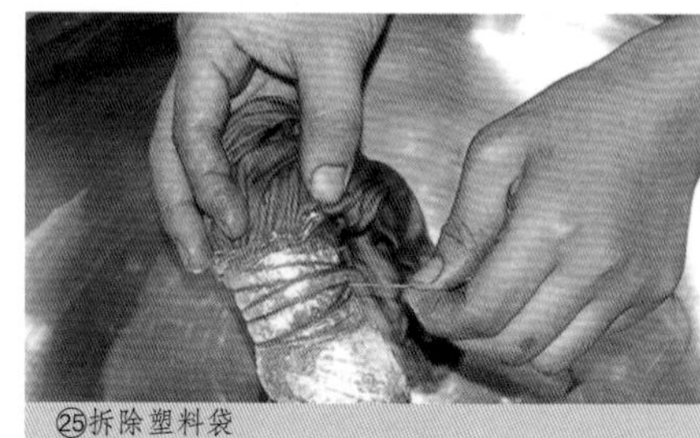

㉕拆除塑料袋

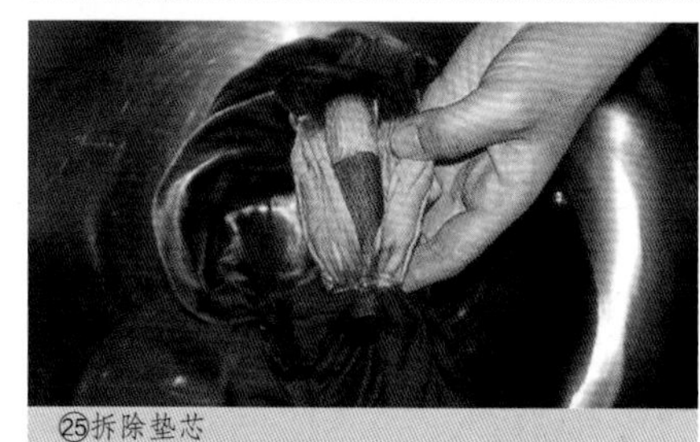

㉕拆除垫芯

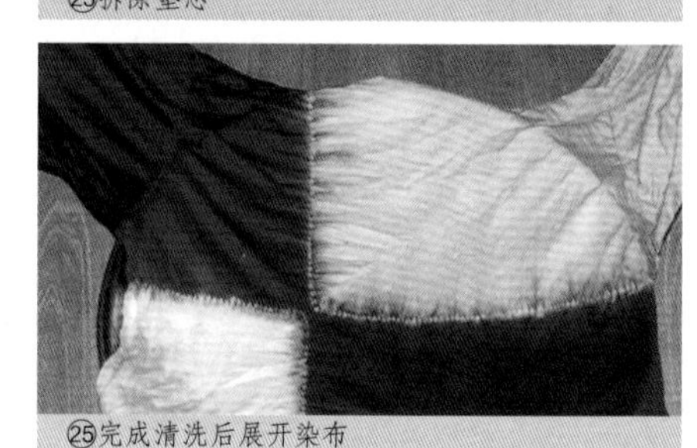

㉕完成清洗后展开染布

染后处理

⑪ **清洗。**完成第 2 次媒染清洗以后，再用清水清洗干净，拆除塑料袋阴干。完全晾干后拆除棉线，再用清水充分清洗。

⑫ **晾干。**清洗后的染布不要用手拧，用晾衣夹夹住一边，吊起阴干。

⑬ **熨烫。**盖上垫布，用熨斗熨平。熨烫时注意温度。

橡子染·棉布坐垫套

◆ 完成品见第 190 页

材料和用具

- 棉布 1 块（60×120 厘米） 230 克
- 橡子 230 克
- 明矾 18 克
- 13 升大号不锈钢圆盆 4 个
- 6.5 升中号不锈钢圆盆 1 个
- 15 升小号桶锅 1 个
- 滤筛、密筛
- 计量杯、玻璃棒 等

染前准备

① **棉布的染前准备。**将棉布浸入 40℃—50℃的热水里。拨动面料，使之整体均匀浸透。

色液提取

② **第 1 次提取。**把 230 克橡子放入 5 升水（冷热均可）中，大火煮沸，然后改为小火继续煎煮 20 分钟。

③ **过滤色液。**把煮过的橡子用滤筛过滤，5 升水煮出约 5 升色液。

④ **第 2 次提取。**将滤筛里的橡子再次加水，采用与第 1 次提取相同的方法煮沸、过滤，2 次煮出的色液合计约 10 升。

染色

⑤ **制作染液。**将 2 升色液用密筛过滤，加入 7 升水（冷热均可），制成 9 升染液。剩余的色液留待后续添加使用。

⑥ **在染液里浸染。**面料以不急速上色为好。将面料做好染前准备之后，不要用手拧，应轻轻提起，使之适当滴去水分，然后放入染液中浸染约 20 分钟，使面料均匀上色。棉布在 70℃高温下容易染色，应加热染液，使其温度慢慢上升。浸染时要始终在染液中拨动面料，并避免面料与染液间出现气泡。面料出现折痕或由于空气进入织物而产生气泡，都会使染色不均匀而出现染斑，所以必须仔细地将面料反复拨动。

⑦ **清洗。**用水清洗掉面料上多余的染液。

媒染

⑧ **配制媒染液。**将 18 克明矾放入 9 升开水里，充分搅拌溶化。请记住，如果是棉布，明矾的使用量是 1 升水中放 2 克明矾。明矾不易溶化，应先另取容器，用开水溶化后再用。

⑨ **在媒染液里浸染。**采用与⑥相同的方法浸染 20 分钟。加温明矾媒染液，使其温度保持在 40℃—50℃之间。

⑩ **清洗。**从媒染液里提起面料，将面料上多余的媒染液用清水洗掉。染色后的清洗与媒染后的清洗要使用不同的容器。

以上⑥⑦⑨⑩的染色→媒染步骤操作 4 次。

↗ ⑥染色 20 分钟 ↘
⑩清洗　　　　⑦清洗
↖ ⑨媒染 20 分钟 ↙

★ 如果第 1 次就用高浓度染液染色，容易出现染斑。故分成 4 次操作，每次浓度逐渐加深。第 2、3、4 次染色时，应从上一次使用的染液里取出 2 升旧染液倒掉，加入 2 升新的色液。

★ 色液不可放置过夜。

★ 如需染更深的颜色，染色、清洗、干燥（参照第 20 页）以后，第 2 天再从步骤①开始，重复操作。

染后处理

⑭ **清洗。**完成第 4 次媒染清洗以后，再用清水清洗干净。

⑮ **晾干。**清洗后的面料不要用手拧，用晾衣夹夹住一边，吊起阴干。

⑯ **熨烫。**盖上垫布，用熨斗熨平。熨烫时注意温度。

②煮沸

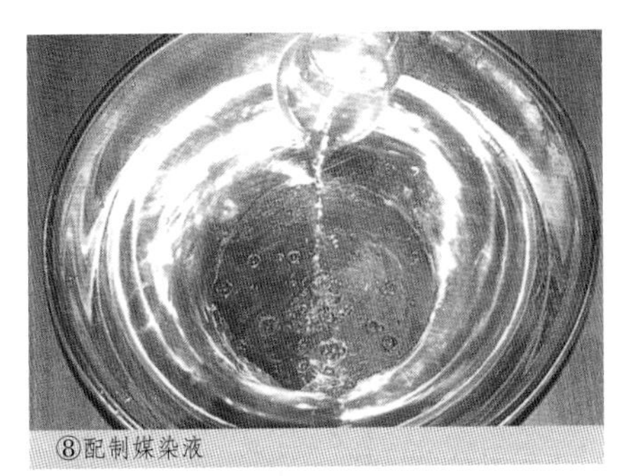

⑧配制媒染液

⑤用密筛过滤色液

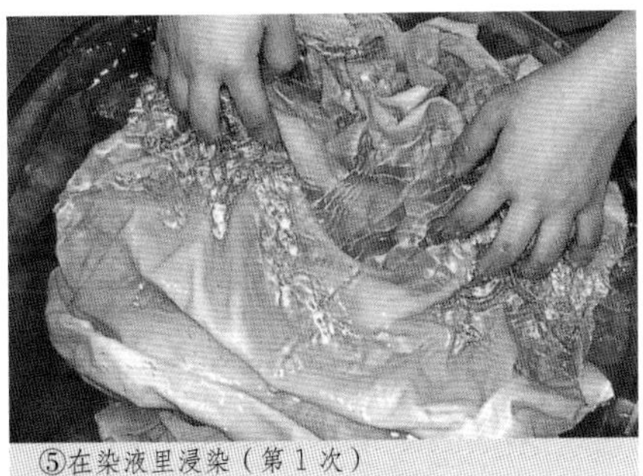
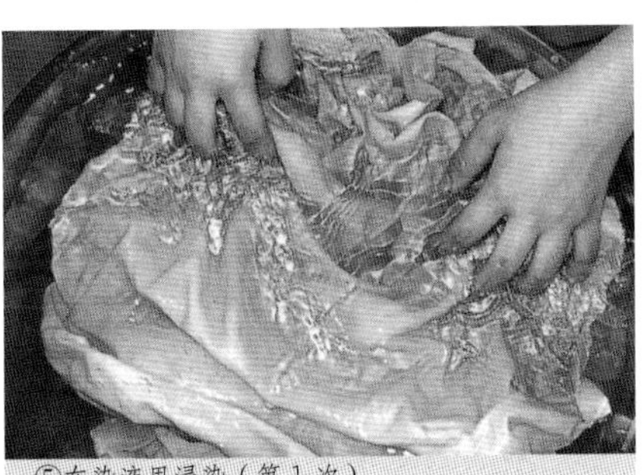

⑤在染液里浸染（第 1 次）

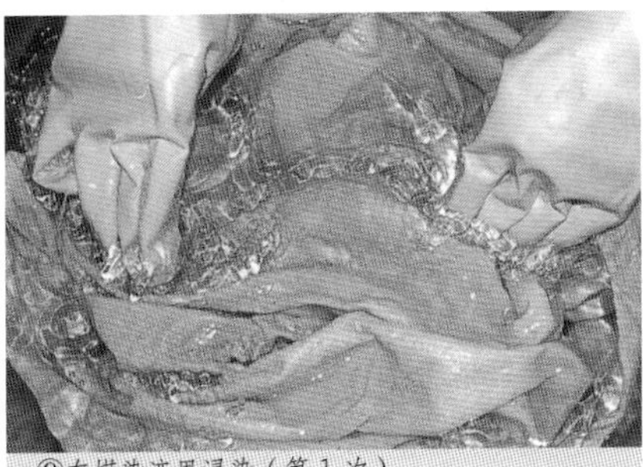

⑨在媒染液里浸染（第 1 次）

丁香

原产于印度尼西亚的马鲁古群岛，属热带常绿乔木。日本没有野生的丁香树。叶子为带油点革质，叶子前端呈尖状椭圆形；分成三叉的枝头开粉红色的筒状花簇；果实呈椭圆形，里面各长有一粒种子。

当花蕾变红色时采集晒干，自古以来被用作香料和中药，也称其为丁香、丁子香。除了用于制作香水和甜点之外，磨成粉还可制成感冒药和健胃药；并且，经过蒸馏制成的丁香油还具有防腐和局部麻醉的药效；另外，在日本还把丁香油涂抹在刀上以避免生锈。丁香的最早记录出现在公元前 3 世纪中国的文献中，据文字记载，臣子朝见皇帝时必须口含丁香。8 世纪时，中国商人将丁香带入欧洲，自此丁香就成为了非常贵重的香料。

自古以来，丁香一直就是珍贵的香料、草药和染料。日本江户时代末期的文献《重修本草纲目启蒙》中有“丁香、丁子，本国并不出产，包括唐山。丁香由泰国、马来诸岛传来，在《东西洋考》里可查阅，本国也是由西洋人传入”的记述。

作为染料的花蕾经煎煮后，可染出偏红的浅茶色。丁子色是平安时代的服饰色彩名，时常出现在王朝文学著作中。如《源氏物语》的藤里叶篇中有“用丁香染色，一直到焦茶色为止”。《狭衣物语》第一卷中有“反复用丁香来染，一直染到接近黑色的一套衣服”等描述，可见经丁香多次染色，可染得接近黑色的效果。用丁香染色而成的染物，因为留丁香的香气，所以人们也把丁香染称为香染。

另外，在江户时代还有一种叫丁子茶的颜色名，为偏黑的黄褐色，原本是用丁香染成的颜色，之后用杨梅或梅代替丁香染料进行染色，这种染色法被记载在《诸色手染草》（1772）、《安斋随笔》（1784）中。

被称作丁子纸的色纸，是用苏方木、胭脂等染料染出的带云霞纹样的淡红色、红褐色纸，颜色相似，但不是使用丁香染色的。

丁香染・和纸信笺

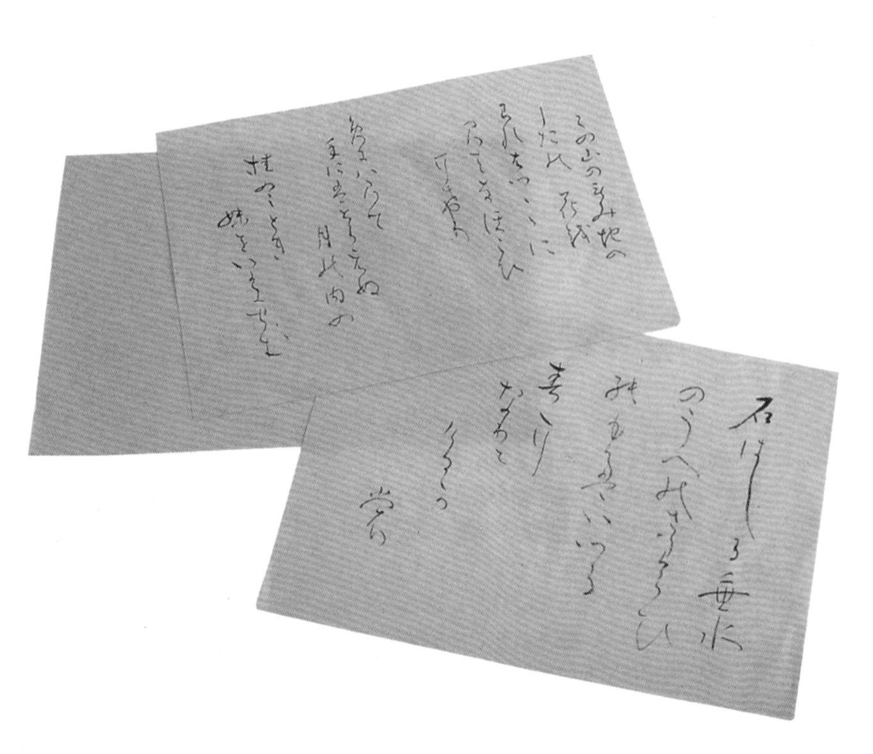

材料和用具

- 和纸 12 张（30×50 厘米）
- 丁香　400 克
- 山茶灰　40 克
- 30 升方形浅盆　2 个
- 6.5 升中号不锈钢圆盆　1 个
- 2.5 升小号不锈钢圆盆　1 个
- 15 升小号桶锅　1 个
- 滤筛、密筛
- 细长木板 24 块（约 2×40 厘米）
- 计量杯、玻璃棒、夹子 等

【第 1 次染色】

媒染准备

① **提取山茶灰汁。**在 40 克山茶灰汁里倒入 2 升开水，放置 2 天以上进行沉淀，过滤上层的清澄液。山茶灰的制作方法参见第 19 页。

② **板夹和纸。** 为操作方便，把和纸的一端用细长木板夹住，用夹子固定木板两端。

染前准备

③ **和纸的染前准备。**把和纸慢慢放进盛满水的容器里，整体浸湿和纸。如果浸湿时间过长，纸容易破损，因此在和纸整体吃透水后要马上提起，晾在衣竿上滴去水分。

色液提取

④ **第 1 次提取。**把 200 克丁香放入 4 升水（冷热均可）中，大火煮沸，然后改为小火继续煎煮 20 分 钟。

⑤ **过滤色液。**把煮过的丁香用滤筛过滤，4 升水煮出约 4 升色液。

⑥ **第 2 次提取。**将滤筛里的丁香再次加水，采用与第 1 次提取相同的方法煮沸、过滤，2 次煮出的色液合计约 8 升。

染色

⑦ **制作染液。**将 2 次提取的约 8 升色液，边用密筛过滤边倒入 22 升水中，制成 30 升染液。

⑧ **在染液里浸染。**把夹着木板的和纸稍微去水后，慢慢放进染液里，浸泡 10 分钟左右。注意不要弄破和纸。

⑨ **去水。**慢慢从染液里提起和纸，注意不要弄破，晾在衣竿上滴去水分。

媒染

⑩ **配制媒染液。**将 300 毫升山茶灰汁倒入水里，制成 30 升的媒染液。

⑪ **在媒染液里浸染。**采用与⑦相同的方法把和纸在媒染液里浸泡 10 分钟。

⑫ **去水。**慢慢从媒染液里提起和纸，注意不要弄破，晾在衣竿上滴去水分。

以上⑧⑨⑪⑫的染色→媒染步骤操作 2 次。

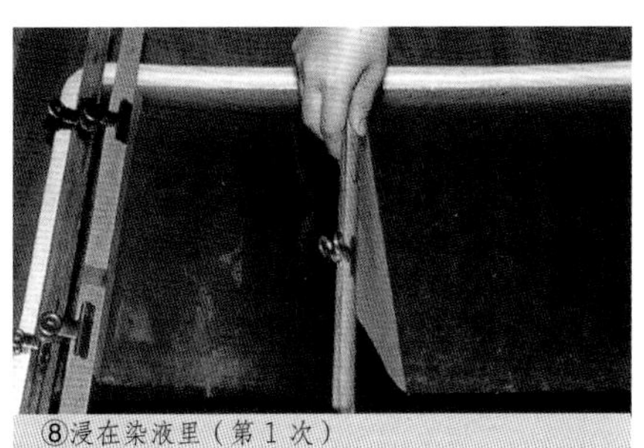

⑧浸在染液里（第 1 次）

↗ ⑧染色 10 分钟 ↘
⑫清洗 ⑨清洗
↖ ⑪媒染 10 分钟 ↙

★ 第 2 次媒染时，要加入 300 毫升山茶灰汁。

干燥

⑬ **清洗。**第 2 次媒染以后，把提起的和纸轻轻放入水里。和做染前准备一样，浸放在盛满水的容器里，也可用水管放水轻轻冲洗，两种方法均可。

⑭ **干燥。**提起和纸，晾在衣竿上阴干。

【第 2 次染色】

⑮ 和第 1 次一样，⑧⑨⑪⑫的染色→媒染步骤操作 2 次。

★ 色液不可放置过夜。

★ 如需染更深的颜色，染色、清洗、干燥（参照第 20 页）以后，第 2 天再从步骤①开始，重复操作。

染后处理

⑯ **清洗。**和⑬一样，把和纸轻轻放进水里。

⑰ **晾干。**把用木板夹住的和纸，晾在衣竿上阴干。

⑱ **裱在板上。**把晾干的和纸用溶化的海藻液打湿，注意不要出现折痕，用毛刷裱在板上，晾干。

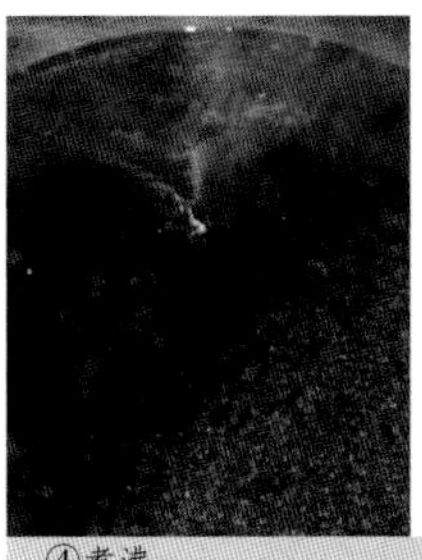

④煮沸

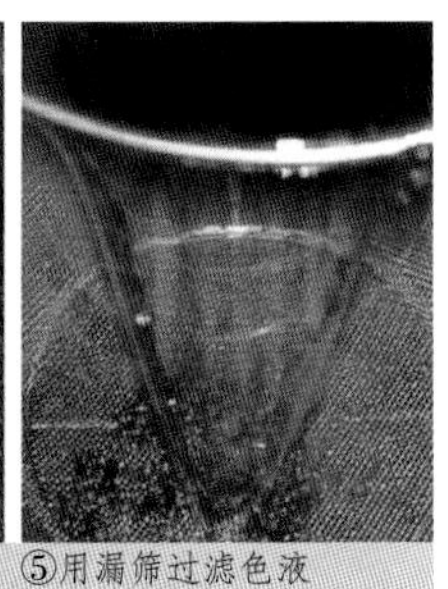

⑤用漏筛过滤色液

⑪浸在媒染液里（第 1 次）

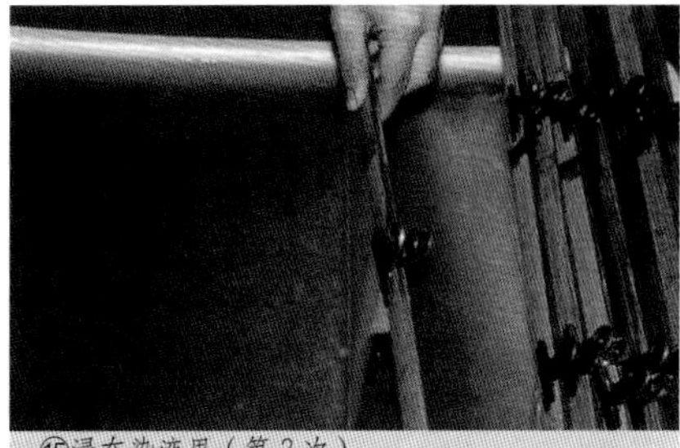

⑮浸在染液里（第 2 次）

⑦用密筛过滤色液

⑭干燥

⑮浸在媒染液里（第 2 次）

杉

日本特有的常绿针叶树，北边始于青森、南边达至屋久岛，分布及其广泛。还有天然生长的杉树林，尤其以秋田县北部和高知县鱼梁濑的杉林最为有名。作为日本最大的树木品种，杉树高达 50 米、直径 5 米，从屋久杉到全国各地，都有被国家指定为天然纪念物的杉树。像奈良县樱井市大神神社（三轮神社）里的神木和京都伏见稻荷神社的验杉等，这种笔直巨大的杉自古以来就被奉为神木，在神社内不难寻见。

日本的造林历史非常古老，奈良时代已经有栽种记载，从奈良县吉野地区、静冈县天龙地区开始以后，许多地区都有各自特色的杉林栽种。杉树作为日本最重要的造林树种，已经和日本人的生活建立了相当深厚的关系。

柳杉木材的材质不仅粗壮柔软，而且木纹笔直、容易切割。粗大的成木适合于建筑的柱梁和平板材料，以及船舶、家具、工艺品、木屐、方便筷等各个方面的多种用途。树皮还能用于铺设屋顶、围墙和做墙壁外罩等。

另外，用杉木做成的酒桶有着独特的杉木香，使日本清酒的味道更佳。柳杉与酒的关系非常悠久，第十代崇仁天皇（公元前 97—30）在位时，曾在酒神三轮明神的帮助下一夜之间酿造出美酒，并称其为酒林，又把杉树叶重叠起来做成一个圆球型，用来作为酒店的招牌。这个故事和神社的神树被说成是杉树的由来。

用柳杉来染色，在《延喜式》弹正台的“杉染”“浅杉染”里有记录，大概是用树皮作为染料染色，具体详情不明。

杉皮染・真丝毛衣和手套

材料和用具

- 真丝毛线 3 绞　750 克
- 杉皮　4.5 公斤（染 3 次的量）
- 明矾　114 克（毛线的 4—5% / 染 3 次的量）
- 羊毛洗涤剂或中性洗涤剂　25 克
- 13 升大号不锈钢圆盆　2 个
- 30 升大号桶锅　1 个
- 30 升方形浅盆　1 个
- 滤筛、密筛
- 计量杯、直棒、手钩棒 等

清洗毛线

① **毛线清洗。**毛线在出售前虽然已经过清洗，但在染色前还需用羊毛洗涤剂（中性洗涤剂）进行清洗。在 25 升 40℃—50℃的热水里倒入 25 克羊毛洗涤剂，充分溶化。固体状的羊毛洗涤剂不易溶化，可另取容器，先溶化后再用。把毛线穿在直棒上，用手钩棒不断移动毛线的位置，清洗 10—15 分钟，最后用直棒和手钩棒进行拧挤。

② **清洗。**将拧挤后的毛线挂在棒上，放入水中，两手握紧棒的两端，快速前后摆动。换 3 次水进行清洗后，充分拧挤。

媒染

③ **配制媒染液。**将 38 克明矾放入 40℃—50℃的 25 升热水里，充分搅拌溶化。明矾不易溶化，应先另取容器，用开水溶化后再用。

④ **在媒染液里浸染。**把清洗好的毛线放入媒染液里，加温至 90℃—100℃。接近沸点时转为小火以保持温度，煮 20 分钟。为使毛线整体均匀媒染，用手钩棒进行操作。20 分钟后关火，连直棒的一端一起，把毛线全部浸进媒染液里，放置一晚进行冷却。

⑤ **清洗。**从媒染液里取出毛线，采用与②相同的方式，换 3 次水，进行清洗。

色液提取

⑥ **第 1 次提取。**把 1.5 公斤杉皮放入 9 升水（冷热均可）中，大火煮沸，然后改为小火继续煎煮 20 分钟。

⑦ **过滤色液。**把煮过的杉皮用滤筛过滤，因杉皮吸水性较强，9 升水煮出约 6 升色液。

⑧ **第 2、3 次提取。**将滤筛里的杉皮再次加水，采用与第 1 次提取相同的方法煮沸、过滤，3 次煮出的色液合计约 12 升。

染色

⑨ **制作染液。**将 12 升色液用密筛过滤，加入 13 升水（冷热均可），制成 25 升染液。

⑩ **在染液里浸染。**把清洗后的毛线放入染液里，采用与④相同的方法，加温至 90℃—100℃，接近沸点时转为小火以保持温度，煮 20 分钟。20 分钟后关火，和④的要领一样，浸泡一晚进行冷却。

⑪ **清洗。**采用与②相同的方式，换 3 次水进行清洗。

以上③—⑪的媒染→色液提取→染色步骤操作 3 次。每次都使用重新制作的媒染液与染液。

③配制媒染液 → ④媒染（放置一晚）
↓
⑤清洗
↓
⑥色液提取
↓
⑨制作染液 → ⑩染色（放置一晚）
→ ⑪清洗 → ③

★ 色液不可放置过夜。

★ 如需染更深的颜色，染色、清洗、干燥（参照第 20 页）以后，第 2 天再从步骤③开始，重复操作。

染后处理

⑫ **晾干。**将清洗后的毛线，用直棒和手钩棒充分拧挤，整理平直后，穿在晾衣竿上阴干。如果不用力拧挤毛线很难晾干，也可利用洗衣机轻轻脱水 10 秒钟。

⑤从媒染液里提起毛线后拧挤

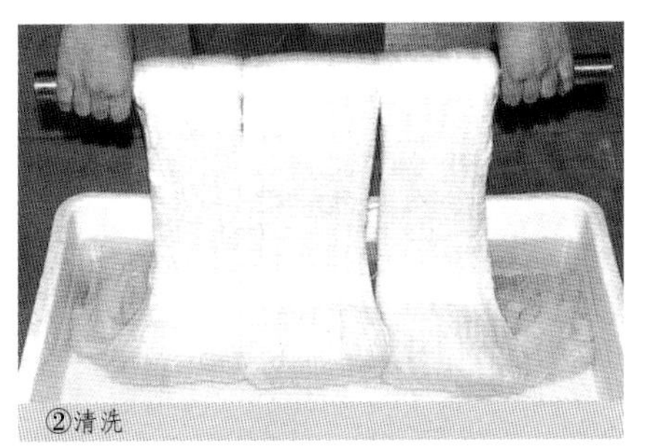
②清洗

⑥煮沸

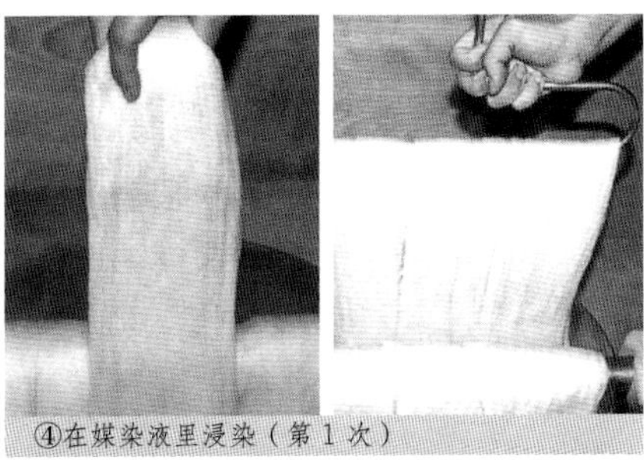
④在媒染液里浸染（第 1 次）

④在媒染液里浸泡（第 1 次）

⑩在染液里浸染（第 1 次）

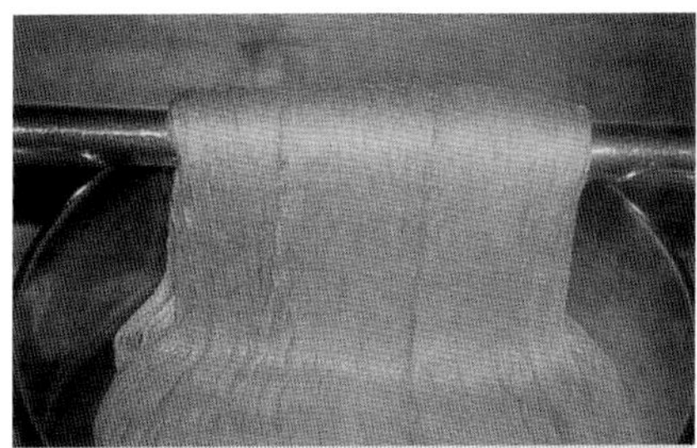
④在媒染液里浸泡（第 2 次）

[染料]

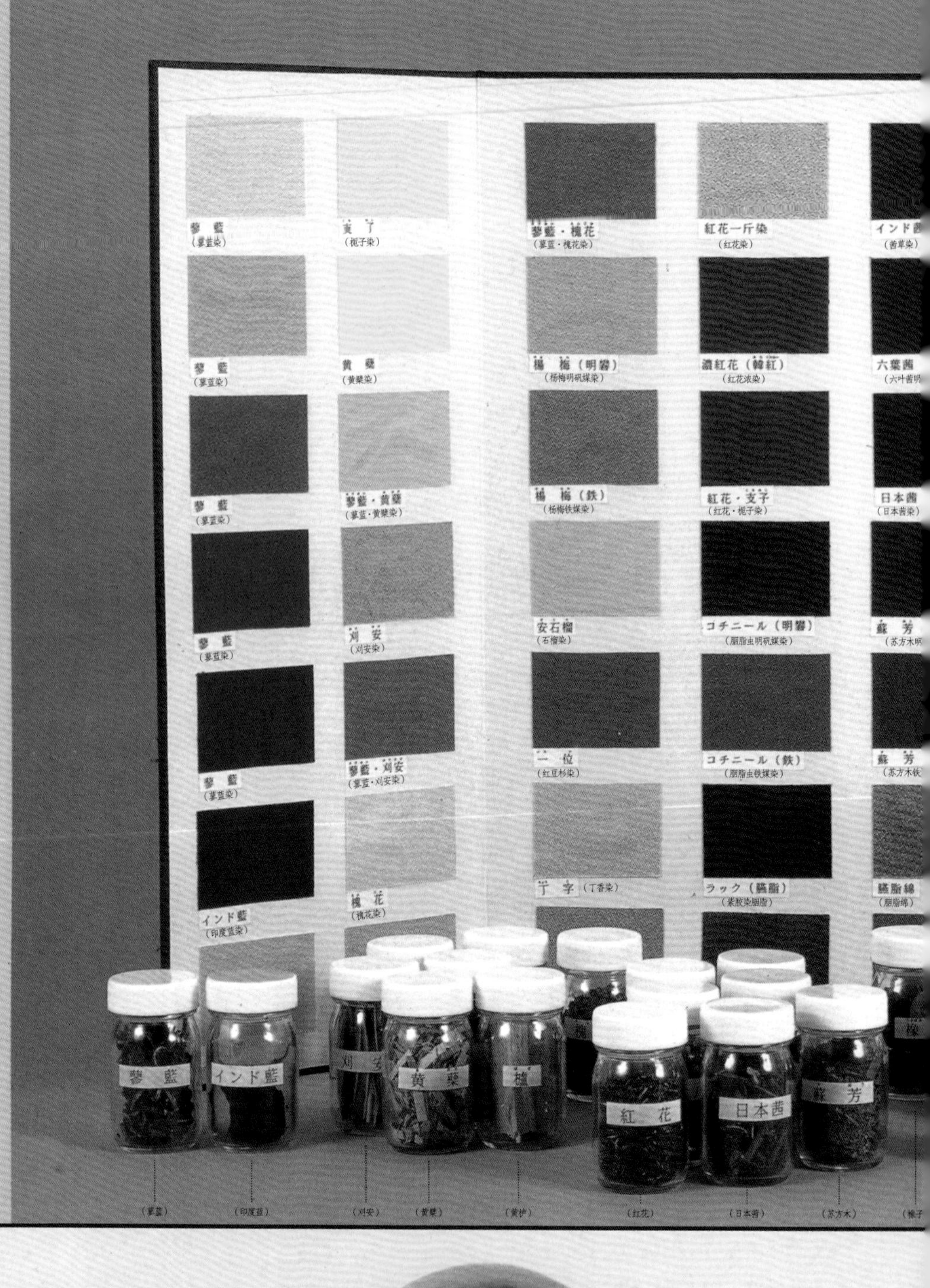

天然染料
染色色标样本

（屏风排列式）

高 52 厘米、宽 80 厘米

折叠时：宽 40 厘米、厚 1 厘米

染色样布：高 5 厘米 宽 7 厘米

在参考了《万叶集》和《延喜式》等古代文献后，再现了日本的众多绚丽传统色彩。使用 27 种天然染料，在真丝、棉布、麻布上染出 55 种色样卡，排列成屏风式，制成染色样本。边阅览日本古典文学中所出现的色彩名字，边缅怀和追忆古人对色彩的丰富想象力，此色卡不仅只是针对学习染色的人群，在其他专业的广阔领域也都是一本能很好活用的教科书。

和色标样本配套的，是装在瓶子里的染料样品。

红豆杉

红花

诃子

儿茶

刈安
栀子
槐花
石榴
六叶茜
印度茜
紫草根
苏方木
槟榔果
胭脂虫
丁香

[真丝·棉布·麻布]

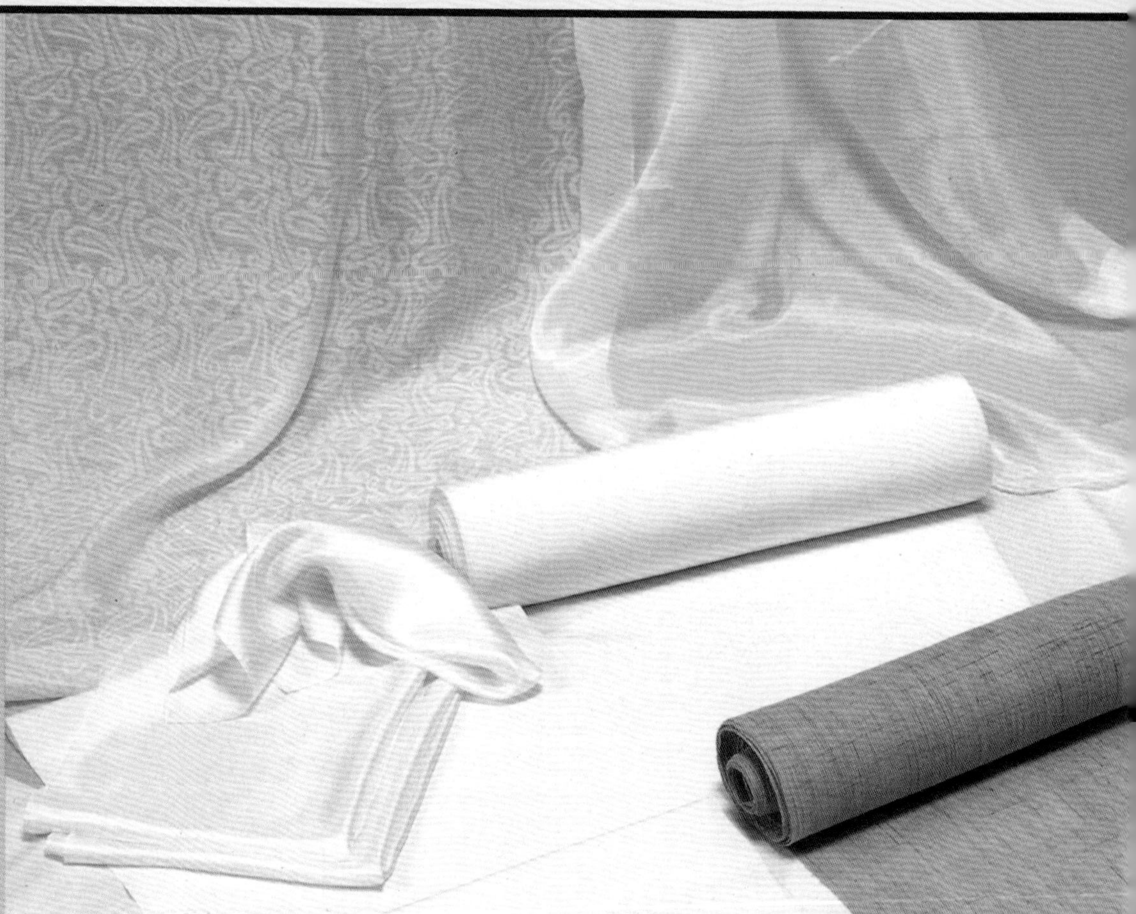

⑨ ⑧ ③ ④ ⑩ ⑤ ⑦ ⑪ ② ⑫ ⑥ ①

①**蚕丝：绵绸**（幅宽 36 厘米）
手工抽丝捻成的线。因线的粗细不均匀，织成的面料能产生独特的手感，一般用来做和服面料及腰带。

②**蚕丝：盐濑**（幅宽 35 厘米）
用细经线与粗纬线纺织而成，故有密集的细横条立体感。质地厚实、伸缩性好，一般用作包袱布、腰带、和服领口等。

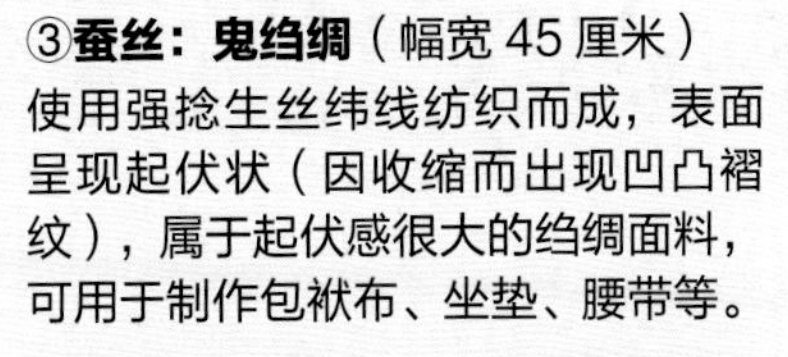

③**蚕丝：鬼绉绸**（幅宽 45 厘米）
使用强捻生丝纬线纺织而成，表面呈现起伏状（因收缩而出现凹凸褶纹），属于起伏感很大的绉绸面料，可用于制作包袱布、坐垫、腰带等。

④**蚕丝：一越绉绸**（幅宽 38 厘米）
纬线是由两根分别为 Z 捻和 S 捻的强捻线交织而成，织纹细腻。

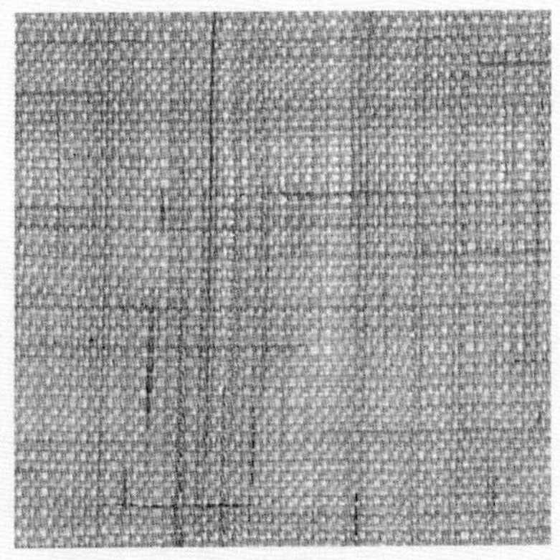

⑤**麻布**（幅宽 32 厘米）
产自中国的麻布，用来制作桌旗、门帘等。也有 37 厘米幅宽的。

⑥**棉布**（幅宽 120 厘米）
手感柔软的手工纺织印度棉布，有厚、薄二种质地。

⑦**真丝**：印度生丝（幅宽 112 厘米）
用生丝纺织、未经热水清除杂质处理的薄真丝，因残留有丝胶蛋白，故手感光滑、富有弹性。
⑧**薄丝围巾**：杨柳绉（90×80 厘米、150×110 厘米）
⑨**薄丝围巾**：提花真丝（175×50 厘米）

⑩**丝绸手绢**：大号（42×42 厘米）
⑪**丝绸手绢**：小号（28×28 厘米）
⑫**丝绸围巾**：正方形（87×87 厘米、120×120 厘米）
长方形（168×54 厘米）

★ 丝绸围巾与手绢用天然丝线锁边。